月刊誌

# 数理科学

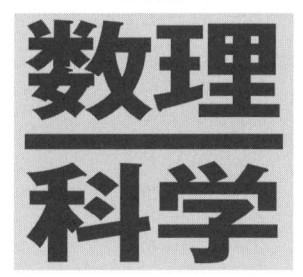

毎月 20 日発売
本体 954 円

## 予約購読のおすすめ

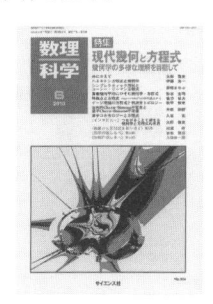

本誌の性格上、配本書店が限られます。**郵送料弊社負担**にて確実にお手元へ届くお得な予約購読をご利用下さい。

年間　**11000円**
（**本誌12冊**）

半年　　**5500円**
（**本誌6冊**）

予約購読料は**税込み価格**です。

なお、**SGC** ライブラリのご注文については、予約購読者の方には、商品到着後のお支払いにて承ります。

お申し込みはとじ込みの振替用紙をご利用下さい！

サイエンス社

SGC ライブラリ-194

# 演習形式で学ぶ
# 一般相対性理論

前田 恵一・田辺 誠　共著

サイエンス社

# SGCライブラリ

表示価格はすべて
税抜きです

## (The Library for Senior & Graduate Courses)

近年，特に大学理工系の大学院の充実はめざましいものがあります．しかしながら学部上級課程並びに大学院課程の学術的テキスト・参考書はきわめて少ないのが現状であります．本ライブラリはこれらの状況を踏まえ，広く研究者をも対象とし，**数理科学諸分野および諸分野の相互に関連する領域**から，現代的テーマやトピックスを順次とりあげ，時代の要請に応える魅力的なライブラリを構築してゆこうとするものです．装丁の色調は，

　　　数学・応用数理・統計系（黄緑），物理学系（黄色），情報科学系（桃色），

　　　脳科学・生命科学系（橙色），数理工学系（紫），経済学等社会科学系（水色）と大別し，漸次各分野の今日的主要テーマの網羅・集成をはかってまいります．

※ SGC1～131 省略（品切含）

|  |  |  |
|---|---|---|
| 132 | 偏微分方程式の解の幾何学　坂口茂著 | 本体 2037 円 |
| 133 | 新講 量子電磁力学　立花明知著 | 本体 2176 円 |
| 134 | 量子力学の探究　仲滋文著 | 本体 2176 円 |
| 135 | 数物系に向けたフーリエ解析とヒルベルト空間論　廣川真男著 | 本体 2204 円 |
| 136 | 例題形式で探求する代数学のエッセンス　小林正典著 | 本体 2130 円 |
| 139 | ブラックホールの数理　石橋明浩著 | 本体 2315 円 |
| 140 | 格子場の理論入門　大川正典・石川健一共著 | 本体 2407 円 |
| 141 | 複雑系科学への招待　坂口英継・本庄春雄共著 | 本体 2176 円 |
| 143 | ゲージヒッグス統合理論　細谷裕著 | 本体 2315 円 |
| 145 | 重点解説 岩澤理論　福田隆著 | 本体 2315 円 |
| 146 | 相対性理論講義　米谷民明著 | 本体 2315 円 |
| 147 | 極小曲面論入門　川上裕・藤森祥一共著 | 本体 2250 円 |
| 148 | 結晶基底と幾何結晶　中島俊樹著 | 本体 2204 円 |
| 151 | 物理系のための 複素幾何入門　秦泉寺雅夫著 | 本体 2454 円 |
| 152 | 粗幾何学入門　深谷友宏著 | 本体 2320 円 |
| 154 | 新版 情報幾何学の新展開　甘利俊一著 | 本体 2600 円 |
| 155 | 圏と表現論　浅芝秀人著 | 本体 2600 円 |
| 156 | 数理流体力学への招待　米田剛著 | 本体 2100 円 |
| 158 | M 理論と行列模型　森山翔文著 | 本体 2300 円 |
| 159 | 例題形式で探求する複素解析と幾何構造の対話　志賀啓成著 | 本体 2100 円 |
| 160 | 時系列解析入門 [第 2 版]　宮野尚哉・後藤田浩共著 | 本体 2200 円 |
| 163 | 例題形式で探求する集合・位相　丹下基生著 | 本体 2300 円 |
| 165 | 弦理論と可積分性　佐藤勇二著 | 本体 2500 円 |
| 166 | ニュートリノの物理学　林青司著 | 本体 2400 円 |
| 167 | 統計力学から理解する超伝導理論 [第 2 版]　北孝文著 | 本体 2650 円 |
| 170 | 一般相対論を超える重力理論と宇宙論　向山信治著 | 本体 2200 円 |
| 171 | 気体液体相転移の古典論と量子論　國府俊一郎著 | 本体 2200 円 |
| 172 | 曲面上のグラフ理論　中本敦浩・小関健太共著 | 本体 2400 円 |
| 174 | 調和解析への招待　澤野嘉宏著 | 本体 2200 円 |
| 175 | 演習形式で学ぶ特殊相対性理論　前田恵一・田辺誠共著 | 本体 2200 円 |
| 176 | 確率論と関数論　厚地淳著 | 本体 2300 円 |
| 178 | 空間グラフのトポロジー　新國亮著 | 本体 2300 円 |
| 179 | 量子多体系の対称性とトポロジー　渡辺悠樹著 | 本体 2300 円 |
| 180 | リーマン積分からルベーグ積分へ　小川卓克著 | 本体 2300 円 |
| 181 | 重点解説 微分方程式とモジュライ空間　廣惠一希著 | 本体 2300 円 |
| 183 | 行列解析から学ぶ量子情報の数理　日合文雄著 | 本体 2600 円 |
| 184 | 物性物理とトポロジー　窪田陽介著 | 本体 2500 円 |
| 185 | 深層学習と統計神経力学　甘利俊一著 | 本体 2200 円 |
| 186 | 電磁気学探求ノート　和田純夫著 | 本体 2650 円 |
| 187 | 線形代数を基礎とする 応用数理入門　佐藤一宏著 | 本体 2800 円 |
| 188 | 重力理論解析への招待　泉圭介著 | 本体 2200 円 |
| 189 | サイバーグ−ウィッテン方程式　笹平裕史著 | 本体 2100 円 |
| 190 | スペクトルグラフ理論　吉田悠一著 | 本体 2200 円 |
| 191 | 量子多体物理と人工ニューラルネットワーク　野村悠祐・吉岡信行共著 | 本体 2100 円 |
| 192 | 組合せ最適化への招待　垣村尚徳著 | 本体 2400 円 |
| 193 | 物性物理のための 場の理論・グリーン関数 [第 2 版]　小形正男著 | 本体 2700 円 |
| 194 | 演習形式で学ぶ一般相対性理論　前田恵一・田辺誠共著 | 本体 2600 円 |

# まえがき

　Albert Einstein が一般相対性理論を提唱してからすでに 100 年以上経っている．この理論は観測・実験によりますます確かなものとなっているだけでなく，その重要性は日増しに増している．一般相対性理論の 10 年ほど前に提唱された特殊相対性理論は，実験的にも確かなものとなっており，その知識は素粒子物理学などの基礎物理学だけでなく宇宙物理学や物性物理学など様々な物理学の基盤となっている．一方の一般相対性理論は，重力の特殊性から当初の具体的な応用は宇宙物理学に限られていたが，近年では GPS などの技術的応用や素粒子統一理論などの物理学の基礎の理解に必要不可欠なものとなっている．また宇宙物理学においても，現代の大型観測プロジェクトの展開等により，毎年のように相対性理論に関連した新しい発見がもたらされている．特に，Planck 衛星などによる宇宙背景輻射の観測はビッグバン膨張宇宙論の検証だけでなく，宇宙初期の物理をも明らかにしようという段階に入っている．また 2015 年の重力波干渉計 LIGO（米）による重力波の直接観測はブラックホールの存在をも確かなものにし，第三の目としての重力波天文学が本格的に展開される時代に入った．これからの相対論的宇宙物理学の進展が大いに期待される．

　このように相対性理論は現在最も重要な物理学の一つと考えられる．しかしながら，これまでに数多くの教科書が執筆されているにもかかわらず，いわゆる「演習書」というものがあまり出版されていない．特に一般相対性理論に関してはその数学的困難さから，一方的に「これはこう考えなさい」といった『教科書』がほとんどである．しかし，実際は，自分で手を動かして確かめることで本当の理解が得られる．そこで，本書では，従来の教科書とは異なり，演習形式によって自ら問題を解きながら一般相対性理論を学べるようにした．本書により多くの人々が，これまで持っていた様々な疑問を自ら解決し，相対性理論をより深く理解することで，さらにこの先，相対性理論を基礎にした最先端の現代物理学を学ぶきっかけとなることを期待して，本書を贈る．

2024 年 7 月

前田　恵一・田辺　誠

本書を通して Planck 定数および Boltzmann 定数をそれぞれ $\hbar = 1$ および $k_B = 1$ とする．光速度 $c$ は第 4 章 4.4 節までは具体的に表記するが，それ以降では特に断らない限り $c = 1$ とする．この単位系は自然単位系と呼ばれ，理論物理学ではしばしば用いられる．ただし，Newton 極限などの光速度が議論に必要な場合や観測量など光速度を含めたほうがわかりやすい場合などは，適宜光速度を戻して記述する．万有引力定数を $G = 1$ または $\kappa^2 = 8\pi G = 1$ とする単位系（Planck 単位系）も存在するが，本書では重力の寄与をわかりやすくするためそれらは具体的に表記することにする．

### 基本定数の定義

2018 年第 26 回 CGPM（国際度量衡総会）において 7 つの定義定数を起点とする単位系への改定が決議され，翌年の 2019 年 5 月 20 日より発効した．この改定により，SI の基本単位はすべて普遍的な定数に基づき定義されることになった．

表 0.1　基本単位を定義する基本定数．

| 基本定数 | 記号 | 国際単位系 | (SI) |
|---|---|---|---|
| 光速 | $c$ | $299\,792\,458$ | $\mathrm{m\,s^{-1}}$ |
| Planck 定数 | $h$ | $6.626\,070\,15 \times 10^{-34}$ | $\mathrm{J\,s}$ |
| 電気素量 | $e$ | $1.602\,176\,634 \times 10^{-19}$ | $\mathrm{C}$ |
| Boltzmann 定数 | $k_B$ | $1.380\,649 \times 10^{-23}$ | $\mathrm{J\,K^{-1}}$ |
| Avogadro 定数 | $N_A$ | $6.022\,140\,76 \times 10^{23}$ | $\mathrm{mol^{-1}}$ |

これらの物理量の値を決めることにより，それぞれ長さ（メートル）[m]，エネルギー（ジュール）[J]，電荷（クーロン）[C]，絶対温度（ケルビン）[K]，モル数 [mol] の定義になっている．なお時間（秒）[s] は 1 s がセシウム 133 原子の基底状態の超微細構造遷移周波数が 9192631770 Hz として定義される．光度の単位カンデラ（cd）は本書では用いないので省略した．

ここでは本書で扱う物理定数や特徴的な物理量を国際単位系で表し，また自然単位系などを用いた有用な変換値も記する．物理定数は 2022 年 CODATA（Committee on Data for Science and Technology）推奨値を用いた．また，天文の諸定数は理科年表等を参照した．

表 0.2　基本定数一覧（括弧内の数字は値の最後の 2 桁（1 桁）の誤差を示す）．

| 名称 | 記号 | 国際単位系（SI） | 有用な変換 |
|---|---|---|---|
| 重力定数 | $G$ | $6.67430(15) \times 10^{-11}\,\mathrm{m^3\,kg^{-1}\,s^{-2}}$ | |
| Planck 長 | $\ell_{\mathrm{P}} = \sqrt{\dfrac{\hbar G}{c^3}}$ | $1.616255(18) \times 10^{-35}\,\mathrm{m}$ | |
| Planck 時間 | $t_{\mathrm{P}} = \sqrt{\dfrac{\hbar G}{c^5}}$ | $5.391247(60) \times 10^{-44}\,\mathrm{s}$ | |
| Planck 質量 | $M_{\mathrm{P}} = \sqrt{\dfrac{\hbar c}{G}}$ | $2.176434(24) \times 10^{-8}\,\mathrm{kg}$ | $1.220890(14) \times 10^{19}\,\mathrm{GeV}$ |
| 微細構造定数の逆数 | $\alpha^{-1} = \dfrac{\hbar c}{e^2}$ | $137.035999084(21)$ | |
| 電子質量 | $m_e$ | $9.1093837139(28) \times 10^{-31}\,\mathrm{kg}$ | $0.51099895069(16)\,\mathrm{MeV}$ |
| 陽子質量 | $m_p$ | $1.67262192595(52) \times 10^{-27}\,\mathrm{kg}$ | $938.27208943(29)\,\mathrm{MeV}$ |
| 換算 Compton 波長 | $\lambda_e = \dfrac{\hbar}{m_e c}$ | $3.8615926744(12) \times 10^{-13}\,\mathrm{m}$ | |
| 電子ボルト | $\mathrm{eV}$ | $1.602176634 \times 10^{-19}\,\mathrm{J}$ | $1.160451812\ldots \times 10^{4}\,\mathrm{K}$ |
| Bohr 半径 | $a_0 = \dfrac{\hbar^2}{m_e e^2}$ | $5.29177210544(82) \times 10^{-11}\,\mathrm{m}$ | |
| Stefan–Boltzmann 定数 | $\sigma = \dfrac{\pi^2 k_{\mathrm{B}}^4}{60 \hbar^3 c^2}$ | $5.670374419\ldots \times 10^{-8}\,\mathrm{W\,m^{-2}\,K^{-4}}$ | （黒体輻射密度は $\dfrac{4\sigma}{c}T^4$） |
| 太陽質量 | $M_{\odot}$ | $1.98841(4) \times 10^{30}\,\mathrm{kg}$ | $\dfrac{GM_{\odot}}{c^2} = 1.476625(33) \times 10^{3}\,\mathrm{m}$ |
| 太陽半径 | $R_{\odot}$ | $6.96 \times 10^{8}\,\mathrm{m}$ | |
| 太陽光度 | $L_{\odot}$ | $3.842 \times 10^{26}\,\mathrm{J\,s^{-1}}$ | |
| 地球質量 | $M_{\oplus}$ | $5.972 \times 10^{24}\,\mathrm{kg}$ | |
| 地球半径（赤道半径） | $R_{\oplus}$ | $6.378137 \times 10^{6}\,\mathrm{m}$ | |
| 標準重力加速度（北緯 45°） | $g$ | $9.80665\,\mathrm{m\,s^{-2}}$ | |
| 天文単位 | $\mathrm{au}$ | $1.495985 \times 10^{11}\,\mathrm{m}$ | $1\,\mathrm{pc} = 3.26156\,\mathrm{ly}$ |
| パーセク | $\mathrm{pc}$ | $3.0856 \times 10^{16}\,\mathrm{m}$ | $1\,\mathrm{ly} = 6.32393 \times 10^{4}\,\mathrm{au}$ |
| 光年 | $\mathrm{ly}$ | $0.94605 \times 10^{16}\,\mathrm{m}$ | $1\,\mathrm{pc} = 2.06259 \times 10^{5}\,\mathrm{au}$ |
| 年 | $\mathrm{yr}$ | $3.1556926 \times 10^{7}\,\mathrm{s}$ | |
| 日 | $\mathrm{day}$ | $86400\,\mathrm{s}$ | |
| Hubble 定数（SPT-3G） | $H_0$ | $68.3(1.5)\,\mathrm{km\,s^{-1}\,Mpc^{-1}}$ | |

## ＜Riemann 幾何学＞

- 計量：$ds^2 = g_{\mu\nu}dx^\mu dx^\nu$

  4 次元時空座標：$x^\mu = (x^0, x^i) = (ct, x^i)$，　3 次元空間座標：$x^i = (x^1, x^2, x^3)$

- Christoffel 記号：$\Gamma^\rho_{\ \mu\nu} = \dfrac{1}{2}g^{\rho\sigma}(\partial_\mu g_{\sigma\nu} + \partial_\nu g_{\mu\sigma} - \partial_\sigma g_{\mu\nu})$

- 共変微分：$\nabla_\mu A^\nu = \partial_\mu A^\nu + \Gamma^\nu_{\ \mu\rho}A^\rho$，　$\nabla_\mu A_\nu = \partial_\mu A_\nu - \Gamma^\rho_{\ \mu\nu}A_\rho$

  Lie 微分：$\mathscr{L}_\xi A^\mu = \xi^\nu \nabla_\nu A^\mu - A^\nu \nabla_\nu \xi^\mu$，　$\mathscr{L}_\xi A_\mu = \xi^\nu \nabla_\nu A_\mu + A_\nu \nabla_\mu \xi^\nu$

  ベクトルの発散：$\nabla_\mu A^\mu = \dfrac{1}{\sqrt{-g}}\partial_\mu\left(\sqrt{-g}A^\mu\right)$

  反対称テンソルの発散：$\nabla_\mu F^{\mu\nu} = \dfrac{1}{\sqrt{-g}}\partial_\mu\left(\sqrt{-g}F^{\mu\nu}\right)$，　$F_{\mu\nu} = -F_{\nu\mu}$

  d'Alembert 演算子：$\Box\Phi = \nabla_\mu\nabla^\mu\Phi = \dfrac{1}{\sqrt{-g}}\partial_\mu\left(\sqrt{-g}g^{\mu\nu}\partial_\nu\Phi\right)$

- Riemann テンソル：$R^\mu_{\ \nu\rho\sigma} = \partial_\rho\Gamma^\mu_{\ \sigma\nu} - \partial_\sigma\Gamma^\mu_{\ \rho\nu} + \Gamma^\mu_{\ \rho\tau}\Gamma^\tau_{\ \sigma\nu} - \Gamma^\mu_{\ \sigma\tau}\Gamma^\tau_{\ \rho\nu}$

  Ricci テンソル：$R_{\mu\nu} = R^\rho_{\ \mu\rho\nu}$，　スカラー曲率：$R = g^{\mu\nu}R_{\mu\nu}$

  Weyl テンソル：$C_{\mu\nu\rho\sigma} = R_{\mu\nu\rho\sigma} - \left(g_{\mu[\rho}R_{\sigma]\nu} - g_{\nu[\rho}R_{\sigma]\mu}\right) + \dfrac{1}{3}Rg_{\mu[\rho}g_{\sigma]\nu}$

  Kretschmann 不変量：$\mathcal{K} = R_{\mu\nu\rho\sigma}R^{\mu\nu\rho\sigma} = C_{\mu\nu\rho\sigma}C^{\mu\nu\rho\sigma} + 2R_{\mu\nu}R^{\mu\nu} - \dfrac{1}{3}R^2$

- Bianchi 恒等式：$\nabla_\mu R^\alpha_{\ \beta\nu\rho} + \nabla_\nu R^\alpha_{\ \beta\rho\mu} + \nabla_\rho R^\alpha_{\ \beta\mu\nu} = 0$

  $R_{\mu\nu\rho\sigma} = -R_{\mu\nu\sigma\rho} = -R_{\nu\mu\rho\sigma} = R_{\rho\sigma\mu\nu}$，　$R_{\mu\nu\rho\sigma} + R_{\mu\rho\sigma\nu} + R_{\mu\sigma\nu\rho} = 0$

  $[\nabla_\rho, \nabla_\sigma]A^\mu = (\nabla_\rho\nabla_\sigma - \nabla_\sigma\nabla_\rho)A^\mu = R^\mu_{\ \nu\rho\sigma}A^\nu$

## ＜一般相対性理論＞

- Einstein–Hilbert 作用：$S_{\mathrm{EH}} = \dfrac{c^3}{16\pi G}\displaystyle\int d^4x\sqrt{-g}R$，　$\delta g = gg^{\mu\nu}\delta g_{\mu\nu} = -gg_{\mu\nu}\delta g^{\mu\nu}$

  Einstein 方程式：$G_{\mu\nu} \equiv R_{\mu\nu} - \dfrac{1}{2}g_{\mu\nu}R = \dfrac{8\pi G}{c^4}T_{\mu\nu}$

- エネルギー・運動量テンソル：$T_{\mu\nu} = -\dfrac{2}{\sqrt{-g}}\dfrac{\delta S_{\mathrm{m}}}{\delta g^{\mu\nu}}$，　$S_{\mathrm{m}} = \dfrac{1}{c}\displaystyle\int d^4x\sqrt{-g}\mathcal{L}_{\mathrm{m}}$

  エネルギー・運動量保存則：$\nabla_\nu T^{\mu\nu} = \dfrac{1}{\sqrt{-g}}\partial_\nu\left(\sqrt{-g}T^{\mu\nu}\right) + \Gamma^\mu_{\ \nu\rho}T^{\nu\rho} = 0$

- 測地線方程式：$\dfrac{Du^\mu}{d\tau} = \dfrac{d^2x^\mu}{d\tau^2} + \Gamma^\mu_{\ \nu\rho}\dfrac{dx^\nu}{d\tau}\dfrac{dx^\rho}{d\tau} = 0$，　固有時間：$d\tau^2 = -\dfrac{1}{c^2}ds^2$

- Killing 方程式：$\mathscr{L}_\xi g_{\mu\nu} = \nabla_\nu\xi_\mu + \nabla_\mu\xi_\nu = 0$，　Killing ベクトル：$\xi^\mu$

- TOV 方程式：$\dfrac{dP}{dr} = -\dfrac{G(\rho + P)[m(r) + 4\pi Pr^3]}{r^2\left[1 - \frac{2Gm(r)}{r}\right]}$，　$\dfrac{dm}{dr} = 4\pi r^2\rho$

- Schwarzschild 解：$ds^2 = -f(r)dt^2 + \dfrac{1}{f(r)}dr^2 + d^2\Omega$，　$f(r) = 1 - \dfrac{r_g}{r}$，　$r_g = \dfrac{2GM}{c^2}$

- 線形近似：$g_{\mu\nu} = \eta_{\mu\nu} + h_{\mu\nu}$，　$g^{\mu\nu} = \eta^{\mu\nu} - h^{\mu\nu}$，　$\bar{h}_{\mu\nu} \equiv h_{\mu\nu} - \dfrac{1}{2}\eta_{\mu\nu}h$

  線形 Einstein 方程式：$\Box\bar{h}_{\mu\nu} = -\dfrac{16\pi G}{c^4}T_{\mu\nu}$　(Lorentz ゲージ条件 $\partial_\alpha\bar{h}^{\alpha\beta} = 0$)

- Friedmann 方程式：$H^2 + \dfrac{k}{a^2} = \dfrac{8\pi G\rho}{3}$，　$H \equiv \dfrac{\dot{a}}{a}$，

  FLRW 計量：$ds^2 = -dt^2 + a^2\left[\dfrac{dr^2}{1 - kr^2} + r^2d^2\Omega\right]$

# 目　次

# 第1章
# Newton から Einstein へ

Isaac Newton は 1687 年万有引力の法則を発見した．この重力理論は，ヨハネス・ケプラーにより確立された天体（惑星）の運動法則を説明し，ガリレオ・ガリレイにより示された物体の落下運動に関する落体の法則を正しく表した．その後もこの Newton 重力理論は，ほとんどすべての重力現象を正確に記述していった[1]．ところが 1905 年に発表された Albert Einstein の特殊相対性理論とは論理的に矛盾することが明らかになったため，特殊相対性理論と矛盾しない新しい重力理論を考える必要が出てきた．その問題解決に貢献したのも Einstein 自身であった．いくつかの思考実験をもとに，曲がった時空のアイデアにたどり着く．

## 1.1 Newton 重力理論 vs. 特殊相対性理論

### 1.1.1 Newton の万有引力の法則

リンゴが落下するのを見て Newton は万有引力の法則を発見したといわれている．Newton がいたケンブリッジ大学トリニティ・カレッジの正門の横にはその（子孫の）リンゴの木がもっともらしく植えられているが，意外と小さいのに驚く．

---

**＜ガリレオの落体の法則＞**

物体がどのように落下するのかを最初に考えた人物は紀元前 4 世紀のアリストテレスだといわれており，重いものほど速く落下すると信じられていた．これは我々の直感とよく合い，その後も正しいものとされていた．しかし，1586 年シモン・ステヴィンは重さの異なる 2 つの石を同時に落下させ，同時に地面に落ちることを示したといわれている．その後，1589 年にガリレオはより正確な実験を行い，重さの異なる物体が同時に落下することを確かめた．実際には，物体の自由落下は速すぎるため，ガリレオは斜面に沿って玉を転がす方法を用いた．彼はさらに玉は一定の加速度で転がり落ちることも示している．

---

[1] 当時どうしても説明が付かなかった現象に水星の近日点移動があった．100 年間で 4.2 秒角という非常にわずかなずれを説明するために未知の惑星（バルカン）の存在や太陽が扁平している可能性などが考えられたが，Newton 重力を変更しようという試みはなかった．

この万有引力の法則は，当時知られていた2つの重要な法則，ガリレオの落体の法則とケプラーの惑星運動3法則，を一つの法則によって統一的に理解することに成功した画期的な理論であった．

<惑星運動とケプラー>

紀元前3世紀のアリスタルコスは，太陽を宇宙の中心に惑星がその周りを回る太陽中心説を唱えた．ところが紀元前2世紀のヒッパルコスや2世紀のプトレマイオスによる地球中心説（天動説）が正しいとされ，彼の説は無視されてきた．1507年，コペルニクスは，アリスタルコスの考えに立ち返り，天動説では複雑に記述される惑星運動が太陽中心説では非常に簡単化されることに気がつき，1543年『天体の回転について』を出版，地動説を唱えた．その後，ティコ・ブラーエの詳細な惑星観測をもとに，ケプラーは惑星運動の3法則を発見し，1609年『新しい天文学』という著書を出版した．

<<ケプラーの惑星運動3法則>>
1. 惑星は太陽を焦点とする楕円軌道を描く．
2. 惑星と太陽を結ぶ動径は単位時間に同じ面積を掃く．
3. 惑星の公転周期の二乗は長半径の三乗に比例する．

Newtonが発見した万有引力の法則によると，2つの物体に働く万有引力はその物体のそれぞれの質量 $(m_1, m_2)$ の積に比例し，2つの物体の間の距離 $r$ の二乗に逆比例する．この比例係数を万有引力定数と呼び，実験的に $G = 6.674 \times 10^{-8} \text{ cm}^3/(\text{g} \cdot \text{s}^2)$ の値をとることが知られている[*2]．またこの力は引力で，お互いに引き合う方向を向いている．よって物体1（質量 $m_1$）の万有引力によって物体2（質量 $m_2$）に働く力は

$$\boldsymbol{F} = -\frac{Gm_1 m_2}{r^3}\boldsymbol{r} = -\frac{Gm_1 m_2}{r^2}\hat{\boldsymbol{r}} \tag{1.1}$$

で与えられる．ここで $\boldsymbol{r}$ は2つの物体の位置ベクトルを $\boldsymbol{r}_1$, $\boldsymbol{r}_2$ としたときの相対位置ベクトル $\boldsymbol{r} \equiv \boldsymbol{r}_2 - \boldsymbol{r}_1$ を表し，$r \equiv |\boldsymbol{r}|$ および $\hat{\boldsymbol{r}} \equiv \dfrac{\boldsymbol{r}}{r}$ である．

**例題 1.1** 太陽重力により運動する惑星を考える．太陽（質量 $M_\odot$）は十分重いので動かず，惑星は質量 $m$ のテスト粒子と近似できると仮定し，ケプラーの第1法則（惑星が楕円軌道を描くこと）を示せ．

解 太陽を基準にした惑星の位置ベクトルを $\boldsymbol{r}$ とすると，Newton の運動方程式は

$$m\frac{d^2\boldsymbol{r}}{dt^2} = \boldsymbol{F} = -\frac{GmM_\odot}{r^2}\hat{\boldsymbol{r}} \tag{1.2}$$

となる．この運動方程式の両辺と速度 $\dfrac{d\boldsymbol{r}}{dt}$ との内積をとると，エネルギー $E$ を

---

[*2] この万有引力定数の値は重力質量 $m$ の定義によることに注意せよ．

$$E \equiv \frac{1}{2}m\left(\frac{d\boldsymbol{r}}{dt}\right)^2 - \frac{GmM_\odot}{r} \tag{1.3}$$

と定義したとき，その保存則 $\frac{dE}{dt} = 0$ が得られる．

一方，角運動量を $\boldsymbol{L} \equiv \boldsymbol{r} \times \boldsymbol{p} = m\boldsymbol{r} \times \boldsymbol{v}$ と定義し，時間微分すると

$$\frac{d\boldsymbol{L}}{dt} = m\frac{d}{dt}(\boldsymbol{r} \times \boldsymbol{v}) = m\left(\frac{d\boldsymbol{r}}{dt} \times \boldsymbol{v} + \boldsymbol{r} \times \frac{d\boldsymbol{v}}{dt}\right) = \boldsymbol{r} \times \left(m\frac{d^2\boldsymbol{r}}{dt^2}\right) = \boldsymbol{r} \times \boldsymbol{F} = 0$$

となるので，角運動量 $\boldsymbol{L}$ も保存する．これらの保存則は重力がそれぞれ保存力および中心力という性質を持っているため成立する．

位置 $\boldsymbol{r}$ および速度 $\boldsymbol{v}$ はともに角運動量 $\boldsymbol{L}$ に常に垂直であるので，惑星は保存する角運動量に垂直な平面上を運動することがわかる．この平面上に $(x,y)$ 座標を取ると，角運動量 $\boldsymbol{L} = (0,0,L)$ は $z$ 成分のみ値を持ち，その大きさは $L = m(xv_y - yv_x) = mr^2\frac{d\varphi}{dt}$ となる．ここで $(x,y) = (r\cos\varphi, r\sin\varphi)$ で定義される 2 次元極座標 $(r,\varphi)$ を用いた．

また，エネルギー $E$ を極座標で表すと

$$E = \frac{1}{2}m\boldsymbol{v}^2 - \frac{GmM_\odot}{r} = \frac{1}{2}m\left[\left(\frac{dr}{dt}\right)^2 + r^2\left(\frac{d\varphi}{dt}\right)^2\right] - \frac{GmM_\odot}{r}$$

$$= \frac{1}{2}m\left[\left(\frac{dr}{dt}\right)^2 + \frac{L^2}{m^2r^2}\right] - \frac{GmM_\odot}{r} = \frac{1}{2}m\left(\frac{dr}{dt}\right)^2 + V_{\text{eff}}(r)$$

となる．ここで有効ポテンシャル

$$V_{\text{eff}}(r) \equiv \frac{L^2}{2mr^2} - \frac{GmM_\odot}{r} \tag{1.4}$$

を導入した（図 1.1 参照）．角運動量を含む第 1 項は角運動量ポテンシャルと呼ばれ，惑星が太陽に落ちていくのを妨げる効果を与える．

この有効ポテンシャルを用いると惑星の運動は動径座標 $r$ の 1 次元の微分方程式に帰着される．つまり

$$\frac{1}{2}m\left(\frac{dr}{dt}\right)^2 + V_{\text{eff}}(r) = E \tag{1.5}$$

を解けばよい．$E < 0$ の場合は運動が有限領域に限られるため，束縛運動と呼ばれる．惑星は太陽系に束縛されているのでこの場合を考える．

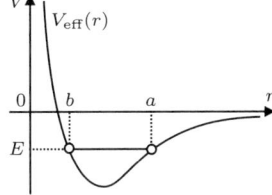

図 1.1 Newton 重力の有効ポテンシャル．

惑星の軌道（$r$-$\varphi$ 座標の関係）を考えるため保存する角運動量 $L$ を用いて時間微分を角度微分に書き換える（$dt = \frac{mr^2}{L}d\varphi$）．動径座標の代わりに $u = \frac{1}{r}$ を導入すると上の式は

$$\left(\frac{du}{d\varphi}\right)^2 + u^2 - 2\alpha u = \beta \tag{1.6}$$

となる．ここで $\alpha \equiv \frac{Gm^2M_\odot}{L^2}$, $\beta \equiv \frac{2mE}{L^2}$ とした．この式を積分すると

$$u = \frac{1}{p}(1 + e\cos\varphi)$$

が得られる．ここで

$$p \equiv \frac{1}{\alpha} = \frac{L^2}{Gm^2 M_\odot}, \quad e \equiv \sqrt{1 + \frac{\beta}{\alpha^2}} = \sqrt{1 + \frac{2EL^2}{G^2 m^3 M_\odot^2}}$$

である．つまり惑星の軌道は

$$r = \frac{p}{1 + e\cos\varphi} \tag{1.7}$$

で与えられる．これは原点を一つの焦点とする離心率 $e$，軌道長半径 $a = \dfrac{p}{1 - e^2}$ の楕円を表している．$p$ は半直弦または半通径と呼ばれる． $\qquad\square$

ケプラーの第 2 法則は，面積速度一定の法則とも呼ばれる．面積速度は単位時間に動径が掃く面積（$A$）であるので，

$$\frac{dA}{dt} \equiv \frac{1}{2}r^2\frac{d\varphi}{dt} = \frac{L}{2m}$$

で与えられ，一定になる．つまりこの第 2 法則は角運動量保存則を表していた．

$r$ に関する微分方程式を解いて第 3 法則を示そうとすると楕円積分が現れ計算が複雑になるが，面積速度一定の法則を用いると簡単に示すことができる．具体的には，1 周期 $T$ の間に掃く面積は $A = \displaystyle\int_0^T \frac{dA}{dt}dt = \frac{L}{2m}T$ で与えられる．一方，楕円の面積は $A = \pi ab = \pi a^2\sqrt{1 - e^2}$ であるので，角運動量が $L^2 = Gm^2 M_\odot p = Gm^2 M_\odot a(1 - e^2)$ で与えられることを用いると上の式から

$$T^2 = \frac{4\pi^2}{GM_\odot}a^3 \tag{1.8}$$

が得られ，第 3 法則が成り立つことが示される．

### 1.1.2 Newton 重力理論

Newton の万有引力の法則は力が距離の逆二乗法則に従うことで定義されるが，Newton ポテンシャルを用いた現代的な場の理論の形に書き換えよう．

> **例題 1.2** 物質の質量密度が $\rho(\boldsymbol{r})$ で与えられるとき，物質の外部の点 $\boldsymbol{r}$ における **Newton** ポテンシャル $\Phi$ を求めよ．ここで，Newton ポテンシャル $\Phi$ は，点 $\boldsymbol{r}$ における単位質量あたりの物体に働く重力加速度が $\boldsymbol{g} = -\boldsymbol{\nabla}\Phi$ となる量として定義される．

$\boxed{\text{解}}$ 位置 $\boldsymbol{r}'$ の周りの微小体積 $d^3\boldsymbol{r}'$ の部分の質量は $\rho(\boldsymbol{r}')d^3\boldsymbol{r}'$ で与えられ，その部分が $\boldsymbol{r}$ にある単位質量に及ぼす重力は $-G\rho(\boldsymbol{r}')d^3\boldsymbol{r}'\dfrac{(\boldsymbol{r} - \boldsymbol{r}')}{|\boldsymbol{r} - \boldsymbol{r}'|^3}$ で与えられる．これを全体積 $V$ で積分すると題意の重力加速度 $\boldsymbol{g}$ が得られる．つまり

$$\boldsymbol{g} = -G\int_V d^3\boldsymbol{r}'\rho(\boldsymbol{r}')\frac{(\boldsymbol{r} - \boldsymbol{r}')}{|\boldsymbol{r} - \boldsymbol{r}'|^3} = G\boldsymbol{\nabla}_{\boldsymbol{r}}\left[\int_V d^3\boldsymbol{r}'\frac{\rho(\boldsymbol{r}')}{|\boldsymbol{r} - \boldsymbol{r}'|}\right]$$

である．ここでベクトル $\boldsymbol{r} = (x, y, z)$ に関する微分演算子を $\boldsymbol{\nabla}_{\boldsymbol{r}} = \left(\dfrac{\partial}{\partial x}, \dfrac{\partial}{\partial y}, \dfrac{\partial}{\partial z}\right)$ とした．よって $\boldsymbol{g} = -\boldsymbol{\nabla}\Phi$ より

$$\Phi(\boldsymbol{r}) = -G\int_V d^3\boldsymbol{r}'\frac{\rho(\boldsymbol{r}')}{|\boldsymbol{r} - \boldsymbol{r}'|} \tag{1.9}$$

となる． $\qquad\square$

Newton ポテンシャルは積分系で書かれているが多くの物理法則は微分方程式で記述される．そこでこの Newton ポテンシャルが満たすべき微分方程式を求めよう．そこでまず準備として Paul A.M. Dirac の**デルタ関数** $\delta(\boldsymbol{r})$ を用いた公式 $\Delta\left(\dfrac{1}{|\boldsymbol{r}|}\right) = -4\pi\delta(\boldsymbol{r})$ を思いだそう．ここで $\Delta$ は $\Delta \equiv \dfrac{\partial^2}{\partial x^2} + \dfrac{\partial^2}{\partial y^2} + \dfrac{\partial^2}{\partial z^2}$ で定義される Laplace 演算子である．

> **例題 1.3**　物質の質量密度が $\rho(\boldsymbol{r})$ で与えられるとき，Newton ポテンシャル $\Phi$ の満たすべき 2 階偏微分方程式を求めよ．

　$\boxed{\text{解}}$　例題 1.2 より Newton ポテンシャル $\Phi$ は (1.9) 式で与えられるが，デルタ関数の公式を用いると

$$\Delta\Phi = -G\int_V d^3\boldsymbol{r}'\rho(\boldsymbol{r}')\Delta_{\boldsymbol{r}}\left(\frac{1}{|\boldsymbol{r} - \boldsymbol{r}'|}\right) = 4\pi G\int_V d^3\boldsymbol{r}'\rho(\boldsymbol{r}')\delta(\boldsymbol{r} - \boldsymbol{r}') = 4\pi G\rho(\boldsymbol{r})$$

となり，Newton ポテンシャル $\Phi$ は 2 階偏微分方程式 $\Delta\Phi = 4\pi G\rho$ を満たす．　　　□

　このように距離の逆二乗に比例する万有引力で記述される Newton 重力理論は，微分を用いると上の楕円型偏微分方程式（Poisson 方程式）で表される．

---

**Newton 重力理論**：Newton ポテンシャル $\Phi$ は Poisson 方程式

$$\Delta\Phi = 4\pi G\rho \qquad\qquad (1.10)$$

を満たす．ここで，$\rho$ は質量密度である．

---

### 1.1.3　Newton 重力理論と特殊相対性理論

　Newton 重力理論は重力現象に関する実験や観測事実を非常によく説明した．この理論を疑う実験的事実は皆無といっていい．しかしながら 1905 年に Einstein が提唱した特殊相対性理論と原理的に矛盾した．特殊相対性理論では物体の速さや情報伝播速度に上限があり，光速度を超えて伝わるものは存在しない．一方，Newton 重力理論は基本方程式 (1.10) に時間微分を含まないため，物質の質量密度が与えられれば空間すべての点で瞬時に Newton ポテンシャルが決定され，そこに存在する物体に働く重力も決まる．これは重力の伝わる速度が無限大であることを表しており，特殊相対性理論と矛盾する．

　特殊相対性理論と矛盾しない重力理論は一体どんなものかを考える準備として，ここで簡単に特殊相対性理論をまとめておこう．特殊相対性理論で基本となる座標系は慣性系で，それは 4 次元時空で記述される．これは Hermann Minkowski により導入されたので Minkowski 時空と呼ばれる．Minkowski 時空内の事象は時刻 $t$ および空間座標 $\boldsymbol{r} = (x, y, z)$ によって記述されるが，4 次元時空という一つの『空間』を考えるために，時刻 $t$ に普遍定数である光速度 $c$ を掛け長さの次元にして空間座標と合わせ，4 次元空間の座標とする．また，記述を簡単にするために 4 次元座標 $x^0 \equiv ct$, $x^1 \equiv x$, $x^2 \equiv y$, $x^3 \equiv z$ と添え字を付けて表す．つまり事象は $x^\mu = (x^0, x^1, x^2, x^3)$ で表される．

　Minkowski 時空における微小に離れた 2 つの事象 $(x^0, x^1, x^2, x^3)$ と $(x^0 + dx^0,$

$x^1 + dx^1, x^2 + dx^2, x^3 + dx^3)$ の間隔を表す

$$ds^2 = -(dx^0)^2 + (dx^1)^2 + (dx^2)^2 + (dx^3)^2$$

は**世界間隔**または**線素**と呼ばれる．Minkowski により定義された **Minkowski 計量**

$$\eta_{\mu\nu} = \mathrm{diag}(-1, 1, 1, 1)$$

を用いると

$$ds^2 = \sum_{\mu=0}^{3} \sum_{\nu=0}^{3} \eta_{\mu\nu} dx^\mu dx^\nu = \eta_{\mu\nu} dx^\mu dx^\nu$$

と表すことができる．ここで最後の表記では **Einstein の縮約記法**[*3)]を用いており，本書では以降はこの規約を使用する．

世界間隔 $ds^2$ が慣性系によらないという仮定から，光速度不変の原理が得られる．また慣性系間の座標変換は Lorentz 変換で表され，それを用いて動いている物体の時間の遅れや Lorentz 収縮などを示すことができるが，ここでは割愛する[*4)]．世界間隔 $ds^2$ の符号は不定で，その符号により微小に離れた 2 つの事象の関係が時間的 $(ds^2 < 0)$，光的 $(ds^2 = 0)$，空間的 $(ds^2 > 0)$ の 3 つに分類される．因果的に結びつく 2 つの事象は時間的または光的で，質量を持つ物体の運動を表す軌道上の 2 つの事象間は常に時間的である．また光など質量がゼロ粒子の軌道上の 2 つの事象間は光的で，その線素は $ds^2 = 0$ で表される．

---

**例題 1.4** Newton 重力理論 (1.10) を特殊相対性理論と矛盾しない方程式に書き換えよ．ただし，Newton ポテンシャル $\Phi$ および質量密度 $\rho$ は 4 次元スカラー量とする．なお，光速度が無限大の極限で (1.10) 式に帰着するものとする．

---

$\boxed{解}$ Laplace 演算子 $\Delta$ は $\Delta = \delta^{ij}\partial_i\partial_j$ で表されるが[*5)]，これを特殊相対性理論と矛盾しないように Lorentz 変換に対して不変な 4 次元演算子に拡張しよう．3 次元ユークリッド空間ではベクトル $\partial_i$ $(i = 1, 2, 3)$ は 4 次元 Minkowski 空間ではベクトル $\partial_\mu$ $(\mu = 0, 1, 2, 3)$ に拡張される．ここで $x^0 = ct$ である．そこで Laplace 演算子 $\Delta$ を拡張した 2 階のスカラー微分演算子は d'Alembert 演算子 $\Box = \eta^{\mu\nu}\partial_\mu\partial_\nu$ と予想できる．よって Poisson 方程式 (1.10) を Lorentz 不変な 2 階微分方程式に拡張すると

$$\Box\Phi = 4\pi G\rho \tag{1.11}$$

となる．この式を陽に表すと $-\dfrac{1}{c^2}\dfrac{\partial^2\Phi}{\partial t^2} + \Delta\Phi = 4\pi G\rho$ となり，$c \to \infty$ の極限で Poisson 方程式 (1.10) が得られる． $\qquad\Box$

---

[*3)] 同じ上付き添え字と下付き添え字が現れた場合は，ギリシャ文字については 0 から 3 までの，ラテン文字については 1 から 3 までの和を取るものとする．

[*4)] 特殊相対性理論について改めて学びたい人は拙著『演習形式で学ぶ 特殊相対性理論』（サイエンス社）などを参照のこと．

[*5)] ここ以降では $\partial_i = \dfrac{\partial}{\partial x^i}$, $\partial_\mu = \dfrac{\partial}{\partial x^\mu}$ のように偏微分を簡単表記する．

この Lorentz 不変な微分方程式 (1.11) が Newton 重力理論を 4 次元に拡張した特殊相対性理論と矛盾しないものになっているのであろうか. 答えは「否」である. その理由は特殊相対性理論の一つの帰結である質量とエネルギーの等価性にある.

一般に物理的な場はエネルギーを持っている. 重力場もしかりである. 場のエネルギーは電磁場から類推できるように場の強さの 2 次で表される. Newton 重力理論では場の強さは重力加速度 $g$ で表されるので, その場が持つエネルギーは $g^2 = (\nabla\Phi)^2$ に比例すると考えられる. この重力場がエネルギー密度を持つということは, エネルギーと質量の等価性を考えると, それに対応する質量密度が存在することになり, この質量密度は Poisson 方程式 (1.10) の右辺の質量密度 $\rho$ に含める必要がある. つまり相対論的な重力の方程式は (1.10) のような線形方程式ではなく, ポテンシャル $\Phi$ の非線形微分方程式にならざるを得ない. この非線形項がどのように記述されるかは自明ではなく, 改めて相対論的重力理論を考え直す必要があるのである. Newton 重力理論を特殊相対性理論と矛盾しないように拡張しようという試みは, 特殊相対性理論が正しいと認識されるに伴い, 多くの物理学者によりなされた. そしてその答えにたどり着いたのが特殊相対性理論を唱えた Einstein 自身であった.

## 1.2 等価原理と重力

### 1.2.1 等価原理

1907 年 11 月 Einstein は「生涯で最も素晴らしいアイデア」を思い付く. ガリレオの落体の実験により, 当時は慣性質量 $m_I$ と重力質量 $m_G$ は等しいことが経験上知られていた. 例えば地表で重力のみが働く物体の運動方程式は

$$m_I a = m_G g$$

で表される. ここで $a$ は加速度, $g$ は重力加速度を表す. 慣性質量 $m_I$ と重力質量 $m_G$ が等しいとすると, 物体の加速度は物体によらず $a = g$ となり, 自由落下する物体の軌道は物体の種類によらず初期の位置と速度のみに依存することがわかる. これは落体の法則と呼ばれるガリレオの主張と一致する. 実際に 1909 年に Loránd Eötvös 達によるねじり天秤の実験で $5 \times 10^{-9}$ の精度で 2 つの質量は等価であることが示されていた[*6].

ここで, 物体とともに自由落下する観測者を考えてみよう. Newton 力学では自由落下する系は非慣性系なので慣性力が働く. この観測者から見た運動方程式は, 加速度を $a'$ とすると $m_I a' = m_G g - m_I a = 0$ となり, この系では物体は "等速直線運動" をするため, あたかも重力場が消えたように見える.

逆に重力場の存在しない宇宙空間で一定加速度 $g$ で移動するロケット内では物体はロケットの後方に "落下し", あたかも地上と同じ重力場が存在するように見える. このように慣性質量と重力質量が同じであれば, 重力場中での物体の運動は, 重力場が存在しない場合に同じ大きさの加速度で移動する観測者から見た物体の運動と等価である. つまり, 2 つの質量が等価であれば, 一様な重力場のある系と慣性系に対して一様に加速している

---

[*6] その後も様々な実験が行われ, 現在では $10^{-15}$ の精度で 2 つの質量の等価性が成り立つことが示されている [P. Touboul *et al.*, Phys. Rev. Lett. **129**, 121102 (2022) (MICROSCOPE mission)].

系とでは物体の運動は同じように見え，区別ができないことがわかる．これをガリレオの等価原理と呼ぼう．Einstein はこのとき等価原理が成り立つ対象を力学的な運動からすべての物理現象に拡張するというアイデアを思いついた．この等価原理は，落体運動における力学的な等価原理と区別するため **Einstein の等価原理**と呼ばれる．

> **Einstein の等価原理**：一様重力場が働く系と等加速度系は等価で，2 つの系で起こる物理現象はすべて同じである．

### 1.2.2 重力的赤方偏移と時間の遅れ

Einstein が考えた等価原理によると，物体の運動だけでなく，一様重力場中におけるすべての物理現象は，重力加速度と同じ加速度で逆方向に運動する観測者から見た物理現象と同じとなる．それにより Einstein は重力場による赤方偏移や時間の遅れ，および光の屈折を導いた．

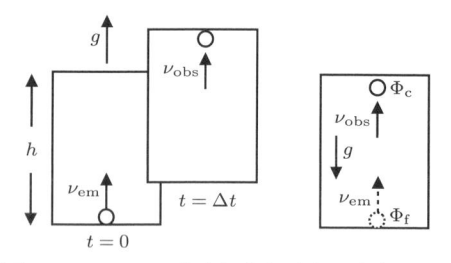

図 1.2 Doppler 赤方偏移と重力的赤方偏移．

**例題 1.5** 図 1.2 左のように，一定の加速度 $g$ で上昇するエレベータの床から振動数 $\nu_{\mathrm{em}}$ の光を放出した．高さ $h$ の天井でその光を測定したときの光の振動数 $\nu_{\mathrm{obs}}$ を求めよ．ただし，上昇速度は光速に比べ十分遅く，$\dfrac{v}{c}$ の 1 次近似で考えよ．

**解** 光が天井に届くまでの時間は $\Delta t = \dfrac{h}{c}$ で，光を測定したときのエレベータの上昇速度は $v = g\Delta t = \dfrac{gh}{c}$ となる．よって測定した光の振動数は Doppler 効果により

$$\nu_{\mathrm{obs}} = \nu_{\mathrm{em}}\left(1 - \frac{v}{c}\right) = \nu_{\mathrm{em}}\left(1 - \frac{gh}{c^2}\right)$$

となる． □

ここで示したように，等加速度で上昇するエレベータ内で光を上方に放出すると，天井で測定した光の振動数は $\nu_{\mathrm{obs}} < \nu_{\mathrm{em}}$ となり，赤方偏移が起こる．

一方，一様重力場中の静止しているエレベータにおいて同じように床から放出した光を天井で測定するとどうなるのだろうか（図 1.2 右）．Einstein の等価原理により，この場合も等加速度運動と同じ現象，つまり光は赤方偏移することになる．一様な重力場を表す重力ポテンシャルを $\Phi$ としたとき，エレベータの床と天井における重力ポテンシャルの差は $\Delta\Phi = \Phi_{\mathrm{c}} - \Phi_{\mathrm{f}} = gh$ となるので，赤方偏移は重力ポテンシャルの差を用いて

$$\nu_{\mathrm{obs}} = \nu_{\mathrm{em}}\left(1 - \frac{\Delta\Phi}{c^2}\right)$$

と表される．これを**重力的赤方偏移**と呼ぶ．

重力的赤方偏移では，静止しているエレベータ内の床で 1 秒間に $\nu_{\mathrm{em}}$ 回振動していた光が天井に到達したとき 1 秒間に $\nu_{\mathrm{obs}}$ 回振動することになる．一見するとこれは矛盾に見

える．しかしこれは床における 1 秒間と天井での 1 秒間が同じと考えたことによる矛盾である．特殊相対性理論で見たように時間は絶対的なものではない．重力場が存在する場合には場所により時間の進み方が異なると考えれば上の矛盾は解決される．つまり，一つの波の振動に要する時間は振動数の逆数であるので，床と天井での一つの波の振動に要する時間をそれぞれ $\Delta t_f$ および $\Delta t_c$ とすると

$$\frac{\Delta t_f}{\Delta t_c} = \frac{\nu_{obs}}{\nu_{em}} = 1 - \frac{\Delta\Phi}{c^2}$$

となる．つまり重力ポテンシャルの差 $\Delta\Phi$ により天井における時間の進み方に比べ，床での時間の進みが $(1 - \Delta\Phi/c^2)$ 倍だけ遅れることになる．このように重力場中では時間が遅れて進むが，これを**重力場中の時間の遅れ**と呼ぶ．

---

**＜重力場中の赤方偏移の検証＞**

重力場による赤方偏移が実際に検証されたのは，Einstein が予言してからかなり後の 1960 年で，地上実験によるものであった．Robert V. Pound と Glen Rebka が Mössbauer 効果を用いて，ハーバード大学ジェファーソン物理学研究所の棟において，地表と 22.5 m の高さの地点におけるガンマ線の振動数のずれを測定した．

光源は強い強度を持つコバルト（$^{57}$Co）放射線源で，電子を吸収し鉄（$^{57}$Fe）に変化する際に放出されるガンマ線を用いている．予想されたスペクトル線のずれは $\frac{gh}{c^2} = 2.45 \times 10^{-15}$ である．この実験により精度 10% 程度で重力的赤方偏移の検証に成功した．また，1965 年に Pound と J.L. Snider により改良された実験が行われ，予想値の $(0.9990 \pm 0.0076)$ 倍の値を得ている．この実験はあくまで重力的赤方偏移の検証であって，一般相対性理論の検証ではないことに注意する必要がある．

---

重力的赤方偏移の別の説明として次のような考え方もある[*7]．基底状態にあるときの原子核の静止質量を $M$，その励起エネルギーを $\Delta E$ とする．このとき励起した原子核の静止質量は，エネルギーと質量の等価性より $M' = M + \Delta E/c^2$ となる．励起した原子核を高さ $z$ だけ持ち上げたときその原子核から放出される光子の振動数 $\nu_z$ と高さゼロのときに放出される光子の振動数 $\nu_0$ を求めることで重力的赤方偏移が説明できる．ここで光子のエネルギーはプランク定数 $h$ を用いて $E = h\nu$ で与えられる．面白い考え方なので読者も自分で確認するのをお勧めする．

### 1.2.3 重力場による光の屈折

等価原理により重力的赤方偏移や重力場中の時間の遅れを明らかにした Einstein は，さらに光が重力により曲げられる光の屈折現象を予言した．実際に問題となるのは太陽近傍を通過する光の屈折であるが，これはすでに 1801 年に Johann G. von Soldner により考えられていた．彼は光は非常に軽い質量を持った粒子であると考え，光の粒子が太陽重力によりどのように曲げられるかを計算したのである．

---

[*7] R.P. Feynman, F.B. Morinigo, and W.G. Wagner, *Feynmann Lectures on Gravitation* (1995) p. 69（『ファインマン講義　重力の理論』（岩波書店）和田純夫訳）．

**例題 1.6** 無限遠から光速度 $c$ で入射した質量 $m$ の光の粒子が太陽近傍を通過し，太陽重力により曲げられた．太陽表面ギリギリを通過したとき，重力により曲げられる光の屈折角 $\theta$ を求めよ．ただし，太陽質量を $M_\odot$，太陽半径を $R_\odot$ とせよ．

**解** 屈折角を求めるためには粒子の軌道を計算する必要がある．例題 1.1 で行ったように，$u = \dfrac{1}{r}$ という新しい変数を導入すると，軌道は $u = \dfrac{1}{p}(1 + e\cos\varphi)$ で与えられる離心率 $e \, (> 1)$ の双曲線となる．ここで $p$ と $e$ は前に示したように

$$p = \frac{L^2}{Gm^2 M_\odot}, \quad e = \sqrt{1 + \frac{2EL^2}{G^2 m^3 M_\odot^2}}$$

で与えられる．無限遠での光の粒子のエネルギーは運動エネルギーのみで $E = \frac{1}{2}mc^2$ である．一方，太陽に最も近づくとき $(r = R_\odot)$ は $dr/dt = 0$ となるので，角運動量を $L$ とすると全エネルギーは $E = -G\dfrac{mM_\odot}{R_\odot} + \dfrac{L^2}{2mR_\odot^2}$ となる．エネルギー保存則から 2 つのエネルギーを等しく置くと，角運動量 $L$ は $L^2 = m^2 R_\odot^2 c^2 \left(1 + \dfrac{2GM_\odot}{R_\odot c^2}\right)$ と求まる．上の $p$ および $e$ において，$E$ と $L$ を代入すると

$$p = \frac{R_\odot^2}{GM_\odot/c^2}\left(1 + \frac{2GM_\odot}{R_\odot c^2}\right), \quad e = 1 + \frac{R_\odot}{GM_\odot/c^2}$$

が得られる．

太陽に最も近づいたときの角度は定義から $\varphi = 0$ である．一方，無限遠 $(r \to \infty)$ では $u \to 0$ であるので，図 1.3 のように無限遠から入射する方向の角度を $\varphi_\infty$ とすると

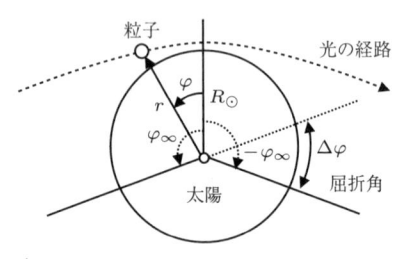

図 1.3 光を粒子と考えた光の屈折.

$$\cos\varphi_\infty = -\frac{1}{e} = -\left(1 + \frac{R_\odot}{GM_\odot/c^2}\right)^{-1} \approx -\frac{GM_\odot/c^2}{R_\odot}$$

となり，$\varphi_\infty \approx \dfrac{\pi}{2} + \dfrac{GM_\odot/c^2}{R_\odot}$ が得られる．逆に無限遠に遠ざかる方向の角度は，$\varphi = 0$ に関して対称で $-\varphi_\infty$ となるので，屈折角 $\Delta\varphi$ は

$$\Delta\varphi \equiv 2\left(\varphi_\infty - \frac{\pi}{2}\right) \approx \frac{2GM_\odot/c^2}{R_\odot} = 0.89''$$

で与えられる． □

　von Soldner の計算では光を質量を持つ粒子として扱っているが，Einstein がこの問題を考えたときは電磁気学より光は波（電磁波）であることが分かっていたので上の取り扱いは正しくない．そこで Einstein は Huygens の原理を用いることで光の屈折角を求めた．

　重力場中で Huygens の原理を用いるため，重力場中での時間が遅れを別の見方をして光速度がどうなるかをまず考えてみよう．いま無限遠では重力場はなく，特殊相対性理論が成り立つ世界が実現されているとしよう．この世界の観測者が重力場中を伝播する光を

観測すると，どう見えるであろうか．速度は進む距離を時間で割ったものなので，無限遠の観測者の時間を用いて光速度を観測すると，$c$ からずれ，光速が場所に依存するように見える．上で導いた重力場中での時間の遅れを考慮すると，重力場中では時間の進み方が遅くなった分，光の進む距離が短くなり，速度が遅くなることが予想される．実際，重力ポテンシャルを $\Phi(\boldsymbol{r})$ としたとき，無限遠の観測者が場所 $\boldsymbol{r}$ を伝播している光を観測すると，その光速度は

$$c(\boldsymbol{r}) = c\left(1 + \frac{\Phi(\boldsymbol{r})}{c^2}\right) < c$$

となり，無限遠での光速度 $c$ より遅くなる．ここで重力ポテンシャルは無限遠でゼロとするため，$\Phi(\boldsymbol{r}) < 0$ である．

> ─ ＜早すぎた Einstein の予測＞ ─────────────
>
> 「生涯で最も素晴らしいアイデア」と Einstein が自画自賛した 1907 年の等価原理をもとに 1911 年，Einstein は自らの理論を検証すべき 2 つの観測・実験を提唱している．一つは重力場中の赤方偏移で，当時最も重力場が強いと考えられた白色矮星表面からの光のスペクトルの赤方偏移の観測による検証である．もう一つは光の重力場による屈折である．太陽表面近くをかすめてやってくる星の光は太陽重力により曲げられるため，見える方向が本来の方向からずれるのでそれを観測すればよい．ただし，太陽のすぐそばを通ってくる星を観測するため皆既日食のときにしかこの観測は行えない．
>
> 白色矮星からの光のスペクトルの観測は，重力場による赤方偏移が非常に小さく，白色矮星の表面温度によるスペクトル線の広がりのため当時の技術では確かめることはできなかった．
>
> 一方，太陽による光の屈折に関しては，Einstein が提唱したのち 2 回の皆既日食時の観測計画があった．しかしながら，1 度目は十分な精度が得られなかったため，有意な結果を出せず，2 度目は世界大戦のため観測は行われなかった．ただこれは Einstein にとって幸いであった．というのは，等価原理だけから予言された光の屈折角は，本当の値の半分でしかなかったため，もしこのとき正確な観測が行われていたら，「Einstein の予言は間違っていた」と彼の理論が否定されたかもしれなかったのである．

**例題 1.7** 太陽重力による光の屈折を考えるために，前問同様質量 $M_\odot$ 半径 $R_\odot$ の太陽の近傍を通過する光を考える．ただし光は波とし，Huygens の原理が成り立つと仮定する．光の速さが重力場中では変化することを考慮し，光の屈折角を求めよ．

解　重力場中では光の速さは変化する．位置 $\boldsymbol{r}$ での光の速さを $c(\boldsymbol{r})$ とすると，太陽近傍のある点 $\boldsymbol{r}$ から出た球面波の半径は時間 $dt$ 後には $c(\boldsymbol{r})dt$ になる．光の速さは Newton ポテンシャルの大きさが大きいほう（太陽に近いほう）が小さくなるため球面波の包絡線で構成される新しい波面は図 1.4 左のように傾く，つまり光が屈折することがわかる．

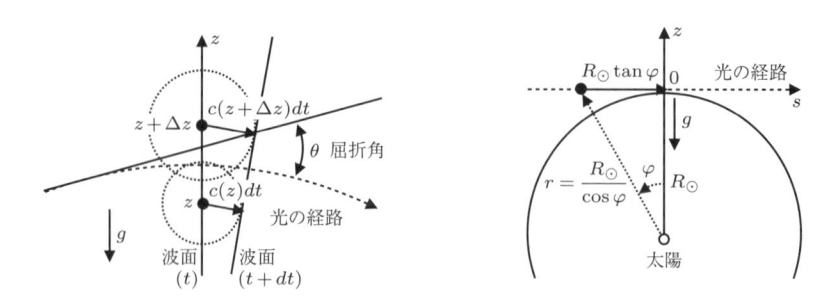

図 1.4　Huygens の原理による光の屈折（左）と波面（●）までの距離（右）.

太陽中心から距離 $r$ での重力ポテンシャルは $\Phi = -\dfrac{GM_\odot}{r}$ で与えられ，光の速さは

$$c(\boldsymbol{r}) = c\left(1 + \frac{\Phi}{c^2}\right) = c\left(1 - \frac{GM_\odot}{rc^2}\right)$$

となる．ここで図 1.4 左のように鉛直方向を $z$ 軸に取ると，水平方向に入ってきた光は距離 $ds = cdt$ 進む間に

$$d\theta = \lim_{\Delta z \to 0} \frac{c(z+\Delta z)dt - c(z)dt}{\Delta z} = \frac{dc(\boldsymbol{r})}{dz}dt$$

だけ屈折する．屈折角は非常に小さく光の経路 $C$ は図 1.4 右のようにほぼ直線として近似できるので，全体として屈折角は積分

$$\theta = \frac{1}{c}\int_C \frac{dc(\boldsymbol{r})}{dz}ds = \frac{1}{c^2}\int_{-\infty}^{\infty} \frac{\partial \Phi}{\partial z}ds$$

となる．光の経路を $z = R_\odot$ と近似し，図 1.4 右のように角度 $\varphi$ を用いて波面の位置までの距離をそれぞれ $r = \dfrac{R_\odot}{\cos\varphi}$, $s = -R_\odot \tan\varphi$ とおくと，屈折角は

$$\theta = \frac{GM_\odot R_\odot}{c^2}\int_{-\infty}^{\infty} \frac{ds}{r^3} = \frac{GM_\odot}{c^2 R_\odot}\int_{-\pi/2}^{\pi/2} \cos\varphi d\varphi = \frac{2GM_\odot}{c^2 R_\odot} \approx 0.89''$$

となる． □

Einstein が Huygens の原理を用いて考えた太陽重力による光の屈折角は偶然にも von Soldner の結果と一致したが，この値は後に示すように一般相対性理論が予言する実際の値の半分でしかなかった．

## 1.3　時空のゆがみ

ここで Einstein が曲がった時空を考えるに至った 2 つの思考実験を考えてみよう．

### 1.3.1　重力場中の粒子の運動

特殊相対性理論における自由粒子の運動方程式は線素の積分 $\mathfrak{s} \equiv \displaystyle\int \sqrt{-ds^2}$ が極値を取ること，つまりの変分方程式 $\delta\mathfrak{s} = 0$ から相対論的自由粒子の運動方程式が導くことがで

きる*8). この線素には光速度を含むが，重力場があるときには前節で考えたように光速度は場所によって変化すると考えることができる．このとき上の変分方程式はどのような方程式を与えるであろうか．

---

**例題 1.8** 光速度 $c(\boldsymbol{r})$ が場所に依存するとし，線素を $ds^2 = -c^2(\boldsymbol{r})dt^2 + d\boldsymbol{r}^2$ で定義したとき，線素積分の変分 $\delta\mathfrak{s} = 0$ はどのような方程式を与えるか．また，粒子の速度 $\boldsymbol{v} = \dfrac{d\boldsymbol{r}}{dt}$ が十分小さいとき $(|\boldsymbol{v}| \ll c(\boldsymbol{r}))$ のこの方程式はどうなるか求めよ．

---

解 線素積分 $\mathfrak{s}$ は

$$\mathfrak{s} \equiv \int \sqrt{-ds^2} = \int \sqrt{c^2(\boldsymbol{r}) - \boldsymbol{v}^2}\, dt = \int dt\, L(\boldsymbol{r}, \boldsymbol{v})$$

と表すことができる．ここで $L(\boldsymbol{r}, \boldsymbol{v}) = \sqrt{c^2(\boldsymbol{r}) - \boldsymbol{v}^2}$ とおいた．その変分は

$$\delta\mathfrak{s} = \int dt \left[ \frac{\partial L}{\partial \boldsymbol{r}}\delta\boldsymbol{r} + \frac{\partial L}{\partial \boldsymbol{v}}\delta\boldsymbol{v} \right] = \int dt \left[ \frac{\partial L}{\partial \boldsymbol{r}} - \frac{d}{dt}\left( \frac{\partial L}{\partial \boldsymbol{v}} \right) \right]\delta\boldsymbol{r}$$

$$= \int dt \left[ \frac{c(\boldsymbol{r})}{\sqrt{c^2(\boldsymbol{r}) - \boldsymbol{v}^2}}\boldsymbol{\nabla}c(\boldsymbol{r}) + \frac{d}{dt}\left( \frac{\boldsymbol{v}}{\sqrt{c^2(\boldsymbol{r}) - \boldsymbol{v}^2}} \right) \right]\delta\boldsymbol{r} = 0$$

となる．よって，Euler–Lagrange 方程式は

$$\frac{d}{dt}\left( \frac{\boldsymbol{v}}{\sqrt{c^2(\boldsymbol{r}) - \boldsymbol{v}^2}} \right) = -\frac{c(\boldsymbol{r})}{\sqrt{c^2(\boldsymbol{r}) - \boldsymbol{v}^2}}\boldsymbol{\nabla}c(\boldsymbol{r})$$

となる．$|\boldsymbol{v}| \ll c(\boldsymbol{r})$ と近似すると，上の Euler–Lagrange 方程式は

$$\frac{d^2\boldsymbol{r}}{dt^2} = -c(\boldsymbol{r})\boldsymbol{\nabla}c(\boldsymbol{r}) = -\boldsymbol{\nabla}\left( \frac{1}{2}c^2(\boldsymbol{r}) \right) \tag{1.12}$$

と表される． □

粒子の速度が光速度に比べて十分遅い場合は Newton 力学が近似的に成り立つ．この極限操作を **Newton 近似**と呼ぶ．上の (1.12) 式は $|\boldsymbol{v}| \ll c(\boldsymbol{r})$ を仮定しているので Newton 近似において成り立つ方程式である．一方，Newton 重力のみ働く場合の粒子の運動方程式は $\dfrac{d^2\boldsymbol{r}}{dt^2} = -\boldsymbol{\nabla}\Phi(\boldsymbol{r})$ で与えられる．ここで $\Phi(\boldsymbol{r})$ は Newton ポテンシャルである．この式と (1.12) 式を比較し，$c^2(\boldsymbol{r}) = 2\Phi(\boldsymbol{r}) +$ 定数 と置くと，上の線素積分 $\delta\mathfrak{s}$ の変分から Newton 重力が働く場合の運動方程式が得られることになる．つまり場所により変化する光速度の 2 乗は Newton 近似では Newton ポテンシャルに対応していると解釈される．また位置 $\boldsymbol{r}$ に静止している観測者の固有時間 $d\tau = c(\boldsymbol{r})dt$ は場所に依存して異なるので，時間が重力場の存在により "歪められる" と見ることができる．

### 1.3.2 加速運動と空間のゆがみ

空間はどうだろうか．等価原理の考え方をさらに進め，Einstein は 1912 年に次のような一様回転する円盤を用いた思考実験を行った．

---

*8) 自由粒子の作用は $S = -mc\int\sqrt{-ds^2}$ の変分から得られるが $mc$ は定数であるのでここで考えた作用の変分と同じ方程式を与える．

解 慣性系にいる観測者から見ると 3 次元ユークリッド空間内の円盤であるので,その半径 $R$ と円周 $L$ の関係は $L = 2\pi R$ である.また,この観測者から見ると半径 $R$ の円盤の円周は速度 $v = R\omega$ で一様回転している.いま円盤の円周を微小な長さに分割し,円周を微小な長さの辺からなる正多角形と見なす.このとき慣性系の観測者から見て瞬間的にはこの多角形の微小な一辺はある方向に一定速度 $v$ で運動している.

一方,円盤上で静止している観測者から見ると円盤は止まっているので,多角形の微小な一辺の部分も静止している.このとき慣性系の観測者はその長さが Lorentz 収縮しているのに気がつく.Lorentz 因子 $\gamma \equiv \dfrac{1}{\sqrt{1 - \frac{v^2}{c^2}}}$ の逆数倍だけ短く測定される.

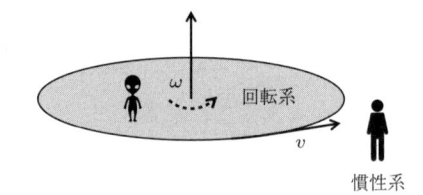

図 1.5 回転円盤の円周.

逆に見ると,円盤上で静止している観測者から見た一辺の長さは慣性系の観測者が測定する長さの $\gamma$ 倍になる.この割合は円周上にある微小なすべての辺に対して同じであるので,結局円盤上の観測者から見ると円周の長さは慣性系の観測者が測定する円周の $\gamma$ 倍であることがわかる.よって,円盤上の観測者から見ると円周の長さ $L_0$ は

$$L_0 = L \times \gamma = 2\pi R \times \gamma = \frac{2\pi R}{\sqrt{1 - \left(\frac{R\omega}{c}\right)^2}} > 2\pi R$$

となる. □

円盤の半径 $R$ は回転方向に垂直で Lorentz 収縮は起こらないので,円盤上にいる観測者にとっても,半径は $R$ と変わらない.一方,円周は上の例題で示したように $2\pi R$ より長くなる.この一見矛盾した結論は Paul Ehrenfest がはじめに気がつき,**Ehrenfest の パラドックス**と呼ばれた.ユークリッド空間では円周 $L$ は常に $2\pi R$ であるので,円盤上にいる観測者にとってこの円盤はユークリッド空間にはないことを表している.円周が $2\pi R$ にならない場合の例として,球面上に円を描いてその半径 $R$ と円周 $L_0$ を測定する場合を考えよう.半径は球面に沿って測定するため $L_0 < 2\pi R$ となる.これは球面が曲率正の曲面であるからである.回転円盤の場合,この関係は逆に $L_0 > 2\pi R$ となるが,これは回転円盤の曲率が負となるからである.このことにはじめに気がついたのは Theodor Kaluza である.円盤上の観測者は慣性系ではなく加速系にいる.つまり,この回転円盤の思考実験から,加速系において空間は曲がっていることになる.さらに等価原理から重力場が存在する場合にも空間が歪むことが示唆されることに Einstein は気がついたのである.

# 第 2 章
# 曲がった時空の幾何学

　前章で述べたように，Einstein は思考実験により，Newton 重力理論を特殊相対性理論と矛盾のないように拡張するには，曲がった時空を考えることが必要だと気がついた．しかしその曲がった時空を数学的にどう扱えばよいのかすぐにはわからなかったので友人の数学者 Marcel Grossmann に相談した．Grossmann はすぐに数学者の Georg F.B. Riemann が任意の次元における曲がった空間の幾何学を体系化することに成功していると教えてくれた．そこで Einstein は Grossmann とともに相対論的重力理論の構築に取り組んだが，すぐには満足のいく理論が得られなかった．Einstein 自身が最終的に正しい相対論的重力理論（一般相対性理論）にたどり着いたのはそれから 2 年後である．

## 2.1　Riemann 幾何学

　物理法則は通常，スカラーやベクトルで表される物理量の微分方程式で記述される場合が多い．そこで，まず曲がった時空におけるベクトルやその微分について定義し，曲がった空間（時空）の幾何学である **Riemann 幾何学**の基礎について学んでおく．

### 2.1.1　曲がった時空と計量

　Riemann 幾何学では，4 次元時空の線素を曲がった時空の座標系 $\{x^\mu\}$ $(\mu = 0, 1, 2, 3)$ を用いて

$$ds^2 = g_{\mu\nu}dx^\mu dx^\nu \quad (\mu, \nu = 0, 1, 2, 3) \tag{2.1}$$

のように表す．重力はこの曲がった時空，つまり計量 $g_{\mu\nu}$ により表される．この線素は曲がった時空特有の幾何学量で座標系の取り方に依存しないが，時空点 $x^\mu$ に依存する計量 $g_{\mu\nu}$ は座標系の取り方によって変わる．その結果，時間同様，空間もまた重力場の存在により変化する．計量 $g_{\mu\nu}$ は，定義から添字の入れ替えに対して対称（$g_{\mu\nu} = g_{\nu\mu}$）であるため独立な計量の成分は 10 個で，$4 \times 4$ の対称行列と見なせる．

　Minkowski 時空と同じように線素 $ds^2$ の符号は不定で，その符号により微小に離れた 2 つの事象の関係を**時間的**（$ds^2 < 0$），**光的**（$ds^2 = 0$），**空間的**（$ds^2 > 0$）の 3 つに分類する．因果的に結び付く 2 つの事象は時間的または光的となる．質量を持つ物体の運

動を表す軌道上の 2 つの事象間の線素は Minkowski 時空のとき同様に $ds^2 < 0$（時間的）で，光などの質量ゼロの粒子の軌道上の 2 つの事象間の線素は $ds^2 = 0$（光的）で表される．また，上付き計量テンソル $g^{\mu\nu}$ は $g_{\mu\nu}$ の逆行列で定義される．つまり $g_{\mu\nu}g^{\nu\rho} = \delta_\mu^{\ \rho}$ である．

### 2.1.2　一般座標変換とスカラー・ベクトル・テンソル

特殊相対性理論では観測者は慣性系に限られており，その慣性系間の座標変換は Lorentz 変換で与えられた．一方，一般相対性理論では，重力を扱うため加速系を含む一般的な観測者による記述が求められる．まず，その一般的な観測者の間の座標変換を定義する．ある点の近傍の座標系 $\{x^\alpha\}$ から同じ点の近傍での別の座標系 $\{\tilde{x}^\mu\}$ への座標変換は

$$x^\mu \to \tilde{x}^\mu = \tilde{x}^\mu(x) \tag{2.2}$$

と**一般座標変換**で与えられる．ここで $\tilde{x}^\mu(x)$ は元の座標 $x^\alpha$ に関する任意関数である．ただし，局所的には座標系 $\{x^\mu\}$ と $\{\tilde{x}^\mu\}$ の間には 1 対 1 対応があり，逆変換 $\tilde{x}^\alpha \to x^\alpha = x^\alpha(\tilde{x})$ は常に可能であると仮定する．ここで $x^\alpha(\tilde{x})$ は $\tilde{x}^\mu(x)$ の逆関数である．

一般に座標変換が与えられると，その系におけるスカラー，ベクトル，テンソルなどが定義できる．スカラーは，座標変換に対して同じ点では同じ値を取るので，どのような座標系を考えてもその定義は明確である．一般座標変換 (2.2) に対してもスカラー $\phi(x)$ は $\tilde{\phi}(\tilde{x}) = \phi(x)$ と同じ点では値が変化しない量として定義される．ここで $\tilde{\phi}(\tilde{x})$ は変換後の座標系 $\{\tilde{x}^\mu\}$ におけるスカラー場で，$\tilde{x}$ は元の座標系 $\{x^\mu\}$ における位置 $x$ の変換後の位置座標である．

一方，ベクトルは，3 次元ユークリッド空間の回転などの座標変換に対して座標と同じように変換されるものとして定義される．また特殊相対性理論で考える 4 次元 Minkowski 空間では，4 元（反変）ベクトルは Lorentz 変換と呼ばれる慣性系間の座標変換に対して慣性系の座標 $x^\mu$ と同じように変換されるものとして定義されている．

ところが一般座標系では空間が曲がっているため，座標 $x^\mu$ そのものは代数としてのベクトル的な性質を持たない．そこで微小に離れた 2 点間の座標の差 $dx^\mu$ を考える．この微小量 $dx^\mu$ は局所的に定義され，曲がった時空でも十分に小さな領域を考えるため時空はほぼ平坦と見なすことができ，ベクトルとしての性質を持つ．この $dx^\mu$ の変換は一般座標変換 (2.2) の微分によって

$$d\tilde{x}^\mu = \frac{\partial \tilde{x}^\mu}{\partial x^\alpha} dx^\alpha \tag{2.3}$$

のように得られる．そこでこの微小量 $dx^\mu$ と同じように変換される量を曲がった時空での**反変ベクトル**と定義する[*1]．一方，偏微分演算子 $\tilde{\partial}_\mu$ は一般座標変換に対して

$$\tilde{\partial}_\mu \equiv \frac{\partial}{\partial \tilde{x}^\mu} = \frac{\partial x^\alpha}{\partial \tilde{x}^\mu}\frac{\partial}{\partial x^\alpha} = \frac{\partial x^\alpha}{\partial \tilde{x}^\mu}\partial_\alpha \tag{2.4}$$

のように変換され，座標変換 (2.2) の逆変換の微分を用いて表される．そこで，偏微分演算子 $\partial_\mu$ と同じように変換されるものを**共変ベクトル**と定義する．

---

[*1]　この定義をユークリッド空間や Minkowski 空間などの曲がっていない空間に対して適用すると座標変換が線形であるため元のベクトルの定義に一致することから，この定義は元の定義の自然な拡張となっている．

つまり反変ベクトル $A^\mu$ および共変ベクトル $A_\mu$ は一般座標変換 (2.2) に対して

$$\widetilde{A}^\mu = \frac{\partial \tilde{x}^\mu}{\partial x^\alpha} A^\alpha \quad \text{および} \quad \widetilde{A}_\mu = \frac{\partial x^\alpha}{\partial \tilde{x}^\mu} A_\alpha$$

のように変換されるものとして定義される.

同様にして任意のテンソル $T^{\alpha\cdots\beta}{}_{\gamma\cdots\delta}$ は一般座標変換 (2.2) に対して

$$\widetilde{T}^{\mu\cdots\nu}{}_{\rho\cdots\sigma} = \frac{\partial \tilde{x}^\mu}{\partial x^\alpha} \cdots \frac{\partial \tilde{x}^\nu}{\partial x^\beta} \cdot \frac{\partial x^\gamma}{\partial \tilde{x}^\rho} \cdots \frac{\partial x^\delta}{\partial \tilde{x}^\sigma} T^{\alpha\cdots\beta}{}_{\gamma\cdots\delta} \tag{2.5}$$

のように変換されるものとして定義される.

---

**例題 2.1** 一般座標変換 (2.2) に対して線素が不変, つまり

$$ds^2 = \tilde{g}_{\mu\nu} d\tilde{x}^\mu d\tilde{x}^\nu = g_{\mu\nu} dx^\mu dx^\nu$$

が成り立つとすると, 計量 $g_{\mu\nu}$ は 2 階テンソルとなることを示せ.

---

解 一般座標変換に対して

$$g_{\mu\nu} dx^\mu dx^\nu = \tilde{g}_{\rho\sigma} d\tilde{x}^\rho d\tilde{x}^\sigma = \tilde{g}_{\rho\sigma} \frac{\partial \tilde{x}^\rho}{\partial x^\mu} \frac{\partial \tilde{x}^\sigma}{\partial x^\nu} dx^\mu dx^\nu$$

となる. $dx^\mu$ は任意の微小量であるので, 計量の間には

$$g_{\mu\nu}(x) = \tilde{g}_{\rho\sigma}(\tilde{x}) \frac{\partial \tilde{x}^\rho}{\partial x^\mu} \frac{\partial \tilde{x}^\sigma}{\partial x^\nu}$$

の関係が成り立ち, 計量 $g_{\mu\nu}$ は 2 階のテンソルとして振る舞うことがわかる. □

### 2.1.3 平行移動と共変微分

後に述べる一般相対性理論の基本原理である一般相対性原理より, 一般相対性理論における基礎方程式は一般座標変換に対してその形を変えない (共変的である) ことが要求される. つまり, 基礎方程式はベクトルやテンソルで表される物理量を用いて記述されるが, その方程式もテンソル形式で表す必要がある. 基礎方程式の多くは微分方程式で記述されるため, ベクトルやテンソルとして振る舞う微分をまず定義しておく.

---

**例題 2.2** ベクトル場 $A^\mu$ の偏微分 $\dfrac{\partial \Lambda^\mu}{\partial x^\nu}$ はテンソルでないことを示せ.

---

解 ベクトル場 $A^\mu$ の偏微分は

$$\frac{\partial \tilde{A}^\alpha}{\partial \tilde{x}^\beta} = \frac{\partial x^\nu}{\partial \tilde{x}^\beta} \frac{\partial}{\partial x^\nu} \left( \frac{\partial \tilde{x}^\alpha}{\partial x^\mu} A^\mu \right) = \frac{\partial x^\nu}{\partial \tilde{x}^\beta} \frac{\partial \tilde{x}^\alpha}{\partial x^\mu} \frac{\partial A^\mu}{\partial x^\nu} + \frac{\partial x^\nu}{\partial \tilde{x}^\beta} \frac{\partial^2 \tilde{x}^\alpha}{\partial x^\nu \partial x^\mu} A^\mu$$

となるが, 一般に第 2 項はゼロではないためテンソルとしては振る舞わない. □

このようにベクトルやテンソルで表される物理量の偏微分はテンソルにならないので, そのままでは一般相対性原理を満たす基礎方程式を記述するのに適当でない. どのような微分が曲がった時空では適当なのであろうか.

どうしてベクトルの偏微分はテンソルにならないのであろうか? 2つの微小に離れた2点をP($x$), Q($x + \Delta x$)とすると, 点Pにおける偏微分は

$$\frac{\partial A^\mu}{\partial x^\nu} \equiv \lim_{\Delta x^\nu \to 0} \frac{A^\mu(\text{Q}) - A^\mu(\text{P})}{\Delta x^\nu}$$

で与えられるが, 離れた2点で考えた2つのベクトル $A^\mu(\text{P})$ と $A^\mu(\text{Q})$ はベクトルとしての変換行列が異なるため, その差はベクトルの変換則を満たさない. その結果, 偏微分はテンソルにならないのである. 離れた2点の2つのベクトルの差がベクトルになるためには, ベクトル $A^\mu(\text{P})$ と等価なベクトル $A^\mu_{/\!/}(\text{Q})$ を点Qに用意し, $A^\mu(\text{Q})$ との差を取ればよい. この等価なベクトル $A^\mu_{/\!/}(\text{Q})$ はもとのベクトル $A^\mu(\text{P})$ を点Qまで**平行移動**することによって得られる.

　2つのベクトルの成分の差がベクトルにならない理由は2点P, Qでの座標基底が異なることに起因する. したがって座標の基底がどのように変化するかを定めれば, ベクトルの平行移動がわかり, 曲がった時空での微分が定義できる.

　まず座標の基底ベクトルを $\{e_\mu\}$ ($\mu = 0, 1, 2, 3$) とする. ここで添え字はベクトルの成分を表すのではなく, 4次元時空の独立な4つの基底(時間1方向と空間3方向)を表し

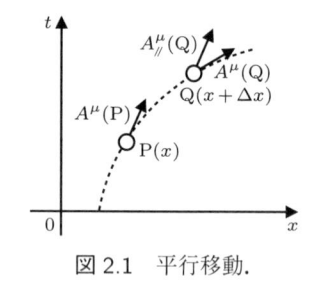

図 2.1　平行移動.

ている. 曲がった時空ではこの基底ベクトルは場所に依存し, $e_\mu(x)$ のように表される. このとき微小に離れた2点P($x$)とQ($x + \Delta x$)の間の基底の関係は

$$e_\mu(x + \Delta x) = e_\mu(x) + \frac{\partial e_\mu}{\partial x^\nu}\Delta x^\nu$$

で表される. このずれ $\dfrac{\partial e_\mu}{\partial x^\nu}$ は基底ベクトル $\{e_\mu(x)\}$ の1次結合で表されるので, それを

$$\frac{\partial e_\mu}{\partial x^\nu} = e_\rho \mathcal{C}^\rho{}_{\mu\nu} \tag{2.6}$$

と表す. ここで $\mathcal{C}^\rho{}_{\mu\nu}$ は1次結合の係数で, 基底を移動したときの変化量を与える. $\mathcal{C}^\rho{}_{\mu\nu}$ を与え, 基底の変化を

$$e_\mu(x + \Delta x) = e_\mu(x) + e_\rho \mathcal{C}^\rho{}_{\mu\nu}\Delta x^\nu \tag{2.7}$$

のように表すと, すぐ隣の基底が前の基底とどのようにつながっているかを決定できるので, $\mathcal{C}^\rho{}_{\mu\nu}$ は**アフィン接続係数**と呼ばれる.

---

**例題 2.3**　基底の変化が (2.7) で与えられるとき, ベクトル $A^\mu(x)$ を点 $x^\mu + \Delta x^\mu$ まで平行移動して得られるベクトル ($A^\mu(x)$ と等価なベクトル) は

$$A^\mu_{/\!/}(x + \Delta x) = A^\mu(x) - \mathcal{C}^\mu{}_{\beta\alpha}(x)A^\beta(x)\Delta x^\alpha$$

で与えられることを示せ.

---

　$\boxed{\text{解}}$　点 $x^\mu$ におけるベクトル $A^\mu(x)$ と同じベクトルを点 $x^\mu + \Delta x^\mu$ で考えるには基底の変化を考慮する必要があり, その関係は

$$\boldsymbol{A} = A^\mu(x)\boldsymbol{e}_\mu(x) = A^\mu_{/\!/}(x + \Delta x)\boldsymbol{e}_\mu(x + \Delta x)$$

で与えられる．基底ベクトルの変化は (2.7) で与えられるので

$$A^\mu(x)\boldsymbol{e}_\mu(x) = A^\mu_{/\!/}(x+\Delta x)\boldsymbol{e}_\mu(x) + A^\beta_{/\!/}(x+\Delta x)\mathcal{C}^\mu_{\ \beta\alpha}\Delta x^\alpha\boldsymbol{e}_\mu(x)$$

となり，$\Delta x$ の 2 次以上を無視すると右辺第 2 項で $A^\beta_{/\!/}(x+\Delta x) \approx A^\beta(x)$ と置けるので，

$$A^\mu_{/\!/}(x+\Delta x) = A^\mu(x) - \mathcal{C}^\mu_{\ \beta\alpha}(x)A^\beta(x)\Delta x^\alpha$$

となる．このずれは平行移動により基底ベクトルが変化することによるものである． □

$A^\mu_{/\!/}(x+\Delta x)$ は $A^\mu(x)$ を平行移動したもので，ベクトルとしては $A^\mu(x)$ と等価であると考えられるが，変換性は点 $x^\mu + \Delta x^\mu$ におけるベクトルの性質を持っている．そこで反変ベクトル $A^\mu(x)$ の微分として

$$\nabla_\nu A^\mu \equiv \lim_{\Delta x^\nu \to 0} \frac{A^\mu(x^\nu + \Delta x^\nu) - A^\mu_{/\!/}(x^\nu + \Delta x^\nu)}{\Delta x^\nu} = \frac{\partial A^\mu}{\partial x^\nu} + \mathcal{C}^\mu_{\ \rho\nu}A^\rho \tag{2.8}$$

を考えると，この微分はテンソルとして振る舞う．これを**共変微分**と呼ぶ．

スカラー場は座標系の取り方（基底）によらないので，その共変微分は通常の偏微分と同じである．つまりスカラー場 $\phi(x)$ に対して

$$\nabla_\mu \phi = \frac{\partial \phi}{\partial x^\mu} = \partial_\mu \phi \tag{2.9}$$

である．

---

**例題 2.4** 共変ベクトル $A_\mu$ の共変微分が

$$\nabla_\nu A_\mu = \partial_\nu A_\mu - \mathcal{C}^\rho_{\ \mu\nu}A_\rho$$

で与えられることを示せ．

---

解 共変ベクトル $A_\mu$ と反変ベクトル $B^\mu$ の縮約 $A_\mu B^\mu$ の微分を考える．

$$\nabla_\nu(A_\mu B^\mu) = A_\mu\nabla_\nu B^\mu + B^\mu\nabla_\nu A_\mu = A_\mu\partial_\nu B^\mu + A_\mu\mathcal{C}^\mu_{\ \nu\rho}B^\rho + B^\mu\nabla_\nu A_\mu$$

であるが，縮約 $A_\mu B^\mu$ はスカラーであるので

$$\nabla_\nu(A_\mu B^\mu) = \partial_\nu(A_\mu B^\mu) = A_\mu\partial_\nu B^\mu + B^\mu\partial_\nu A_\mu$$

となる．この 2 式が等しいので，$\rho$ と $\mu$ の添字を入れ替え，まとめると

$$B^\mu\left(A_\rho\mathcal{C}^\rho_{\ \mu\nu} + \nabla_\nu A_\mu - \partial_\nu A_\mu\right) = 0$$

が得られるが，$B^\mu$ は任意のベクトルであるので，共変ベクトル $A_\mu$ の共変微分は $\nabla_\nu A_\mu = \partial_\nu A_\mu - \mathcal{C}^\rho_{\ \mu\nu}A_\rho$ となる． □

同様にして一般のテンソル $T^{\mu\nu\cdots}_{\ \alpha\beta\cdots}$ の共変微分は

$$\nabla_\lambda T^{\mu\nu\cdots}_{\ \alpha\beta\cdots} = \partial_\lambda T^{\mu\nu\cdots}_{\ \alpha\beta\cdots} + \mathcal{C}^\mu_{\ \rho\lambda}T^{\rho\nu\cdots}_{\ \alpha\beta\cdots} + \mathcal{C}^\nu_{\ \rho\lambda}T^{\mu\rho\cdots}_{\ \alpha\beta\cdots} + \cdots$$
$$- \mathcal{C}^\rho_{\ \alpha\lambda}T^{\mu\nu\cdots}_{\ \rho\beta\cdots} - \mathcal{C}^\rho_{\ \beta\lambda}T^{\mu\nu\cdots}_{\ \alpha\rho\cdots} - \cdots \tag{2.10}$$

で与えられる.

　上で定義された共変微分は基底が場所によることが反映されたものので，必ずしも曲がった時空に特有のものではない．実際，平坦なユークリッド空間でも極座標などの曲線座標では，微分はデカルト座標のときとは異なり，アフィン接続係数を用いて共変微分によって表すこともできる[*2]．

---

**例題 2.5**　平行移動によってベクトルの大きさが変わらないとするとき

$$\nabla_\alpha g_{\mu\nu} \equiv \partial_\alpha g_{\mu\nu} - \mathcal{C}^\beta{}_{\alpha\mu} g_{\beta\nu} - \mathcal{C}^\beta{}_{\nu\alpha} g_{\mu\beta} = 0 \tag{2.11}$$

となることを示せ．ここでベクトル $A^\mu$ の大きさの 2 乗は $g_{\mu\nu} A^\mu A^\nu$ で定義される．

---

　$\boxed{\text{解}}$　$A^\mu(x)$ を平行移動して得られるベクトル場とすると，$\nabla_\alpha A^\mu = \partial_\alpha A^\mu + \mathcal{C}^\mu{}_{\rho\alpha} A^\rho = 0$ である．ベクトル場 $A^\mu(x)$ の大きさは平行移動により変わらないので

$$\partial_\alpha(g_{\mu\nu} A^\mu A^\nu) = A^\mu A^\nu \partial_\alpha g_{\mu\nu} + g_{\mu\nu} A^\nu \partial_\alpha A^\mu + g_{\mu\nu} A^\mu \partial_\alpha A^\nu = 0$$

となる．ここで $\partial_\alpha A^\mu = -\mathcal{C}^\mu{}_{\rho\alpha} A^\rho$ を用いると

$$\partial_\alpha(g_{\mu\nu} A^\mu A^\nu) = A^\mu A^\nu\bigl(\partial_\alpha g_{\mu\nu} - g_{\beta\nu} \mathcal{C}^\beta{}_{\mu\alpha} - g_{\mu\beta} \mathcal{C}^\beta{}_{\nu\alpha}\bigr) = A^\mu A^\nu \nabla_\alpha g_{\mu\nu} = 0$$

となるが，$A^\mu$ は任意のベクトルであるので，$\nabla_\alpha g_{\mu\nu} = 0$ が得られる．　□

　ここで示したように，平行移動によりベクトルの大きさが変わらない条件は**計量条件**(2.11) で与えられる．

---

**例題 2.6**　計量条件を満たす場合を考える．このときアフィン接続 $\mathcal{C}^\mu{}_{\rho\sigma}$ の対称部分 $\mathcal{C}^\mu{}_{(\rho\sigma)} \equiv \frac{1}{2}\bigl(\mathcal{C}^\mu{}_{\rho\sigma} + \mathcal{C}^\mu{}_{\sigma\rho}\bigr)$ を計量およびその微分を用いて表せ．

---

　$\boxed{\text{解}}$　計量条件と添え字の入れ替えの対称性より

$$0 = \nabla_\mu g_{\nu\alpha} + \nabla_\nu g_{\alpha\mu} - \nabla_\alpha g_{\mu\nu} = \partial_\mu g_{\nu\alpha} + \partial_\nu g_{\alpha\mu} - \partial_\alpha g_{\mu\nu} - \bigl(\mathcal{C}^\rho{}_{\nu\mu} + \mathcal{C}^\rho{}_{\mu\nu}\bigr) g_{\rho\alpha}$$
$$= \partial_\mu g_{\nu\alpha} + \partial_\nu g_{\alpha\mu} - \partial_\alpha g_{\mu\nu} - 2\mathcal{C}^\rho{}_{(\mu\nu)} g_{\rho\alpha}$$

となり，対称部分は

$$\mathcal{C}^\rho{}_{(\mu\nu)} = \frac{1}{2} g^{\rho\sigma}\bigl(\partial_\nu g_{\mu\sigma} + \partial_\mu g_{\sigma\nu} - \partial_\sigma g_{\mu\nu}\bigr)$$

となる．　□

　このアフィン接続の対称部分を改めて

$$\Gamma^\mu{}_{\rho\sigma} \equiv \frac{1}{2} g^{\mu\nu}\left(\frac{\partial g_{\rho\nu}}{\partial x^\sigma} + \frac{\partial g_{\nu\sigma}}{\partial x^\rho} - \frac{\partial g_{\rho\sigma}}{\partial x^\mu}\right) \tag{2.12}$$

として定義し直す．この接続 $\Gamma^\mu{}_{\nu\rho}$ は **Christoffel 記号**（または **Levi-Civita 接続**）と呼

---

[*2]　ベクトル解析では通常この共変微分ではなく，トライアド（三脚場）を用いた微分で定義される．

ばれ，計量の 1 階微分で与えられる．

一方，アフィン接続の反対称部分 $T^{\mu}{}_{\rho\sigma} \equiv \mathcal{C}^{\mu}{}_{\rho\sigma} - \mathcal{C}^{\mu}{}_{\sigma\rho} \equiv 2\mathcal{C}^{\mu}{}_{[\rho\sigma]}$ はトーション（捩率）と呼ばれ，時空の捩れを表す．Christoffel 記号は計量の微分で表されるのに対しこのトーションは計量とは独立な幾何学量となる[*3]．

Einstein は最も簡単な場合としてトーションがない Riemann 幾何学を考え，**一般相対性理論**を完成した．計量条件やトーションゼロの条件はあくまで仮定であるが，本書では Einstein にならい，最も簡単な場合である Riemann 幾何学を基礎にした重力理論（一般相対性理論）を考える．以下ではアフィン接続係数は Christoffel 記号 $\Gamma^{\mu}{}_{\rho\sigma}$ とし，計量の微分で与えられるものとする．

### 2.1.4 曲率

前に等価原理より自由落下系に移ることで重力を消すことができるといった．しかし，本当に重力を完全に消すことができるのであろうか? 実は重力を消すことができる局所慣性系は考えている点近傍の無限小の領域でしか設定できない．つまりその点から少しでも離れた場所では重力は消えないのである．

よく知っている具体例としては**潮汐力**がある．潮の満ち引きを引き起こす潮汐力は主に月の重力によるものである．地球が月に向かって自由落下していると考えると，地球の中心では月の重力は消滅するが地表では月に近いほうと遠いほうで重力差（潮汐力）が生じ，潮の満ち引きが起こる．この潮汐力は曲がった時空ではどのように表されるのであろうか?

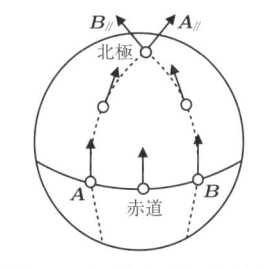

曲がった時空（空間）の特徴は，ベクトルをある点から別の点に平行移動させた場合，経路が異なると平行移動したベクトルも違ってくるという点にある．平面上でベクトルを平行移動した場合，その結果は経路によらないが，球面上では違ってくる．例えば，図 2.2 のように赤道上のある地点にベクトル $\boldsymbol{A}$ があり，それを直接北極点に向かって平行移動するとベクトル $\boldsymbol{A}_{/\!/}$ になる．一方，ベクトル $\boldsymbol{A}$ を赤道に沿って平行移動したベクトル $\boldsymbol{B}$ を北極点に向かって平行移動す

図 2.2　球面上の平行移動．

るとベクトル $\boldsymbol{B}_{/\!/}$ になる．これは前のベクトル $\boldsymbol{A}_{/\!/}$ に一致しない．このずれは空間（曲面）の曲がりが原因だと理解できる．

ずれを定量的に表すため，図 2.3 のような微小に離れた 2 点 P, Q を結ぶ 2 つの経路 $C_{\mathrm{I}}$（P $\to$ R $\to$ Q）と $C_{\mathrm{II}}$（P $\to$ S $\to$ Q）を考えよう．ここで，PR 間と SQ 間の座標の差を $dx_{\mathrm{I}}^{\mu}$ に PS 間と RQ 間の差を $dx_{\mathrm{II}}^{\mu}$ とする．

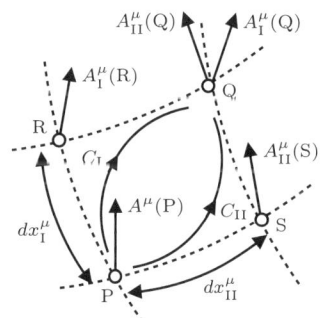

その 2 つの経路に沿ってベクトル $A^{\mu}(\mathrm{P})$ を平行移動して得られた 2 つのベクトル $A_{\mathrm{I}}^{\mu}(\mathrm{Q})$ と $A_{\mathrm{II}}^{\mu}(\mathrm{Q})$ の差は，ベクトル場 $A^{\mu}(\mathrm{P})$ および移動する 2 つの座標差 $dx_{\mathrm{I}}^{\beta}$, $dx_{\mathrm{II}}^{\gamma}$ に比例すると考えられるので，

図 2.3　2 つの経路に沿った平行移動．

---

[*3]　トーションはテンソルであるが，後（3.1 節）に示すように Christoffel 記号はテンソルではない．

$$A_{\text{II}}^{\mu}(\text{Q}) - A_{\text{I}}^{\mu}(\text{Q}) = R^{\mu}{}_{\alpha\beta\gamma}(\text{P})A^{\alpha}(\text{P})dx_{\text{I}}^{\beta}dx_{\text{II}}^{\gamma} \qquad (2.13)$$

と表されるであろう．ここで $R^{\mu}{}_{\alpha\beta\gamma}(\text{P})$ は比例係数である．

**例題 2.7** (2.13) 式の比例係数 $R^{\mu}{}_{\alpha\beta\gamma}(\text{P})$ を Christoffel 記号 $\Gamma^{\mu}{}_{\nu\rho}$ および，その微分を用いて表せ．

$\boxed{\text{解}}$ 前に求めた平行移動の定義から

$$A_{\text{I}}^{\mu}(\text{Q}) = A_{\text{I}}^{\mu}(\text{R}) - \Gamma^{\mu}{}_{\nu\rho}(\text{R})A_{\text{I}}^{\nu}(\text{R})dx_{\text{II}}^{\rho}, \quad A_{\text{I}}^{\mu}(\text{R}) = A^{\mu}(\text{P}) - \Gamma^{\mu}{}_{\nu\rho}(\text{P})A^{\nu}(\text{P})dx_{\text{I}}^{\rho},$$

$$A_{\text{II}}^{\mu}(\text{Q}) = A_{\text{II}}^{\mu}(\text{S}) - \Gamma^{\mu}{}_{\nu\rho}(\text{S})A_{\text{II}}^{\nu}(\text{S})dx_{\text{I}}^{\rho}, \quad A_{\text{II}}^{\mu}(\text{S}) = A^{\mu}(\text{P}) - \Gamma^{\mu}{}_{\nu\rho}(\text{P})A^{\nu}(\text{P})dx_{\text{II}}^{\rho}$$

である．また，P, R および P, S はそれぞれ座標差 $dx_{\text{I}}^{\sigma}$ および $dx_{\text{II}}^{\sigma}$ だけ離れているので，

$$\Gamma^{\mu}{}_{\nu\rho}(\text{R}) = \Gamma^{\mu}{}_{\nu\rho}(\text{P}) + \partial_{\sigma}\Gamma^{\mu}{}_{\nu\rho}(\text{P})dx_{\text{I}}^{\sigma}, \quad \Gamma^{\mu}{}_{\nu\rho}(\text{S}) = \Gamma^{\mu}{}_{\nu\rho}(\text{P}) + \partial_{\sigma}\Gamma^{\mu}{}_{\nu\rho}(\text{P})dx_{\text{II}}^{\sigma}$$

となる．これらの式を使って (2.13) 式の形に表すと，比例係数 $R^{\mu}{}_{\alpha\beta\gamma}(\text{P})$ は

$$R^{\mu}{}_{\alpha\beta\gamma} = \partial_{\beta}\Gamma^{\mu}{}_{\alpha\gamma} - \partial_{\gamma}\Gamma^{\mu}{}_{\alpha\beta} + \Gamma^{\mu}{}_{\nu\beta}\Gamma^{\nu}{}_{\alpha\gamma} - \Gamma^{\mu}{}_{\nu\gamma}\Gamma^{\nu}{}_{\alpha\beta} \qquad (2.14)$$

で与えられる． $\qquad\qquad\qquad\qquad\qquad\qquad\qquad\qquad\qquad\qquad\qquad\qquad\qquad\quad \square$

比例係数 $R^{\mu}{}_{\alpha\beta\gamma}$ は空間の曲がり方を表す幾何学量で，**Riemann 曲率**と呼ばれる．

**例題 2.8** 任意の反変ベクトル $A^{\mu}$ および共変ベクトル $B_{\mu}$ に対して

$$[\nabla_{\rho}, \nabla_{\sigma}]A^{\mu} = R^{\mu}{}_{\nu\rho\sigma}A^{\nu}, \qquad (2.15)$$

$$[\nabla_{\rho}, \nabla_{\sigma}]B_{\mu} = -R^{\nu}{}_{\mu\rho\sigma}B_{\nu} \qquad (2.16)$$

を示せ．ただし，交換関係を $[\nabla_{\rho}, \nabla_{\sigma}] = \nabla_{\rho}\nabla_{\sigma} - \nabla_{\sigma}\nabla_{\rho}$ で定義する．

$\boxed{\text{解}}$ 反変ベクトルの微分の交換関係は

$$[\nabla_{\rho}, \nabla_{\sigma}]A^{\mu} = (\nabla_{\rho}\nabla_{\sigma} - \nabla_{\sigma}\nabla_{\rho})A^{\mu} = \nabla_{\rho}(\nabla_{\sigma}A^{\mu}) - \nabla_{\sigma}(\nabla_{\rho}A^{\mu})$$

であるが，共変微分を具体的に書くと

$$\begin{aligned}
\nabla_{\rho}(\nabla_{\sigma}A^{\mu}) &= \partial_{\rho}(\nabla_{\sigma}A^{\mu}) - \Gamma^{\tau}{}_{\sigma\rho}(\nabla_{\tau}A^{\mu}) + \Gamma^{\mu}{}_{\tau\rho}(\nabla_{\sigma}A^{\tau}) \\
&= \partial_{\rho}(\partial_{\sigma}A^{\mu} + \Gamma^{\mu}{}_{\nu\sigma}A^{\nu}) - \Gamma^{\tau}{}_{\sigma\rho}(\partial_{\tau}A^{\mu} + \Gamma^{\mu}{}_{\nu\tau}A^{\nu}) + \Gamma^{\mu}{}_{\tau\rho}(\partial_{\sigma}A^{\tau} + \Gamma^{\tau}{}_{\nu\sigma}A^{\nu}) \\
&= \partial_{\rho}\partial_{\sigma}A^{\mu} + \partial_{\rho}\Gamma^{\mu}{}_{\nu\sigma}A^{\nu} + \Gamma^{\mu}{}_{\nu\sigma}\partial_{\rho}A^{\nu} - \Gamma^{\tau}{}_{\sigma\rho}\partial_{\tau}A^{\mu} \\
&\quad - \Gamma^{\tau}{}_{\sigma\rho}\Gamma^{\mu}{}_{\nu\tau}A^{\nu} + \Gamma^{\mu}{}_{\nu\rho}\partial_{\sigma}A^{\nu} + \Gamma^{\mu}{}_{\tau\rho}\Gamma^{\tau}{}_{\nu\sigma}A^{\nu}
\end{aligned}$$

となる．ここで $\rho$ と $\sigma$ を入れ替えたものを引くと

$$(\partial_{\rho}\Gamma^{\mu}{}_{\nu\sigma} - \partial_{\sigma}\Gamma^{\mu}{}_{\nu\rho} + \Gamma^{\mu}{}_{\tau\rho}\Gamma^{\tau}{}_{\nu\sigma} - \Gamma^{\mu}{}_{\tau\sigma}\Gamma^{\tau}{}_{\nu\rho})A^{\nu} = R^{\mu}{}_{\nu\rho\sigma}A^{\nu}$$

となる．したがって $[\nabla_{\rho}, \nabla_{\sigma}]A^{\mu} = R^{\mu}{}_{\nu\rho\sigma}A^{\nu}$ が得られる．

一方，スカラー量 $A^\mu B_\mu$ に対しては共変微分は交換可能であるので $[\nabla_\rho, \nabla_\sigma](A^\mu B_\mu) = 0$ である．つまり

$$[\nabla_\rho, \nabla_\sigma](A^\mu B_\mu) = \nabla_\rho(A^\mu \nabla_\sigma B_\mu) + \nabla_\rho(B_\mu \nabla_\sigma A^\mu) - [\nabla_\sigma(A^\mu \nabla_\rho B_\mu) + \nabla_\sigma(B_\mu \nabla_\rho A^\mu)]$$
$$= B_\mu[\nabla_\rho, \nabla_\sigma]A^\mu + A^\mu[\nabla_\rho, \nabla_\sigma]B_\mu = 0$$

となる．前の結果 $[\nabla_\rho, \nabla_\sigma]A^\mu = R^\mu{}_{\nu\rho\sigma}A^\nu$ を用いると

$$B_\mu R^\mu{}_{\nu\rho\sigma}A^\nu + A^\mu[\nabla_\rho, \nabla_\sigma]B_\mu = A^\mu([\nabla_\rho, \nabla_\sigma]B_\mu + B_\nu R^\nu{}_{\mu\rho\sigma}) = 0$$

となる．$A^\mu$ が任意のベクトルであるので $[\nabla_\rho, \nabla_\sigma]B_\mu = -R^\nu{}_{\mu\rho\sigma}B_\nu$ が得られる． □

同様に，任意のテンソル $T^{\mu\nu\cdots}{}_{\alpha\beta\cdots}$ に対しても

$$[\nabla_\rho, \nabla_\sigma]T^{\mu\nu\cdots}{}_{\alpha\beta\cdots} = R^\mu{}_{\lambda\rho\sigma}T^{\lambda\nu\cdots}{}_{\alpha\beta\cdots} + R^\nu{}_{\lambda\rho\sigma}T^{\mu\lambda\cdots}{}_{\alpha\beta\cdots} + \cdots$$
$$- R^\lambda{}_{\alpha\rho\sigma}T^{\mu\nu\cdots}{}_{\lambda\beta\cdots} - R^\lambda{}_{\beta\rho\sigma}T^{\mu\nu\cdots}{}_{\alpha\lambda\cdots} - \cdots \tag{2.17}$$

を示すことができる．

この Riemann 曲率は 4 階のテンソルで，4 次元（$\mu = 0, 1, 2, 3$）であることを考慮すると，$4^4 = 256$ 個の成分を持つ．しかしながらそのすべてが独立ではない．

---

**例題 2.9**　Riemann 曲率は次の対称性を持つことを証明せよ．

$$R_{\mu\nu\rho\sigma} = -R_{\nu\mu\rho\sigma}, \quad R_{\mu\nu\rho\sigma} = -R_{\mu\nu\sigma\rho}, \tag{2.18}$$
$$R_{\mu\nu\rho\sigma} + R_{\mu\rho\sigma\nu} + R_{\mu\sigma\nu\rho} = 0. \tag{2.19}$$

ここで $R_{\mu\nu\rho\sigma} \equiv g_{\mu\alpha}R^\alpha{}_{\nu\rho\sigma}$ である．

---

解 Riemann 曲率の定義 (2.14) よりすべて下付きの添え字にすると

$$R_{\mu\nu\rho\sigma} = g_{\mu\alpha}R^\alpha{}_{\nu\rho\sigma} = \partial_\rho\Gamma_{\mu\nu\sigma} - \partial_\sigma\Gamma_{\mu\nu\rho} + g^{\alpha\beta}\Gamma_{\mu\alpha\rho}\Gamma_{\beta\nu\sigma} - g^{\alpha\beta}\Gamma_{\mu\alpha\sigma}\Gamma_{\beta\nu\rho}$$
$$= \frac{1}{2}[\partial_\nu\partial_\rho g_{\mu\sigma} - \partial_\nu\partial_\sigma g_{\mu\rho} - \partial_\mu\partial_\rho g_{\nu\sigma} + \partial_\mu\partial_\sigma g_{\nu\rho}] - g_{\alpha\beta}\Gamma^\beta{}_{\mu\rho}\Gamma^\alpha{}_{\nu\sigma} + g_{\alpha\beta}\Gamma^\beta{}_{\mu\sigma}\Gamma^\alpha{}_{\nu\rho}$$

となる．よって $\mu, \nu$ および $\rho, \sigma$ の入れ替えに対して反対称となり，(2.18) 式が成り立つ．

また，Christoffel 記号の対称性を用いると非線形項は打ち消し合い，

$$R_{\mu\nu\rho\sigma} + R_{\mu\rho\sigma\nu} + R_{\mu\sigma\nu\rho} = \frac{1}{2}[\partial_\nu\partial_\rho g_{\mu\sigma} - \partial_\nu\partial_\sigma g_{\mu\rho} - \partial_\mu\partial_\rho g_{\nu\sigma} + \partial_\mu\partial_\sigma g_{\nu\rho}]$$
$$+ \frac{1}{2}[\partial_\rho\partial_\sigma g_{\mu\nu} - \partial_\rho\partial_\nu g_{\mu\sigma} - \partial_\mu\partial_\sigma g_{\nu\rho} + \partial_\mu\partial_\rho g_{\sigma\rho}]$$
$$+ \frac{1}{2}[\partial_\sigma\partial_\nu g_{\mu\rho} - \partial_\sigma\partial_\rho g_{\mu\nu} - \partial_\mu\partial_\nu g_{\sigma\rho} + \partial_\mu\partial_\rho g_{\sigma\nu}] = 0$$

となる． □

ここでは Riemann テンソルを Christoffel 記号で表しこれらの対称性を示したが，実はこれらの対称性は計量条件を満たすより一般的な接続の場合でも成り立つ．(2.18) 式のはじめの関係式は定義式 $[\nabla_\rho, \nabla_\sigma]A^\mu = R^\mu{}_{\nu\rho\sigma}A^\nu$ より明らかである．(2.18) 式の後ろの関

係式は，計量条件と (2.17) 式より

$$[\nabla_\rho, \nabla_\nu]g_{\mu\sigma} = -R^\alpha{}_{\mu\rho\nu}g_{\alpha\sigma} - R^\alpha{}_{\sigma\rho\nu}g_{\mu\alpha} = -R_{\sigma\mu\rho\nu} - R_{\mu\sigma\rho\nu} = 0$$

となるので成立する.

また $\nabla_\tau([\nabla_\rho, \nabla_\sigma]A^\mu)$ を計算すると

$$[\nabla_\rho, \nabla_\sigma](\nabla_\tau A^\mu) = -R^\nu{}_{\tau\rho\sigma}\nabla_\nu A^\mu + R^\mu{}_{\nu\rho\sigma}\nabla_\tau A^\nu$$

となる. 一方,

$$\nabla_\tau(R^\mu{}_{\nu\rho\sigma}A^\nu) = \nabla_\tau R^\mu{}_{\nu\rho\sigma}A^\nu + R^\mu{}_{\nu\rho\sigma}\nabla_\tau A^\nu$$

であるので，この 2 つの式を等しく置くと

$$\nabla_\tau([\nabla_\rho, \nabla_\sigma]A^\mu) - [\nabla_\rho, \nabla_\sigma](\nabla_\tau A^\mu) = \nabla_\tau R^\mu{}_{\nu\rho\sigma}A^\nu + R^\nu{}_{\tau\rho\sigma}\nabla_\nu A^\mu$$

となる. 次に $\tau, \rho, \sigma$ の添え字を巡回させると

$$\nabla_\rho([\nabla_\sigma, \nabla_\tau]A^\mu) - [\nabla_\sigma, \nabla_\tau](\nabla_\rho A^\mu) = \nabla_\rho R^\mu{}_{\nu\sigma\tau}A^\nu + R^\nu{}_{\rho\sigma\tau}\nabla_\nu A^\mu,$$

$$\nabla_\sigma([\nabla_\tau, \nabla_\rho]A^\mu) - [\nabla_\tau, \nabla_\rho](\nabla_\sigma A^\mu) = \nabla_\sigma R^\mu{}_{\nu\tau\rho}A^\nu + R^\nu{}_{\sigma\tau\rho}\nabla_\nu A^\mu$$

となる. 3 つの式を加えると左辺は交換関係に関する Jacobi の恒等式と等しく

$$([\nabla_\tau, [\nabla_\rho, \nabla_\sigma]] + [\nabla_\rho, [\nabla_\sigma, \nabla_\tau]] + [\nabla_\sigma, [\nabla_\tau, \nabla_\rho]])A^\mu \equiv 0$$

となる. したがって右辺を $A^\nu$ と $\nabla_\nu A^\mu$ でまとめると

$$(\nabla_\tau R^\mu{}_{\nu\rho\sigma} + \nabla_\rho R^\mu{}_{\nu\sigma\tau} + \nabla_\sigma R^\mu{}_{\nu\tau\rho})A^\nu + (R^\nu{}_{\tau\rho\sigma} + R^\nu{}_{\rho\sigma\tau} + R^\nu{}_{\sigma\tau\rho})\nabla_\nu A^\mu = 0$$

となる. $A^\nu$ と $\nabla_\nu A^\mu$ は独立なのでそれぞれの係数がゼロ，つまり

$$\nabla_\tau R^\mu{}_{\nu\rho\sigma} + \nabla_\rho R^\mu{}_{\nu\sigma\tau} + \nabla_\sigma R^\mu{}_{\nu\tau\rho} = 0 \tag{2.20}$$

および (2.19) 式が成り立つ.

関係式 (2.18) より Riemann 曲率 $R_{\mu\nu\rho\sigma}$ は前後 2 つの添え字の入れ替えに対して反対称となるため独立な成分は $6 \times 6 = 36$ 個までしぼられる. また関係式 (2.19) によりさらに何通りの条件が課されるかを考えると，まず $\mu$ を一つ決める決め方が 4 通りある. 次に $\nu, \rho, \sigma$ の添字のうち 2 つが等しい場合は (2.18) を用いると自明となるため新しい条件を与えない. すべての添字が異なるのは ${}_4\mathrm{C}_3 = 4$ 通りとなり，それらは新しい条件を与える. よって Riemann 曲率の独立成分の数は $36 - 4 \times 4 = 20$ 個となる.

また，(2.20) 式は **Bianchi 恒等式**と呼ばれる. この Bianchi 恒等式は，Riemann 曲率の対称性ではないので，Riemann 曲率の独立成分の数の勘定には関係しない. Bianchi 恒等式は曲率の定義式からも示すことができるが少々煩雑である.

**例題 2.10** Riemann 曲率が対称性

$$R_{\mu\nu\rho\sigma} = R_{\rho\sigma\mu\nu} \tag{2.21}$$

を満たすことを示せ. また, **Ricci** テンソル $R_{\mu\nu} \equiv R^{\rho}{}_{\mu\rho\nu}$ は添え字の入れ替えに対して対称 ($R_{\mu\nu} = R_{\nu\mu}$) となることを証明し, 縮約された Bianchi 恒等式

$$\nabla^{\nu} R_{\mu\nu} - \frac{1}{2}\nabla_{\mu} R \equiv 0 \tag{2.22}$$

が成り立つことを示せ. ここで, $R \equiv g^{\mu\nu} R_{\mu\nu}$ をスカラー曲率と呼ぶ.

解 関係式 (2.19) の添え字を循環させると

$$R_{\mu\nu\alpha\beta} + R_{\mu\alpha\beta\nu} + R_{\mu\beta\nu\alpha} = 0, \quad -R_{\nu\alpha\beta\mu} - R_{\nu\beta\mu\alpha} - R_{\nu\mu\alpha\beta} = 0,$$

$$R_{\beta\mu\nu\alpha} + R_{\beta\nu\alpha\mu} + R_{\beta\alpha\mu\nu} = 0, \quad -R_{\alpha\beta\mu\nu} - R_{\alpha\mu\nu\beta} - R_{\alpha\nu\beta\mu} = 0,$$

となる. Riemann 曲率の 1, 2 番目の添え字および 3, 4 番目の添え字の反対称性に注意して両辺を足し合わせると $2(R_{\mu\nu\alpha\beta} - R_{\alpha\beta\mu\nu}) = 0$ となり, (2.21) 式が成り立つ.

Ricci テンソルの添え字の入れ替え, 差を取ると

$$R_{\mu\nu} - R_{\nu\mu} = R^{\alpha}{}_{\mu\alpha\nu} - R^{\alpha}{}_{\nu\alpha\mu} = g^{\alpha\beta}(R_{\beta\mu\alpha\nu} - R_{\beta\nu\alpha\mu}) = g^{\alpha\beta}(R_{\beta\mu\alpha\nu} - R_{\alpha\nu\beta\mu}) = 0$$

となり, Ricci テンソルは添字の入れ替えに対して対称であることがわかる.

また, Bianchi 恒等式 (2.20) において $\rho = \mu$ として縮約を取ると

$$\nabla_{\alpha} R^{\mu}{}_{\nu\mu\gamma} + \nabla_{\mu} R^{\mu}{}_{\nu\gamma\alpha} + \nabla_{\gamma} R^{\mu}{}_{\nu\alpha\mu} = \nabla_{\alpha} R_{\nu\gamma} + \nabla_{\mu} R^{\mu}{}_{\nu\gamma\alpha} - \nabla_{\gamma} R_{\nu\alpha} = 0$$

となる. ここで対称性 (2.21) を用いた. 両辺に $g^{\nu\gamma}$ をかけると,

$$\nabla_{\alpha} g^{\nu\gamma} R_{\nu\gamma} + \nabla^{\mu}(g^{\nu\gamma} R_{\mu\nu\gamma\alpha}) - g^{\nu\gamma}\nabla_{\gamma} R_{\nu\alpha} = \nabla_{\alpha} R - \nabla^{\mu} R_{\mu\alpha} - \nabla^{\nu} R_{\nu\alpha} = 0$$

となり, (2.22) 式が得られる. □

(2.21) 式の対称性はこれまでの Riemann テンソルの対称性から導かれるので, 独立成分数の勘定には考慮しなくてよい. 縮約された Bianchi 恒等式を書き換えると

$$\nabla^{\nu}\left(R_{\nu\sigma} - \frac{1}{2}g_{\nu\sigma}R\right) \equiv 0 \tag{2.23}$$

と発散のない式として書き換えることができる. この発散が恒等的にゼロとなる曲率

$$G_{\mu\nu} \equiv R_{\mu\nu} - \frac{1}{2}g_{\mu\nu}R \tag{2.24}$$

を **Einstein** テンソルと呼ぶ. 定義から明らかなように Einstein テンソルは対称なテンソルで独立な成分は 10 個となり, 計量の独立な成分数と一致する.

Riemann 曲率の独立成分は 20 個であった. 一方, Ricci テンソルや Einstein テンソルの独立成分は 10 個である. Riemann 曲率の残りの 10 個の独立成分は Hermann K.H. Weyl により定義された **Weyl** テンソル

$$C^{\rho}{}_{\sigma\mu\nu} = R^{\rho}{}_{\sigma\mu\nu} - \left(\delta^{\rho}{}_{[\mu}R_{\nu]\sigma} + R^{\rho}{}_{[\mu}g_{\nu]\sigma}\right) + \frac{1}{3}\delta^{\rho}{}_{[\mu}g_{\nu]\sigma}R \tag{2.25}$$

で与えられる. ここで添え字の交換則は $A_{[\rho}B_{\sigma]} \equiv \frac{1}{2}(A_{\rho}B_{\sigma} - A_{\sigma}B_{\rho})$ のように定義す

る[*4]．Weyl テンソルは Riemann テンソルと同じ対称性を持つが，トレースがゼロとなる，つまり $C^\rho{}_{\sigma\rho\nu} = 0$ というさらに 10 個の条件が加わるので独立な成分は 10 個となる．(2.25) 式を書き直すと

$$R^\rho{}_{\sigma\mu\nu} = C^\rho{}_{\sigma\mu\nu} + \left(\delta^\rho{}_{[\mu}R_{\nu]\sigma} + R^\rho{}_{[\mu}g_{\nu]\sigma}\right) - \frac{1}{3}\delta^\rho{}_{[\mu}g_{\nu]\sigma}R \tag{2.26}$$

となるが，この形から Riemann 曲率が 10 個の Ricci テンソルと 10 個の Weyl テンソルから構成されていることがわかる（スカラー曲率は Ricci テンソルのトレースを取ったものなので独立ではない）．

Weyl は一般座標変換を拡張するため全体のスケールを変える**共形変換**

$$\tilde{g}_{\mu\nu} = \Omega^2 g_{\mu\nu} \quad (\Omega \neq 0)$$

を考えた．ここで $\Omega = \Omega(x)$ は場所によって変化してもよいとする．

> **例題 2.11** 共形変換 $\tilde{g}_{\mu\nu} = \Omega^2 g_{\mu\nu}$ を行ったとき，$\tilde{g}_{\mu\nu}$ の Christoffel 記号，Riemann 曲率，Ricci テンソル，スカラー曲率，Weyl テンソルはそれぞれどのようになるか．それぞれ $g_{\mu\nu}$ で定義されたもとの量と $\Omega$ を用いて表せ．

**解** それぞれ計量で与えられた定義式に代入すると

$$\widetilde{\Gamma}^\mu{}_{\nu\rho} = \Gamma^\mu{}_{\nu\rho} + \Omega^{-1}\left(\delta^\mu{}_\nu \nabla_\rho \Omega + \delta^\mu{}_\rho \nabla_\nu \Omega - g_{\nu\rho}g^{\mu\sigma}\nabla_\sigma \Omega\right),$$

$$\widetilde{R}^{\mu\nu}{}_{\rho\sigma} = \Omega^{-2}\left[R^{\mu\nu}{}_{\rho\sigma} + \delta^{[\mu}_{[\rho}\left(8\Omega^{-2}\nabla^{\nu]}\Omega\nabla_{\sigma]}\Omega - 4\Omega^{-1}\nabla^{\nu]}\nabla_{\sigma]}\Omega - 2\Omega^{-2}\nabla^\rho\Omega\nabla_\rho\Omega\delta^{\nu]}_{\sigma]}\right)\right],$$

$$\widetilde{R}^\mu{}_\nu = \Omega^{-2}\left[R^\mu{}_\nu + 4\Omega^{-2}\nabla^\mu\Omega\nabla_\nu\Omega - 2\Omega^{-1}\nabla^\mu\nabla_\nu\Omega - \delta^\mu{}_\nu\left(\Omega^{-2}\nabla^\rho\Omega\nabla_\rho\Omega + \Omega^{-1}\Box\Omega\right)\right],$$

$$\widetilde{R} = \Omega^{-2}\left(R - 6\Omega^{-1}\Box\Omega\right),$$

$$\widetilde{C}^\mu{}_{\nu\rho\sigma} = C^\mu{}_{\nu\rho\sigma},$$

となる．ここで $\nabla_\mu\Omega = \partial_\mu\Omega$ であり，$\Box = g^{\mu\nu}\nabla_\mu\nabla_\nu$ と置いた． □

Weyl テンソルは共形変換に対して不変となるため，共形テンソルとも呼ばれている．上の関係式は 4 次元時空の場合の結果で，任意の次元のときは係数が異なる．

## 2.2 外曲率と Gauss–Codazzi 方程式

### 2.2.1 超曲面と射影

相対性理論は時間と空間を統一的に記述することで非常に美しい理論となっているが，系の時間発展を考えるときなどは時間座標を特定し，時間一定の空間を区別して考える必要が出てくる．このとき，時空が曲がっているためこの時間一定の空間も曲がっていると考えられるが，この曲がり方には 2 通りある．つまり，3 次元空間そのものが曲がっているということとその 3 次元空間が 4 次元時空の中でどう曲がっているかということの 2 つである．このことを議論するためにこの節では一般的な $N$ 次元空間を考えよう．

---

[*4]　この添え字の交換則は (2.15), (2.16) 式の共変微分の交換関係と 2 倍異なることに注意せよ．

$N$ 次元空間の計量を $g_{AB}$ $(A, B = 1, 2, \ldots, N)$ とする．いまその中に埋め込まれた $(N-1)$ 次元空間を考える．これを**超曲面**と呼ぶ．$N$ 次元空間におけるこの超曲面の法線ベクトル場 $n^A$ を考えたとき，$g_{AB}n^A n^B > 0$ のときを時間的超曲面，$g_{AB}n^A n^B = 0$ のときをヌル超曲面，$g_{AB}n^A n^B < 0$ のときを空間的超曲面と呼ぶ．

$g_{AB}n^A n^B \neq 0$ のときは $g_{AB}n^A n^B = \epsilon$ $(\epsilon = \pm 1)$ のように規格化した法線ベクトルを考える[*5]．この法線ベクトル $n^A$ に垂直な $(N-1)$ 次元超曲面 $\Sigma$ への射影は，

$$\gamma_{AB} = g_{AB} - \epsilon n_A n_B \tag{2.27}$$

で定義される**射影テンソル**で与えられる．

---

**例題 2.12** $\Sigma$ を $N$ 次元空間中の $(N-1)$ 次元超曲面とし，$n^A$ を超曲面 $\Sigma$ に垂直な単位ベクトル $[g_{AB}n^A n^B = \epsilon \ (\epsilon = \pm 1)]$ とする．射影テンソル $\gamma_{AB}$ の混合成分を $\gamma^A_{\ B} \equiv g^{AC}\gamma_{CB}$ で定義したとき，

$$\gamma^A_{\ B}\gamma^B_{\ C} = \gamma^A_{\ C} \tag{2.28}$$

を満たすことを示せ．また，任意の $N$ 次元ベクトル $X^A$ は $\Sigma$ に射影したベクトルと $\Sigma$ に垂直な方向に

$$X^A = \gamma^A_{\ B}X^B + \epsilon n^A n_B X^B \tag{2.29}$$

のように分解できることを示せ．

---

$\boxed{解}$ 射影テンソル $\gamma_{AB}$ の定義より，$\gamma^A_{\ B} = \delta^A_{\ B} - \epsilon n^A n_B$ である．よって

$$\gamma^A_{\ B}\gamma^B_{\ C} = \left(\delta^A_{\ B} - \epsilon n^A n_B\right)\left(\delta^B_{\ C} - \epsilon n^B n_C\right) = \delta^A_{\ C} - 2\epsilon n^A n_C + \epsilon^2 n^A n_B n^B n_C$$
$$= \delta^A_{\ C} - \epsilon n^A n_C = \gamma^A_{\ C}$$

となる．また

$$\gamma^A_{\ B}X^B + \epsilon n^A n_B X^B = \left(\delta^A_{\ B} - \epsilon n^A n_B\right)X^B + \epsilon n^A n_B X^B = \delta^A_{\ B}X^B = X^A$$

であるので，(2.29) 式は任意のベクトル $X^A$ に対して成り立つ．ここで

$$\gamma^A_{\ B}X^B n_A = \left(\delta^A_{\ B} - \epsilon n^A n_B\right)X^B n_A = \left(n_B - \epsilon n^A n_A n_B\right)X^B = \left(1 - \epsilon^2\right)n_B X^B = 0$$

であるので，(2.29) 式の第 1 項は $n^A$ に垂直である．また第 2 項は $n^A$ に平行であるので，任意のベクトル $X^A$ は，(2.29) 式のように，$n^A$ に平行な成分と $n^A$ に垂直な超曲面 $\Sigma$ 上への射影成分に分解できる． $\square$

一般に任意の $N$ 次元テンソル $T^{A \cdots B}_{\ \ \ \ P \cdots Q}$ も射影テンソル $\gamma^A_{\ B}$ を用いると，超曲面 $\Sigma$ 上に射影した $(N-1)$ 次元テンソル

$$S^{A \cdots B}_{\ \ \ \ P \cdots Q} = \gamma^A_{\ A'} \cdots \gamma^B_{\ B'}\gamma^{P'}_{\ P} \cdots \gamma^{Q'}_{\ Q}T^{A' \cdots B'}_{\ \ \ \ P' \cdots Q'}$$

---

[*5] ヌル超曲面の場合は異なる扱い方が必要で，ここでは考えない．

が得られる．また，$\Sigma$ とその垂直方向への分解も例題と同様にできる．

ここで，$g_{AB} = \gamma_{AB} + \epsilon n_A n_B$ に注意し，$N$ 次元空間の線素 $ds^2$ を分解すると

$$ds^2 = g_{AB}d\bar{x}^A d\bar{x}^B = (\gamma_{AB} + \epsilon n_A n_B)d\bar{x}^A d\bar{x}^B = \gamma_{AB}dx^A dx^B + \epsilon dy^2$$

となる．ここで $N$ 次元空間の座標を $\bar{x}^A$ で表し，$d\bar{x}^A$ を $n^A$ に平行な成分 $dy \equiv n_A d\bar{x}^A$ と垂直な成分 $dx^A \equiv \gamma^A_B d\bar{x}^B$ に分解した．この分解により，$(N-1)$ 次元超曲面の線素は

$$ds^2_{N-1} = \gamma_{AB}dx^A dx^B \tag{2.30}$$

で与えられ，射影テンソル $\gamma_{AB}$ は $(N-1)$ 次元超曲面の計量を表していることがわかる．このように高い次元の空間計量から射影により次元の低い空間の計量が導くことができる．このような計量を**誘導計量**と呼ぶ．また，$(N-1)$ 次元超曲面 $\Sigma$ 上の共変微分を $D_A$ で表すと，その Christoffel 記号は $(N-1)$ 次元計量 $\gamma_{AB}$ で定義される．

$(N-1)$ 次元超曲面 $\Sigma$ 上のベクトル場 $X^A$ の共変微分 $D_A$ を

$$D_B X^A = \gamma_B^{B'} \gamma_{A'}^A \nabla_{B'} \bar{X}^{A'}$$

で定義する．ここで $\bar{X}^{A'}$ は $(N-1)$ 次元ベクトル場 $X^A$ を $N$ 次元空間に拡張した $N$ 次元ベクトル場で $X^A = \gamma^A_{A'} \bar{X}^{A'}$ を満たすものとする．

---

**例題 2.13** 上で定義した超曲面上の共変微分 $D_A$ に対して，誘導計量 $\gamma_{AB}$ が計量条件 $D_C \gamma_{AB} = 0$ を満たすことを示せ．また，超曲面上の Christoffel 記号を誘導計量を用いて表せ．

---

**解** 計量条件は共変微分の定義より

$$D_C \gamma_{AB} = \gamma_C^{C'} \gamma_A^{A'} \gamma_B^{B'} \nabla_{C'} \gamma_{A'B'} = \gamma_C^{C'} \gamma_A^{A'} \gamma_B^{B'} \nabla_{C'}(g_{A'B'} - \epsilon n_{A'} n_{B'}) = 0$$

となる．ここで $N$ 次元の計量条件 $\nabla_{C'} g_{A'B'} = 0$ と直交関係 $\gamma_A^{A'} n_{A'} = 0$ を用いた．

次に，共変微分を Christoffel 記号を用いると

$$D_B X^A = \partial_B X^A + {}^{(N-1)}\Gamma^A_{BC} X^C$$

と表されるので，計量条件は

$$D_C \gamma_{AB} = \partial_C \gamma_{AB} - {}^{(N-1)}\Gamma^D_{CA} \gamma_{DB} - {}^{(N-1)}\Gamma^D_{CB} \gamma_{DA} = 0$$

となる．添え字を入れ替えてそれぞれを足すと

$${}^{(N-1)}\Gamma^D_{BC} = \frac{1}{2} \gamma^{AD}(\partial_B \gamma_{AC} + \gamma_C \gamma_{BA} - \partial_A \gamma_{BC})$$

となり，通常の Christoffel 記号の定義と同じになる． □

Christoffel 記号はテンソルでないので $N$ 次元の Christoffel 記号と $(N-1)$ 次元の Christoffel 記号は射影では結び付かず，

$$\Gamma^{D'}_{BC} = \gamma_D^{D'} \gamma_B^{B'} \gamma_C^{C'} {}^{(N-1)}\Gamma^D_{BC} + \gamma_D^{D'} \frac{\partial^2 X^D}{\partial X^B \partial X^C}$$

となり，余分な項が現れる．

ベクトル場 $X^A$ の場合と同様に超曲面 $\Sigma$ 上で定義された $(N-1)$ 次元のテンソル $S^{A\cdots B}{}_{P\cdots Q}$ の共変微分は，$\bar{S}^{A\cdots B}{}_{P\cdots Q}$ を $\Sigma$ の近傍で $N$ 次元に拡張したテンソルとすると，

$$D_M S^{A\cdots B}{}_{P\cdots Q} = \gamma_M{}^{M'} \gamma^A{}_{A'} \cdots \gamma^B{}_{B'} \gamma^{P'}{}_P \cdots \gamma^{Q'}{}_Q \nabla_{M'} \bar{S}^{A'\cdots B'}{}_{P'\cdots Q'} \tag{2.31}$$

で与えられる．

### 2.2.2　外曲率

また $\gamma_{AB}$ は $(N-1)$ 次元空間の計量も表しているので，$(N-1)$ 次元空間の曲率は $\gamma_{AB}$ から計算できる．

**例題 2.14**　3 次元ユークリッド空間内の超曲面として半径 $a$ の円筒を考える．円筒の 2 次元計量を求め，円筒の Riemann 曲率を求めよ．

$\boxed{\text{解}}$ 3 次元ユークリッド空間の座標として円筒座標 $(R, \varphi, z)$ $(0 \le \varphi < 2\pi)$ を考え，$z$ 軸に平行に半径 $a$ の円筒（$R=a$）を置く．円筒上の点は $(a, \varphi, z)$ と表されるが，その点における法線は $n^A = (1, 0, 0)$ で与えられ，射影演算子テンソルは

$$\gamma_{AB} = g_{AB} - n_A n_B = \mathrm{diag}(1, a^2, 1) - \mathrm{diag}(1, 0, 0) = \mathrm{diag}(0, a^2, 1)$$

となる．よって円筒を表す計量は $ds_2^2 = a^2 d\varphi^2 + dz^2$ となる．この計量の Riemann 曲率はゼロである． $\qquad\square$

ユークリッド空間に埋め込まれた円筒の 2 次元曲率はゼロである．しかし円筒は丸まっており，曲がっているがこれはどう考えればよいのであろうか．実はこの曲がりは，3 次元空間の中に 2 次元超曲面がどう埋め込まれているかを考えれば理解できる．円筒上の点を $\varphi$ 方向に動かすと法線ベクトル $n^A$ は円筒の周りをぐるっと回るが，この法線ベクトル $n^A$ の円筒表面に沿った変化が円筒の曲がり方を表しているのである．

そこで次の量を定義する[*6)]．

$$K_{MN} \equiv -\gamma_M{}^A \gamma_N{}^B \nabla_A n_B. \tag{2.32}$$

この量は**外曲率**（または**第 2 基本形式**）と呼ばれ，$(N-1)$ 次元超曲面が $N$ 次元空間にどのように埋め込まれているかを表している．

外曲率は添え字の入れ替えに対して対称，つまり $K_{AB} = K_{BA}$ である．これは $n_A = (\epsilon\alpha, \mathbf{0})$ となる座標系を導入すると $K_{MN} = -\gamma_M{}^A \gamma_N{}^B (\partial_A n_B - \Gamma^C{}_{AB} n_C) = \gamma_M{}^A \gamma_N{}^B \Gamma^C{}_{AB} n_C$ より明らかである．

**例題 2.15**　3 次元ユークリッド空間内の半径 $a$ の円筒の外曲率 $K_M{}^N$ を求めよ．

---

[*6)]　本書では C.W. Misner, K.S. Thorne, J.A. Wheeler，「Gravitation」（W.H. Freeman, 1973）の定義に従っており，S.W. Hawking, G.F.R. Ellis，「The large scale structure of space-time」（Cambridge University Press, 1973）の定義とは符号が逆になることに注意せよ．

$\boxed{\text{解}}$ 円筒の外曲率は，$n_A = (1,0,0)$, $g_{AB} = \text{diag}(1, r^2, 1)$ であるので，

$$K_{MN} = -\gamma_M{}^A \gamma_M{}^B \nabla_A n_B = -\gamma_M{}^A \gamma_N{}^B \left( \partial_A n_B - \Gamma^C{}_{AB} n_C \right)\big|_{r=a} = -\delta_M^{\varphi} \delta_N^{\varphi} a$$

つまり $K^{\varphi}{}_{\varphi} = -\dfrac{1}{a}$ で，他の成分はゼロである． $\qquad\qquad\qquad\square$

円筒の曲がり方を表す半径 $a$ は $\dfrac{1}{|K^{\varphi}{}_{\varphi}|}$ に一致し，外曲率が超曲面の埋め込み方を表していることがわかる．

### 2.2.3 Gauss–Codazzi 方程式

$N$ 次元空間の曲率は計量 $g_{AB}$ により与えられる．一方，$(N-1)$ 次元超曲面の曲率は誘導計量（射影演算子テンソル）$\gamma_{AB}$ によって定義されるが，それらの計量には $\gamma_{AB} = g_{AB} - \epsilon n_A n_B$ のような関係がある．このとき 2 つの曲率（$N$ 次元の曲率と $(N-1)$ 次元の曲率）の間にはどのような関係にあるのであろうか．その関係を与えるのが **Gauss 方程式**と **Codazzi 方程式**である．

---

**例題 2.16** Gauss 方程式

$$\gamma_A{}^E \gamma_B{}^F \gamma_C{}^G \gamma_H{}^D R_{EFG}{}^H = {}^{(N-1)}R_{ABC}{}^D + K_{AC} K_B{}^D - K_{BC} K_A{}^D \qquad (2.33)$$

と Codazzi 方程式

$$\gamma^E{}_A \gamma^F{}_B \gamma^G{}_C R_{EFGH} n^H = D_A K_{BC} - D_B K_{AC} \qquad (2.34)$$

を導出せよ．ここで $R_{ABCD}$ および ${}^{(N-1)}R_{ABCD}$ はそれぞれ $N$ 次元 Riemann テンソル，$(N-1)$ 次元 Riemann テンソルである．

---

$\boxed{\text{解}}$ 微分の交換関係と Riemann 曲率の関係式 (2.15) を用いて $(N-1)$ 次元曲率を求めるため，$(N-1)$ 次元共変微分の交換関係を計算しよう．まず任意のベクトル $V^A$ に対し

$$\begin{aligned}
D_A D_B V_C &= D_A(\gamma_B{}^D \gamma_C{}^E \nabla_D V_E) = \gamma_A{}^F \gamma_B{}^G \gamma_C{}^H \nabla_F(\gamma_G{}^D \gamma_H{}^E \nabla_D V_E) \\
&= \gamma_A{}^F \gamma_B{}^D \gamma_C{}^E \nabla_F \nabla_D V_E + \gamma_C{}^E \gamma_A{}^F \gamma_B{}^G (\nabla_F \gamma_G{}^D) \nabla_D V_E \\
&\quad + \gamma_B{}^D \gamma_A{}^F \gamma_C{}^H (\nabla_F \gamma_F{}^E) \nabla_D V_E
\end{aligned}$$

となるが，第 2 項の微分項は

$$\gamma_A{}^F \gamma_B{}^G \nabla_F \gamma_G{}^D = \gamma_A{}^F \gamma_B{}^G \nabla_F(\delta_G{}^D + n_G n^D) = n^D \gamma_A{}^F \gamma_B{}^G \nabla_A n_G = K_{AB} n^D \tag{2.35}$$

となる．一方，第 3 項は同様にして

$$\gamma_B{}^D \gamma_A{}^F \gamma_C{}^H (\nabla_F \gamma_H{}^E) \nabla_D V_E = \gamma_B{}^D K_{AC} n^E \nabla_D V_E$$

となるが，$V_E n^E = 0$ を用いると

$$\gamma_B{}^D \gamma_A{}^F \gamma_C{}^H \left( \nabla_F \gamma_H{}^E \right) \nabla_D V_E = -K_{AC} \gamma_B{}^D V_E \nabla_D n^E = -K_{AC} K_B{}^E V_E$$

となる．したがって $(N-1)$ 次元共変微分の交換関係を取ると

$$[D_A, D_B]V_C = \gamma_A{}^F\gamma_B{}^D\gamma_C{}^E(\nabla_F\nabla_D V_E - \nabla_D\nabla_F V_E) - K_{AC}K_B{}^E V_E + K_{BC}K_A{}^E V_E$$
$$= \gamma_A{}^F\gamma_B{}^D\gamma_C{}^E R_{EFG}{}^H V_E - K_{AC}K_B{}^E V_E + K_{BC}K_A{}^E V_E$$

となる．これが $^{(N-1)}R_{ABC}{}^E V_E$ となることから，Gauss 方程式

$$\gamma_A{}^E\gamma_B{}^F\gamma_C{}^G R_{EFG}{}^H = R_{ABC}^{(N-1)D} + K_{AC}K_B{}^D - K_{BC}K_A{}^D$$

が得られる．次に，$N$ 次元 Riemann テンソルと $n^D$ の縮約を考えると

$$R_{ABCD}n^D = (\nabla_A\nabla_B - \nabla_B\nabla_A)n_C = \nabla_A(\delta_B{}^D\nabla_D n_C) - \nabla_B(\delta_A{}^D\nabla_D n_C)$$

となるので，関係式 (2.35) を用いると

$$\gamma^A{}_E\gamma^B{}_F\gamma^C{}_G R_{ABCD}n^D = D_E K_{FG} - \gamma^A{}_E\gamma^B{}_F\gamma^C{}_G \nabla_A(n_B n^D\nabla_D n_C)$$
$$- D_F K_{EG} + \gamma^A{}_E\gamma^B{}_F\gamma^C{}_G \nabla_B(n_A n^D\nabla_D n_C)$$
$$= D_E K_{FG} - D_F K_{EG}$$

となり，Codazzi 方程式が得られる．最後は $\nabla_A n_B$ の射影は添字の入れ替えについて対称であることを用いた． □

　一般に $N$ 次元 Riemann テンソル $R_{ABCD}$ を超曲面 $\Sigma$ とその垂直方向（$n^A$）に分解すると，Riemann テンソルの対称性から法線ベクトル $n_A$ を 3 つまたは 4 つで縮約を取ったものはゼロになるので，

$$R_{ABCD} = \gamma_A{}^P\gamma_B{}^Q\gamma_C{}^R\gamma_D{}^S R_{PQRS} + n_A\left(n^P\gamma_B{}^Q\gamma_C{}^R\gamma_D{}^S R_{PQRS}\right) + \cdots$$
$$+ n_A n_C\left(n^P\gamma_B{}^Q n^R\gamma_D{}^S R_{PQRS}\right) + \cdots$$

と表される．Gauss 方程式はこの分解における $\gamma_A{}^P\gamma_B{}^Q\gamma_C{}^R\gamma_D{}^S R_{PQRS}$ を，Codazzi 方程式は $n^P\gamma_B{}^Q\gamma_C{}^R\gamma_D{}^S R_{PQRS}$ を，それぞれ $(N-1)$ 次元量 $^{(N-1)}R_{ABCD}$，$K_{AB}$ および $(N-1)$ 次元における微分で表した関係式である．この分解において，あと残された量は $n^P n^R\gamma_B{}^Q\gamma_D{}^S R_{PQRS}$ であるが，この量は $(N-1)$ 次元量およびその超曲面内の微分だけでは表すことができず，法線 $n^A$ 方向への変化（微分）を含む（4.5 節，ADM 形式参照）．

# 第 3 章
# 曲がった時空における粒子の運動

Newton 重力理論では質量を持つ物体間には重力（万有引力）が働き，その力が物体の運動を決定する．それに対して「重力は時空のゆがみにより表される」という Einstein の考え方に従うと，その曲がった時空において物体はどのように運動するのであろうか．この章では曲がった時空の計量 $g_{\mu\nu}$ が与えられたとして，その時空における粒子の運動や光の軌道を考えてみよう．

## 3.1 測地線方程式

4 次元時空中の粒子の運動を考えてみよう．特殊相対性理論では重力場のない平坦な時空における運動方程式は $\dfrac{d^2 x^\alpha}{d\tau^2} = 0$ で与えられる．ここで $\tau$ は粒子とともに動く時間で**固有時間**と呼ばれ，$d\tau^2 = -\dfrac{ds^2}{c^2}$ で定義される．ここで $c$ は普遍定数の光速度である．固有時間は観測者によらない時間で，線素と同様にスカラー量である．

特殊相対性理論におけるこの運動方程式は，粒子が事象 P から事象 Q まで移動したときに経過した固有時間 $\tau_{PQ}$，またはそれと等価な長さ（固有時間距離と呼ぼう）

$$\mathfrak{s}_{\mathrm{PQ}} \equiv c\tau_{\mathrm{PQ}} \equiv c \int_{\tau_{\mathrm{P}}}^{\tau_{\mathrm{Q}}} d\tau = \int_{\mathrm{P}}^{\mathrm{Q}} \sqrt{-ds^2} \tag{3.1}$$

が極値（極大値）を取るという条件から得られる．さらに例題 1.8 で考えたように Newton 重力の働く場合の運動方程式も計量の時間成分を一般化することで同様の積分の変分から得られた．そこで一般的な相対論的重力場の中を運動する粒子の運動方程式も同じように得られると予想しよう．

> **例題 3.1** 時間的に離れた任意の 2 事象 P, Q を通る粒子の軌道曲線 $x^\mu = x^\mu(\tau)$ は固有時間距離 $\mathfrak{s}_{\mathrm{PQ}}$ が極値を取る条件から得られる．4 次元時空の線素を $ds^2 = g_{\mu\nu} dx^\mu dx^\nu$ として，粒子の軌道曲線 $x^\mu = x^\mu(\tau)$ の満たす微分方程式が
>
> $$\frac{d^2 x^\mu}{d\tau^2} + \Gamma^\mu{}_{\nu\rho} \frac{dx^\nu}{d\tau} \frac{dx^\rho}{d\tau} = 0 \tag{3.2}$$
>
> の形で与えられることを示せ．

$\boxed{解}$ 2 事象 P, Q 間の固有時間距離 $\mathfrak{s}_{PQ}$ は固有時間 $\tau$ および $u^\mu = \dfrac{dx^\mu}{d\tau}$ を用いると

$$\mathfrak{s}_{PQ} = \int_{\tau_P}^{\tau_Q} \sqrt{\frac{-ds^2}{d\tau^2}}\, d\tau = \int_{\tau_P}^{\tau_Q} \sqrt{-g_{\mu\nu}(x)u^\mu u^\nu}\, d\tau = \int_{\tau_P}^{\tau_Q} L(x,u)\, d\tau$$

となる. ここで $L(x,u) \equiv \sqrt{-g_{\mu\nu}(x)u^\mu u^\nu}$ である. 2 事象 P, Q 間の固有時間距離 $\mathfrak{s}_{PQ}$ が極値を取るときは

$$\delta\mathfrak{s}_{PQ} = \int_{\tau_P}^{\tau_Q} d\tau \left[\frac{\partial L}{\partial x^\mu}\delta x^\mu + \frac{\partial L}{\partial u^\mu}\delta u^\mu\right] = \int_{\tau_P}^{\tau_Q} d\tau \left[\frac{\partial L}{\partial x^\mu} - \frac{d}{d\tau}\left(\frac{\partial L}{\partial u^\mu}\right)\right]\delta x^\mu$$

$$= \int_{\tau_P}^{\tau_Q} d\tau \left[-\frac{(\partial_\mu g_{\rho\sigma})u^\rho u^\sigma}{2\sqrt{-g_{\alpha\beta}u^\alpha u^\beta}} - \frac{d}{d\tau}\left(-\frac{g_{\mu\sigma}u^\sigma + g_{\rho\mu}u^\rho}{2\sqrt{-g_{\alpha\beta}u^\alpha u^\beta}}\right)\right]\delta x^\mu = 0$$

となる. $g_{\alpha\beta}u^\alpha u^\beta = -c^2$ を用い, Euler–Lagrange 方程式を書き換えると

$$\frac{d}{d\tau}\left(g_{\mu\sigma}\frac{dx^\sigma}{d\tau} + g_{\rho\mu}\frac{dx^\rho}{d\tau}\right) - \frac{\partial g_{\rho\sigma}}{\partial x^\mu}\frac{dx^\rho}{d\tau}\frac{dx^\sigma}{d\tau}$$

$$= \frac{dx^\nu}{d\tau}\frac{\partial g_{\mu\sigma}}{\partial x^\nu}\frac{dx^\sigma}{d\tau} + g_{\mu\sigma}\frac{d^2x^\sigma}{d\tau^2} + \frac{dx^\nu}{d\tau}\frac{\partial g_{\rho\mu}}{\partial x^\nu}\frac{dx^\rho}{d\tau} + g_{\rho\mu}\frac{d^2x^\rho}{d\tau^2} - \frac{\partial g_{\rho\sigma}}{\partial x^\mu}\frac{dx^\rho}{d\tau}\frac{dx^\sigma}{d\tau}$$

$$= 2g_{\rho\mu}\frac{d^2x^\rho}{d\tau} + \left(\frac{\partial g_{\mu\sigma}}{\partial x^\rho} + \frac{\partial g_{\rho\mu}}{\partial x^\sigma} - \frac{\partial g_{\rho\sigma}}{\partial x^\mu}\right)\frac{dx^\rho}{d\tau}\frac{dx^\sigma}{d\tau} = 0$$

となる. この式に $g^{\mu\alpha}$ をかけ縮約を取ると, $\mathfrak{s}_{PQ}$ が極値を取る曲線の満たす微分方程式

$$\frac{d^2x^\alpha}{d\tau} + \frac{1}{2}g^{\mu\nu}\left(\frac{\partial g_{\rho\nu}}{\partial x^\sigma} + \frac{\partial g_{\nu\sigma}}{\partial x^\rho} - \frac{\partial g_{\rho\sigma}}{\partial x^\mu}\right)\frac{dx^\rho}{d\tau}\frac{dx^\sigma}{d\tau} = 0$$

が得られる. よって Christoffel 記号 $\Gamma^\mu_{\rho\sigma}$ を用いると求める微分方程式は (3.2) 式の形で表される. $\qquad\square$

　固有時間距離 $\mathfrak{s}_{PQ}$ を極大にする微分方程式 (3.2) は Riemann 幾何学では**測地線方程式**と呼ばれる[*1)].

　この測地線方程式は重力場が計量 $g_{\mu\nu}$ で与えられた場合の相対論的粒子の運動方程式になっていることが以下の考察からも理解できる. Einstein が等価原理を思いついたときのように自由落下系に移ると重力を消すことができる. そのような系はそのごく近傍でしか構成できないが, 重力がなくなるので局所的には特殊相対性理論の成り立つ Minkowski 時空で表すことができる[*2)]. そのような系を**局所慣性系**と呼ぶ. そこで, 局所慣性系での粒子の位置を $X^{\hat\alpha} = (X^{\hat0}, X^{\hat1}, X^{\hat2}, X^{\hat3}) = (cT, X, Y, Z)$ で表す. ここで局所慣性系の座標の添え字は $X^{\hat\alpha}$ のように ^ を付けて表すことにする. 局所慣性系では重力が働かないので, その運動は自由粒子の運動方程式

$$\frac{d^2X^{\hat\alpha}}{d\tau^2} = 0 \tag{3.3}$$

---

[*1)] 通常, Riemann 幾何学では計量が正定値 ($ds^2 > 0$) となる空間を考えるため, 測地線は空間の任意の 2 点 P, Q 間の距離を極小にする曲線として定義される. ここで距離は $\mathfrak{s}_{PQ} \equiv \int_P^Q \sqrt{ds^2}$ で与えられるが, 曲線を表す微分方程式は上と同じ (3.2) 式で与えられる.

[*2)] 等価原理により重力を完全に消すことができるのは 1 点だけで, その近傍では Minkowski 時空からのずれが現れる (補遺 B 参照).

で与えられる.

この運動を, 局所慣性系ではなく, 任意の観測者の系 (一般座標系と呼ぶ) から見るとどうなるであろうか. この一般座標系は局所慣性系から一般座標変換によって得られる.

**例題 3.2** 局所慣性系 $X^{\hat{\alpha}}$ から一般座標系 $x^\mu$ へ座標変換

$$x^\mu = x^\mu(X^{\hat{\alpha}}) \tag{3.4}$$

を行ったとき, 上の運動方程式 (3.3) は

$$\frac{d^2 x^\rho}{d\tau^2} + \mathcal{G}^\rho{}_{\mu\nu}\frac{dx^\mu}{d\tau}\frac{dx^\nu}{d\tau} = 0 \tag{3.5}$$

の形で表すことができる. $\mathcal{G}^\rho{}_{\mu\nu}$ は座標変換 (3.4) およびその逆変換 $X^{\hat{\alpha}} = X^{\hat{\alpha}}(x^\mu)$ を用いてどのように表されるか.

**解** 運動方程式を座標変換すると

$$\frac{d^2 X^{\hat{\alpha}}}{d\tau^2} = \frac{d}{d\tau}\left(\frac{\partial X^{\hat{\alpha}}}{\partial x^\mu}\frac{dx^\mu}{d\tau}\right) = \frac{\partial X^{\hat{\alpha}}}{\partial x^\mu}\frac{d^2 x^\mu}{d\tau^2} + \frac{\partial^2 X^{\hat{\alpha}}}{\partial x^\mu \partial x^\nu}\frac{dx^\mu}{d\tau}\frac{dx^\nu}{d\tau} = 0$$

となる. ここで $\dfrac{\partial X^{\hat{\alpha}}}{\partial x^\mu}\dfrac{\partial x^\rho}{\partial X^{\hat{\alpha}}} = \delta^\rho{}_\mu$ を用いると, 一般座標系での運動方程式は

$$\frac{d^2 x^\rho}{d\tau^2} + \frac{\partial x^\rho}{\partial X^{\hat{\alpha}}}\frac{\partial^2 X^{\hat{\alpha}}}{\partial x^\mu \partial x^\nu}\frac{dx^\mu}{d\tau}\frac{dx^\nu}{d\tau} = 0$$

となる. したがって $\mathcal{G}^\rho{}_{\mu\nu}$ を

$$\mathcal{G}^\rho{}_{\mu\nu} = \frac{\partial x^\rho}{\partial X^{\hat{\alpha}}}\frac{\partial^2 X^{\hat{\alpha}}}{\partial x^\mu \partial x^\nu} \tag{3.6}$$

で定義すると, 運動方程式は (3.5) 式の形で表される. □

等価原理により, 加速系に移ることは重力場のある系に移るものと見なすことができる. このとき線素は重力場のある系に移っても同じであるので

$$ds^2 = \eta_{\hat{\alpha}\hat{\beta}}dX^{\hat{\alpha}}dX^{\hat{\beta}} = g_{\mu\nu}dx^\mu dx^\nu$$

となる. よって一般座標系における重力場を表す計量は

$$g_{\mu\nu} = \eta_{\hat{\alpha}\hat{\beta}}\frac{\partial X^{\hat{\alpha}}}{\partial x^\mu}\frac{\partial X^{\hat{\beta}}}{\partial x^\nu} \tag{3.7}$$

で与えられる.

**例題 3.3** 接続 $\mathcal{G}^\rho{}_{\mu\nu}$ が Christoffel 記号 $\Gamma^\rho{}_{\mu\nu}$ に一致することを示せ.

**解** (3.6) 式および (3.7) 式を用いると, 接続 $\mathcal{G}^\rho{}_{\mu\nu}$ と計量 $g_{\rho\sigma}$ の積は

$$g_{\rho\sigma}\mathcal{G}^\rho{}_{\mu\nu} = \eta_{\hat{\alpha}\hat{\beta}}\frac{\partial X^{\hat{\alpha}}}{\partial x^\rho}\frac{\partial X^{\hat{\beta}}}{\partial x^\sigma}\frac{\partial x^\rho}{\partial X^{\hat{\gamma}}}\frac{\partial^2 X^{\hat{\gamma}}}{\partial x^\mu \partial x^\nu} = \eta_{\hat{\alpha}\hat{\beta}}\delta^{\hat{\alpha}}{}_{\hat{\gamma}}\frac{\partial X^{\hat{\beta}}}{\partial x^\sigma}\frac{\partial^2 X^{\hat{\gamma}}}{\partial x^\mu \partial x^\nu} = \eta_{\hat{\alpha}\hat{\beta}}\frac{\partial X^{\hat{\beta}}}{\partial x^\sigma}\frac{\partial^2 X^{\hat{\alpha}}}{\partial x^\mu \partial x^\nu}$$

となる. 一方, (3.7) 式を用いると

$$\frac{\partial g_{\nu\sigma}}{\partial x^\mu} + \frac{\partial g_{\mu\sigma}}{\partial x^\nu} - \frac{\partial g_{\mu\nu}}{\partial x^\sigma}$$

$$= \eta_{\hat{\alpha}\hat{\beta}} \frac{\partial^2 X^{\hat{\alpha}}}{\partial x^\nu \partial x^\mu} \frac{\partial X^{\hat{\beta}}}{\partial x^\sigma} + \eta_{\hat{\alpha}\hat{\beta}} \frac{\partial X^{\hat{\alpha}}}{\partial x^\nu} \frac{\partial^2 X^{\hat{\beta}}}{\partial x^\sigma \partial x^\mu} + \eta_{\hat{\alpha}\hat{\beta}} \frac{\partial^2 X^{\hat{\alpha}}}{\partial x^\mu \partial x^\nu} \frac{\partial X^{\hat{\beta}}}{\partial x^\sigma}$$

$$+ \eta_{\hat{\alpha}\hat{\beta}} \frac{\partial X^{\hat{\alpha}}}{\partial x^\mu} \frac{\partial^2 X^{\hat{\beta}}}{\partial x^\sigma \partial x^\nu} - \eta_{\hat{\alpha}\hat{\beta}} \frac{\partial^2 X^{\hat{\alpha}}}{\partial x^\mu \partial x^\sigma} \frac{\partial X^{\hat{\beta}}}{\partial x^\nu} - \eta_{\hat{\alpha}\hat{\beta}} \frac{\partial X^{\hat{\alpha}}}{\partial x^\mu} \frac{\partial^2 X^{\hat{\beta}}}{\partial x^\nu \partial x^\sigma}$$

$$= 2\eta_{\hat{\alpha}\hat{\beta}} \frac{\partial^2 X^{\hat{\alpha}}}{\partial x^\nu \partial x^\mu} \frac{\partial X^{\hat{\beta}}}{\partial x^\sigma}$$

となる. よって,

$$\mathcal{G}^\rho{}_{\mu\nu} = g^{\rho\sigma} g_{\sigma\tau} \mathcal{G}^\tau{}_{\mu\nu} = \frac{1}{2} g^{\rho\sigma} \left( \frac{\partial g_{\nu\sigma}}{\partial x^\mu} + \frac{\partial g_{\mu\sigma}}{\partial x^\nu} - \frac{\partial g_{\mu\nu}}{\partial x^\sigma} \right) = \Gamma^\rho{}_{\mu\nu}$$

が得られる. □

　局所慣性系で力が働かない場合の運動方程式を一般座標系で記述すると, その運動方程式は一般座標系における計量 $g_{\mu\nu}$ で記述される時空の測地線方程式に一致する. よって測地線方程式は重力場中の粒子の運動方程式を与えることが分かる. 実際, この測地線方程式全体に粒子の質量 $m$ をかけ, 書き直すと

$$m\frac{d^2 x^\mu}{d\tau^2} = m g^\mu \tag{3.8}$$

のように重力場中の粒子の運動方程式（質量 × 加速度 ＝ 重力）の形になる. ここで右辺の

$$g^\mu \equiv -\Gamma^\mu{}_{\nu\rho} \frac{dx^\nu}{d\tau} \frac{dx^\rho}{d\tau} \tag{3.9}$$

は相対論的な重力加速度と見なすことができる. (3.8) 式の両辺の質量はそれぞれ慣性質量, 重力質量を表すが, 同じ質量 $m$ であるので慣性質量 ＝ 重力質量という 2 つの質量の等価性は一般相対性理論では自動的に満たされている.

---

**例題 3.4**　Christoffel 記号 $\Gamma^\rho{}_{\mu\nu}$ はテンソルでないことを示せ.

---

$\boxed{\text{解}}$　Christoffel 記号 $\Gamma^\rho{}_{\mu\nu}$ は局所慣性系との変換において得られた $\mathcal{G}^\rho{}_{\mu\nu}$ と同じであるので, (3.6) において座標系 $x^\mu$ から別の座標系 $\tilde{x}^\alpha$ への座標変換を考える.

$$\frac{\partial^2 X^{\hat{\lambda}}}{\partial \tilde{x}^\beta \partial \tilde{x}^\gamma} = \frac{\partial}{\partial \tilde{x}^\beta} \left( \frac{\partial x^\mu}{\partial \tilde{x}^\gamma} \frac{\partial X^{\hat{\lambda}}}{\partial x^\mu} \right) = \frac{\partial^2 x^\mu}{\partial \tilde{x}^\beta \partial \tilde{x}^\gamma} \frac{\partial X^{\hat{\lambda}}}{\partial x^\mu} + \frac{\partial x^\mu}{\partial \tilde{x}^\gamma} \frac{\partial x^\nu}{\partial \tilde{x}^\beta} \frac{\partial^2 X^{\hat{\lambda}}}{\partial x^\nu \partial x^\mu}$$

に注意すると

$$\tilde{\Gamma}^\alpha{}_{\beta\gamma} \equiv \frac{\partial \tilde{x}^\alpha}{\partial X^{\hat{\lambda}}} \frac{\partial^2 X^{\hat{\lambda}}}{\partial \tilde{x}^\beta \partial \tilde{x}^\gamma} = \frac{\partial \tilde{x}^\alpha}{\partial x^\rho} \frac{\partial x^\mu}{\partial \tilde{x}^\beta} \frac{\partial x^\nu}{\partial \tilde{x}^\gamma} \Gamma^\rho{}_{\mu\nu} + \frac{\partial \tilde{x}^\alpha}{\partial x^\mu} \frac{\partial^2 x^\mu}{\partial \tilde{x}^\beta \partial \tilde{x}^\gamma} \tag{3.10}$$

となる. ここで一次変換でない一般座標変換では右辺の第 2 項がゼロにならないため, Christoffel 記号はテンソルとして振る舞わない. □

　Christoffel 記号がテンソルでないので, 自由落下系でゼロになる重力 (3.9) が一般座標系では現れる.

### 3.1.1 測地線方程式の Newton 近似

ここで求めた測地線方程式が実際に重力場中の粒子の運動を記述しているかどうかを確認するために，**Newton** 近似を用いて確認しよう．Newton 近似とは物体速度が光速に比べ十分小さく，重力場の時間変化が無視できる極限を取ることである．

> **例題 3.5** 測地線方程式を Newton 近似し，Newton 力学における質量 $m$ 粒子の重力場中の運動方程式と比較し，Newton ポテンシャル $\Phi$ と計量 $g_{\mu\nu}$ の関係を求めよ．

$\boxed{\text{解}}$ 質量 $m$ をかけ，測地線方程式を $m\dfrac{d^2 x^\mu}{d\tau^2} = f^\mu$ のように運動方程式の形に表すと，4 元力 $f^\mu$ は

$$f^\mu = -m\Gamma^\mu{}_{\nu\rho}\frac{dx^\nu}{d\tau}\frac{dx^\rho}{d\tau} \tag{3.11}$$

で与えられる．この 4 元力 $f^\mu$ の空間成分は，4 元速度を $u^\mu = \gamma(c, v^i)$ と表すと，

$$f^j = mc^2\gamma^2\left[-\Gamma^j{}_{00} - 2\Gamma^j{}_{0k}\frac{v^k}{c} - \Gamma^j{}_{k\ell}\frac{v^k v^\ell}{c^2}\right]$$

となる．ここで $\gamma = \dfrac{dt}{d\tau}$ および $v^i = \dfrac{dx^i}{dt}$ である．

Newton 近似では，$\dfrac{|\boldsymbol{v}|}{c} \ll 1$ かつ $\tau \approx t$ ($\gamma \approx 1$) であるので $f^j = -mc^2\Gamma^j{}_{00}$ となる．重力場がほぼ静的であるとすると計量は時間反転 $t \to -t$ に対して不変となるので，$g_{i0} = g_{0j} = 0$ である．また逆行列も $g^{i0} = g^{0j} = 0$ となる．よって

$$\Gamma^j{}_{00} = \frac{1}{2}g^{j\ell}\left(\frac{\partial g_{0\ell}}{\partial(ct)} + \frac{\partial g_{0\ell}}{\partial(ct)} - \frac{\partial g_{00}}{\partial x^\ell}\right) \approx -\frac{1}{2}\partial^j g_{00}$$

となる．

したがって運動方程式は Newton 近似では

$$m\frac{d^2 x^j}{dt^2} = f^j = \frac{mc^2}{2}\partial^j g_{00}$$

となる[*3]．この右辺が Newton 重力になる．Newton ポテンシャル $\Phi$ を使うと $f^j$ は $f^j = -m\partial^j\Phi$ と表されるので $\dfrac{1}{2}\partial^j g_{00}c^2 = -\partial^j\Phi$ という関係が得られる．これを積分し，重力のない場合に Minkowski 計量（$g_{00} = -1$）になるように積分定数を決めると

$$g_{00} \approx -\left(1 + \frac{2\Phi}{c^2}\right) \tag{3.12}$$

となり，計量と Newton ポテンシャルの関係が得られる． $\qquad\qquad\square$

例題 1.8 では，計量の $g_{00} = -c^2(\boldsymbol{r})$ のみが自明でない場合に，重力場中での運動方程式を導いたが，これは重力場を考える場合に計量が定数でない曲がった時空を考える必要性を示す歴史的に重要な思考実験の一つとして取り上げた．ここでは測地線方程式から Newton 近似で同じ方程式が得られることを示すことで，共変的な測地線方程式が実際に物体の運動を表していることを明らかにしたという意味で重要である．

---

[*3] $\partial^j$ は $\partial_j = \dfrac{\partial}{\partial x^j}$ と同じであるが，添え字の上下表記に矛盾がないように上付きで表している．

### 3.1.2　測地線方程式のもう一つの導き方

測地線方程式は固有時間 $\tau$ の定数倍に対して不変となる．そこで固有時間の代わりに軌道に沿った新たなパラメータを $\mathsf{t} = \mathsf{t}(\tau)$ を $d\mathsf{t} = \lambda^{-1} d\tau$ として定義する．ここで $\lambda$ はある定数で，$\mathsf{t}$ はアフィンパラメータと呼ばれる．

このアフィンパラメータへの変換に対して，作用

$$\mathfrak{s} = -\int mc \sqrt{-g_{\mu\nu} \frac{dx^\mu}{d\mathsf{t}} \frac{dx^\nu}{d\mathsf{t}}} d\mathsf{t} \tag{3.13}$$

は不変となる．この変換の自由度をあらわにした作用は

$$\mathfrak{S} = \frac{1}{2} \int d\mathsf{t} \left( \frac{1}{\lambda} g_{\mu\nu} \frac{dx^\mu}{d\mathsf{t}} \frac{dx^\nu}{d\mathsf{t}} - \lambda m^2 c^2 \right) \tag{3.14}$$

で与えられる．ここで $\lambda$ はこの不変性を保証する Lagrange の未定乗数である．

> **例題 3.6**　Lagrange の未定乗数 $\lambda$ に対する変分を行うことで，2 次形式の作用 $\mathfrak{S}$ は元の作用 $\mathfrak{s}$ と等価であることを示せ.

$\boxed{\text{解}}$　表記を簡単にするため $u^\mu = \dfrac{dx^\mu}{d\mathsf{t}}$ と置く．作用 $\mathfrak{S}$ を $\lambda$ で変分すると

$$\delta \mathfrak{S} = \frac{1}{2} \int d\mathsf{t} \left( -\frac{1}{\lambda^2} u_\mu u^\mu - m^2 c^2 \right) \delta\lambda = 0$$

となり，拘束条件

$$u_\mu u^\mu + \lambda^2 m^2 c^2 = 0 \tag{3.15}$$

が得られる．これから Lagrange の未定乗数 $\lambda$ は $\lambda = \dfrac{1}{mc} \sqrt{-u_\mu u^\mu}$ となる[*4]．これを作用 $\mathfrak{S}$ に代入すると

$$\mathfrak{S} = \frac{1}{2} \int d\mathsf{t} \left( mc \frac{u_\mu u^\mu}{\sqrt{-u_\nu u^\nu}} - mc \sqrt{-u_\mu u^\mu} \right) = -\int mc \sqrt{-u_\mu u^\mu} d\mathsf{t}$$

となり，作用 (3.13) に一致する．　　　　　　　　　　　　　　　　　　　　　　$\square$

また，$x^\mu$ について変分を取ると Euler–Lagrange 方程式

$$\frac{d}{d\mathsf{t}} \left( \frac{1}{\lambda} u_\mu \right) = \frac{d}{d\mathsf{t}} \left( \frac{1}{\lambda} g_{\mu\nu} \frac{dx^\nu}{d\mathsf{t}} \right) = 0$$

が得られ，拘束条件 (3.15) を用いると粒子の運動が決定される．

ここで，$\lambda$ は測地線に沿った時間スケールの再定義に対する自由度なので，ある種の"ゲージ"自由度が存在することになり，具体的に運動を決定するにはこの自由度を固定する必要がある．静止質量 $m > 0$ の粒子のとき $\lambda = \dfrac{1}{m}$ とすると，拘束条件は $u_\mu u^\mu = -c^2$ となりアフィンパラメータ $\mathsf{t}$ は固有時間 $\tau$ に，$u^\mu$ は 4 元速度になる．その結果，上の Euler–Lagrange 方程式は静止質量 $m$ の運動方程式 $\dfrac{dp^\mu}{d\tau} = 0$ になる．ここで **4 元運動量**

---

[*4]　$\lambda > 0$ とした．$\lambda < 0$ を選ぶと作用の符号はマイナスになるが，得られる Euler–Lagrange 方程式は同じになる．

を $p^\mu = m u^\mu$ と定義した.

解　4 元速度 $u^\mu = \dfrac{dx^\mu}{d\tau}$ を用い $L_0(x, u) = \dfrac{1}{2} g_{\mu\nu}(x) u^\mu u^\nu$ と作用 $\mathfrak{S}_0[x]$ のラグランジアン $L_0$ を表し, 作用 $\mathfrak{S}_0[x]$ を $x^\mu$ で変分すると

$$\delta\mathfrak{S}_0 = \int d\tau \left[ \frac{\partial L_0}{\partial u^\mu} \delta u^\mu + \frac{\partial L_0}{\partial x^\mu} \delta x^\mu \right] = -\int d\tau \left[ \frac{d}{d\tau}\left( \frac{\partial L_0}{\partial u^\mu} \right) - \frac{\partial L_0}{\partial x^\mu} \right] \delta x^\mu = 0$$

となる. ラグランジアン $L_0$ を代入すると Euler–Lagrange 方程式は

$$\frac{d}{d\tau}(g_{\mu\nu} u^\nu + g_{\rho\mu} u^\rho) - \frac{\partial g_{\nu\rho}}{\partial x^\mu} u^\nu u^\rho = 0$$

となる. ここで $\dfrac{d}{d\tau}(g_{\mu\nu} u^\nu) = \dfrac{\partial g_{\mu\nu}}{\partial x^\rho} \dfrac{dx^\rho}{d\tau} u^\nu + g_{\mu\nu} \dfrac{du^\nu}{d\tau}$ に注意すると

$$g_{\mu\nu} \frac{du^\nu}{d\tau} + \frac{1}{2}\left( \frac{\partial g_{\mu\rho}}{\partial x^\nu} + \frac{\partial g_{\nu\mu}}{\partial x^\rho} - \frac{\partial g_{\nu\rho}}{\partial x^\mu} \right) u^\nu u^\rho = 0$$

となり, $\dfrac{du^\mu}{d\tau} + \Gamma^\mu{}_{\nu\rho} u^\nu u^\rho = 0$ が得られ, 測地線方程式 (3.2) に一致する.　□

　測地線方程式は $\tau$ の定数倍に対して不変となるため, $\tau$ の代わりに**アフィンパラメータ** $t$ を考えれば上の作用の変分から測地線方程式が得られる. また, この作用の変分で得られる測地線は必ずしも時間的な曲線である必要はない. 実際, 計量が正定値の空間を考える Riemann 幾何学では $\tau$ を曲線の基準点からの距離と取ればよい.

　このように, 測地線方程式は作用 (3.1) やそれと等価な作用 (3.14) だけでなく, より簡単な作用 (3.16) の変分からも得られる. ここで注意する必要があるのは, 作用 (3.16) の変分においてはパラメータが固有時間（またはアフィンパラメータ）でなければならないことである. 一方, 測地線の定義を与える作用 (3.1)（または作用 (3.14)）を使う場合は, どのようなパラメータを用いて曲線を表しても測地線は得られるが, その満たすべき方程式は少し複雑になる. この作用 (3.16) は Christoffel 記号を具体的に計算する場合に便利である. 以下の例題で具体的な計算をしてみよう.

$\boxed{\text{解}}$ 作用 $\mathfrak{S}_0$ のラグランジアン $L_0$ は具体的に計量 (3.17) を入れると

$$L_0 = \frac{1}{2}\left[-e^{2\Phi}\left(\frac{dx^0}{d\tau}\right)^2 + e^{2\Lambda}\left(\frac{dr}{d\tau}\right)^2 + r^2\left(\frac{d\theta}{d\tau}\right)^2 + r^2\sin^2\theta\left(\frac{d\varphi}{d\tau}\right)^2\right]$$

となる. ここで作用 $\mathfrak{S}_0$ を時間座標 $x^0$ で変分すると

$$\delta\mathfrak{S}_0 = -\int d\tau e^{2\Phi}\left(\frac{dx^0}{d\tau}\right)\delta\left(\frac{dx^0}{d\tau}\right) = \int d\tau\frac{d}{d\tau}\left(e^{2\Phi}\frac{dx^0}{d\tau}\right)\delta x^0$$

$$= e^{2\Phi}\left[\frac{d^2x^0}{d\tau^2} + 2\Phi'\frac{dr}{d\tau}\frac{dx^0}{d\tau}\right]\delta x^0 = 0$$

となり, 測地線方程式の時間成分

$$\frac{d^2x^0}{d\tau^2} + 2\Phi'\frac{dr}{d\tau}\frac{dx^0}{d\tau} = 0$$

が得られる. ここでプライム（′）は動径座標 $r$ に関する微分を表す.

これを Christoffel 記号を用いた一般的な測地線方程式の時間成分

$$\frac{dx^0}{d\tau^2} + \Gamma^0{}_{\nu\rho}\frac{dx^\nu}{d\tau}\frac{dx^\rho}{d\tau} = 0$$

と直接比較することで Christoffel 記号の $\Gamma^0{}_{\nu\rho}$ を求めることができる. $\Gamma^0{}_{\nu\rho}$ の $\nu, \rho$ に対する対称性に注意し, 具体的に比較すると

$$\Gamma^0{}_{r0} = \Gamma^0{}_{0r} = \Phi'$$

が得られる.

動径座標 $r$ に関する変分は, 計量の $r$ 依存性に注意すると,

$$\delta\mathfrak{S}_0 = \int d\tau\left\{\left[-\Phi'e^{2\Phi}\left(\frac{dx^0}{d\tau}\right)^2 + \Lambda'e^{2\Lambda}\left(\frac{dr}{d\tau}\right)^2 + r\left(\frac{d\theta}{d\tau}\right)^2 + r\sin^2\theta\left(\frac{d\varphi}{d\tau}\right)^2\right]\delta r\right.$$

$$\left. + e^{2\Lambda}\left(\frac{dr}{d\tau}\right)\delta\left(\frac{dr}{d\tau}\right)\right\}$$

$$= -\int d\tau e^{2\Lambda}\left[\frac{d^2r}{d\tau^2} + \Phi'e^{2(\Phi-\Lambda)}\left(\frac{dx^0}{d\tau}\right)^2 - \Lambda'\left(\frac{dr}{d\tau}\right)^2\right.$$

$$\left. - re^{-2\Lambda}\left(\frac{d\theta}{d\tau}\right)^2 - re^{-2\Lambda}\sin^2\theta\left(\frac{d\varphi}{d\tau}\right)^2\right]\delta r = 0$$

となり, 測地線方程式の動径成分

$$\frac{d^2r}{d\tau^2} + \Phi'e^{2(\Phi-\Lambda)}\left(\frac{dx^0}{d\tau}\right)^2 - \Lambda'\left(\frac{dr}{d\tau}\right)^2 - re^{-2\Lambda}\left(\frac{d\theta}{d\tau}\right)^2 - re^{-2\Lambda}\sin^2\theta\left(\frac{d\varphi}{d\tau}\right)^2 = 0$$

が得られる. これを Christoffel 記号を用いた一般的な測地線方程式の動径成分と直接比較することで Christoffel 記号 $\Gamma^r{}_{\nu\rho}$ の非自明な成分は

$$\Gamma^r{}_{rr} = \Lambda', \quad \Gamma^r{}_{00} = \Phi'e^{2(\Phi-\Lambda)}, \quad \Gamma^r{}_{\theta\theta} = \frac{\Gamma^r{}_{\varphi\varphi}}{\sin^2\theta} = -re^{-2\Lambda}$$

となる.

同様に作用 $\mathfrak{S}_0$ を角度 $\theta$ および角度 $\varphi$ で変分すると，測地線方程式はそれぞれ

$$\frac{d^2\theta}{d\tau^2} + \frac{2}{r}\frac{dr}{d\tau}\frac{d\theta}{d\tau} - 2\sin\theta\cos\theta\left(\frac{d\varphi}{d\tau}\right)^2 = 0,$$

$$\frac{d^2\varphi}{d\tau^2} + 2\frac{1}{r}\frac{dr}{d\tau}\frac{d\theta}{d\tau} + 2\cot\theta\frac{d\theta}{d\tau}\frac{d\varphi}{d\tau} = 0$$

となり，Christoffel 記号 $\Gamma^\theta{}_{\nu\rho}$ および $\Gamma^\varphi{}_{\nu\rho}$ の非自明な成分として

$$\Gamma^\theta{}_{r\theta} = \Gamma^\theta{}_{\theta r} = \frac{1}{r}, \quad \Gamma^\theta{}_{\varphi\varphi} = -\sin\theta\cos\theta, \quad \Gamma^\varphi{}_{r\varphi} = \Gamma^\varphi{}_{\varphi r} = \frac{1}{r}, \quad \Gamma^\varphi{}_{\theta\varphi} = \Gamma^\varphi{}_{\varphi\theta} = \cot\theta$$

が得られる． □

一般に時空の対称性が高い場合（対称性に関しては第5章参照）は Christoffel 記号のほとんどの項がゼロとなるため，定義から直接計算するより，具体的な計量の形を代入し，作用 $\mathfrak{S}_0$ の変分を用いたほうが無駄な計算が省け便利である．

### 3.1.3 測地線束

ある測地線 $\gamma$ に対してその近傍にある測地線をすべて併せた測地線の集合（測地線束）$\{\gamma_\sigma\}$（$\sigma$ は各測地線を識別するパラメータ）を考える．このとき，各測地線 $x^\mu_\sigma(\tau)$ の接ベクトル $u^\mu_\sigma(\tau) = \dfrac{dx^\mu_\sigma}{d\tau}$ を考えると．その接ベクトルの集合 $\{u^\mu_\sigma(\tau)\}$ は各時空点 $x^\mu$ 上で定義された4元速度場 $u^\mu(x)$ として考えることができる．

> **例題 3.9** 測地線方程式 (3.2) は，共変微分を用いると
>
> $$u^\nu\nabla_\nu u^\mu = 0 \tag{3.18}$$
>
> のようにテンソル方程式によって表されることを示せ．

$\boxed{\text{解}}$ $\dfrac{du^\mu}{d\tau} = \dfrac{\partial u^\mu}{\partial x^\nu}\dfrac{dx^\nu}{d\tau} = u^\nu\dfrac{\partial u^\mu}{\partial x^\nu}$ であるので

$$u^\nu\nabla_\nu u^\mu = u^\nu\left(\frac{\partial u^\mu}{\partial x^\nu} + \Gamma^\mu{}_{\rho\nu}u^\rho\right) = \frac{du^\mu}{d\tau} + \Gamma^\mu{}_{\rho\nu}u^\nu u^\rho = \frac{d^2 x^\mu}{d\tau^2} + \Gamma^\mu{}_{\rho\nu}\frac{dx^\nu}{d\tau}\frac{dx^\rho}{d\tau} = 0$$

となり測地線方程式に一致する． □

このように測地線方程式はテンソル方程式で記述できるので共変的である．つまり，任意の観測者に対して測地線方程式の形は不変となる．またこのことは測地線方程式を直接座標変換することでも確かめることができる．

一般に4元速度場 $u^\mu(x)$ の共変微分は，4元速度 $u^\mu$ とそれに垂直な空間方向への分解が次式のようにできる．

$$\nabla^\nu u^\mu = -a^\mu u^\nu + \frac{1}{3}\theta\gamma^{\mu\nu} + \sigma^{\mu\nu} + \omega^{\mu\nu}. \tag{3.19}$$

ここで $\gamma^{\mu\nu} \equiv g^{\mu\nu} + u^\mu u^\nu$ は $u^\mu$ に垂直な方向への射影演算子で，$a^\mu \equiv u^\nu\nabla_\nu u^\mu$ は加速度，$\theta \equiv \nabla_\mu u^\mu$ は速度場の膨張率，$\sigma_{\mu\nu} \equiv \frac{1}{2}\left(\gamma_\nu{}^\rho\nabla_\rho u_\mu + \gamma_\mu{}^\rho\nabla_\rho u_\nu\right) - \frac{1}{3}\theta\gamma_{\mu\nu}$ は速度場のシア，$\omega_{\mu\nu} \equiv \frac{1}{2}\left(\gamma_\nu{}^\rho\nabla_\rho u_\mu - \gamma_\mu{}^\rho\nabla_\rho u_\nu\right)$ は速度場の回転を表す．後者の2つはそれぞれ対称

トレースゼロ条件 ($\sigma^{\mu\nu} = \sigma^{\nu\mu}$, $\gamma_{\mu\nu}\sigma^{\mu\nu} = 0$) および反対称条件 ($\omega^{\mu\nu} = -\omega^{\nu\mu}$) を満たす．測地線方程式は加速度がゼロの式と等価である．

また，この分解の空間成分は流体力学における 3 次元速度場の空間微分の分解（体積ひずみ速度・ずれひずみ速度・渦度）の相対論的拡張になっている．

## 3.2 光の経路

曲がった時空では，重力により粒子だけでなく光の軌道もまた曲げられる．この光の経路はどのように表すことができるのであろうか．光の場合の線素は $ds^2 = 0$ となり固有時間が定義できないため，作用 (3.13) を用いることはできない．そこでアフィンパラメータを用いた 2 次形式の作用 (3.14) を用いて考えよう．

> **例題 3.10**　光子の質量は $m = 0$ である．そのときの作用 (3.14) をアフィンパラメータ t を用いて表し，その作用の変分をすることで光の測地線方程式を求めよ．

$\boxed{解}$　質量をゼロとすると作用 (3.14) は

$$\mathfrak{S} = \frac{1}{2}\int \frac{1}{\lambda}d\mathsf{t}\, g_{\mu\nu}\frac{dx^\mu}{d\mathsf{t}}\frac{dx^\nu}{d\mathsf{t}} = \frac{1}{2}\int \frac{1}{\lambda}d\mathsf{t}\, g_{\mu\nu}u^\mu u^\nu \tag{3.20}$$

となる．ここで光子の 4 元速度 $u^\mu = \dfrac{dx^\mu}{d\mathsf{t}}$ を導入した．この作用 $\mathfrak{S}$ の $\lambda$ についての変分は $g_{\mu\nu}u^\mu u^\nu = 0$ となり，拘束条件は光子の 4 元速度がヌルベクトルであることを示している．また作用 $\mathfrak{S}$ を $x^\mu$ について変分すると

$$
\begin{aligned}
\delta\mathfrak{S} &= \frac{1}{2}\int d\mathsf{t}\,\frac{1}{\lambda}\left[2g_{\mu\nu}\frac{dx^\nu}{d\mathsf{t}}\delta\left(\frac{dx^\mu}{d\mathsf{t}}\right) + \frac{\partial g_{\rho\sigma}}{\partial x^\mu}\frac{dx^\rho}{d\mathsf{t}}\frac{dx^\sigma}{d\mathsf{t}}\delta x^\mu\right]\\
&= \frac{1}{2}\int d\mathsf{t}\,\frac{1}{\lambda}\left[-\frac{d}{d\mathsf{t}}\left(2g_{\mu\nu}\frac{dx^\nu}{d\mathsf{t}}\right) + \frac{\partial g_{\rho\sigma}}{\partial x^\mu}\frac{dx^\rho}{d\mathsf{t}}\frac{dx^\sigma}{d\mathsf{t}}\right]\delta x^\mu\\
&= \frac{1}{2}\int d\mathsf{t}\,\frac{1}{\lambda}\left[-2g_{\mu\nu}\frac{d^2x^\nu}{d\mathsf{t}^2} - 2\frac{dx^\nu}{d\mathsf{t}}\frac{dx^\sigma}{d\mathsf{t}}\frac{\partial g_{\mu\nu}}{\partial x^\sigma} + \frac{dx^\rho}{d\mathsf{t}}\frac{dx^\sigma}{d\mathsf{t}}\frac{\partial g_{\rho\sigma}}{\partial x^\mu}\right]\\
&= \frac{1}{2}\int d\mathsf{t}\,\frac{1}{\lambda}\left[-2g_{\mu\nu}\frac{d^2x^\nu}{d\mathsf{t}^2} + \frac{dx^\rho}{d\mathsf{t}}\frac{dx^\sigma}{d\mathsf{t}}\left(\frac{\partial g_{\rho\sigma}}{\partial x^\mu} - \frac{\partial g_{\mu\rho}}{\partial x^\sigma} - \frac{\partial g_{\mu\rho}}{\partial x^\sigma}\right)\right]\\
&= -\int d\mathsf{t}\,\frac{1}{\lambda}g_{\mu\nu}\left(\frac{d^2x^\nu}{d\mathsf{t}^2} + \frac{dx^\rho}{d\mathsf{t}}\frac{dx^\sigma}{d\mathsf{t}}\Gamma^\nu_{\rho\sigma}\right)
\end{aligned}
$$

となる．したがって Euler–Lagrange 方程式（光の測地線方程式）

$$\frac{d^2x^\mu}{d\mathsf{t}^2} + \Gamma^\mu_{\rho\sigma}\frac{dx^\rho}{d\mathsf{t}}\frac{dx^\sigma}{d\mathsf{t}} = 0 \tag{3.21}$$

が得られる．　　　　　　　　　　　　　　　　　　　　　　　　　　　　　□

光（または質量ゼロの粒子）の測地線を**ヌル測地線**とも呼ぶ．ここで得られた光の測地線方程式は粒子の測地線方程式における固有時 $\tau$ をアフィンパラメータ t に置き換えたものとなっている．固有時のスケール不変性を用いることで粒子の測地線方程式を導く作用をアフィンパラメータを用いた 2 次形式に書き換えることで光の軌道を導く作用が得られ

たのである．

## 3.3 測地線偏差

　本当の重力は自由落下系に移っても潮汐力という形で現れるため消すことができないと言った．一方，重力は曲がった時空で表すことができ，その幾何学的性質は曲率で記述される．ここではこの潮汐力と曲率の関係を見てみよう．

　潮汐力を考えるため，ある測地線とそれに近接した別の測地線を扱う必要がある．そのため，あるパラメータ $\sigma$ で特徴付けられる測地線束を $\gamma_\sigma(\tau)$ で表す．ここで $\tau$ は固有時を表す．$\sigma$ を微小に変えることで近接した異なる測地線を表すことができる．よって測地線束 $\gamma_\sigma(\tau)$ を座標を用いて $x^\mu(\tau,\sigma)$ で表そう（図 3.1 参照）．

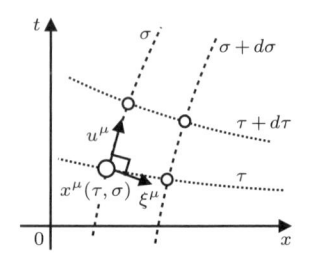

図 3.1　隣接する測地線の偏差．

　固有時間 $\tau$ の方向の接ベクトルは $\dfrac{\partial x^\mu}{\partial \tau}$ で定義され，測地線に沿った 4 元速度 $u^\mu$ に一致する．時間方向の共変微分 $u^\mu\nabla_\mu = \dfrac{D}{d\tau}$ より測地線方程式は

$$u^\mu\nabla_\mu u^\nu = \frac{Du^\mu}{d\tau} = 0$$

と表すことができる．一方，パラメータ $\sigma$ を少しだけ変化して得られる別の測地線までの差のベクトルは，固有時間を固定すると，$\xi^\mu = \dfrac{\partial x^\mu}{\partial \sigma}$ で定義される．$\xi^\mu$ はもとの測地線 $\gamma_\sigma(\tau)$ から無限小離れた別の測地線とのずれを表すベクトルであり，**偏差ベクトル**と呼ばれる．アフィンパラメータ $\tau$ の選択の自由度

$$\tau \to \tau' = a(\sigma)\tau + b(\sigma)$$

（$a(\sigma)$, $b(\sigma)$ は $\sigma$ の任意関数）を用いると，接ベクトル $u^\mu$ と偏差ベクトル $\xi^\mu$ を常に垂直にとることができる．つまり $\tau$ と $\sigma$ は図 3.1 のように直交する 2 つの座標を表す．この場合 2 つの座標に関する微分の交換対称性が成り立つので

$$\frac{\partial}{\partial\sigma}\left(\frac{\partial x^\mu}{\partial\tau}\right) = \frac{\partial}{\partial\tau}\left(\frac{\partial x^\mu}{\partial\sigma}\right)$$

である．これを共変的なベクトル $u^\mu = \left(\dfrac{\partial}{\partial\tau}\right)^\mu$ および $\xi^\mu = \left(\dfrac{\partial}{\partial\sigma}\right)^\mu$ で表すと関係式

$$\xi^\mu\nabla_\mu u^\nu = u^\mu\nabla_\mu\xi^\nu \tag{3.22}$$

が得られる．ここで $\left(\dfrac{\partial}{\partial\tau}\right)^\mu$ および $\left(\dfrac{\partial}{\partial\sigma}\right)^\mu$ はそれぞれ 4 次元時空上でのある点における $\tau$ 方向および $\sigma$ 方向の接線ベクトルである．

　隣接する測地線間の相対速度および相対加速度をそれぞれ

$$\beta^\mu \equiv u^\nu\nabla_\nu\xi^\mu = \frac{D\xi^\mu}{d\tau},$$

$$\alpha^\mu \equiv u^\nu\nabla_\nu\beta^\mu = \frac{D\beta^\mu}{d\tau} = \frac{D^2\xi^\mu}{d\tau^2}$$

で定義する.

**例題 3.11**　測地線間の相対加速度は曲率を用いて

$$\alpha^{\mu} = R^{\mu}{}_{\nu\rho\sigma}u^{\nu}u^{\rho}\xi^{\sigma} \tag{3.23}$$

と表されることを示せ.

---

**解**　相対加速度は $\alpha^{\mu} = u^{\rho}\nabla_{\rho}(u^{\sigma}\nabla_{\sigma}\xi^{\mu})$ で定義されるので，関係式 (3.22) を用いると

$$\alpha^{\mu} = u^{\rho}\nabla_{\rho}(u^{\sigma}\nabla_{\sigma}\xi^{\mu}) = u^{\rho}\nabla_{\rho}(\xi^{\sigma}\nabla_{\sigma}u^{\mu}) = u^{\rho}(\nabla_{\rho}\xi^{\sigma})\nabla_{\sigma}u^{\mu} + u^{\rho}\xi^{\sigma}\nabla_{\rho}\nabla_{\sigma}u^{\mu}$$

$$= \xi^{\rho}(\nabla_{\rho}u^{\sigma})\nabla_{\sigma}u^{\mu} + u^{\rho}\xi^{\sigma}(\nabla_{\rho}\nabla_{\sigma}u^{\mu} - \nabla_{\sigma}\nabla_{\rho}u^{\mu} + \nabla_{\sigma}\nabla_{\rho}u^{\mu})$$

$$= \xi^{\rho}\nabla_{\rho}(u^{\sigma}\nabla_{\sigma}u^{\mu}) + u^{\rho}\xi^{\sigma}(\nabla_{\rho}\nabla_{\sigma} - \nabla_{\sigma}\nabla_{\rho})u^{\mu}$$

$$= u^{\rho}\xi^{\sigma}[\nabla_{\rho}, \nabla_{\sigma}]u^{\mu} = R^{\mu}{}_{\nu\rho\sigma}u^{\nu}u^{\rho}\xi^{\sigma}$$

となる．ここで測地線方程式 $u^{\sigma}\nabla_{\sigma}u^{\mu} = 0$ を用いた.　　　　　　　　　□

以上のことから測地線偏差 $\xi^{\mu}$ の時間変化を表す**測地線偏差方程式**は

$$\alpha^{\mu} = \frac{D^2\xi^{\mu}}{d\tau^2} = R^{\mu}{}_{\nu\rho\sigma}u^{\nu}u^{\rho}\xi^{\sigma} \tag{3.24}$$

で与えられる．ここで相対加速度 $\alpha^{\mu}$ は微小に離れた 2 粒子に働く加速度の差を表し，一方の自由落下系に移ることでその重力を打ち消しても，もう一方の加速度との差が残り，相対加速度はゼロにできない．質量 × 加速度は力を表すので，このゼロでない相対加速度（× 質量）が**潮汐力**を表していることが分かる．このように相対加速度を曲率を用い書き表すことで潮汐力の影響を曲率によって共変的に表すことが可能となる．一般に曲がった時空では Riemann 曲率はゼロにはならないので潮汐力は常に現れ，重力の影響は座標変換によって完全に消すことができない.

相対論的重力は曲がった時空を考えることで特殊相対性理論と矛盾しないように Newton 重力理論を拡張できることがわかった．このとき，この章で示したように，重力が作用するときの粒子や光の軌道は，曲がった時空を表す計量 $g_{\mu\nu}$ が与えられれば，測地線方程式で決定できる.

一方，Newton 重力理論では，Newton ポテンシャルを与える Poisson 方程式があり，物質密度が与えられれば Newton ポテンシャルが決定でき，粒子の運動が決まる．一般相対性理論ではこの Poisson 方程式に当たる式は何であろうか．重力ポテンシャルに対応する計量はどのように決定できるのであろうか．それを与えるのが次章で考える Einstein 方程式である.

# 第 4 章
# 一般相対性理論

相対論的重力を考えるために Einstein が思いついた生涯で最も素晴らしいアイデアである「等価原理」は，面倒な重力を自由落下系に移ることで「消滅」させた．慣性系から加速系に移ることで「等価原理」を元に，重力場を含む相対性理論が議論できる．さらにこの考え方は時空のゆがみという考え方に発展していった．相対論的重力は計量 $g_{\mu\nu}$ で表される曲がった時空で記述され，重力場中の粒子の運動は測地線方程式で表されることが分かった．この章では，重力場を表す計量を決定する Einstein 方程式を導こう．

## 4.1　一般相対性原理

特殊相対性理論は慣性系の観測者が見る世界を表しており，世界間隔は Minkowski 計量で表される．慣性系にいる観測者はすべて対等で，どの慣性系の観測者にとっても物理法則は同じである．一方，一般相対性理論では曲がった時空（Riemann 空間）により重力が表される．一般座標系で記述される加速系に移ることで，重力場を表すことが可能となる．このように加速系にいる観測者が見る世界では "重力" が現れるが，特殊相対性理論の自然な拡張として，その物理法則は観測者によらないと考える．つまり，Einstein は一般相対性理論を構築するために，次の「一般相対性原理」を前提とした．

> **一般相対性原理**：任意の一般座標系に対して，すべての物理法則は同じである．

どのような一般座標系をとっても物理法則が不変であるということを具体的に表すため，任意の一般座標変換 (2.2) を考えよう．一般相対性原理は，物理法則がこの一般座標変換に対して不変であることを主張するものである．このように一般座標変換により変化しない性質を一般共変性という．通常，物理法則はベクトルやテンソルなどで表される物理量の微分方程式で記述される．よって一般相対性原理から，この基礎方程式はテンソル（またはベクトル）方程式で表されることになる．

## 4.2 Einstein 方程式

重力のみ働く場合の物体の運動は測地線方程式で記述される．また，一般相対性原理から，一般の場合の物体の運動は特殊相対性理論の運動方程式を一般共変的に書き換えれば得られる．他の物理法則も特殊相対性理論における基礎方程式を一般共変的なテンソル方程式に書き換えればよい．Minkowski 空間を舞台にするか，Riemann 空間を舞台にするかの差だけといってよい．しかし，重力の法則は状況が異なる．特殊相対性理論における重力法則はないので，その基礎方程式がどうなるか全く予想できないのである．

また，$g_{\mu\nu}$ が時空の計量と重力場の一人二役をこなすため，重力は次の点でも他の場と基本的に大きく異なる．計量が重力場で記述されることから時空そのものが物理学の対象となり，時空は時間的に変化し得るダイナミカルな存在となる．つまり，相対論的重力理論の完成が，**時空の物理学**という新しい物理学の誕生をもたらすことになるのである．

Einstein 自身は，曲がった時空のアイデアに思い至った後も思考錯誤を繰り返し，最終的に現在 Einstein 方程式として知られている基礎方程式にたどり着いた．しかし，ここではいくつかの原理や条件を仮定することで Einstein 方程式を導くことにする．

前提として以下の 3 つの条件を課す．

[1] 一般相対性原理．

[2] エネルギー・運動量保存則．

[3] 非相対論的極限で Newton 重力理論に一致．

条件 [1] は，観測者によらず同じ法則が成り立つ，つまり基礎方程式が一般共変的であることを意味している．具体的には基礎方程式がテンソル形式で書けることを示している．そこで Newton 重力理論を計量を用いて表してみよう．

重力ポテンシャルを $\Phi$ とすると Newton 重力理論は (1.10) 式で表される Poisson 方程式で記述される．静的で弱い重力場の場合（$\frac{\Phi}{c^2} \ll 1$）には重力ポテンシャル $\Phi$ と計量の 00 成分 $g_{00}$ に (3.12) 式のような関係があることが分かっている．エネルギーと質量の等価性から Poisson 方程式 (1.10) の右辺の質量密度 $\rho$ はエネルギー密度 $\rho c^2$ と見なせるが，これは 4 次元スカラー量ではない．実際，特殊相対性理論でも議論したように，エネルギー密度はエネルギー・運動量密度を記述する 2 階のテンソル量 $T_{\mu\nu}$ の 00 成分である．つまり，Poisson 方程式 (1.10) は

$$-\Delta g_{00} - \frac{8\pi G}{c^4} T_{00} \tag{4.1}$$

と書き換えられる．

(4.1) 式を一般共変的な基礎方程式に拡張したいのであるが，右辺の $T_{00}$ の 4 次元共変的なものは 2 階のテンソルであるエネルギー・運動量密度 $T_{\mu\nu}$ と考えられるので，(4.1) 式の一般共変的に拡張した方程式は 2 階のテンソル方程式になると考えられる．そして右辺は $T_{\mu\nu}$ とすればよい．一方，Poisson 方程式 (4.1) の左辺は計量 $g_{00}$ の 2 階微分であるが，そのような量で一般共変的な量になるものはといえば曲率テンソルである．曲率テンソルの最も一般的なものは Riemann テンソル $R^{\mu}{}_{\nu\rho\sigma}$ であるが，それは 4 階のテンソルであるので，そのままを左辺に使えない．しかし，それを縮約した Ricci テンソル $R_{\mu\nu}$ やスカラー曲率 $R$ は左辺に置くことができる．

つまり，(4.1) 式を一般共変的に拡張した基礎方程式は

$$c_1 R_{\mu\nu} + c_2 g_{\mu\nu} R = \frac{8\pi G}{c^4} T_{\mu\nu} \tag{4.2}$$

と表されるであろう．ここで $c_1$, $c_2$ は無次元の未知定数である．

**例題 4.1** エネルギー・運動量保存則（条件 [2]）および弱重力場近似で Newton 重力理論に一致するという条件（条件 [3]）から (4.2) 式の係数 $c_1$, $c_2$ を定めよ．ただし，エネルギー・運動量保存則は $\nabla^\nu T_{\mu\nu} = 0$ で与えられるものとする．

$\boxed{\text{解}}$ まず，条件 [2] を使おう．エネルギー・運動量保存則 $\nabla^\nu T_{\mu\nu} = 0$ より $c_1$ と $c_2$ の比が決定される．実際，曲率の微分に関しては縮約した Bianchi 恒等式 (2.22) がある．そこで，$c_2 = -\dfrac{c_1}{2}$ と取れば (4.2) 式を共変微分することでエネルギー・運動量保存則が保証されることになる．

残るは $c_1$ であるが，これは条件 [3] から決定される．いま重力場を静的とし，線形近似できる程度に十分弱く，かつ非相対論的極限（$c \to \infty$）を考えると $R_{00} - \dfrac{1}{2} g_{00} R \approx -\Delta g_{00}$ と表される．ここで (4.2) 式が (4.1) 式と一致するという要請から $c_1 = 1$ と決定される．よって $c_1 = 1$, $c_2 = -\dfrac{1}{2}$ となる． $\square$

以上をまとめると，上の 3 つの条件 [1]–[3] を満たす 4 次元共変的な方程式は

$$R_{\mu\nu} - \frac{1}{2} g_{\mu\nu} R = \frac{8\pi G}{c^4} T_{\mu\nu} \tag{4.3}$$

となることがわかる．これが **Einstein 方程式**である．この方程式の左辺は，$G_{\mu\nu} \equiv R_{\mu\nu} - \dfrac{1}{2} g_{\mu\nu} R$ と表し，**Einstein テンソル**と呼ばれている．この Einstein 方程式を基礎方程式とする一般共変的な重力理論を**一般相対性理論**という．

Einstein 方程式 (4.3) の発散を取ると，Bianchi 恒等式より $\nabla^\mu G_{\mu\nu} = \dfrac{8\pi G}{c^4} \nabla^\mu T_{\mu\nu} = 0$ となり，物質場の**エネルギー・運動量保存則**

$$\nabla^\mu T_{\mu\nu} = 0 \tag{4.4}$$

が導かれる．つまり，Einstein 方程式は全エネルギー・運動量の保存則を内在している．

(4.3) 式は，計量 $g_{\mu\nu}$ に関する 2 階微分方程式で，その方程式を解くことで計量 $g_{\mu\nu}$ が決定される．これにより重力場（重力ポテンシャル）が決まると同時に，時空が決定される．この一般相対性理論は，重力理論の相対論化（相対論的重力理論）に成功したというだけでなく，時空が物理学的に決定されるという従来の時空の概念を根本的に変えたという意味で，絶対時間を否定した特殊相対性理論の一般化，つまり「**一般相対性理論**」と呼ぶにふさわしい理論である．**時空の物理学**の誕生である．

## 4.3 変分による Einstein 方程式の導出

Einstein が一般相対性理論を完成し，プロイセン科学アカデミーに論文を提出したのは 1915 年 11 月 25 日のことである．その 5 日前に David Hilbert は，Einstein とは独立に最小作用の原理から Einstein 方程式を導く論文を提出していた．Hilbert の論文では電磁

気学の Mie 理論を重力にも適用するなど，物理学的にはいくつかの問題点を含んでいたが，Einstein の得た重力方程式を変分原理から導いたという意味では重要である．その作用は現在，Einstein–Hilbert 作用と呼ばれている．ここでは，Hilbert にならい変分を用いて Einstein 方程式を導いてみよう．

<Einstein と Hilbert>

　天才数学者 Hilbert は論理構造から公理論的に科学を構成できると信じ，電磁気学こそ物質の基礎をなすと考えていた．そのときに目に入ったのが等価原理をもとに新しい重力理論の構築に取り組んでいた Einstein の研究であった．光と重力の関係に興味を持った Hilbert は 1912 年 6 月末から Einstein をゲッチンゲンに 1 週間招待し，6 回の講演を依頼した．それ以後，Einstein と Hilbert は親交を深める．

　Einstein は 1915 年 10 月，Mach の原理に基づき「座標変換には物理的意味がある」と信じていたこれまでの考えから一転し，一般共変性の重要性にたどり着いた．11 月 4 日にその考えに基づいた重力方程式をプロイセン科学アカデミーに提出，「これは生涯最高の論文である」と Hilbert に手紙を書いた．それに対し，Hilbert は「11 月 16 日にゲッチンゲンで研究発表をするが，Einstein も来て発表をしないか」と招待したが，Einstein は断った．そのとき Einstein は自分の理論で水星の近日点移動が導けることを証明していた．Einstein はこの発見を 11 月 18 日に大御所の天文学者 Karl Schwarzschild のいる前で発表し，理論の重要性を説いた．

　一方，Hilbert は 11 月 20 日ゲッチンゲンの王立科学アカデミーで完全な形の重力方程式を発表した．このとき Hilbert は「Einstein は正しい問題設定をしたが，その答えを見つけたのは私だ」と主張したという．Einstein はその 5 日後の 11 月 25 日に独自に最終的な重力方程式を発表した．二人の仲は険悪なものとなったが，12 月 6 日に Hilbert は Einstein の先取権を認めるように論文を修正し，Einstein にも詫び状を書いた．Einstein は 12 月 10 日に対立を終わらせようと手紙を書いた[a]．

　Einstein と Hilbert は独立に同じ重力方程式（Einstein 方程式）を発見したが，目指したものはかなり異なっていたようである．等価原理に始まる物理学的考察を基に重力理論を追求し，時空の本質にたどり着いたのは Einstein のほうで，一般相対性理論はやはり Einstein によってつくられたと言っていいだろう．

---

[a]　詳しくは A. Pais（西島和彦監訳），「神は老獪にして…」（産業図書，1987）や M. Stanley（水谷淳訳），「Einstein の戦争」（新潮社，2020）を参照のこと．

## 4.3.1　Einstein–Hilbert 作用

　古典力学では作用は基礎方程式（Newton の運動方程式や Maxwell 方程式など）を導出するための汎関数であり，基礎方程式と等価である．一方，量子論においては経路積分法や保存量の導出などにおいて，基礎方程式そのものより作用のほうが重要となる．理論の対称性などの理解においても作用は都合がよい．そのため，近年の理論物理学では作用がより基本的なものとして取り扱われている．

　作用の満たすべき性質として，系の対称性に対して不変である必要がある．それは最小

作用の原理より得られる基礎方程式は考えている系の対称性に対し共変的であるからである．この対称性には，Lorentz 変換のような大域的な対称性だけでなく，ゲージ変換のような局所的な対称性やパリティ変換（空間反転）などの離散的な対称性，超対称性変換のような粒子の種類を変えるような変換も含まれる．

それでは，重力の理論は一体どのような対称性を持つべきであろうか．もともと，特殊相対性理論は Einstein の**相対性原理**と**光速度不変の原理**[*1)]の 2 つの原理から導かれた．その帰結として大域的座標変換である Lorentz 変換が導かれたので，まず重力の作用は Lorentz 不変である必要がある．

次に，一般相対性理論では相対性原理を拡張した**一般相対性原理**を前提としているため，作用は一般座標変換に対して不変となる必要がある．また，重力場のような場の作用はラグランジアン密度の 4 次元体積積分で表される．

**例題 4.2** 一般座標変換に対して不変となる 4 次元体積要素を求めよ．

解 4 次元体積要素 $d^4x \equiv dx^0 dx^1 dx^2 dx^3$ を一般座標変換して得られる体積要素は $d^4\tilde{x} = J d^4x$ となる．ここで $J \equiv \det\left(\dfrac{\partial \tilde{x}^\alpha}{\partial x^\mu}\right)$ は Jacobi 行列式である．計量は 2 階のテンソルであるので $\tilde{g}_{\alpha\beta} = \dfrac{\partial x^\mu}{\partial \tilde{x}^\alpha}\dfrac{\partial x^\nu}{\partial \tilde{x}^\beta} g_{\mu\nu}$ となり，この行列式は

$$\tilde{g} = \det\left(\frac{\partial x^\mu}{\partial \tilde{x}^\alpha}\right)\det\left(\frac{\partial x^\nu}{\partial \tilde{x}^\beta}\right)g = J^{-2}g$$

となる．ここで $\tilde{g} \equiv \det(\tilde{g}_{\alpha\beta})$ および $g \equiv \det(g_{\mu\nu})$ である．

$g < 0$ および $\tilde{g} < 0$ に注意すると，Jacobi 行列式は $J = \sqrt{\dfrac{-g}{-\tilde{g}}}$ で与えられ $d^4\tilde{x} = \sqrt{\dfrac{-g}{-\tilde{g}}}\, d^4x$ となる．よって一般座標変換に対して不変となる 4 次元体積要素は

$$\sqrt{-g}\, d^4x = \sqrt{-\tilde{g}}\, d^4\tilde{x}$$

であることがわかる． □

上の考察から重力場 $g_{\mu\nu}$ の作用として

$$S_\mathrm{g} = \int d^4x \sqrt{-g}\, \mathcal{L}_\mathrm{g}$$

を考えよう．ここで $\mathcal{L}_\mathrm{g}$ は重力場のラグランジアン密度である．このとき $\mathcal{L}_\mathrm{g}$ がスカラーであれば，作用 $S_\mathrm{g}$ は一般座標変換に対して不変となる．通常ラグランジアンは基本変数およびその 1 階微分の汎関数である．今の場合は，計量 $g_{\mu\nu}$ とその 1 階微分である Christoffel 記号 $\Gamma^\mu{}_{\nu\rho}$ の汎関数が考えられる．しかしながら Christoffel 記号はテンソルではないため，それらからつくられる汎関数はスカラーにはならない．そこで 2 階微分までを含む最も簡単なスカラー量であるスカラー曲率 $R$ を考えよう．つまり

---

*1) 本来は伝播速度有限の原理とすべきだが，ここでは Einstein に敬意を払い光速度不変の原理の呼び方に統一しておく．

$$\mathcal{L}_{\mathrm{g}} = \frac{1}{2\kappa^2} R \tag{4.5}$$

とする．ここで $\kappa^2$ は，後にわかるように，物質場に対する重力相互作用の結合定数を表している．また，このラグランジアンを用いた重力場の作用

$$S_{\mathrm{EH}} = \frac{1}{2\kappa^2} \int d^4x \sqrt{-g} R \tag{4.6}$$

を **Einstein–Hilbert** 作用と呼ぶ．この作用の変分により Einstein 方程式が得られるのであるが，その前にいくつかの準備が必要となる．

---

**例題 4.3** 計量 $g_{\mu\nu}$ の行列式 $g$ および $\sqrt{-g}$ の変分を計量の変分 $\delta g^{\alpha\beta}$ を用いて表せ．

---

解 変分後の計量の逆行列を

$$\tilde{g}^{\mu\nu} = g^{\mu\nu} + \delta g^{\mu\nu} = g^{\mu\alpha}\big(\delta_\alpha{}^\nu + g_{\alpha\beta}\delta g^{\beta\nu}\big)$$

とおくと，この行列式は

$$\tilde{g}^{-1} \equiv \det \tilde{g}^{\mu\nu} = \det g^{\mu\alpha} \det(\delta_\alpha{}^\nu + g_{\alpha\beta}\delta g^{\beta\nu}) = g^{-1}\exp\big[\ln\big(\det(\delta_\alpha{}^\nu + g_{\alpha\beta}\delta g^{\beta\nu})\big)\big]$$

となる．行列 $A$ に対する公式 $\ln(\det A) = \mathrm{tr}(\ln A)$ を用いると

$$\tilde{g}^{-1} = g^{-1}\exp\big[\mathrm{tr}\big(\ln(\delta_\alpha{}^\nu + g_{\alpha\beta}\delta g^{\beta\nu})\big)\big]$$

となる．今，変分量 $\delta g^{\beta\nu}$ は十分小さいとして，この式を展開すると

$$\tilde{g}^{-1} \approx g^{-1}\exp\big[\mathrm{tr}\big(g_{\alpha\beta}\delta g^{\beta\nu}\big)\big] = g^{-1}\exp\big[g_{\alpha\beta}\delta g^{\beta\alpha}\big] \approx g^{-1}\big(1 + g_{\alpha\beta}\delta g^{\beta\alpha}\big)$$

となる．これを書き換えると $\tilde{g} \approx g\big(1 - g_{\alpha\beta}\delta g^{\alpha\beta}\big)$ となるので，行列式の変分は $\delta g \equiv \tilde{g} - g = -g g_{\alpha\beta}\delta g^{\alpha\beta}$ となる．したがって

$$\delta\sqrt{-g} = -\frac{1}{2\sqrt{-g}}\delta g = -\frac{1}{2}\sqrt{-g}\,g_{\alpha\beta}\delta g^{\alpha\beta} \tag{4.7}$$

となる． $\qquad\qquad\square$

$g^{\mu\rho}g_{\rho\nu} = \delta^\mu{}_\nu$ を変分すると $\delta g^{\mu\rho}g_{\rho\nu} + g^{\mu\rho}\delta g_{\rho\nu} = 0$ となるので，

$$\delta g_{\mu\nu} = -g_{\mu\alpha}g_{\nu\beta}\delta g^{\alpha\beta} \tag{4.8}$$

のように $\delta g_{\mu\nu}$ は $\delta g^{\alpha\beta}$ と一対一に対応している．したがって $\sqrt{g}$ の変分は

$$\delta\sqrt{-g} = \frac{1}{2}\sqrt{-g}\,g^{\mu\nu}\delta g_{\mu\nu}$$

と $\delta g_{\mu\nu}$ を用いても表せる．

---

**例題 4.4** Christoffel 記号 $\Gamma^\rho{}_{\mu\nu}$ の変分 $\delta\Gamma^\rho{}_{\mu\nu}$ はテンソルになることを示せ．

---

解 Christoffel 記号の変分は $\delta\Gamma^\rho{}_{\mu\nu}(x) \equiv \Gamma^\rho{}_{\mu\nu}(x + \delta x) - \Gamma^\rho{}_{\mu\nu}(x)$ で与えられる．いま一般座標変換を $\tilde{x}^\mu = \tilde{x}^\mu(x)$ とすると

$$\widetilde{\Gamma}^\alpha{}_{\beta\gamma}(\tilde{x}) = \frac{\partial \tilde{x}^\alpha}{\partial x^\rho}\frac{\partial x^\mu}{\partial \tilde{x}^\beta}\frac{\partial x^\nu}{\partial \tilde{x}^\gamma}\Gamma^\rho{}_{\mu\nu}(x) + \frac{\partial \tilde{x}^\alpha}{\partial x^\rho}\frac{\partial^2 x^\rho}{\partial \tilde{x}^\beta \partial \tilde{x}^\gamma}$$

と変換される. よってその変分は

$$
\begin{aligned}
\widetilde{\delta\Gamma}^\rho{}_{\mu\nu}(\tilde{x}) &= \delta\widetilde{\Gamma}^\rho{}_{\mu\nu}(\tilde{x}) = \widetilde{\Gamma}^\rho{}_{\mu\nu}(\tilde{x}+\delta\tilde{x}) - \widetilde{\Gamma}^\rho{}_{\mu\nu}(\tilde{x}) \\
&= \frac{\partial \tilde{x}^\alpha}{\partial x^\rho}\frac{\partial x^\mu}{\partial \tilde{x}^\beta}\frac{\partial x^\nu}{\partial \tilde{x}^\gamma}\left(\Gamma^\rho{}_{\mu\nu}(x+\delta x) - \Gamma^\rho{}_{\mu\nu}(x)\right) = \frac{\partial \tilde{x}^\alpha}{\partial x^\rho}\frac{\partial x^\mu}{\partial \tilde{x}^\beta}\frac{\partial x^\nu}{\partial \tilde{x}^\gamma}\delta\Gamma^\rho{}_{\mu\nu}(x)
\end{aligned}
$$

となるので $\delta\Gamma^\rho{}_{\mu\nu}$ はテンソルになる. $\qquad\square$

**例題 4.5** Christoffel 記号の変分 $\delta\Gamma^\rho{}_{\mu\nu}$ を計量の変分 $\delta g_{\mu\nu}$ を用いて表せ.

解 Christoffel 記号の定義 (2.12) より

$$
\begin{aligned}
\delta\Gamma^\rho{}_{\mu\nu} &= \delta g^{\rho\sigma}g_{\sigma\alpha}\Gamma^\alpha{}_{\mu\nu} + \frac{1}{2}g^{\rho\sigma}(\partial_\mu \delta g_{\sigma\nu} + \partial_\mu \delta g_{\sigma\nu} - \partial_\sigma \delta g_{\mu\nu}) \\
&= \delta g^{\rho\sigma}g_{\sigma\alpha}\Gamma^\alpha{}_{\mu\nu} + \frac{1}{2}g^{\rho\sigma}(\nabla_\mu \delta g_{\sigma\nu} + \nabla_\mu \delta g_{\sigma\nu} - \nabla_\sigma \delta g_{\mu\nu} \\
&\quad + \Gamma^\alpha{}_{\mu\sigma}\delta g_{\alpha\nu} + \Gamma^\alpha{}_{\mu\nu}\delta g_{\sigma\alpha} + \Gamma^\alpha{}_{\nu\mu}\delta g_{\alpha\sigma} + \Gamma^\alpha{}_{\nu\sigma}\delta g_{\mu\alpha} - \Gamma^\alpha{}_{\sigma\mu}\delta g_{\alpha\nu} - \Gamma^\alpha{}_{\sigma\nu}\delta g_{\mu\alpha}) \\
&= \delta g^{\rho\sigma}g_{\sigma\alpha}\Gamma^\alpha{}_{\mu\nu} + g^{\rho\sigma}\Gamma^\alpha{}_{\mu\nu}\delta g_{\alpha\sigma} + \frac{1}{2}g^{\rho\sigma}(\nabla_\mu \delta g_{\sigma\nu} + \nabla_\mu \delta g_{\sigma\nu} - \nabla_\sigma \delta g_{\mu\nu}) \\
&= \Gamma^\alpha{}_{\mu\nu}(g_{\sigma\alpha}\delta g^{\rho\sigma} + g^{\rho\sigma}\delta g_{\alpha\sigma}) + \frac{1}{2}g^{\rho\sigma}(\nabla_\mu \delta g_{\sigma\nu} + \nabla_\mu \delta g_{\sigma\nu} - \nabla_\sigma \delta g_{\mu\nu}) \\
&= \frac{1}{2}g^{\rho\sigma}(\nabla_\mu \delta g_{\sigma\nu} + \nabla_\mu \delta g_{\sigma\nu} - \nabla_\sigma \delta g_{\mu\nu})
\end{aligned}
$$

となる. ここで, 関係式 (4.8) を用いた. $\qquad\square$

この表式は共変微分のみで表されており, これからも Christoffel 記号の変分がテンソルとして振る舞うことがわかる. また, この式は計量の逆行列 $g^{\alpha\beta}$ の変分 $\delta g^{\alpha\beta}$ を用いて

$$\delta\Gamma^\rho{}_{\mu\nu} = \frac{1}{2}g^{\rho\sigma}\left(g_{\mu\alpha}g_{\nu\beta}\nabla^\rho \delta g^{\alpha\beta} - g_{\mu\alpha}\nabla_\nu \delta g^{\alpha\rho} - g_{\alpha\nu}\nabla_\mu \delta g^{\rho\alpha}\right) \tag{4.9}$$

と表すこともできる.

**例題 4.6** Christoffel 記号の縮約は

$$\Gamma^\mu{}_{\nu\mu} = \frac{1}{\sqrt{-g}}\partial_\nu(\sqrt{-g}) \tag{4.10}$$

となることを示せ.

解 Christoffel 記号の定義より

$$\Gamma^\mu{}_{\nu\mu} = \frac{1}{2}g^{\mu\alpha}(\partial_\nu g_{\mu\alpha} + \partial_\mu g_{\alpha\nu} - \partial_\alpha g_{\mu\nu}) = \frac{1}{2}g^{\mu\alpha}\partial_\nu g_{\mu\alpha}$$

となる. ここで $\sqrt{-g}$ の変分 (4.7) より微分は

$$\frac{\partial}{\partial x^\alpha}\sqrt{-g} = \frac{1}{2}\sqrt{-g}g^{\mu\nu}\frac{\partial g_{\mu\nu}}{\partial x^\alpha}$$

となる. したがって縮約した Christoffel 記号は

$$\Gamma^{\mu}{}_{\nu\mu} = \frac{1}{2}g^{\mu\rho}\partial_{\nu}g_{\mu\rho} = \frac{1}{\sqrt{-g}}\partial_{\nu}\sqrt{-g}$$

となる. □

**例題 4.7** 任意のベクトル場 $A^{\mu}$ に対する Gauss の法則

$$\int_{\mathcal{V}} d^4x \sqrt{-g}\nabla_{\mu}A^{\mu} = \oint_{\Sigma} d\Sigma_{\mu}A^{\mu} \tag{4.11}$$

が成り立つこと示せ. ただし, $\Sigma$ は 4 次元積分領域 $\mathcal{V}$ の境界を表す 3 次元超曲面で, その微小面積要素を $d\Sigma_{\mu}$ とする.

**解** ベクトル $A^{\mu}$ の発散は

$$\nabla_{\mu}A^{\mu} = \partial_{\mu}A^{\mu} + \Gamma^{\mu}{}_{\nu\mu}A^{\nu} = \partial_{\mu}A^{\mu} + \frac{1}{\sqrt{-g}}\partial_{\nu}\sqrt{-g}A^{\nu} = \frac{1}{\sqrt{-g}}\partial_{\mu}(\sqrt{-g}A^{\mu}) \tag{4.12}$$

となり, したがって

$$\int_{\mathcal{V}} d^4x \sqrt{-g}\nabla_{\mu}A^{\mu} = \int_{\mathcal{V}} d^4x \partial_{\mu}(\sqrt{-g}A^{\mu}) = \oint_{\Sigma} d\Sigma_{\mu}A^{\mu}$$

となる. □

**例題 4.8** Einstein–Hilbert 作用

$$S_{\mathrm{EH}} = \frac{1}{2\kappa^2}\int_{\mathcal{V}} d^4x \sqrt{-g}R$$

を計量 $g^{\mu\nu}$ で変分し, 真空の Einstein 方程式を求めよ. ここで, $\mathcal{V}$ は 4 次元積分領域で, その境界の 3 次元超曲面 $\Sigma$ における変分量 $\delta g^{\mu\nu}$ および $\delta\Gamma^{\rho}{}_{\mu\nu}$ はゼロとせよ.

**解** Einstein–Hilbert 作用を変分すると

$$\delta S_{\mathrm{EH}} = \frac{1}{2\kappa^2}\int_{\mathcal{V}} d^4x \big[\delta(\sqrt{-g})R + \sqrt{-g}\delta R\big]$$

$$= \frac{1}{2\kappa^2}\int_{\mathcal{V}} d^4x \sqrt{-g}\bigg[\bigg(-\frac{1}{2}g_{\mu\nu}R + R_{\mu\nu}\bigg)\delta g^{\mu\nu} + g^{\mu\nu}\delta R_{\mu\nu}\bigg]$$

となる. ここで

$$\delta R_{\mu\nu} = \partial_{\rho}\delta\Gamma^{\rho}{}_{\mu\nu} - \partial_{\nu}\delta\Gamma^{\rho}{}_{\mu\rho} + \delta\Gamma^{\rho}{}_{\sigma\rho}\Gamma^{\sigma}{}_{\mu\nu} + \Gamma^{\rho}{}_{\sigma\rho}\delta\Gamma^{\sigma}{}_{\mu\nu} - \delta\Gamma^{\rho}{}_{\sigma\nu}\Gamma^{\sigma}{}_{\mu\rho} - \Gamma^{\rho}{}_{\sigma\nu}\delta\Gamma^{\sigma}{}_{\mu\rho}$$

$$= \nabla_{\rho}\delta\Gamma^{\rho}{}_{\mu\nu} \quad \nabla_{\nu}\delta\Gamma^{\rho}{}_{\mu\rho}$$

となるので

$$g^{\mu\nu}\delta R_{\mu\nu} = g^{\mu\nu}(\nabla_{\rho}\delta\Gamma^{\rho}{}_{\mu\nu} - \nabla_{\nu}\delta\Gamma^{\rho}{}_{\mu\rho}) = \nabla_{\rho}\big(g^{\mu\nu}\delta\Gamma^{\rho}{}_{\mu\nu} - g^{\alpha\rho}\delta\Gamma^{\beta}{}_{\alpha\beta}\big)$$

と書き換えられる. よって変分の第 3 項は

$$\frac{1}{2\kappa^2}\int_{\mathcal{V}} d^4x \sqrt{-g}g^{\mu\nu}\delta R_{\mu\nu} = \frac{1}{2\kappa^2}\int_{\mathcal{V}} d^4x \sqrt{-g}\nabla_{\rho}\big(g^{\mu\nu}\delta\Gamma^{\rho}{}_{\mu\nu} - g^{\alpha\rho}\delta\Gamma^{\beta}{}_{\alpha\beta}\big)$$

$$= \frac{1}{2\kappa^2}\int_{\mathcal{V}} d^4x \partial_{\rho}\big[\sqrt{-g}\big(g^{\mu\nu}\delta\Gamma^{\rho}{}_{\mu\nu} - g^{\alpha\rho}\delta\Gamma^{\beta}{}_{\alpha\beta}\big)\big]$$

$$= \frac{1}{2\kappa^2} \oint_\Sigma d\Sigma_\rho \left[ \sqrt{-g} \left( g^{\mu\nu} \delta\Gamma^\rho_{\ \mu\nu} - g^{\alpha\rho} \delta\Gamma^\beta_{\ \alpha\beta} \right) \right]$$

と表される．$\Sigma$ 上では $\delta\Gamma^\rho_{\ \mu\nu}|_\Sigma = 0$ よりこの第 3 項はゼロになる．

以上より Einstein–Hilbert 作用の変分は

$$\delta S_{\mathrm{EH}} = \frac{1}{2\kappa^2} \int d^4x \sqrt{-g} \left( R_{\mu\nu} - \frac{1}{2} g_{\mu\nu} R \right) \delta g^{\mu\nu} \tag{4.13}$$

となる．最小作用の原理から $\delta S_{\mathrm{EH}} = 0$ となるが，変分 $\delta g^{\mu\nu}$ は任意であるので，

$$R_{\mu\nu} - \frac{1}{2} g_{\mu\nu} R = G_{\mu\nu} = 0$$

を得る．これは重力場の運動方程式である真空の Einstein 方程式を表している．　　　□

　上の Einstein 方程式の導出において，境界上で $\delta\Gamma^\rho_{\ \mu\nu}|_\Sigma = 0$ を課すのは条件としてきつすぎる．通常，場の理論においては変分を取る際に固定するのは場の値だけである．それは作用積分が場の 1 階微分までしか含まないと考えているからで，部分積分により表面項を評価する場合には場の変分しか現れないからである．

　しかし Einstein–Hilbert 作用はスカラー曲率の積分で与えられるため，場（計量）の 2 階微分を含む．その結果，表面項には場の 1 階微分項の変分，つまり $\delta\Gamma^\rho_{\ \mu\nu}$ が現れ，通常の場の理論より強い条件を必要とした．そのような条件を課さなくてもよいようにするには作用積分を少し変更する必要がある．

### 4.3.2　Gibbons–Hawking–York 境界項

　Einstein–Hilbert 作用は計量の 2 階微分を含むため，普通の場の理論のように場の値を境界で固定して考えると場（計量）の変分を取ったとき境界項に不定性が生じてしまう．そこで James W. York Jr. は場の変分を明確にするには作用に別の境界項を加える必要があることを指摘した．その後，Gary Gibbons と Stephen W. Hawking により Einstein–Hilbert 作用に付け加えるべき境界項として

$$S_{\mathrm{GHY}} \equiv -\frac{1}{\kappa^2} \int_{\partial\mathcal{V}} d^3y \epsilon \sqrt{|p|} \mathcal{K} \tag{4.14}$$

の形にまとめられたため，この境界項は **Gibbons–Hawking–York 境界項**（GHY 項）と呼ばれている．ここで一般の超曲面への射影の場合と区別するため表記を変え，4 次元体積 $\mathcal{V}$ の境界を表す 3 次元超曲面を $\partial\mathcal{V}$，その 3 次元誘導計量を $p_{ab}$，3 次元座標を $y^a$ とした．また，超曲面 $\partial\mathcal{V}$ の単位法線ベクトルを $s^\mu$ とし，$\epsilon$ は $\epsilon \equiv s^\mu s_\mu = \pm 1$ で定義し，$\partial\mathcal{V}$ の外曲率のトレースを $\mathcal{K}$（$\equiv -\nabla_\mu s^\mu$）で表した．

> **例題 4.9**　重力場の作用 $S_g$ を Einstein–Hilbert 作用に GHY 項を加えた
>
> $$S_g \equiv S_{\mathrm{EH}} + S_{\mathrm{GHY}} = \frac{1}{2\kappa^2} \int_\mathcal{V} d^4x \sqrt{-g} R - \frac{1}{\kappa^2} \int_{\partial\mathcal{V}} d^3y \epsilon \sqrt{|p|} \mathcal{K} \tag{4.15}$$
>
> で定義する．$S_g$ を計量 $g^{\mu\nu}$ で変分し真空の Einstein 方程式が得られることを示せ．ただし，境界において計量の微分（Christoffel 記号）に関しては制限を与えないとする．

解 例題 4.8 と同様に Einstein–Hilbert 作用を変分すると

$$\delta S_{\text{EH}} = \frac{1}{2\kappa^2} \int_{\mathcal{V}} d^4x \sqrt{-g} \left[ \left( R_{\mu\nu} - \frac{1}{2} g_{\mu\nu} R \right) \delta g^{\mu\nu} + g^{\mu\nu} \delta R_{\mu\nu} \right]$$

$$= \frac{1}{2\kappa^2} \int_{\mathcal{V}} d^4x \sqrt{-g} \left( R_{\mu\nu} - \frac{1}{2} g_{\mu\nu} R \right) \delta g^{\mu\nu}$$

$$+ \frac{1}{2\kappa^2} \int_{\partial\mathcal{V}} dS_\rho \left[ \sqrt{-g} (g^{\mu\nu} \delta \Gamma^\rho{}_{\mu\nu} - g^{\mu\rho} \delta \Gamma^\nu{}_{\mu\nu}) \right]$$

となる．ここで $dS_\rho \sqrt{-g} = d^3y \sqrt{|p|} \epsilon s_\rho$ である．

いま境界 $\partial\mathcal{V}$ では $\delta g^{\mu\nu} = 0$ であるので

$$g^{\mu\nu} \delta \Gamma^\rho{}_{\mu\nu} \Big|_{\partial\mathcal{V}} - g^{\mu\rho} \delta \Gamma^\nu{}_{\mu\nu} \Big|_{\partial\mathcal{V}}$$

$$= \frac{1}{2} \left[ g^{\mu\nu} g^{\rho\sigma} (\partial_\mu \delta g_{\sigma\nu} + \partial_\nu \delta g_{\sigma\mu} - \partial_\sigma \delta g_{\mu\nu}) - g^{\mu\rho} g^{\nu\sigma} (\partial_\mu \delta g_{\sigma\nu} + \partial_\nu \delta g_{\sigma\mu} - \partial_\sigma \delta g_{\mu\nu}) \right] \Big|_{\partial\mathcal{V}}$$

$$= g^{\mu\nu} g^{\rho\sigma} (\partial_\mu \delta g_{\sigma\nu} - \partial_\sigma \delta g_{\mu\nu}) \Big|_{\partial\mathcal{V}}$$

となる．したがって

$$s_\rho \left( g^{\mu\nu} \delta \Gamma^\rho{}_{\mu\nu} \Big|_{\partial\mathcal{V}} - g^{\mu\rho} \delta \Gamma^\nu{}_{\mu\nu} \Big|_{\partial\mathcal{V}} \right) = s^\sigma g^{\mu\nu} (\partial_\mu \delta g_{\sigma\nu} - \partial_\sigma \delta g_{\mu\nu}) \Big|_{\partial\mathcal{V}}$$

$$= s^\sigma (p^{\mu\nu} + \epsilon s^\mu s^\nu) (\partial_\mu \delta g_{\sigma\nu} - \partial_\sigma \delta g_{\mu\nu}) \Big|_{\partial\mathcal{V}} = s^\sigma p^{\mu\nu} (\partial_\mu \delta g_{\sigma\nu} - \partial_\sigma \delta g_{\mu\nu}) \Big|_{\partial\mathcal{V}}$$

となる．ここで $\mu$ と $\sigma$ の添え字の入れ替えに対する反対称性を用いた．

また，境界 $\partial\mathcal{V}$ 上では $\delta g_{\mu\nu} = 0$ となるので，$\delta g_{\mu\nu}$ の $\partial\mathcal{V}$ 上での微分はゼロになる，つまり $p^{\mu\nu} \partial_\mu \delta g_{\sigma\nu} = 0$ である．したがって

$$s_\rho \left( g^{\mu\nu} \delta \Gamma^\rho{}_{\mu\nu} \Big|_{\partial\mathcal{V}} - g^{\mu\rho} \delta \Gamma^\nu{}_{\mu\nu} \Big|_{\partial\mathcal{V}} \right) = -s^\sigma p^{\mu\nu} \partial_\sigma \delta g_{\mu\nu} \Big|_{\partial\mathcal{V}}$$

となる．よって Einstein–Hilbert 作用の変分の表面積分項は

$$\frac{1}{2\kappa^2} \int_{\partial\mathcal{V}} d^3y \sqrt{|p|} \epsilon s_\rho (g^{\mu\nu} \delta \Gamma^\rho{}_{\mu\nu} - g^{\mu\rho} \delta \Gamma^\nu{}_{\mu\nu}) = -\frac{1}{2\kappa^2} \int_{\partial\mathcal{V}} d^3y \sqrt{|p|} \epsilon s^\sigma h^{\mu\nu} \partial_\sigma \delta g_{\mu\nu}$$

で与えられる．

一方，境界 $\partial\mathcal{V}$ の外曲率は，$\nabla_\nu (s^\mu s_\mu) = 0$ を用いると，

$$\mathcal{K} = -\nabla_\mu s^\mu = -(p^{\mu\nu} + \epsilon s^\mu s^\rho) \nabla_\nu s_\mu = -p^{\mu\nu} \nabla_\nu s_\mu = -p^{\mu\nu} \left( \partial_\nu s_\mu - \Gamma^\rho{}_{\mu\nu} s_\rho \right)$$

と与えられるが，境界 $\partial\mathcal{V}$ 上では計量は固定しているので $\delta p^{\mu\nu} = 0$ かつ $\delta s^\rho = 0$ および $\delta g^{\mu\nu} = 0$ を考慮すると，外曲率の変分は

$$\delta \mathcal{K} = p^{\mu\nu} \delta \Gamma^\rho{}_{\mu\nu} s_\rho = \frac{1}{2} p^{\mu\nu} (\partial_\nu \delta g_{\sigma\mu} + \partial_\mu \delta g_{\sigma\nu} - \partial_\sigma \delta g_{\mu\nu}) s^\sigma = -\frac{1}{2} s^\sigma p^{\mu\nu} \partial_\sigma \delta g_{\mu\nu}$$

となる．よって GHY 境界項の変分は

$$\delta S_{\text{GHY}} = -\frac{1}{\kappa^2} \delta \int_{\partial\mathcal{V}} d^3y \epsilon \sqrt{|p|} \mathcal{K} = \frac{1}{2\kappa^2} \int_{\partial\mathcal{V}} d^3y \epsilon \sqrt{|p|} s^\sigma p^{\mu\nu} \partial_\sigma \delta g_{\mu\nu}$$

で与えられる．前に求めた Einstein–Hilbert 作用の変分のおつりの項はこの境界項とちょうどキャンセルし，求める作用 $S_g$ の変分は

$$\delta S_g = \delta(S_{\mathrm{EH}} + S_{\mathrm{GHY}}) = \frac{1}{2\kappa^2} \int_{\mathcal{V}} d^4 x \sqrt{-g}\left(R_{\mu\nu} - \frac{1}{2}g_{\mu\nu}R\right)\delta g^{\mu\nu}$$

となり，最小作用の原理から真空の Einstein 方程式 $R_{\mu\nu} - \frac{1}{2}g_{\mu\nu}R = 0$ が得られる． □

このように境界項を付け加えることで，重力場も他の場と同じようにように通常の変分法により基礎方程式が得られることがわかった．

従来の計量を独立変数として変分する方法とは別のアプローチとして計量 $g^{\mu\nu}$ とアフィン接続係数 $\Gamma^\rho{}_{\mu\nu}$ を共に独立な場の量と考える **Palatini 形式**がある．

重力場の作用 $S_{\mathrm{EHP}}$ は Einstein–Hilbert 作用と同じ形

$$S_{\mathrm{EHP}} = \frac{1}{2\kappa^2} \int d^4 x \sqrt{-g}g^{\mu\nu}R_{\mu\nu}(\Gamma) \tag{4.16}$$

で与えられるが，Ricci テンソルは

$$R_{\mu\nu}(\Gamma) = \partial_\rho \Gamma^\rho{}_{\mu\nu} - \partial_\nu \Gamma^\rho{}_{\mu\rho} + \Gamma^\rho{}_{\mu\nu}\Gamma^\sigma{}_{\rho\sigma} - \Gamma^\rho{}_{\mu\sigma}\Gamma^\sigma{}_{\nu\rho}$$

で定義されるアフィン接続係数 $\Gamma^\rho{}_{\mu\nu}$ の汎関数と考える．アフィン接続係数 $\Gamma^\rho{}_{\mu\nu}$ は $\mu\nu$ の足に対して対称とする．

この Einstein–Hilbert–Palatini 作用は $S_{\mathrm{EHP}}$ 場（計量と接続係数）の 1 階微分までの積分で表されるので，境界では $\delta g^{\mu\nu} = 0$ および $\delta \Gamma^\rho{}_{\mu\nu} = 0$ となり，GHY 境界項のような境界項は必要がなくなる．実際，Einstein–Hilbert–Palatini 作用 (4.16) を計量 $g^{\mu\nu}$ とアフィン接続係数 $\Gamma^\rho{}_{\mu\nu}$ により変分すると Einstein 方程式および接続と計量の関係式が得られる．

このように，重力場の理論として Einstein–Hilbert 作用（＋境界項）を考えた場合，計量を独立した場とする方法とアフィン接続係数も独立とする Palatini 形式は同じ Einstein 方程式を与える．ただし，より一般的な重力理論を考える場合には，それら 2 つの方法は等価な理論とならないことに注意する必要がある．

以下，本書では計量が独立変数とする従来の方法を考える．

### 4.3.3　物質場を伴う場合の変分

自然界には重力場だけでなく物質場が存在する．重力場と物質場との相互作用を考えることで結合定数 $\kappa^2$ が決定できる．物質場が源となり重力をつくり出すので，Einstein 方程式の右辺には重力源として物質場を含む項が現れることが予想される．

物質場を $\psi$ と表すと，その作用は一般に計量 $g_{\mu\nu}$ を含み，

$$S_m[\psi, g] = \int d^4 x \sqrt{-g}\mathcal{L}_m[\psi, g]$$

のように表される．スカラー量であるラグランジアン密度 $\mathcal{L}_m$ には物質場 $\psi$ およびその微分 $\partial\psi$ 以外に，計量 $g_{\mu\nu}$ も含まれる．ここで，物質場の作用を計量で変分したものを

$$\delta S_m[\psi, g] = -\frac{1}{2} \int d^4 x \sqrt{-g}\, T_{\mu\nu}[\psi, g]\, \delta g^{\mu\nu} \tag{4.17}$$

と定義し，$T_{\mu\nu}[\psi, g]$ を物質場 $\psi$ の**エネルギー・運動量テンソル**と呼ぶ．

解　物質場の作用の変分は，

$$\delta S_m[\psi, g] = \int d^4 x \left[ (\delta \sqrt{-g}) \mathcal{L}_m + \sqrt{-g} \delta \mathcal{L}_m \right] = \int d^4 x \sqrt{-g} \left[ \frac{\partial \mathcal{L}_m}{\partial g^{\mu\nu}} - \frac{1}{2} g_{\mu\nu} \mathcal{L}_m \right] \delta g^{\mu\nu}$$

となるので，エネルギー・運動量テンソルは

$$T_{\mu\nu}[\psi, g] = -\frac{2}{\sqrt{-g}} \frac{\delta S_m}{\delta g^{\mu\nu}} = -2 \frac{\partial \mathcal{L}_m[\psi, g]}{\partial g^{\mu\nu}} + g_{\mu\nu} \mathcal{L}_m[\psi, g] \tag{4.18}$$

で与えられる.　　　　　　　　　　　　　　　　　　　　　　　　　　　　□

　しかしながらここで定義したエネルギー・運動量テンソル (4.18) は本当にエネルギーや運動量を表しているのであろうか.　ここで具体的に電磁場の場合について考えよう.

解　エネルギー・運動量テンソルは $\mathcal{L}_{\mathrm{EM}}$ を用いると

$$T_{\mu\nu}^{(\mathrm{EM})} = -2 \frac{\partial \mathcal{L}_{\mathrm{EM}}}{\partial g^{\mu\nu}} + g_{\mu\nu} \mathcal{L}_{\mathrm{EM}} = \frac{1}{4\pi} g^{\rho\sigma} F_{\mu\rho} F_{\nu\sigma} - \frac{1}{16\pi} g_{\mu\nu} g^{\rho\alpha} g^{\sigma\beta} F_{\rho\sigma} F_{\alpha\beta}$$

となり，添え字 $\mu$ と $\nu$ に入れ替えに対して対称となっている.　　　　　　□

　ここで求めた電磁場のエネルギー・運動量テンソルは，特殊相対性理論で議論した電磁場のエネルギー・運動量テンソルを一般座標変換に対し共変的な形に拡張したものになっている.
　物質場を伴う場合の変分を考えるため，重力場と物質場を考慮した全作用 $S = S_g + S_m$ を計量で変分すると，(4.13) 式と (4.17) 式より

$$\delta S = \delta S_g + \delta S_m = \frac{1}{2\kappa^2} \int d^4 x \sqrt{-g} \left( R_{\mu\nu} - \frac{1}{2} g_{\mu\nu} R - \kappa^2 T_{\mu\nu} \right) \delta g^{\mu\nu}$$

が得られる.　よって，Euler–Lagrange 方程式は

$$G_{\mu\nu} = R_{\mu\nu} - \frac{1}{2} g_{\mu\nu} R = \kappa^2 T_{\mu\nu} \tag{4.19}$$

となる.　これが重力場（計量）を決定する Einstein 方程式である.　前に導いた Einstein 方程式に一致するには結合定数 $\kappa^2$ を

$$\kappa^2 = \frac{8\pi G}{c^4} \tag{4.20}$$

とすればよいことがわかる.

　計量の変分により定義するエネルギー・運動量テンソルは，一般には正準エネルギー・運動量テンソルとは異なり，その定義から必ず対称テンソルになっている．これは Einstein 方程式からも要請される条件である．

## 4.4　Einstein 方程式の弱場近似

　Newton 近似は，重力場が弱いだけでなく，時間的変化も無視できる場合を考えるが，ここでは後の章のことも考え，より一般的な弱重力場近似を考えよう．

### 4.4.1　線形 Einstein 方程式

　重力場が十分弱い場合は，時空の曲率は小さく Minkowski 時空に近いと考えられるので，その計量は Minkowski 計量からの微小な摂動として

$$g_{\mu\nu} = \eta_{\mu\nu} + h_{\mu\nu} \quad (|h_{\mu\nu}| \ll 1) \tag{4.21}$$

のように表すことができる．

　微小重力場 $h_{\mu\nu}$ を線形近似で扱う場合，摂動量 $h_{\mu\nu}$ の添え字の上げ下げは Minkowski 計量 $\eta_{\mu\nu}$ およびその逆行列 $\eta^{\mu\nu}$ によって行う．例えば，$h^\alpha_{\ \nu} = \eta^{\alpha\mu} h_{\mu\nu}$ や $h^{\alpha\beta} = \eta^{\alpha\mu} \eta^{\beta\nu} h_{\mu\nu}$ などが定義され，それらは Minkowski 空間ではテンソルのように振る舞う．また $h_{\mu\nu}$ のトレースは $h \equiv \eta^{\mu\nu} h_{\mu\nu}$ で与えられる．

> **例題 4.12**　計量が (4.21) 式で与えられる場合，摂動量 $h_{\mu\nu}$ の 1 次までの近似で，Christoffel 記号 $\Gamma^\alpha_{\ \mu\nu}$ および Riemann テンソル $R_{\mu\nu\rho\sigma}$，Ricci テンソル $R_{\mu\nu}$，スカラー曲率 $R$ を求めよ．

　$\boxed{解}$　計量の逆行列は $g^{\alpha\beta} = (\eta_{\alpha\beta} + h_{\alpha\beta})^{-1} \approx \eta^{\alpha\beta} - h^{\alpha\beta}$ となるので，線形近似の下

$$\Gamma^\alpha_{\ \mu\nu} = \frac{1}{2}\eta^{\alpha\beta}(\partial_\nu h_{\mu\beta} + \partial_\mu h_{\beta\nu} - \partial_\beta h_{\mu\nu}) = \frac{1}{2}\left(\partial_\nu h_\mu^{\ \alpha} + \partial_\mu h_\nu^{\ \alpha} - \partial^\alpha h_{\mu\nu}\right)$$

と書ける．線形近似では $\Gamma^\alpha_{\ \mu\nu}$ の 2 次の項は無視できるので，曲率はそれぞれ

$$R_{\mu\nu\rho\sigma} = \frac{1}{2}(\partial_\nu \partial_\rho h_{\mu\sigma} + \partial_\mu \partial_\sigma h_{\rho\nu} - \partial_\nu \partial_\sigma h_{\mu\rho} - \partial_\mu \partial_\rho h_{\nu\sigma}), \tag{4.22}$$

$$R_{\mu\nu} = \frac{1}{2}(\partial_\mu \partial_\alpha h^\alpha_{\ \nu} + \partial_\nu \partial_\alpha h_\mu^{\ \alpha} - \partial_\alpha \partial^\alpha h_{\mu\nu} - \partial_\mu \partial_\nu h), \tag{4.23}$$

$$R = \partial^\alpha \partial^\beta h_{\alpha\beta} - \partial_\beta \partial^\beta h \tag{4.24}$$

となる．　　　　　　　　　　　　　　　　　　　　　　　　　　　　　　　　$\square$

　(4.23) 式および (4.24) 式より線形化された Einstein 方程式は

$$\partial_\mu \partial_\alpha h^\alpha_{\ \nu} + \partial_\nu \partial_\alpha h_\mu^{\ \alpha} - \partial_\alpha \partial^\alpha h_{\mu\nu} - \partial_\mu \partial_\nu h - \eta_{\mu\nu}\left(\partial^\alpha \partial^\beta h_{\alpha\beta} - \partial_\beta \partial^\beta h\right) = 2\kappa^2 T_{\mu\nu}$$

となる.また Einstein 方程式を書き換えた $R_{\mu\nu} = \kappa^2 \left( T_{\mu\nu} - \dfrac{1}{2} g_{\mu\nu} T \right)$ を線形化すると

$$\partial_\mu \partial_\alpha h^\alpha{}_\nu + \partial_\nu \partial_\alpha h_\mu{}^\alpha - \partial_\alpha \partial^\alpha h_{\mu\nu} - \partial_\mu \partial_\nu h = 2\kappa^2 \left( T_{\mu\nu} - \dfrac{1}{2} \eta_{\mu\nu} T \right) \tag{4.25}$$

と表すこともできる.

ここで,新しい摂動量

$$\bar{h}_{\mu\nu} \equiv h_{\mu\nu} - \dfrac{1}{2} \eta_{\mu\nu} h \tag{4.26}$$

を導入すると,線形化された Einstein 方程式は

$$-\partial_\beta \partial^\beta \bar{h}_{\mu\nu} - \eta_{\mu\nu} \partial^\alpha \partial^\beta \bar{h}_{\alpha\beta} + \partial_\mu \partial_\alpha \bar{h}^\alpha{}_\nu + \partial_\nu \partial_\alpha \bar{h}_\mu{}^\alpha = 2\kappa^2 T_{\mu\nu}$$

となる.座標条件として **Lorentz ゲージ条件**[*2]

$$\partial_\alpha \bar{h}^{\mu\alpha} = 0 \tag{4.27}$$

を採用すると,線形化された Einstein 方程式は

$$\Box \bar{h}_{\mu\nu} = -2\kappa^2 T_{\mu\nu} = -\dfrac{16\pi G}{c^4} T_{\mu\nu} \tag{4.28}$$

となり,摂動量 $\bar{h}_{\mu\nu}$ は Minkowski 時空における波動方程式を満たす.ここで $\Box \equiv \partial_\beta \partial^\beta$ は Minkowski 時空における d'Alembert 演算子である.

> **例題 4.13** 座標変換 $x^\mu \to x'^\mu = x^\mu + \xi^\mu(x)$ によって Lorentz ゲージ条件 $\partial^\nu \bar{h}_{\mu\nu} = 0$ を課すことが可能なことを示せ.

解 座標変換に対して計量は $g'_{\mu\nu}(x') = \eta_{\mu\nu}(x') + h'_{\mu\nu} = \dfrac{\partial x^\rho}{\partial x'^\mu} \dfrac{\partial x^\sigma}{\partial x'^\nu} g_{\rho\sigma}(x)$ と変換されるので,計量の摂動量は

$$h'_{\mu\nu}(x') = h_{\mu\nu}(x) - (\partial_\mu \xi_\nu + \partial_\nu \xi_\mu)$$

と表される.したがって

$$\bar{h}'_{\mu\nu} = \bar{h}_{\mu\nu} - (\partial_\mu \xi_\nu + \partial_\nu \xi_\mu - \eta_{\mu\nu} \partial_\rho \xi^\rho) \tag{4.29}$$

となり,その発散を求めると

$$\partial^\nu \bar{h}'_{\mu\nu} = \partial^\nu \bar{h}_{\mu\nu} - \partial^\nu (\partial_\mu \xi_\nu + \partial_\nu \xi_\mu - \eta_{\mu\nu} \partial_\rho \xi^\rho) = \partial^\nu \bar{h}_{\mu\nu} - \Box \xi_\mu$$

となる.座標変換として $\xi_\mu$ を $\Box \xi_\mu = \partial^\nu \bar{h}_{\mu\nu}$ を満たすように取ると,$\partial^\nu \bar{h}'_{\mu\nu} = 0$ となり,Lorentz ゲージ条件を得る. $\qquad \Box$

このように Lorentz ゲージ条件は座標変換の自由度を用いた座標条件であるが,座標系を完全に決定するものではない.実際,$\Box \chi^\mu = 0$ を満たす任意のベクトル場 $\chi^\mu$ に対して,$\xi'^\mu = \xi^\mu + \chi^\mu$ で与えられる新しい座標を用いても Lorentz ゲージ条件が得られる.

---

[*2] この条件は電磁気学における Lorentz ゲージ条件（$\partial_\alpha A^\alpha = 0$）に類似しているので,この座標条件もまた Lorentz ゲージ条件と呼ばれる.

つまり，Lorentz ゲージ条件を満たす座標系にはまだ $\xi^\mu$ を選ぶ自由度が残されているということである．この自由度は重力波の記述を簡単にするために第 10 章で用いる．

### 4.4.2 Newton 近似

線形化された Einstein 方程式 (4.28) は形式的には積分可能である．

**例題 4.14** 線形化された Einstein 方程式 (4.28) を形式的に積分し，$\bar{h}_{\mu\nu}(t, \boldsymbol{r})$ をエネルギー・運動量 $T_{\mu\nu}$ の積分で表せ．

$\boxed{解}$ 遅延時間を考慮し，$\Delta\left(\dfrac{1}{|\boldsymbol{r}-\boldsymbol{r}'|}\right) = -4\pi\delta(\boldsymbol{r}-\boldsymbol{r}')$ を用いると，$\bar{h}_{\mu\nu}$ は形式的に

$$\bar{h}_{\mu\nu}(t, \boldsymbol{r}) = \frac{4G}{c^4}\int d^3\boldsymbol{r}' \frac{T_{\mu\nu}\left(t - \frac{1}{c}|\boldsymbol{r}-\boldsymbol{r}'|, \boldsymbol{r}'\right)}{|\boldsymbol{r}-\boldsymbol{r}'|} \tag{4.30}$$

と Green 関数の形で与えられる． $\square$

この形式的な積分の応用例として重力源が Newton 的な場合を考えよう．つまりエネルギー・運動量テンソル $T_{\mu\nu}$ は静止質量エネルギーが優勢（$T_{00} \gg |T_{0j}|, |T_{ij}|$）で，速度が十分遅いため遅延効果は無視できるとする．このような近似を **Newton 近似** と呼ぶ．この場合，上の解 (4.30) は

$$\bar{h}_{00}(t, \boldsymbol{r}) = \frac{4G}{c^4}\int d^3\boldsymbol{r}' \frac{T_{00}(t, \boldsymbol{r}')}{|\boldsymbol{r}-\boldsymbol{r}'|}, \quad \bar{h}_{0j} = \bar{h}_{ij} = 0 \tag{4.31}$$

となる．

**例題 4.15** Newton 近似が成り立つ場合，$\bar{h}_{00}$ は Poisson 方程式 $\Delta\bar{h}_{00} = -\dfrac{16\pi G\rho}{c^2}$ を満たすことを示せ．ここで質量密度は $\rho = \dfrac{T_{00}}{c^2}$ で与えられる．また，計量は

$$ds^2 = -\left(1 + \frac{2\Phi}{c^2}\right)c^2 dt^2 + \left(1 - \frac{2\Phi}{c^2}\right)d\boldsymbol{r}^2 \tag{4.32}$$

で与えられることを示せ．ここで Newton ポテンシャル $\Phi$ は Poisson 方程式 $\Delta\Phi = 4\pi G\rho$ を満たすことを用いよ．

$\boxed{解}$ (4.31) 式に Laplace 演算子 $\Delta$ を演算し，$\Delta\left(\dfrac{1}{|\boldsymbol{r}-\boldsymbol{r}'|}\right) = -4\pi\delta(\boldsymbol{r}-\boldsymbol{r}')$ を用いると，

$$\begin{aligned}
\Delta\bar{h}_{00} &= \frac{4G}{c^4}\int d^3\boldsymbol{r}' T_{00}(t, \boldsymbol{r}')\Delta\left(\frac{1}{|\boldsymbol{r}-\boldsymbol{r}'|}\right) \\
&= -\frac{16\pi G}{c^2}\int d^3\boldsymbol{r}' \rho(\boldsymbol{r}')\delta(\boldsymbol{r}-\boldsymbol{r}') = -\frac{16\pi G}{c^2}\rho(\boldsymbol{r})
\end{aligned}$$

となる．また，2 つの Poisson 方程式を比較すると $\bar{h}_{00} = -\dfrac{4\Phi}{c^2}$ である．

次に，$\bar{h} = \eta^{\mu\nu}\bar{h}_{\mu\nu} = \eta^{\mu\nu}\left(h_{\mu\nu} - \dfrac{1}{2}h_{\mu\nu}h\right) = -h$ であるので，$h_{\mu\nu} = \bar{h}_{\mu\nu} + \dfrac{1}{2}\eta_{\mu\nu}h =$

$$\bar{h}_{\mu\nu} - \frac{1}{2}\eta_{\mu\nu}\bar{h} \text{ となるが, } \bar{h} = -\bar{h}_{00} = \frac{4}{c^2}\Phi, \bar{h}_{0j} = 0, \bar{h}_{ij} = 0 \text{ であるので,}$$

$$h_{00} = -\frac{2}{c^2}\Phi, \quad h_{0j} = 0, \quad h_{ij} = -\frac{2}{c^2}\Phi$$

が得られる. よって Newton 近似における計量は (4.32) 式で与えられる. □

## 4.5 ADM 形式[*3]

重力場の量子化を考えるために Richard Arnowitt, Stanley Deser, Charles W. Misner は, 一般相対性理論に Hamilton 形式を適用し, 重力場の正準量子化の方法を考えた. 彼らの方法は非常に整備されたものではあったが, 残念ながら量子重力理論の完成には至っていない. しかしながらこの Einstein 方程式を Hamilton 形式で記述する方法は, 時空のダイナミクスを考察するのに非常に適しており, 数値相対論などの研究に大いに役立っている. この形式を著者の頭文字を取って **ADM 形式**と呼ぶ. ここでは数値相対論でよく用いられる外曲率を使った定式化について考えよう.

### 4.5.1 (3+1) 分解

Einstein 方程式を Hamilton 形式で記述するため時空を時間と空間に分解する[*4]. まず, 時刻 $t =$ 一定 の 3 次元超曲面 $\Sigma(t)$ を考え, 時空全体を 1 パラメータ $t$ の超曲面族 $\{\Sigma(t)\}$ で構成する. 3 次元超曲面 $\Sigma(t)$ の計量を $\gamma_{ij}$ で表す (図 4.1). いま少し離れた 2 つの超曲面 $(\Sigma(t), \Sigma(t+dt))$ を考えよう. このとき $\Sigma(t)$ 上の点 P$(x^i)$ と P から垂直に伸ばした $\Sigma(t+dt)$ 上の点 Q の間の固有時間間隔を $\alpha dt$ とする. 点 Q の空間座標は, 点 P の空間座標 $(x^i)$ からずれておりそのずれを $\beta^i dt$ とすると, $(x^i - \beta^i dt)$ で表される. ここで導入した変数 $\alpha, \beta^i$ をそれぞれ**ラプス関数, シフトベクトル**と呼ぶ.

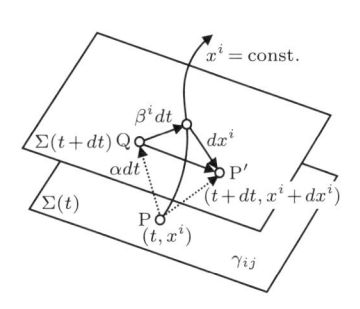

図 4.1 時空の 1 パラメータ超曲面族 $\{\Sigma(t)\}$ による記述. 時刻 $t =$ 一定 の 3 次元超曲面 $\Sigma(t)$ および $\Sigma(t+dt)$ を考えると, 微小に離れた 2 点 P$(t, x^i)$, P$'(t+dt, x+dx^i)$ 間の世界間隔はラプス関数 $\alpha$, シフトベクトル $\beta^i$, 3 次元計量 $\gamma_{ij}$ を用いて表される.

> **例題 4.16** 3 次元超曲面の計量を $\gamma_{ij}$ とすると, 少し離れた 2 つの超曲面 $(\Sigma(t), \Sigma(t+dt))$ 上の任意の 2 点 P$(t, x^i)$, P$'(t+dt, x+dx^i)$ の間の世界間隔 $ds^2$ は, 図 4.1 から
>
> $$ds^2 = -\alpha^2 dt^2 + \gamma_{ij}(dx^i + \beta^i dt)(dx^i + \beta^j dt) \tag{4.33}$$
>
> のように記述されることを示せ.

---

[*3] この節では見やすさのため $c = 1$ とする.
[*4] 時間と空間の次元数から, ADM 形式は **(3+1) 分解**または **(3+1) 形式**とも呼ばれる.

$\boxed{\text{解}}$ 時間方向 PQ の固有距離は $\alpha dt$ である．一方，空間方向のベクトル $\overrightarrow{\text{QP}'}$ は図 4.1 から $(dx^i + \beta^i dt)$ であることがわかり，その固有距離の 2 乗は $\gamma_{ij}(dx^i + \beta^i dt)(dx^j + \beta^j dt)$ となる．PQ と QP' は垂直であるので，世界間隔は (4.33) で与えられる． $\square$

(4.33) 式から，4 次元計量 $g_{\mu\nu}$ は 3 次元量 $(\alpha, \beta^i, \gamma_{ij})$ を用いて

$$(g_{\mu\nu}) = \begin{pmatrix} -\alpha^2 + \beta_k\beta^k & \beta_j \\ \beta_i & \gamma_{ij} \end{pmatrix} \tag{4.34}$$

で与えられる．空間座標の添え字 $i, j$ の上げ下げは $\gamma_{ij}$ およびその逆行列 $\gamma^{ij}$ で行う．

次に元の ADM 形式では基本変数 $\gamma_{ij}$ の時間微分を表す共役運動量 $\pi^{ij}$ を導入するが[*5]，ここでは幾何学的な意味が明確な外曲率 $K^{ij}$ を用いて考える．外曲率は (2.32) 式で定義されるが，4 次元添え字に書き改めると

$$K_{\mu\nu} \equiv -\gamma_\mu{}^\alpha \gamma_\nu{}^\beta \nabla_\beta n_\alpha \tag{4.35}$$

で与えられる．ここで $n_\mu$ は超曲面 $\Sigma(t)$ に垂直な法線ベクトル，$\gamma_{\mu\nu} \equiv g_{\mu\nu} + n_\mu n_\nu$ はその面への射影演算子である[*6]．

---

**例題 4.17** 外曲率 $K_{ij}$ を ADM 計量 (4.33) で表すと

$$K_{ij} = \frac{1}{2\alpha}(-\partial_0\gamma_{ij} + D_i\beta_j + D_j\beta_i) \tag{4.36}$$

となることを示せ．ここで $D_i$ は 3 次元超曲面 $\Sigma$ 上の共変微分である．

---

$\boxed{\text{解}}$ 下付きの単位法線ベクトルは $n_\mu = (-\alpha, \mathbf{0})$ であるので，外曲率の定義より

$$K_{ij} = -\gamma_i{}^\mu \gamma_j{}^\nu \nabla_\mu n_\nu = -\gamma_i{}^\mu \gamma_j{}^\nu (\partial_\mu n_\nu - \Gamma^\rho{}_{\mu\nu} n_\rho)$$
$$= -\alpha\Gamma^0{}_{ij} = -\frac{\alpha}{2} g^{0\mu}(\partial_i g_{j\mu} + \partial_j g_{i\mu} - \partial_\mu g_{ij})$$

となる．これに ADM 計量 (4.34) を代入すると

$$K_{ij} = \frac{1}{2\alpha}(\partial_i\beta_j + \partial_j\beta_i - \partial_0\gamma_{ij}) - \frac{1}{2\alpha}\beta^k(\partial_i\gamma_{jk} + \partial_j\gamma_{ki} - \partial_k\gamma_{ij})$$
$$= \frac{1}{2\alpha}(-\partial_0\gamma_{ij} + D_i\beta_j + D_j\beta_i)$$

となる．ここで $^{(3)}\Gamma^k{}_{ij} = \frac{1}{2}\gamma^{kl}(\partial_i\gamma_{jl} + \partial_j\gamma_{li} - \partial_l\gamma_{ij})$ を用いた． $\square$

このように外曲率 $K_{ij}$ は重力場を表す力学変数である 3 次元計量 $\gamma_{ij}$ の時間微分となっており，Hamilton 形式における「共変運動量」の役割をする．

ここで，重力場を Hamilton 形式で記述するために，超曲面 $\Sigma$ の法線ベクトル $n^\mu$ と $\Sigma$ への射影演算子 $\gamma_{\mu\nu}$ を用いて，Einstein 方程式を時間方向と空間方向に分解しよう．具体的には，Einstein 方程式は 2 階のテンソル方程式であるので

---

[*5] 4 次元計量 $g_{\mu\nu}$ のうち，$\alpha$, $\beta^i$ はその構成からわかるように座標変換の自由度を表すゲージ変数で，$\gamma_{ij}$ がダイナミカルな自由度を記述する基本変数となる．
[*6] 射影演算子は射影した超曲面上の計量を表すので同じ記号 $\gamma$ を用いている．

$$G_{\mu\nu}n^\mu n^\nu = \kappa^2 T_{\mu\nu}n^\mu n^\nu \equiv \kappa^2 \rho^{(\Sigma)}, \tag{4.37}$$

$$G_{\mu\nu}n^\mu \gamma^\nu{}_\alpha = \kappa^2 T_{\mu\nu}n^\mu \gamma^\nu{}_\alpha \equiv \kappa^2 J^{(\Sigma)}_\alpha, \tag{4.38}$$

$$G_{\mu\nu}\gamma^\mu{}_\alpha \gamma^\nu{}_\beta = \kappa^2 T_{\mu\nu}\gamma^\mu{}_\alpha \gamma^\nu{}_\beta \equiv \kappa^2 S^{(\Sigma)}_{\alpha\beta} \tag{4.39}$$

の 3 つに分解される．ここで $\rho^{(\Sigma)}$, $J^{(\Sigma)}_\alpha$, $S^{(\Sigma)}_{\alpha\beta}$ はそれぞれ法線ベクトル $n^\mu$ が 4 元速度となる観測者から見た物質のエネルギー密度，運動量密度，ストレステンソルである．

**例題 4.18** Gauss–Codazzi 方程式を用いて (4.37) および (4.38) を 3 次元量で書き表せ．

解 Gauss 方程式 (2.33) を 4 次元量で書き直すと

$$\gamma_\alpha{}^\mu \gamma_\beta{}^\nu \gamma_\gamma{}^\rho \gamma_\sigma{}^\delta R_{\mu\nu\rho}{}^\sigma = {}^{(3)}R_{\alpha\beta\gamma}{}^\delta + K_{\alpha\gamma}K_\beta{}^\delta - K_{\beta\gamma}K_\alpha{}^\delta \tag{4.40}$$

となるが，これに $\gamma^{\alpha\gamma}\delta^\beta_\delta$ をかけ，縮約すると $R + 2R_{\mu\nu}n^\mu n^\nu = {}^{(3)}R + K^2 - K_{ij}K^{ij}$ となる．また，Codazzi 方程式 (2.34) を 4 次元量で書き直すと

$$\gamma^\mu{}_\alpha \gamma^\nu{}_\beta \gamma^\rho{}_\gamma R_{\mu\nu\rho\sigma}n^\sigma = D_\alpha K_{\beta\gamma} - D_\beta K_{\alpha\gamma} \tag{4.41}$$

となるが，これに $\gamma^{\alpha\gamma}$ をかけ縮約を取り $\beta = i$ とすると，$\gamma_i{}^\mu n^\nu R_{\mu\nu} = D^j K_{ij} - D_i K$ となる．一方，Einstein テンソルに対しては

$$G_{\mu\nu}n^\mu n^\nu = R_{\mu\nu}n^\mu n^\nu + \frac{1}{2}R, \quad \gamma^\mu{}_i n^\nu G_{\mu\nu} = n^\nu \gamma^\mu{}_i R_{\mu\nu}$$

であるので，(4.37) および (4.38) は

$${}^{(3)}R + K^2 - K_{ij}K^{ij} = 2\kappa^2 \rho^{(\Sigma)}, \tag{4.42}$$

$$D_j K_i{}^j - D_i K = \kappa^2 J^{(\Sigma)}_i \tag{4.43}$$

となる． □

この 2 つの式は時間微分を含まないので重力場に対する拘束条件を与える．(4.42) 式および (4.43) 式はそれぞれ場のエネルギー密度および運動量密度に関係するので**ハミルトニアン拘束条件**および**運動量拘束条件**という．

それに対して (4.39) 式は 3 次元量およびその空間微分だけでは表されず，時間微分を含む．外曲率の定義を 3 次元計量 $\gamma_{ij}$ の時間微分を与える式と見て，(4.39) 式と合わせると，重力場 $\gamma_{ij}$, $K_{ij}$ の時間発展方程式

$$\partial_0 \gamma_{ij} = -2\alpha K_{ij} + D_j \beta_i + D_i \beta_j, \tag{4.44}$$

$$\partial_0 K_{ij} = \alpha\left({}^{(3)}R_{ij} + K K_{ij}\right) - 2\alpha K_{i\ell}K^\ell{}_j - D_i D_j \alpha + \beta^\ell D_\ell K_{ij}$$
$$\qquad + D_j \beta^\ell K_{\ell i} + D_i \beta^\ell K_{\ell j} - 8\pi G\alpha\left[S^{(\Sigma)}_{ij} + \frac{1}{2}\gamma_{ij}\left(\rho^{(\Sigma)} - \gamma^{k\ell}S^{(\Sigma)}_{k\ell}\right)\right] \tag{4.45}$$

が得られる．

**例題 4.19** (4.39) 式を計算し，(4.45) 式を導け．

解 外曲率 $K_{ij}$ の時間発展の式を求めたいので法線方向への微分 $n^\rho \nabla_\rho K_{\mu\nu}$ を考える. これを評価するために, (3.19) 式のように法線ベクトル $n^\mu$ の微分を法線方向とそれに垂直な方向に分解すると $\nabla_\rho n^\sigma = -n_\rho a^\sigma - K_\rho{}^\sigma$ となる. ここで $n^\mu$ は超曲面に対して直交するので回転はゼロとなる. よって

$$n^\rho \nabla_\rho K_{\mu\nu} = -n^\rho \nabla_\rho(a_\mu n_\nu + \nabla_\nu n_\mu) = -n_\nu n^\rho \nabla_\rho a_\mu - a_\mu a_\nu - n^\rho \nabla_\rho \nabla_\nu n_\mu$$

$$= (\delta_\nu{}^\rho - \gamma_\nu{}^\rho)\nabla_\rho a_\mu - a_\mu a_\nu - (n^\rho \nabla_\nu \nabla_\rho n_\mu + n^\rho n^\sigma R_{\sigma\mu\nu\rho})$$

$$= \nabla_\nu a_\mu - \gamma_\nu{}^\rho \nabla_\rho a_\mu - a_\mu a_\nu - (\nabla_\nu a_\mu - (\nabla_\nu n^\rho)(\nabla_\rho n_\mu) + n^\rho n^\sigma R_{\sigma\mu\nu\rho})$$

$$= -\gamma_\nu{}^\rho \nabla_\rho a_\mu - a_\mu a_\nu + K_\nu{}^\rho K_{\rho\mu} + n_\nu a^\rho K_{\rho\mu} + n^\rho n^\sigma R_{\sigma\mu\rho\nu}$$

となる. ここで $(\nabla_\rho \nabla_\nu - \nabla_\nu \nabla_\rho)n_\mu = n^\sigma R_{\sigma\mu\nu\rho}$ の関係式を用いた. これを空間方向に射影すると

$$\gamma_\alpha{}^\mu \gamma_\beta{}^\nu n^\rho \nabla_\rho K_{\mu\nu} = -\gamma_\alpha{}^\mu \gamma_\beta{}^\nu \nabla_\nu a_\mu - a_\alpha a_\beta + K_\beta{}^\rho K_{\rho\alpha} + \gamma_\alpha{}^\mu \gamma_\beta{}^\nu n^\rho n^\sigma R_{\sigma\mu\rho\nu} \quad (4.46)$$

となる. 最後の項は

$$\gamma_\alpha{}^\mu \gamma_\beta{}^\nu n^\rho n^\sigma R_{\sigma\mu\rho\nu} = \gamma_\alpha{}^\mu \gamma_\beta{}^\nu \gamma^{\rho\sigma} R_{\sigma\mu\rho\nu} - \gamma_\alpha{}^\mu \gamma_\beta{}^\nu R_{\mu\nu}$$

と表せるが, 第 1 項を Gauss 方程式, 第 2 項を Einstein 方程式を用いると 3 次元量で表すことができる.

また, 法線ベクトルを $n_\mu = (-\alpha, \mathbf{0})$, $n^\mu = \left(\dfrac{1}{\alpha}, -\dfrac{\beta^i}{\alpha}\right)$ と表すと

$$a_\mu = \gamma_\mu{}^\rho n^\nu \nabla_\nu n_\rho = \gamma_\mu{}^\rho n^\nu(\nabla_\nu n_\rho - \nabla_\rho n_\nu) = \gamma_\mu{}^\rho n^\nu(\partial_\nu n_\rho - \partial_\rho n_\nu)$$

$$= -\gamma_\mu{}^\rho n^\nu(\delta_\rho{}^0 \partial_\nu \alpha - \delta_\nu{}^0 \partial_\rho \alpha) = n^0 \partial_\mu \alpha = \frac{1}{\alpha}\partial_\mu \alpha = D_\mu \ln \alpha$$

となり,

$$\gamma_\alpha{}^\mu \gamma_\beta{}^\nu \nabla_\nu a_\mu + a_\alpha a_\beta = D_\beta a_\alpha + a_\alpha a_\beta = \frac{1}{\alpha}D_\beta D_\alpha \alpha$$

となるので, (4.46) 式の右辺はすべて 3 次元量で表すことができる.

一方, (4.46) 式の左辺は

$$\gamma_\alpha{}^\mu \gamma_\beta{}^\nu n^\rho \nabla_\rho K_{\mu\nu} = \gamma_\alpha{}^\mu \gamma_\beta{}^\nu \left(n^\rho \partial_\rho K_{\mu\nu} - n^\rho \Gamma^\sigma{}_{\rho\mu} K_{\sigma\nu} - n^\rho \Gamma^\sigma{}_{\rho\nu} K_{\mu\sigma}\right)$$

$$= \gamma_\alpha{}^\mu \gamma_\beta{}^\nu \left[\frac{1}{\alpha}\left(\partial_0 K_{\mu\nu} - \beta^i \partial_i K_{\mu\nu}\right) - n^\rho \Gamma^\sigma{}_{\rho\mu} K_{\sigma\nu} - n^\rho \Gamma^\sigma{}_{\rho\nu} K_{\mu\sigma}\right]$$

となる. これに ADM 計量を用いて Christoffel 記号を評価すると $\partial_0 \gamma_{ij}$ および 3 次元量と 3 次元共変微分で表すことができる. $\partial_0 \gamma_{ij}$ を (4.44) 式を用いて消去すると, (4.46) 式から $\partial_0 K_{ij}$ はすべて 3 次元量で表すことができ, (4.45) 式が得られる. □

Hamilton 形式では基礎変数およびその運動量を正準変数として用い, 時間に関する一階微分方程式系を基本方程式とする. ここでは $\gamma_{ij}$, $K_{ij}$ が「正準変数」に当たり, 微分方程式系 (4.44), (4.45) が基本方程式になる. 方程式系 (4.42), (4.43) は「正準変数」の時間を含まない方程式で, 拘束条件を与える. ラプス関数 $\alpha$ およびシフトベクトル $\beta^i$ は座標

の選び方を決定するゲージ変数で，それらは手で与えるか，座標条件から決まる方程式を解いて決定する.

　Einstein 方程式を解くということは上記の 2 つの組の方程式 (4.44), (4.45) および (4.42), (4.43) を解くことであるが，前に述べたように Einstein 方程式は，エネルギー・運動量保存則 $\nabla_\nu T^{\mu\nu} = 0$ を内在している. それでこの方程式を Einstein 方程式の一部の代わりに用いることができる. 例えば，上記の拘束条件 (4.42), (4.43) の代わりにエネルギー・運動量保存則を用いる方法である. ただし，エネルギー・運動量保存則は Einstein 方程式を微分して得られるので，全く等価というわけではなく，初期に拘束条件 (4.42), (4.43) を解く必要がある. はじめにその条件を満たしていれば，発展方程式 (4.44), (4.45) とエネルギー・運動量保存則を解くことで，その後も拘束条件が満足されることが保証される.

> **例題 4.20** 初期に拘束条件 (4.42), (4.43) が満たされる場合，その後の時間発展を発展方程式 (4.44), (4.45) とエネルギー・運動量保存則で決定した場合，拘束条件 (4.42), (4.43) が常に満足されていることを示せ.

解　いま $E_{\mu\nu} \equiv G_{\mu\nu} - \kappa^2 T_{\mu\nu}$ を定義し，

$$C \equiv n^\mu n^\nu E_{\mu\nu}, \quad C_\alpha \equiv -n^\mu \gamma^\nu{}_\alpha E_{\mu\nu}, \quad C_{\alpha\beta} \equiv \gamma^\mu{}_\alpha \gamma^\nu{}_\beta E_{\mu\nu}$$

を考える. ここで，$C = 0$ はハミルトニアン拘束条件，$C_\alpha = 0$ は運動量拘束条件である. 一方，$C_{\alpha\beta} = 0$ は $K_{\mu\nu}$ の時間発展方程式を与える. これらの $C, C_\alpha, C_{\alpha\beta}$ を用いると $E_{\mu\nu}$ は $E_{\mu\nu} = C_{\mu\nu} + n_\mu C_\nu + n_\nu C_\mu + n_\mu n_\nu C$ と表せる. また，エネルギー・運動量保存則（$\nabla_\nu T^{\mu\nu} = 0$）および Bianchi 恒等式（$\nabla_\nu G^{\mu\nu} = 0$）を用いると，

$$\nabla_\nu E^{\mu\nu} = 0 \tag{4.47}$$

が常に成り立つことがわかる.

　ここで，発展方程式を解くということは $C_{\mu\nu} = 0$ が満たされる. よって (4.47) 式を $n_\mu$ で縮約すると，$n_\mu \nabla_\nu n^\mu = 0$ および $n^\mu C_\mu = 0$ より，

$$0 = n_\mu \nabla_\nu E^{\mu\nu} = n_\mu \nabla_\nu (n^\mu C^\nu + n^\nu C^\mu + n^\mu n^\nu C)$$
$$= -\nabla_\nu C^\nu + n_\mu n^\nu \nabla_\nu C^\mu - C \nabla_\nu n^\nu - n^\nu \nabla_\nu C$$

となる. いま，$n_\mu C^\mu = -\alpha C^0 = 0$ より $C^0 = 0$ となるので，$C$ の発展方程式

$$-\frac{1}{\sqrt{\gamma}} \partial_k (\sqrt{\gamma} C^k) + CK - \frac{1}{\alpha} (\partial_0 C - \beta^k \partial_k C) = 0$$

を得る. 次に $\gamma_{i\mu}$ で縮約を取ると

$$0 = \gamma_{i\mu} \nabla_\nu E^{\mu\nu} = \gamma_{i\mu} \nabla_\nu (n^\mu C^\nu + n^\nu C^\mu + n^\mu n^\nu C)$$
$$= \gamma_{i\mu} (C^\nu \nabla_\nu n^\mu + C^\mu \nabla_\nu n^\nu + n^\nu \nabla_\nu C^\mu + n^\nu C \nabla_\nu n^\mu)$$
$$= -\gamma_{i\mu} C^\nu (K_\nu{}^\mu + n_\nu a^\mu) - \gamma_{i\mu} C^\mu K + \frac{\gamma_{i\mu}}{\alpha} (\partial_0 C^\mu - \beta^k D_k C^\mu) + \gamma_{i\mu} C a^\mu$$
$$= -C^j K_{ij} - \gamma_{ij} C^j K + \frac{\gamma_{ij}}{\alpha} (\partial_0 C^j - \beta^k D_k C^j) + C a_i$$

となる．以上をまとめると $C, C^j$ の発展方程式

$$\frac{1}{\alpha}\left(\partial_0 C - \beta^k \partial_k C\right) = -\frac{1}{\sqrt{\gamma}}\partial_k\left(\sqrt{\gamma}C^k\right) + CK,$$

$$\frac{1}{\alpha}\left(\partial_0 C^j - \beta^k D_k C^j\right) = C^k K_k{}^j + C^j K - \frac{1}{\alpha}CD^j\alpha$$

が得られる．この 2 式には $C, C^j$ のみ含まれ，初期に $C = 0, C^j = 0$ であればその後も $C = 0, C^j = 0$ となり，2 つの拘束条件は常に満たされる． $\square$

　動的な時空や物質場の時間発展を解くには，初期に物質分布および重力波に対する情報を与え，初期の時空が満たすべき計量や外曲率を拘束条件によって決定する．その後の時間発展は重力場の発展方程式およびエネルギー・運動量保存則を解いて決定すればよい．しかし，(4.45) 式を数値的に解くと不安定になるので，拘束条件を用いてこの方程式を数値的に安定な形に書き換えて計算が行われている[*7]．1980 年代以降，この ADM 形式を用いた数値相対論は非常に発展し，現在では連星系の合体など現実的な系の数値シミュレーションが可能になっている．

### 4.5.2　重力場のハミルトニアン

　時空を (3+1) 分解することで，作用から重力場のハミルトニアンを考えることができる．ここではまず Einstein–Hilbert 作用 $S_{\mathrm{EH}}$ を考え，境界項はとりあえず無視する．$S_{\mathrm{EH}}$ に現れる 4 次元スカラー曲率 $R$ を (3+1) 分解するには Gauss 方程式を用いる．

**例題 4.21**　Gauss 方程式 (2.33) を用いると，4 次元スカラー曲率 $R$ は

$$R = {}^{(3)}R + K^{ab}K_{ab} - K^2 - 2\nabla_\alpha\left(n^\beta\nabla_\beta n^\alpha - n^\alpha\nabla_\beta n^\beta\right) \tag{4.48}$$

と表されることを示せ．

$\boxed{\text{解}}$　4 次元スカラー曲率 $R$ は

$$R = g^{\mu\nu}g^{\alpha\beta}R_{\mu\alpha\nu\beta} = \left(\gamma^{\mu\nu} - n^\mu n^\nu\right)\left(\gamma^{\alpha\beta} - n^\alpha n^\beta\right)R_{\mu\alpha\nu\beta}$$

$$= \gamma^{\mu\nu}\gamma^{\alpha\beta}R_{\mu\alpha\nu\beta} - 2n^\mu n^\nu\gamma^{\alpha\beta}R_{\mu\alpha\nu\beta} = \gamma^{\mu\nu}\gamma^{\alpha\beta}R_{\mu\alpha\nu\beta} - 2n^\alpha n^\beta R_{\alpha\beta}$$

と表せる．第 1 項は Gauss 方程式 (2.33) を用いると

$$\gamma^{\mu\nu}\gamma^{\alpha\beta}R_{\mu\alpha\nu\beta} = {}^{(3)}R + K^2 - K^{ab}K_{ab}$$

となる．一方，第 2 項は，共変微分の交換関係 (2.15) から

$$n^\alpha n^\beta R_{\alpha\beta} = n^\beta(\nabla_\alpha\nabla_\beta n^\alpha - \nabla_\beta\nabla_\alpha n^\alpha)$$

$$= \nabla_\alpha\left(n^\beta\nabla_\beta n^\alpha\right) - \nabla_\beta\left(n^\beta\nabla_\alpha n^\alpha\right) - \left(\nabla_\alpha n^\beta\right)\left(\nabla_\beta n^\alpha\right) + \left(\nabla_\beta n^\beta\right)\left(\nabla_\alpha n^\alpha\right)$$

$$= \nabla_\alpha\left(n^\beta\nabla_\beta n^\alpha - n^\alpha\nabla_\beta n^\beta\right) - K^{\alpha\beta}K_{\alpha\beta} + K^2$$

となる．これらを代入すると (4.48) 式が得られる． $\square$

---

[*7]　柴田大・中村卓史および彼らの定式化を再発見した Thomas W. Baumgarte と Stuart L. Shapiro 達の頭文字を取って BSSN 形式と呼ばれる．

**解** (4.48) 式を Einstein–Hilbert 作用に代入し，表面積分項を落とすと

$$\mathcal{L}_{\mathrm{EH}} = \frac{1}{2\kappa^2}\alpha\sqrt{\gamma}\left( {}^{(3)}R(\gamma) + K_{ij}K^{ij} - K^2 \right) \tag{4.51}$$

が得られる．また，$\mathcal{L}_{\mathrm{EH}}$ を $\dot{\gamma}_{ij}$ で偏微分する際に $\dot{\gamma}_{ij}$ と $K_{ij}$ の関係式 (4.36) を用いると，

$$\pi^{ij} = \frac{\partial \mathcal{L}_{\mathrm{EH}}}{\partial \dot{\gamma}_{ij}} = \frac{\partial K_{kl}}{\partial \dot{\gamma}_{ij}}\frac{\partial \mathcal{L}_{\mathrm{EH}}}{\partial K_{kl}} = \frac{1}{2\kappa^2}\sqrt{\gamma}\left( K\gamma^{ij} - K^{ij} \right) \tag{4.52}$$

が得られる． □

ラプス関数 $\alpha$ とシフトベクトル $\beta^i$ の時間微分はラグランジアン密度に含まれないので，それらに対応する運動量は $\pi^{[\alpha]} = \dfrac{\partial \mathcal{L}_{\mathrm{EH}}}{\partial \dot{\alpha}} = 0,\ \pi_i^{[\beta]} = \dfrac{\partial \mathcal{L}_{\mathrm{EH}}}{\partial \dot{\beta}^i} = 0$ である．運動量とラグランジアン密度がわかれば，Legendre 変換によりハミルトニアン密度 $\mathcal{H}_{\mathrm{EH}}$ は

$$\mathcal{H}_{\mathrm{EH}} = \pi^{ij}\dot{\gamma}_{ij} - \mathcal{L}_{\mathrm{EH}} \tag{4.53}$$

で定義される．よってハミルトニアンは

$$H_{\mathrm{EH}} = \int d^3x\, \mathcal{H}_{\mathrm{EH}} \tag{4.54}$$

で与えられる．

**解** $\gamma_{ij}$ の時間微分は式 (4.44) で与えられるので

$$\begin{aligned}
\mathcal{H}_{\mathrm{EH}} &= -\frac{\sqrt{\gamma}}{2\kappa^2}\left[ \alpha\left( {}^{(3)}R(\gamma) + K^2 - K_{ij}K^{ij} \right) - 2KD_\ell\beta^\ell + 2K^{ij}D_i\beta_j \right] \\
&= -\frac{\sqrt{\gamma}}{2\kappa^2}\left[ \alpha\left( {}^{(3)}R(\gamma) + K^2 - K_{ij}K^{ij} \right) \right. \\
&\qquad \left. - 2\beta^i\left( D_jK^{ij} - D_iK \right) + 2D_i(-K\beta^i + K^{ij}\beta_j) \right]
\end{aligned}$$

となる．最後の項は体積積分において表面項となるためハミルトニアンに寄与せず

$$\mathcal{C}_0 = {}^{(3)}R(\gamma) + K^2 - K_{ij}K^{ij}, \tag{4.56}$$

$$\mathcal{C}_i = D_j K^j{}_i - D_i K \tag{4.57}$$

が得られる. $\qquad\qquad\qquad\qquad\qquad\qquad\qquad\qquad\qquad\qquad\square$

重力場のハミルトニアン $H_{\mathrm{EH}}$ の Hamilton 方程式は

$$\frac{\delta H_{\mathrm{EH}}}{\delta \pi^{ij}} = \dot{\gamma}_{ij}, \quad \frac{\delta H_{\mathrm{EH}}}{\delta \gamma_{ij}} = -\dot{\pi}^{ij}, \quad \frac{\delta H_{\mathrm{EH}}}{\delta \alpha} = -\dot{\pi}^{\alpha} = 0, \quad \frac{\delta H_{\mathrm{EH}}}{\delta \beta^i} = -\dot{\pi}^{\beta}_i = 0$$

で与えられるが, これらは (3+1) 分解した真空中の Einstein 方程式 (4.44), (4.45), (4.42), (4.43) に一致する.

### 4.5.3 境界項を伴う重力場のハミルトニアン

次に重力場の作用における境界項がハミルトニアンにどのように現れるか見てみよう. 重力場の作用には Einstein–Hilbert 作用に GHY 境界項を付け加える必要があったが, ハミルトニアンを考える場合 Einstein–Hilbert 作用からも境界項 (表面積分項) が現れる.

ハミルトニアンを考える際の GHY 境界項の 3 次元境界 $\partial\mathcal{V}$ は時間的であるので $\epsilon = 1$ とする. つまり GHY 境界項は

$$S_{\mathrm{GHY}} \equiv -\frac{1}{\kappa^2} \int_{\partial\mathcal{V}} d^3 y \sqrt{|p|}\, \mathcal{K}$$

で与えられる. Einstein–Hilbert 作用を体積積分項と表面積分項に分離して表すと

$$S_{\mathrm{EH}} = S_{\mathrm{EH}}^{(\mathrm{volume})} + S_{\mathrm{EH}}^{(\mathrm{boundary})}$$

となる. ここで

$$S_{\mathrm{EH}}^{(\mathrm{volume})} = \int dt \int d^3 x \, \mathcal{L}_{\mathrm{EH}},$$

$$S_{\mathrm{EH}}^{(\mathrm{boundary})} = -2 \int_{\mathcal{V}} d^4 x \sqrt{-g}\, \nabla_\alpha \left( n^\beta \nabla_\beta n^\alpha - n^\alpha \nabla_\beta n^\beta \right)$$

$$= -2 \int_{\partial\mathcal{V}} d^3 y \sqrt{|p|}\, s_\alpha \left( n^\beta \nabla_\beta n^\alpha - n^\alpha \nabla_\beta n^\beta \right)$$

である. 時間方向を分離するため 3 次元境界 $\partial\mathcal{V}$ を (2+1) 分解することでハミルトニアンにおける境界項の寄与が評価できる.

いま, 3 次元境界 $\partial\mathcal{V}$ を $r(t, \boldsymbol{x}) = $ 一定 の超曲面とする. このとき $\partial\mathcal{V}$ の法線ベクトルは $s_\mu = \nabla_\mu r$ で与えられる. ここではまず $n^\mu$ と $s^\mu$ が直交している場合を考える. いま $\Sigma$ と $\partial\mathcal{V}$ の共通部分を $S(t) = \Sigma(t) \cap \partial\mathcal{V}$ とし, その座標を $\theta^A$, 計量を $q_{AB}$ とする.

> **例題 4.24** 上の 2 つの境界項 $S_{\mathrm{EH}}^{(\mathrm{boundary})}$, $S_{\mathrm{GHY}}$ の和
>
> $$S_{\mathrm{EH}}^{(\mathrm{boundary})} + S_{\mathrm{GHY}} = -\frac{1}{\kappa^2} \int dt \int_{S(t)} d^2 \theta \, \alpha \sqrt{q}\, {}^{(2)}K$$
>
> を示せ. ここで ${}^{(2)}K$ は 3 次元超曲面 $\Sigma(t)$ 上の 2 次元境界 $S(t)$ の外曲率を表す.

それぞれの境界項は

$$S_{\mathrm{EH}}^{(\mathrm{boundary})} = -\frac{1}{\kappa^2} \int dt \int_{S(t)} d^2\theta\alpha\sqrt{q}\, s_\alpha \left( n^\beta \nabla_\beta n^\alpha - n^\alpha \nabla_\beta n^\beta \right)$$

$$= -\frac{1}{\kappa^2} \int dt \int_{S(t)} d^2\theta\alpha\sqrt{q}\, s_\alpha n^\beta \nabla_\beta n^\alpha = \frac{1}{\kappa^2} \int dt \int_{S(t)} d^2\theta\alpha\sqrt{q}\, n^\alpha n^\beta \nabla_\beta s_\alpha,$$

$$S_{\mathrm{GHY}} = -\frac{1}{\kappa^2} \int dt \int_{S(t)} d^2\theta\alpha\sqrt{q}\, \mathcal{K}(t)$$

と表される．よって 2 つの境界項の和は

$$S_{\mathrm{EH}}^{(\mathrm{boundary})} + S_{\mathrm{GHY}} = -\frac{1}{\kappa^2} \int dt \int_{S(t)} d^2\theta\alpha\sqrt{q} \left( \mathcal{K}(t) - n^\alpha n^\beta \nabla_\beta s_\alpha \right)$$

$$= \frac{1}{\kappa^2} \int dt \int_{S(t)} d^2\theta\alpha\sqrt{q} \left( p^{\alpha\beta} + n^\alpha n^\beta \right) \nabla_\beta s_\alpha$$

$$= \frac{1}{\kappa^2} \int dt \int_{S(t)} d^2\theta\alpha\sqrt{q}\, q^{\alpha\beta} \nabla_\beta s_\alpha = -\frac{1}{\kappa^2} \int dt \int_{S(t)} d^2\theta\alpha\sqrt{q}\, {}^{(2)}K$$

となる．ここで 2 次元への射影 $q^{\alpha\beta} = p^{\alpha\beta} + n^\alpha n^\beta$ を用いた． $\square$

　ハミルトニアンはラグランジアンから Legendre 変換によって得られるが，この境界項は $t = $ 一定 の 3 次元超曲面 $\Sigma(t)$ 上の 2 次元境界 $S(t)$ の外曲率 ${}^{(2)}K$ で与えられており，計量の時間微分，つまり運動量は含まない．よって，ハミルトニアンにおける境界項の寄与は時間に関する被積分項を引き算するだけで得られる．つまり，重力場の作用 $S_g = S_{\mathrm{EH}} + S_{\mathrm{GHY}}$ に対するハミルトニアン $H_g$ は

$$H_g = H_{\mathrm{EH}} + H^{(\mathrm{boundary})} \tag{4.58}$$

で表すことができる．ここで

$$H_{\mathrm{EH}} = \int d^3x \mathcal{H}_{\mathrm{EH}} = -\frac{1}{2\kappa^2} \int d^3x \sqrt{\gamma} \left( \alpha C_0 - 2\beta^i C_i \right), \tag{4.59}$$

$$H^{(\mathrm{boundary})} = \frac{1}{\kappa^2} \int d^2\theta\alpha\sqrt{q}\, {}^{(2)}K \tag{4.60}$$

である．

　一般に，$r(t, \boldsymbol{x}) = $ 一定 で表される境界 $\partial\mathcal{V}$ は $t = $ 一定 となる $\Sigma(t)$ と直交しない．その場合，$t$ 方向は $\Sigma(t)$ に垂直でないため，$\Sigma(t)$ 上のハミルトニアンを定義するのに適切でない．そこで $n^\mu$ 方向の時間微分で運動量を定義し，ハミルトニアンを計算する方法が考えられる．つまり時間微分を $\alpha n^\mu$ に関する Lie 微分[*8)] $\mathscr{L}_{\alpha\boldsymbol{n}}\gamma_{ij} = -2\alpha K_{ij}$ で与え，運動量を

$$\pi^{ij} \equiv \frac{\partial \mathcal{L}_{\mathrm{EH}}}{\partial(\mathscr{L}_{\alpha\boldsymbol{n}}\gamma_{ij})} = \frac{1}{2\kappa^2}\sqrt{\gamma}(K\gamma_{ij} - K_{ij})$$

で定義する．この場合，体積積分項に $\beta^i$ に関した発散項が現れるのでその部分は改めて境界項（表面積分項）に書き直すことができる．その結果一般的な場合の重力場のハミル

---

[*8)]　Lie 微分については第 5 章で定義するが，あるベクトルの方向への変化を表す微分と考えてよい．

トニアンは，既に求めた境界項を付け加え，

$$H_g = H_{\mathrm{EH}} + H^{(\mathrm{boundary})}$$

$$= -\frac{1}{2\kappa^2} \int d^3x \sqrt{\gamma} \left( \alpha \mathcal{C}_0 - 2\beta^i \mathcal{C}_i \right)$$

$$- \frac{1}{\kappa^2} \int d^2\theta \sqrt{q} \left[ \beta^i (K_{ij} - K\gamma_{ij}) s^j - \alpha \left( {}^{(2)}K - {}^{(2)}K_0 \right) \right] \tag{4.61}$$

となる．ここで $\mathcal{C}_0, \mathcal{C}_i$ は (4.56), (4.57) で与えられる．また，Minkowski 時空における 2 次元境界の外曲率 ${}^{(2)}K_0$ を導入した．それは，一般に ${}^{(2)}K$ の積分は発散するため，動力学に影響しない発散部分を取り除くためである．

# 第 5 章
# 時空の対称性と保存量

　Einstein 方程式は非線形連立偏微分方程式であるため一般に解くことは非常に困難である．しかしながら時空に対称性が存在するときには，複雑な Einstein 方程式が簡単化され，解を求めることが可能になったり，解析が易しくなる場合がある．

　通常，対称性がある場合には考えている物理量が対応する座標によらないと考える．例えば球対称な物質の密度は角度座標に依存しない．その結果，その物質がつくる Newton ポテンシャルも角度によらないとすると，Poisson 方程式は常微分方程式になり，その解析がより容易になる．

　しかし，一般相対性理論においては，一般相対性原理によりどのような観測者（座標系）を用いて系を記述しても構わない．その結果として物理量の座標依存性からだけではその対称性が陽には見えないことがある．座標系の選び方によらず，時空に対称性があるかどうかをどう判定をすればよいのであろうか．この章では座標系によらない対称性の課し方および対称性から導かれる保存量について考える．

　また，対称性は時空（または空間）の次元によらない議論となるため，はじめの 2 節（5.1 および 5.2）では一般の次元（$N$ 次元）の時空（または空間）を考え，座標成分を表す添字もラテン大文字（$A, B, C, \cdots$）で表すことにする．

　この章以降は式や計算の見やすさのため光速度を $c = 1$ とする．ただし，Newton 極限などの光速度が議論に必要な場合や観測量など光速度を含めたほうがわかりやすい場合などは，適宜光速度を戻して記述する．一方，重力の寄与をわかりやすくするため万有引力定数 $G$（または $\kappa^2 = 8\pi G$）は残しておく．

## 5.1　空間の対称性と Killing 方程式

　空間が対称性を持つということは，ある方向に移動しても空間が変化しないということ，つまり線素がその方向に不変であるということである．これを具体的に定式化するために，計量 $g_{AB}$ のある方向（ベクトル $\xi^A$ で表す）への変化がどうなるかを考える．

　そのためにまず Lie 微分を定義しよう．空間のある点 $\mathrm{P}(\{x^A\})$ から，ベクトル $\xi^A$ 方向に微小な量 $\epsilon$ $(\ll 1)$ だけ移動した点 $\mathrm{Q}(\{\tilde{x}^A\})$ を考える．ここで

$$\tilde{x}^A = x^A + \epsilon\xi^A \tag{5.1}$$

である．このときベクトルやテンソルを成分表示したとき，それらの異なる点における差はベクトルやテンソルにならない．それは基底が場所によって変わるからである．点 P におけるテンソルと点 Q におけるテンソルの差で意味のある量を定義するために，点 P から点 Q への写像 $\phi_\epsilon\colon Q = \phi_\epsilon(P)$ を定義する．そうすると，点 P におけるテンソル $T(P)$ は点 Q におけるテンソル $\phi_\epsilon^* T(Q)$ に写像される．このとき $\phi_\epsilon^* T(Q)$ は $T(P)$ を座標変換 (5.1) により変化させたものである．こうすると $\phi_\epsilon^* T(Q)$ は点 Q のテンソルではあるが，$T(P)$ を座標変換して得られたものであるので，$T(P)$ と等価と考えられる．そこで同じテンソルの点 Q における値 $T(Q)$ との差を取ることで，テンソル $T$ の点 P と点 Q における違いがわかる．この差を見れば，ベクトル $\xi^A$ 方向にテンソル $T$ がどの程度変化するかがわかる．その差を $\epsilon$ で割り，$\epsilon \to 0$ の極限を取ることで，その変化量を微分で表すことができる．これを **Lie 微分**と呼ぶ．つまり，$\xi^A$ 方向への Lie 微分 $\mathscr{L}_\xi$ は，

$$\mathscr{L}_\xi T(P) \equiv \lim_{\epsilon \to 0} \frac{T(Q) - \phi_\epsilon^* T(Q)}{\epsilon} \tag{5.2}$$

で定義される．

---

**例題 5.1** 計量 $g_{AB}$ のベクトル $\xi^A$ 方向への Lie 微分が

$$\mathscr{L}_\xi g_{AB} = \nabla_B \xi_A + \nabla_A \xi_B \tag{5.3}$$

となることを示せ．

---

$\boxed{\text{解}}$ 計量 $g_{AB}$ の無限小変位 $\tilde{x}^A = x^A + \epsilon\xi^A$ を考えよう．$g_{AB}(x)$ と等価な $\tilde{x}^A$ における計量 $\phi_\epsilon^* g_{AB}$ は $g_{AB}(x)$ を座標変換 $\tilde{x}^A = x^A + \epsilon\xi^A$ により変化させたものであるので，

$$\phi_\epsilon^* g_{AB}(\tilde{x}) = \frac{\partial x^M}{\partial \tilde{x}^A} \frac{\partial x^N}{\partial \tilde{x}^B} g_{MN}(x) = \left(\delta_A{}^M - \epsilon\partial_A\xi^M\right)\left(\delta_B{}^N - \epsilon\partial_B\xi^N\right) g_{MN}(x)$$

$$\approx g_{AB}(x) - \epsilon(\partial_A\xi^M)g_{MB}(x) - \epsilon(\partial_B\xi^N)g_{AN}(x)$$

となる．したがって Lie 微分は

$$\mathscr{L}_\xi g_{AB} = \lim_{\epsilon \to 0} \frac{g_{AB}(\tilde{x}) - \phi_\epsilon^* g_{AB}(\tilde{x})}{\epsilon} = \xi^C \partial_C g_{AB} + (\partial_A\xi^M)g_{MB}(x) + (\partial_B\xi^N)g_{AN}(x)$$

となる．ここで偏微分を共変微分に書き換えると

$$(\partial_A\xi^M)g_{MB} = \left(\nabla_A\xi^M - \Gamma^M{}_{AC}\xi^C\right)g_{MB} = \nabla_A\xi_B - \Gamma_{BAC}\xi^C,$$

$$(\partial_B\xi^N)g_{AN} = \left(\nabla_B\xi^N - \Gamma^N{}_{BC}\xi^C\right)g_{AN} = \nabla_B\xi_A - \Gamma_{ABC}\xi^C$$

となるが，$\Gamma_{BAC}\xi^C + \Gamma_{ABC}\xi^C = (\partial_C g_{AB})\xi^C$ を用いると

$$\mathscr{L}_\xi g_{AB} = \nabla_A\xi_B + \nabla_B\xi_A$$

であることがわかる． $\square$

Lie 微分は座標系によらないその方向への真の変化量を表す．計量の Lie 微分がゼロとなるとき，その方向への変位に対して線素が不変となり，空間がその方向に対称性を持つ．

計量の Lie 微分がゼロとなる条件はベクトル $\xi^A$ に関する微分方程式

$$\mathscr{L}_\xi g_{AB} = \nabla_A \xi_B + \nabla_B \xi_A = 0 \tag{5.4}$$

で与えられるが，この微分方程式を **Killing 方程式**，ベクトル $\xi^A$ を **Killing** ベクトルと呼ぶ．この座標系によらない方法は 1892 年に Wilhelm K.J. Killing により与えられた．

**例題 5.2** 一般に計量がある座標成分 $x^A$ に依存しないとき

$$\xi^M_{(A)} = \delta^M_{\ (A)} \tag{5.5}$$

が Killing ベクトルとなることを示せ．ここで，$A$ は特定の座標成分を表し，それを明確にするため括弧を付け，$(A)$ と表している．

解 $\xi^M_{(A)}$ の添え字を下付きにすると

$$\xi_{M(A)} = g_{MN} \xi^N_{(A)} = g_{M(A)}$$

となるので，その共変微分を対称化した式は

$$\nabla_M \xi_{N(A)} + \nabla_N \xi_{M(A)} = \partial_M \xi_{N(A)} + \partial_N \xi_{M(A)} - 2\Gamma^C_{\ MN} \xi_{C(A)}$$
$$= \partial_M g_{N(A)} + \partial_N g_{M(A)} - g^{CD}(\partial_M g_{DN} + \partial_N g_{DM} - \partial_D g_{MN}) g_{C(A)}$$
$$= \partial_M g_{N(A)} + \partial_N g_{M(A)} - \delta^C_{\ (A)}(\partial_M g_{DN} + \partial_N g_{DM} - \partial_D g_{MN}) = \partial_{(A)} g_{MN} = 0$$

となる．ここで計量が座標成分 $x^A$ に依存しない条件 $\partial_{(A)} g_{MN} = 0$ を用いた．よって $\xi^M_{(A)}$ は，Killing 方程式を満たし，Killing ベクトルとなる． □

**例題 5.3** 測地線の接ベクトル $u^A = \dfrac{dx^A}{d\mathrm{t}}$ と Killing ベクトル $\xi^A$ の内積は測地線に沿って不変，つまり

$$u^B \nabla_B (\xi_A u^A) = 0 \tag{5.6}$$

となることを示せ．ここで $\mathrm{t}$ は測地線を表すアフィンパラメータである．

解 (5.6) 式の左辺は

$$u^B \nabla_B (\xi_A u^A) = u^B u^A \nabla_B \xi_A + \xi_A u^B \nabla_B u^A$$
$$= \frac{1}{2} u^A u^B (\nabla_B \xi_A + \nabla_A \xi_B) + \xi_A u^B \nabla_B u^A$$

となる．第 1 項は Killing 方程式よりゼロに，第 2 項は測地線方程式よりゼロとなるので

$$u^B \nabla_B (\xi_A u^A) = 0$$

が得られる． □

## 5.2　最大対称空間

　空間のある方向への対称性の存在を保証するのが Killing ベクトルであった．つまり Killing ベクトルの数が，その空間がどの程度対称的であるかを決定する．ところが Killing 方程式が線形で，Killing ベクトルの任意の線形和もまた Killing ベクトルとなるため，空間の対称性を議論するには独立な Killing ベクトルの個数が重要となる．そこで，独立な Killing ベクトルの最大数を求めるため，Killing 方程式を書き換えよう．

**例題 5.4**　Killing ベクトル $\xi^A$ が微分方程式

$$\nabla_M \nabla_N \xi_A = R^B_{\ MNA} \xi_B \tag{5.7}$$

を満たすことを示せ．

　　**解**　任意のベクトル $\xi^A$ の共変微分の交換関係は Riemann 曲率を用いて

$$[\nabla_M, \nabla_N]\xi_A \equiv \nabla_M \nabla_N \xi_A - \nabla_N \nabla_M \xi_A = -R^B_{\ AMN}\xi_B$$

のように表される．$\xi^A$ が Killing ベクトルであることを使うと

$$\nabla_M \nabla_N \xi_A + \nabla_N \nabla_A \xi_M = -R^B_{\ AMN}\xi_B \tag{5.8}$$

となる．この式の添え字 $MNA$ について循環すると

$$\nabla_N \nabla_A \xi_M + \nabla_A \nabla_M \xi_N = -R^B_{\ MNA}\xi_B, \tag{5.9}$$

$$\nabla_A \nabla_M \xi_N + \nabla_M \nabla_N \xi_A = -R^B_{\ NAM}\xi_B \tag{5.10}$$

となる．ここで，$(5.8) - (5.9) + (5.10)$ を計算すると

$$2\nabla_M \nabla_N \xi_A = -\left(R^B_{\ AMN} - R^B_{\ MNA} + R^B_{\ NAM}\right)\xi_B$$

となり，Riemann 曲率の対称性 $R^B_{\ AMN} + R^B_{\ MNA} + R^B_{\ NAM} = 0$ を用いると

$$\nabla_M \nabla_N \xi_A = R^B_{\ MNA}\xi_B$$

が得られる．　　　　　　　　　　　　　　　　　　　　　　　　　　　　　　　　□

　Killing ベクトルは 2 階微分方程式 (5.7) を満たすが，(5.7) 式を用いると

$$\nabla_N(\nabla_M \xi_A + \nabla_A \xi_M) = 0$$

が得られるので，初期に（または初期位置で）Killing 方程式 $\nabla_A \xi_B + \nabla_B \xi_A = 0$ を満たせば，Killing 方程式が常に満たされることになる．よって，初期（または初期位置）において $\xi_A$ の値が与えられ，1 階微分 $\nabla_M \xi_A$ の値が Killing 方程式を満たす場合，(5.7) 式を解くことで Killing 方程式の解，つまり Killing ベクトルが決定される．初期条件は任意に与えられるので，独立な Killing ベクトルの数は独立な初期条件の数に一致する．

**例題 5.5**　$N$ 次元空間において独立な Killing ベクトルは最大何個存在するか求めよ．

$\boxed{\text{解}}$ ベクトル $\xi_A$ は $N$ 個の独立な成分を持ち得る. 1 階微分 $\nabla_M \xi_A$ は Killing 方程式を満たす必要があるので, 2 階の反対称テンソルとなり, 最大 $\dfrac{N(N-1)}{2}$ 個の独立な値を取り得る. したがって $N$ 次元空間において独立な Killing ベクトルは最大で

$$N + \frac{N(N-1)}{2} = \frac{N(N+1)}{2}$$

個存在する. □

この最大数の Killing ベクトルをもつ空間を**最大対称空間**と呼ぶ. 一般に, テンソル $T_{AB\cdots Z}$ に対して共変微分の交換関係を演算すると, ベクトルのときと同じように,

$$[\nabla_C, \nabla_D]T_{AB\cdots Z} = -R^K{}_{ACD}T_{KB\cdots Z} - R^K{}_{BCD}T_{AK\cdots Z} \cdots - R^K{}_{ZCD}T_{AB\cdots K}$$

が成り立つ. このことを用いて以下の例題を考えよ.

**例題 5.6** 最大対称空間の Riemann 曲率は定数 $K$ を用いて

$$R_{MABC} = K(g_{CA}g_{MB} - g_{AB}g_{MC}) \tag{5.11}$$

と表されることを示せ.

$\boxed{\text{解}}$ Killing ベクトルの共変微分 $\nabla_L \xi_A$ に対して共変微分の交換関係を演算すると,

$$[\nabla_C, \nabla_M]\nabla_L \xi_A = -R^B{}_{LCM}\nabla_B \xi_A - R^B{}_{ACM}\nabla_L \xi_B = -R^B{}_{LCM}\nabla_B \xi_A + R^B{}_{ACM}\nabla_B \xi_L$$

となる. ここで Killing 方程式を用いた. 一方, (5.7) 式を共変微分した式を用いると

$$[\nabla_C, \nabla_M]\nabla_L \xi_A = \nabla_C\left(R^B{}_{MLA}\xi_B\right) - \nabla_M\left(R^B{}_{CLA}\xi_B\right)$$
$$= R^B{}_{MLA}\nabla_C \xi_B - R^B{}_{CLA}\nabla_M \xi_B + (\nabla_C R^B{}_{MLA})\xi_B - (\nabla_M R^B{}_{CLA})\xi_B$$

と表すことができる.

上の 2 つの式は同じものを表しているのでまとめると,

$$\left(-R^B{}_{LCM}\delta_A{}^D + R^B{}_{ACM}\delta_L{}^D - R^D{}_{MLA}\delta_C{}^B + R^D{}_{CLA}\delta_M{}^B\right)\nabla_B \xi_D$$
$$= (\nabla_C R^B{}_{MLA} - \nabla_M R^B{}_{CLA})\xi_B \tag{5.12}$$

となる.

最大対称空間には $\dfrac{N(N+1)}{2}$ 個の Killing ベクトルが存在するが, その Killing ベクトル $\xi_B$ ($N$ 個) とその共変微分 $\nabla_D \xi_B$ を反対称化したもの ($\dfrac{N(N-1)}{2}$ 個) の初期値 (ある点 P での値) を独立に取ることができる. よってその点において, (5.12) 式の $\xi_B$ の係数と $\nabla_D \xi_B$ の係数を反対称化したものはすべてゼロになる必要がある. つまり点 P では

$$\nabla_C R^B{}_{MLA} - \nabla_M R^B{}_{CLA} = 0, \tag{5.13}$$
$$-R^B{}_{LCM}\delta_A{}^D + R^B{}_{ACM}\delta_L{}^D - R^D{}_{MLA}\delta_C{}^B + R^D{}_{CLA}\delta_M{}^B$$
$$- \left(-R^D{}_{LCM}\delta_A{}^B + R^D{}_{ACM}\delta_L{}^B - R^B{}_{MLA}\delta_C{}^D + R^B{}_{CLA}\delta_M{}^D\right) = 0 \tag{5.14}$$

となる．(5.14) 式で添字 $D$ と $L$ について縮約を取ると

$$(N-1)R^B{}_{ACM} - R_{MA}\delta_C{}^B + R_{CA}\delta_M{}^B = 0 \tag{5.15}$$

となる．ここで Riemann テンソルの対称性を用いた．次に $g^{CA}$ で縮約を取ると

$$-NR_{BM} + Rg_{BM} = 0$$

が得られる．この Ricci テンソルを (5.15) 式の添え字を下げた式に代入すると

$$R_{BACM} = \frac{1}{N-1}(R_{MA}g_{BC} - R_{CA}g_{BM}) = \frac{R}{N(N-1)}(g_{MA}g_{BC} - g_{CA}g_{BM})$$

となる．

また，(5.13) 式で添え字を下げると

$$\begin{aligned}
0 &= \nabla_C R_{BMLA} - \nabla_M R_{BCLA} \\
&= \frac{\nabla_C R}{N(N-1)}(g_{AM}g_{BL} - g_{LA}g_{BM}) - \frac{\nabla_M R}{N(N-1)}(g_{AC}g_{BL} - g_{LA}g_{BC})
\end{aligned}$$

となる．ここで $g^{AM}$ と $g^{BC}$ で縮約を取ると

$$0 = \frac{\nabla_C R}{N(N-1)}\left(N\delta_L{}^C - \delta_L{}^C\right) - \frac{\nabla_M R}{N(N-1)}\left(\delta_L{}^M - N\delta_L{}^M\right) = \frac{2}{N}\nabla_L R$$

となるので，$\nabla_L R = 0$ となり $R$ の微分もゼロになる．

最大対称空間では Killing ベクトル $\xi_B$ とその共変微分 $\nabla_D \xi_B$ の反対称化したものを独立に取った点 $P$ は任意に取ることができるので，スカラー曲率 $R$ は至るところで微分がゼロ，つまり定数となる．この定数を $K = \dfrac{R}{N(N-1)}$ と置くと題意を満たす． □

上の導出で見たように最大対称空間はスカラー曲率 $R = N(N-1)K$ が定数で特徴付けられる定曲率空間となっている．

この最大対称空間はどのように表されるのであろうか．そこで計量や Killing ベクトルがどうなるかを考えてみよう．まず最も簡単な 2 次元空間を考えてみよう．最大対称な 2 次元空間は曲率の符号によって 3 つ存在する．自明なものは 2 次元平面でよく知られており，曲率ゼロ（$K = 0$）の場合に対応する．そこでまず，$K \neq 0$ の場合の 2 次元球面を考えよう．この場合の計量は，球面の半径を $r_0$ とし，2 つの角度座標 $(\theta, \varphi)$ を用いると

$$ds_2^2 = r_0^2\left(d\theta^2 + \sin^2\theta d\varphi^2\right) \tag{5.16}$$

で与えられる．

---

**例題 5.7** 2 次元球面の Riemann テンソルは式 (5.11) で表されることを示せ．またこの 2 次元球面の 3 つの Killing ベクトルは

$$\xi^A_{(1)}\partial_A = -\sin\varphi\partial_\theta - \cot\theta\cos\varphi\partial_\varphi, \tag{5.17}$$

$$\xi^A_{(2)}\partial_A = \cos\varphi\partial_\theta - \cot\theta\sin\varphi\partial_\varphi, \tag{5.18}$$

$$\xi^A_{(3)}\partial_A = \partial_\varphi \tag{5.19}$$

で与えられることを示せ．

---

解 計量 (5.16) から Riemann 曲率を計算すると非自明な成分は

$$R_{\theta\varphi\theta\varphi} = R_{\varphi\theta\varphi\theta} = \frac{1}{r_0^2}\sin^2\theta$$

のみである．一方，最大対称空間の Riemann 曲率の表式 (5.11) は

$$R_{\theta\varphi\theta\varphi} = R_{\varphi\theta\varphi\theta} = Kg_{\theta\theta}g_{\varphi\varphi}$$

と表されるので，空間曲率 $K$ を $K = r_0^{-2}$ と取ると 2 次元球面の曲率が表式 (5.11) で表され，最大対称空間であることがわかる．

2 次元球面の計量 (5.16) の Christoffel 記号の非自明成分は

$$\Gamma^{\theta}{}_{\varphi\varphi} = -\sin\theta\cos\theta, \quad \Gamma^{\varphi}{}_{\theta\varphi} = \Gamma^{\varphi}{}_{\varphi\theta} = \cot\theta$$

であるので，Killing 方程式をそれぞれの成分で表すと

$$\nabla_{\theta}\xi_{\theta} + \nabla_{\theta}\xi_{\theta} = 2\partial_{\theta}\xi_{\theta} = 0, \tag{5.20}$$

$$\nabla_{\varphi}\xi_{\varphi} + \nabla_{\varphi}\xi_{\varphi} = 2(\partial_{\varphi}\xi_{\varphi} + \sin\theta\cos\theta\xi_{\theta}) = 0, \tag{5.21}$$

$$\nabla_{\theta}\xi_{\varphi} + \nabla_{\varphi}\xi_{\theta} = \partial_{\theta}\xi_{\varphi} + \partial_{\varphi}\xi_{\theta} - 2\cot\theta\xi_{\varphi} = 0 \tag{5.22}$$

となる．(5.20) 式から $\xi_{\theta} = \xi_{\theta}(\varphi)$ となり，式 (5.22) を $\varphi$ で微分すると

$$\partial_{\theta}(\partial_{\varphi}\xi_{\varphi}) + \partial_{\varphi}^2\xi_{\theta} - 2\cot\theta(\partial_{\varphi}\xi_{\varphi}) = 0$$

となる．ここに式 (5.21) を代入すると

$$\partial_{\theta}(-\sin\theta\cos\theta\xi_{\theta}) + \partial_{\varphi}^2\xi_{\theta} - 2\cot\theta(-\sin\theta\cos\theta\xi_{\theta}) = \partial_{\varphi}^2\xi_{\theta} + \xi_{\theta} = 0$$

となる．したがって $\xi_{\theta}$ の一般解は $\xi_{\theta} = a\sin\varphi + b\cos\varphi$ で与えられる．ここで $a, b$ は任意定数である．この結果を式 (5.21) に代入し，両辺を $\varphi$ で積分すると

$$\xi_{\varphi} = a\sin\theta\cos\theta\cos\varphi - b\sin\theta\cos\theta\sin\varphi + f(\theta)$$

を得る．ここで $f(\theta)$ は $\theta$ の任意関数である．これらの解を式 (5.22) に代入すると

$$\partial_{\theta}f - 2\cot\theta f = \sin^2\theta\partial_{\theta}\left(\frac{f}{\sin^2\theta}\right) = 0$$

より $f(\theta) = c\sin^2\theta$ となる．ここで $c$ は任意定数である．したがって Killing 方程式の解，つまり Killing ベクトルは

$$\xi_{\theta} = a\sin\varphi + b\cos\varphi,$$

$$\xi_{\varphi} = a\sin\theta\cos\theta\cos\varphi - b\sin\theta\cos\theta\sin\varphi + c\sin^2\theta$$

で与えられる．2 次元最大対称空間の独立な Killing ベクトルの数は 3 であるが，3 つの任意定数 $a, b, c$ がそれぞれに対応している．

そこでまず，$a = b = 0$，$c = 1$ と選ぶと，Killing ベクトルは $\xi_{(3)A} = \sin^2\theta\delta_{A\varphi}$ となるので，添え字を上付きに戻すと

$$\xi_{(3)}^A = g^{AB}\xi_{(3)B} = \delta^A{}_\varphi$$

となる．同様にして $a = -1$, $b = 0$, $c = 0$ および $a = 0$, $b = 1$, $c = 0$ とそれぞれのベクトルが独立となるように積分定数を選ぶと

$$\xi_{(1)}^A = -\sin\varphi\delta^A{}_\theta - \cot\theta\cos\varphi\delta^A{}_\varphi,$$
$$\xi_{(2)}^A = \cos\varphi\delta^A{}_\theta - \cot\theta\sin\varphi\delta^A{}_\varphi$$

となり，題意の 3 つの独立な Killing ベクトルが得られる． □

曲率半径が $r_0$ の 2 次元球面は平坦な 3 次元ユークリッド空間に半径 $r_0$ の球面に埋め込まれたものと考えることができる．またその計量 (5.16) は，ユークリッド計量 $ds^2 = dx^2 + dy^2 + dz^2$ を極座標表記して，2 次元球面に射影した計量と見ることができる．半径 $r_0$ の球面は $x^2 + y^2 + z^2 = r_0^2$ と表されるので，2 次元曲面は 3 次元空間の点

$$x = r_0\sin\theta\cos\varphi, \quad y = r_0\sin\theta\sin\varphi, \quad z = r_0\cos\theta$$

に対応していることがわかる．また，このデカルト座標を使うと 2 次元球面の 3 つの Killing ベクトルは

$$\xi_{(1)}^A\partial_A = y\partial_z - z\partial_y, \quad \xi_{(2)}^A\partial_A = z\partial_x - x\partial_z, \quad \xi_{(3)}^A\partial_A = x\partial_y - y\partial_x$$

となり，それぞれの軸回りの回転に対応した対称性を表していることがわかる．

この最大対称空間に関する議論をより高次元に拡張するための準備として，2 次元球面の計量 (5.16) を平坦空間の 2 つの座標 $(x, y)$ で表してみよう．

> **例題 5.8** 半径 1 （$r_0 = 1$）の 2 次元球面を 3 次元ユークリッド空間のデカルト座標 $(x, y, z)$ に対して $x^2 + y^2 + z^2 = 1$ で表される球面に埋め込んだとき，その 2 次元球面の計量を $x, y$ を用いて表せ．

$\boxed{解}$ 球面上では $2xdx + 2ydy + 2zdz = 0$ となるので，書き換えると

$$dz = -\frac{xdx + ydy}{z} = \mp\frac{xdx + ydy}{\sqrt{1 - (x^2 + y^2)}}$$

となる．これを 3 次元ユークリッド空間の計量に代入すると

$$ds_2^2 = dx^2 + dy^2 + \frac{(xdx + ydy)^2}{1 - (x^2 + y^2)}$$

となる． □

では曲率負の場合（$K < 0$）はどのように表されるのであろうか．少々天下り的ではあるが 2 次元座標 $(\chi, \varphi)$ に対して，次の 2 次元計量を考えよう．

$$ds_2^2 = d\chi^2 + \sinh^2\chi d\varphi^2. \tag{5.23}$$

座標の取り得る範囲はそれぞれ $0 \le \chi < \infty$ および $0 \le \varphi < 2\pi$ とする．

解 Riemann 曲率を与えられた計量を用いて計算すると非自明な項は

$$R_{\theta\varphi\theta\varphi} = R_{\varphi\theta\varphi\theta} = -\sinh^2\chi$$

となり, $K = -1$ としたときの最大対称空間の Riemann 曲率に一致する.　　□

　この 2 次元最大対称空間は平坦空間に埋め込めるのであろうか. 3 次元ユークリッド空間には埋め込めないことが分かっているので, 次の計量で表される平坦な 3 次元空間を考える.

$$ds_3^2 = dx^2 + dy^2 - dw^2. \tag{5.24}$$

ここで $(x, y, w)$ は 3 次元空間の座標であるが, この計量は $w$ を時間座標と見たときの 3 次元 Minkowski 空間の計量となっている.

解 与えられた埋め込み条件より $2xdx + 2ydy - 2wdw = 0$ となるので

$$dw = \frac{xdx + ydy}{w} = \pm\frac{xdx + ydy}{\sqrt{1 + (x^2 + y^2)}}$$

である. これを計量 (5.24) に代入すると, 2 次元計量は

$$ds_2^2 = dx^2 + dy^2 - \frac{(xdx + ydy)^2}{1 + (x^2 + y^2)} \tag{5.25}$$

となる. ここで $x = \sinh\chi\cos\varphi$, $y = \sinh\chi\sin\varphi$ で定義される座標変換を行い, 計量 (5.25) に代入すると, 2 次元計量 (5.23) が得られる.　　□

　2 次元最大対称空間は一つ上の平坦な空間に埋め込むことができた. そこで一般に $N$ 次元最大対称空間を $(N + 1)$ 次元に埋め込む方法を考えよう.

考えている $N$ 次元空間は $K\gamma_{IJ}x^Ix^J + w^2 = 1$ を満たす曲面上の点 $(x^I, w)$ のみが $w$ の許される値となる。この曲面を表す式を微分し，2乗すると

$$dw^2 = \frac{K^2(\gamma_{IJ}x^I dx^J)^2}{w^2} = \frac{K^2(\gamma_{IJ}x^I dx^J)^2}{1 - K\gamma_{MN}x^M x^N}$$

となる。これを $(N+1)$ 次元空間の計量に代入すると，$N$ 次元空間の座標 $x^I$ のみで表すことができ，

$$ds_N^2 = \gamma_{IJ}dx^I dx^J + \frac{K(\gamma_{IJ}x^I dx^J)^2}{1 - K\gamma_{MN}x^M x^N} = g_{IJ}dx^I dx^J$$

となる。したがって $N$ 次元空間の計量は

$$g_{IJ} = \gamma_{IJ} + \frac{K\gamma_{IP}\gamma_{JQ}x^P x^Q}{1 - K\gamma_{MN}x^M x^N}$$

と表される。 □

　最大対称空間には，対称性に付随した Killing ベクトルが $\dfrac{N(N+1)}{2}$ 個存在する。それらはどのような性質を持っているであろうか。最も簡単な最大対称空間は $N$ 次元ユークリッド空間である。このユークリッド空間の対称性は2種類に分けられる。一つは並進対称性である。ユークリッド空間の各点をある方向に同じだけ平行移動してもユークリッド空間は変わらない。この場合，次元 $N$ の数だけ平行移動方向の自由度があり，それに対応した $N$ 個の独立な Killing ベクトルがある。またユークリッド空間の任意の点を中心としたある2次元面上の各点を同じ角度だけ回転してもユークリッド空間は不変である。この場合，$\dfrac{N(N-1)}{2}$ 個の独立な2次元面の選び方が存在するので，それぞれに対応した $\dfrac{N(N-1)}{2}$ 個の Killing ベクトルが存在する。つまり $N$ 次元ユークリッド空間には $N$ 個の独立な並進対称性と $\dfrac{N(N-1)}{2}$ 個の独立な回転対称性が存在し，それぞれの Killing ベクトルを合わせると，合計 $\dfrac{N(N+1)}{2}$ 個の Killing ベクトルが存在する。一般の最大対称空間にも $\dfrac{N(N+1)}{2}$ 個の Killing ベクトルが存在するが，同じような分類ができるのであろうか。

---

**例題 5.12** $N$ 次元最大対称空間の計量は

$$ds_N^2 = g_{IJ}dx^I dx^J = \left(\gamma_{IJ} + \frac{K\gamma_{IP}\gamma_{JQ}x^P x^Q}{1 - K\gamma_{MN}x^M x^N}\right)dx^I dx^J \tag{5.26}$$

で表される。この計量は，2種類の変換，回転 $x'^I = R^I{}_J x^J$ および擬並進

$$x'^I = x^I + a^I\left[\sqrt{1 - K\gamma_{KL}x^K x^L} - bK\gamma_{KL}x^K a^L\right]$$

に対して不変となることを示せ。ここで，$R^I{}_J$ は $\gamma_{IJ}R^I{}_K R^J{}_L = \gamma_{KL}$ を満たす $N$ 次元空間の回転行列で，擬並進を表す $a^I$ は $K\gamma_{IJ}a^I a^J \leq 1$ を満たす定ベクトルである。ただし，$b$ は $b = \dfrac{1 - \sqrt{1 - K\gamma_{KL}a^K a^L}}{K\gamma_{IJ}a^I a^J}$ で定義される実数とする。

解 $N$ 次元最大対称空間に埋め込む前の $(N+1)$ 次元平坦空間（座標を $x^{\bar{M}} = \{x^I, w\}$ とする）においては，$(N+1)$ 次元空間の"回転" $x^{\bar{M}} \to x'^{\bar{M}} = \mathcal{R}^{\bar{M}}{}_{\bar{N}} x^{\bar{N}}$，つまり

$$x^I \to x'^I = \mathcal{R}^I{}_J x^J + \mathcal{R}^I{}_w w, \quad w \to w' = \mathcal{R}^w{}_J x^J + \mathcal{R}^w{}_w w$$

に対し不変である．この変換に対して $N$ 次元計量 $ds_N^2$ が不変となるためには，回転行列 $\mathcal{R}^{\bar{M}}{}_{\bar{N}}$ は

$$\gamma_{IJ} \mathcal{R}^I{}_K \mathcal{R}^J{}_L + K^{-1} \mathcal{R}^w{}_K \mathcal{R}^w{}_L = \gamma_{KL},$$

$$\gamma_{IJ} \mathcal{R}^I{}_K \mathcal{R}^J{}_w + K^{-1} \mathcal{R}^w{}_K \mathcal{R}^w{}_w = 0,$$

$$\gamma_{IJ} \mathcal{R}^I{}_w \mathcal{R}^J{}_w + K^{-1} \mathcal{R}^w{}_w \mathcal{R}^w{}_w = K^{-1}$$

を満たす必要がある．これらの条件を満たす解として 2 つ考えられる．まず，

$$\mathcal{R}^I{}_J = R^I{}_J, \quad \mathcal{R}^I{}_w = \mathcal{R}^w{}_J = 0, \quad \mathcal{R}^w{}_w = 1$$

である．ここで $R^I{}_J$ は $N$ 次元の回転行列である．もう一つは，

$$\mathcal{R}^I{}_w = a^I, \quad \mathcal{R}^w{}_I = -K\gamma_{IJ} a^J,$$

$$\mathcal{R}^w{}_w = (1 - K\gamma_{IJ} a^I a^J)^{1/2}, \quad \mathcal{R}^I{}_J = \delta^I{}_J - bK\gamma_{JL} a^I a^L$$

である．この変換を $N$ 次元空間の座標 $x^I$ の座標変換として表すとそれぞれ

$$x'^I = R^I{}_J x^J, \quad x'^I = x^I + a^I \left[ \sqrt{1 - K\gamma_{KL} x^K x^L} - bK\gamma_{KL} x^K a^L \right]$$

となる．よって $N$ 次元最大対称空間は，この変換に対して不変となることが分かる． □

　　後者の変換では，原点 $x^I = 0$ を $x'^I = a^I$ に移すので並進に似た変換であるが他の点は同じようにずれないので擬並進と呼ばれる．$N$ 次元空間の回転行列 $R^I{}_J$ は $\dfrac{N(N-1)}{2}$ 個の自由度を持ち，擬並進パラメータ $a^I$ は $N$ 個の自由度を持っているので，合わせると最大対称空間の Killing ベクトルの数 $\dfrac{N(N+1)}{2}$ と一致するので，その対称性は 2 種類（回転と擬並進）に分類される．

　　ここで，Killing ベクトルを求めよう．Killing ベクトル $\xi^I$ を用いたときの無限小変換は $x'^I = x^I + \varepsilon \xi^I(x)$ のように表されるので，上の変換で無限小変換がどのように表されるかを考えればよい．

　　微小回転を表す回転行列は $|\varepsilon| \ll 1$ として

$$R^I{}_J = \delta^I{}_J + \varepsilon \Omega^I{}_J$$

となる．$\Omega_{IJ} \equiv \gamma_{IK} \Omega^K{}_J$ は $\Omega_{IJ} + \Omega_{JI} = 0$ となる反対称テンソルである．この変換は

$$x'^I = R^I{}_J x^J = x^I + \varepsilon \Omega^I{}_J x^J$$

で表されるので，Killing ベクトルを用いたときの無限小変換と比較すると，

$$\xi^I_{(\Omega)} = \Omega^I{}_J x^J$$

で表される回転に対応した Killing ベクトルが得られる．

一方，微小擬並進のときの並進パラメータを $a^I = \varepsilon \delta^I_{(J)}$ と取る（$J$ は特定の方向）と

$$x'^I = x^I + \varepsilon \delta^I_{(J)}\sqrt{1 - K\gamma_{KL}x^K x^L} + O(\varepsilon^2)$$

となるので，Killing ベクトルを用いたときの無限小変換と比較すると

$$\xi^I_{(J)} = \delta^I_{(J)}\sqrt{1 - K\gamma_{KL}x^K x^L}$$

が，擬並進を表す Killing ベクトルである．

回転を表す Killing ベクトルは $\Omega_{IJ}$ が反対称であるので $\dfrac{N(N-1)}{2}$ 個独立なものが存在し，擬並進を表す Killing ベクトルは $a^I$ が $N$ 個の独立な自由度を持つので，$N$ 個存在する．この 2 種類の Killing ベクトルが最大対称空間の Killing ベクトルの数 $\dfrac{N(N+1)}{2}$ と一致するので，対称性も回転と擬並進の 2 種類に分類される．

## 5.3 　4 次元時空

今までは $\gamma_{AB}$ を平坦空間であると考えていたが，$\gamma_{AB}$ の代わりに時間軸を加えた平坦時空 $\eta_{AB}$ としても同様な議論はもちろん可能である．そこで 4 次元 Minkowski 計量 $\eta_{\mu\nu}$ を考え，4 次元時空の最大対称空間を構成しよう．$K = 0$ のときはそのままの Minkowski 時空（M$^4$）であるが，$K > 0$ のときは **de Sitter** 時空（dS$^4$），$K < 0$ のときは**反 de Sitter** 時空（AdS$^4$）と呼ばれる．

4 次元時空の場合に最大対称空間についてもう少し具体的に考えてみよう．前の節で見たようにスカラー曲率 $R$ の符号により 3 つの最大対称空間がある．独立な Killing ベクトルは，$N = 4$ なので 10 個存在する．その Killing ベクトルの意味を考えるために，まず最も単純な場合の Minkowski 時空を考えよう．

> **例題 5.13**　Minkowski 時空での Killing ベクトルの一般解が
>
> $$\xi_\mu = a_\mu + b_{\mu\nu}x^\nu \tag{5.27}$$
>
> となることを示せ．ここで $a_\mu$ は定数ベクトル，$b_{\mu\nu}$ は反対称定数テンソルである．

| 解 |　Minkowski 計量は平坦で，$R^\sigma{}_{\mu\nu\rho} = 0$，且つ共変微分は偏微分となるので，Killing 方程式と等価な (5.7) は

$$\partial_\mu\partial_\nu\xi_\rho = 0 \tag{5.28}$$

となる．この微分方程式の一般解は (5.27) 式のように定数テンソル $a_\mu$ と $b_{\mu\nu}$ を用いて表すことができる．ただし，(5.7) 式が Killing 方程式 (5.4) となるためには $\nabla_\nu\xi_\mu$ が反対称でなければならない．つまり，

$$\nabla_\nu\xi_\mu + \nabla_\mu\xi_\nu = \partial_\nu\xi_\mu + \partial_\mu\xi_\nu = b_{\mu\nu} + b_{\nu\mu} = 0$$

である．よって任意の定数ベクトル $a_\mu$，反対称テンソル $b_{\mu\nu}$ に対して (5.27) は Killing ベクトルとなる．　□

このように，$a_\mu$ は4つの，$b_{\mu\nu}$ は6つの独立成分を持つので Minkowski 時空での独立な Killing ベクトルは10個存在することが確かめられる．そこで，積分定数 $a_\mu$ と $b_{\mu\nu}$ がどのような意味を持つか考えてみよう．

[1] $a_\mu$ が与える Killing ベクトルは $\xi = a^\mu \partial_\mu$ となり，$a_\mu$ の各成分に対応する4つの独立な Killing ベクトルはそれぞれの座標軸方向への基底ベクトル $\partial_\mu$ と一致する．つまり，$\partial_0$ が時間方向の，$\partial_i$ $(i = 1, 2, 3)$ が空間3方向の並進対称性を表している．

[2] 次に $b_{\mu\nu}$ の空間成分，つまり $b_{ij}$ $(i, j = 1, 2, 3)$ の与える Killing ベクトルを考える．この Killing ベクトルは空間回転に対する対称性を表すことが以下の考察からわかる．例えば，$b_{21} = -b_{12} = 1$ のみ値が残る場合を考えると

$$\xi = (\eta^{\mu\rho} b_{\rho\sigma} x^\sigma) \partial_\mu = x \frac{\partial}{\partial y} - y \frac{\partial}{\partial x}$$

となり，この Killing ベクトルは $z$ 軸まわりの回転に対する対称性を表す．この $b_{ij}$ $(i, j = 1, 2, 3)$ で表される Killing ベクトルの存在は，3次元ユークリッド空間が回転に対する対称性を持っていることを表している．

[3] 最後に $b_{\mu\nu}$ の時間を含む成分，つまり $b_{0i}$ $(i = 1, 2, 3)$ の与える Killing ベクトルを考えると $i$ 方向への Lorentz ブーストになっていることがわかる[*1)]．

このように Minkowski 時空の Killing ベクトル (5.27) は，時間および空間の並進対称性 $[(1 + 3) = 4$ 自由度]，3次元空間の回転 [3自由度]，および時間・空間の"回転"，つまり Lorentz 変換を生成する時空の対称性（Lorentz 対称性）[3自由度] を表している．

曲がった時空である de Sitter 時空や反 de Sitter 時空も最大対称空間であるので，同様の Killing ベクトルが存在するが，Minkowski 時空のときのようにそれらは3種類に分類される．一つは並進に対応する擬並進 [4自由度] で，2つ目が3次元回転 [3自由度]，3つ目が時間軸を含めた"回転"（Lorentz 変換）[3自由度] である．

de Sitter 時空や反 de Sitter 時空の計量は，(5.26) の式において $\gamma_{IJ} \to \eta_{\mu\nu}$ と置きかえることにより得られ，

$$ds^2 = -dt^2 + d\boldsymbol{r}^2 + \frac{K(\boldsymbol{r} \cdot d\boldsymbol{r} - t dt)^2}{1 - K(\boldsymbol{r}^2 - t^2)} \tag{5.29}$$

のように表される．しかしこの形は時間座標 $t$ と空間座標 $\boldsymbol{r}$ が混ざり合い，非常にわかりにくい．そこで座標変換により，もう少しわかりやすい計量に書き換えてみよう．

---

**例題 5.14** de Sitter 時空 $(K > 0)$ の場合，座標変換として

$$t = \frac{1}{2\sqrt{K}}\Big[(Kr'^2 + 1)e^{\sqrt{K}t'} - e^{-\sqrt{K}t'}\Big], \quad \boldsymbol{r} = \boldsymbol{r}' e^{\sqrt{K}t'}$$

を考えると計量はどのように表されるか．

さらに続けて座標変換

$$t'' = t' - \frac{1}{2\sqrt{K}}\ln\Big[1 - Kr'^2 e^{2\sqrt{K}t'}\Big], \quad \boldsymbol{r}'' = \boldsymbol{r}' e^{\sqrt{K}t'}$$

を考えると計量はどうなるか．

---

[*1)] 詳しくは『演習形式で学ぶ特殊相対性理論』，補遺 A 参照．

$\boxed{\text{解}}$ $r'^2 = \boldsymbol{r}' \cdot \boldsymbol{r}'$ に注意すると $dr'^2 = 2\boldsymbol{r}' \cdot d\boldsymbol{r}'$ となるので，座標変換に対して

$$dt = \sqrt{K}e^{\sqrt{K}t'}\boldsymbol{r}' \cdot d\boldsymbol{r}' + \frac{1}{2}\Big[(Kr'^2+1)e^{\sqrt{K}t'} + \sqrt{K}e^{-\sqrt{K}t'}\Big]dt',$$

$$d\boldsymbol{r} = e^{\sqrt{K}t'}d\boldsymbol{r}' + \sqrt{K}\boldsymbol{r}'e^{\sqrt{K}t'}dt'$$

となる．ここで，

$$1 - K(\boldsymbol{r}^2 - t^2) = \frac{1}{4}\Big[(Kr'^2 - 1)e^{\sqrt{K}t'} - e^{-\sqrt{K}t'}\Big]^2$$

に注意すると，

$$ds^2 = -dt'^2 + e^{2\sqrt{K}t'}d\boldsymbol{r}'^2 \tag{5.30}$$

を得る．

　さらに $(t'', \boldsymbol{r}'')$ に座標変換をすると

$$dt'' = \frac{dt' + \sqrt{K}e^{2\sqrt{K}t'}\boldsymbol{r}' \cdot d\boldsymbol{r}'}{1 - Kr'^2 e^{2\sqrt{K}t'}}, \quad d\boldsymbol{r}'' = e^{\sqrt{K}t'}\Big(d\boldsymbol{r}' + \sqrt{K}\boldsymbol{r}'dt'\Big)$$

となるので，逆に表すと

$$dt' = dt'' - \frac{\sqrt{K}r'e^{\sqrt{K}t'}}{1 - Kr'^2 e^{2\sqrt{K}t'}}d\boldsymbol{r}'', \quad d\boldsymbol{r}' = -\sqrt{K}\boldsymbol{r}'dt'' + \frac{e^{-\sqrt{K}t'}}{1 - Kr'^2 e^{2\sqrt{K}t'}}d\boldsymbol{r}''$$

となる．よって

$$ds^2 = -(1 - K\boldsymbol{r}''^2)dt''^2 + d\boldsymbol{r}''^2 + \frac{K(\boldsymbol{r}'' \cdot d\boldsymbol{r}'')^2}{1 - K\boldsymbol{r}''^2} \tag{5.31}$$

が得られる． $\square$

　前者は指数膨張する宇宙モデルに対応し，後者は静的な時空を表している．これらの計量は宇宙項を伴う場合の議論でよく用いられる．

　Einstein は静的宇宙モデルを考えるため一般相対性理論を少し修正し，宇宙定数 $\Lambda$ で表される宇宙項を付け加えた（第 11 章参照）．Willem de Sitter はその宇宙定数 $\Lambda$ を含む Einstein 方程式の解を求めたが，それが $K = \Lambda/3$ としたときの上記の de Sitter 時空である．この解はいろいろな座標系を用いて表されるが最も標準的な解は

$$ds^2 = -\Big(1 - \frac{\Lambda r^2}{3}\Big)dt^2 + \frac{dr^2}{\Big(1 - \frac{\Lambda r^2}{3}\Big)} + r^2\big(d\theta^2 + \sin^2\theta d\varphi^2\big)$$

である．この計量は $\Lambda < 0$ の場合にも解となっており，反 de Sitter 時空を表す．

## 5.4　対称性と保存量

　Minkowski 時空には並進対称性があり，自由粒子のエネルギーや運動量は保存される．しかし曲がった時空では重力場が存在し，"自由粒子"といえども必ずしもエネルギーや運動量が保存するとは限らない．では一体どういう場合に保存量が存在するのであろうか．

### 5.4.1 Killing ベクトルと保存量

その答えの一つが時空の対称性を表す Killing ベクトルの存在である．

**例題 5.15** Killing ベクトル $\xi^\mu$ が存在する曲がった時空中を運動する粒子の 4 元速度を $u^\mu$ としたとき，

$$Q = u^\mu \xi_\mu$$

が測地線に沿って保存することを示せ．

解　$\tau$ を固有時間としたとき，

$$\frac{dQ}{d\tau} = u^\mu \nabla_\mu Q = u^\mu \nabla_\mu (u^\nu \xi_\nu) = (u^\mu \nabla_\mu u^\nu)\xi_\nu + u^\nu (u^\mu \nabla_\mu \xi_\nu)$$
$$= \frac{Du^\nu}{d\tau}\xi_\nu + \frac{1}{2}u^\nu u^\mu (\nabla_\mu \xi_\nu + \nabla_\nu \xi_\mu) = 0$$

となる．ここで，第 1 項は $u^\mu$ が測地線方程式を満たし，第 2 項は Killing 方程式 $\nabla_\mu \xi_\nu + \nabla_\nu \xi_\mu = 0$ よりともにゼロとなる．よって $\dfrac{dQ}{d\tau} = 0$ つまり $Q = $ 一定 となり $Q$ は測地線に沿って保存される．　　　　　　　　　　　　　　　　　　　　　　　　□

また $m$ を粒子の質量としたとき，その運動量 $p^\mu = mu^\mu$ に対しても同じような保存量が存在する．これらの保存量の物理的意味は何であろうか．当然であるがそれは Killing ベクトルの種類による．

時間的 Killing ベクトル $\xi_{(0)}^\mu$ が存在する場合，保存量

$$E = -p_\mu \xi_{(0)}^\mu \tag{5.32}$$

は粒子のエネルギーが保存することを表す．これは $\xi_{(0)}^\mu = \delta_0^\mu$ となる座標系を選ぶと $E = -p_0$ となり 4 元運動量の時間成分がエネルギーを表すという特殊相対性理論のときの結果に一致する．ただし，$p^0 = g^{0\mu}p_\mu$ は計量が Minkowski 時空ではないため $p^0 \neq E$ であることに注意が必要である．

また，ある軸まわりの回転対称性を表す Killing ベクトル $\xi_{(\phi)}^\mu$ が存在する場合，保存量

$$L = p_\mu \xi_{(\phi)}^\mu \tag{5.33}$$

は粒子の角運動量の回転軸方向の成分が保存されることを表す．

### 5.4.2 Killing テンソルと Killing–矢野テンソル

Killing ベクトルは保存量として粒子の 4 元速度や 4 元運動量の 1 次からつくられる保存量を与えるが，それとは独立な 2 次以上の保存量は存在するのであろうか．そのために $n$ 階対称テンソル $K_{\mu_1\mu_2\cdots\mu_n}$ を次の式で定義する．

$$\nabla_{(\nu} K_{\mu_1\mu_2\cdots\mu_n)} = 0. \tag{5.34}$$

ここで括弧 () は添え字の完全対称化を表す．この $K_{\mu_1\mu_2\cdots\mu_n}$ を $n$ 階 **Killing** テンソルと呼ぶ．これは Killing 方程式と比較すると Killing ベクトルのテンソルへの拡張と考え

られる.

例題 5.16  $K_{\mu_1\mu_2\cdots\mu_n}$ を $n$ 階の Killing テンソルとしたとき,任意の測地線を表す 4 元速度 $u^\mu$ に対して

$$\varepsilon = K_{\mu_1\mu_2\cdots\mu_n}u^{\mu_1}u^{\mu_2}\cdots u^{\mu_n}$$

が測地線に沿って保存することを示せ.

解  $\varepsilon$ の測地線方向への微分は

$$u^\nu\nabla_\nu\varepsilon = u^\nu(\nabla_\nu K_{\mu_1\mu_2\cdots\mu_n})u^{\mu_1}u^{\mu_2}\cdots u^{\mu_n} + K_{\mu_1\mu_2\cdots\mu_n}u^\nu(\nabla_\nu u^{\mu_1})u^{\mu_2}\cdots u^{\mu_n} + \cdots$$

となる.測地線に対しては $u^\nu\nabla_\nu u^\mu = 0$ となり,第 1 項の 4 元速度の対称性を利用すると

$$u^\nu\nabla_\nu\varepsilon = u^\nu u^{\mu_1}u^{\mu_2}\cdots u^{\mu_n}\nabla_{(\nu}K_{\mu_1\mu_2\cdots\mu_n)} = 0$$

となり,$\varepsilon$ は測地線に沿って保存する. □

また別の拡張として $n$ 階反対称テンソル $f_{\mu_1\mu_2\cdots\mu_n}$ を次の式で定義する.

$$\nabla_{(\nu}f_{\mu_1)\mu_2\cdots\mu_n} = 0. \tag{5.35}$$

この $f_{\mu_1\mu_2\cdots\mu_n}$ を $n$ 階 **Killing–矢野テンソル**と呼ぶ.

例題 5.17  $f_{\mu_1\mu_2\cdots\mu_n}$ を $n$ 階の Killing–矢野テンソルとしたとき,

$$K_{\alpha\beta} = f_{\alpha\mu_2\cdots\mu_n}f_\beta{}^{\mu_2\cdots\mu_n}$$

が 2 階の Killing テンソルとなることを示せ.

解  Killing テンソルであることを示すため完全対称化を具体的に書くと

$$\begin{aligned}
\nabla_{(\rho}K_{\alpha\beta)} &= \nabla_{(\rho}f_\alpha{}^{\mu_2\cdots\mu_n}f_{\beta)}{}^{\mu_2\cdots\nu_n}g_{\mu_2\nu_2}\cdots g_{\mu_n\nu_n} \\
&= \frac{1}{3}\Big[\big(\nabla_{(\rho}f_\alpha\big){}^{\mu_2\cdots\mu_n}f_\beta{}^{\mu_2\cdots\nu_n}g_{\mu_2\nu_2}\cdots g_{\mu_n\nu_n} \\
&\quad + \big(\nabla_{(\alpha}f_\beta\big){}^{\mu_2\cdots\mu_n}f_\rho{}^{\mu_2\cdots\nu_n}g_{\mu_2\nu_2}\cdots g_{\mu_n\nu_n} \\
&\quad + \big(\nabla_{(\beta}f_\rho\big){}^{\mu_2\cdots\mu_n}f_\alpha{}^{\mu_2\cdots\nu_n}g_{\mu_2\nu_2}\cdots g_{\mu_n\nu_n}\Big] = 0
\end{aligned}$$

となる. □

Killing–矢野テンソルは 2 階の Killing テンソルの平方根のようなものであるが,2 階の Killing テンソルが常に Killing–矢野テンソルを持つとは限らない.

2 階の Killing–矢野テンソルは次の重要な性質をもつ.

例題 5.18  $u^\mu$ を測地線に沿った 4 元速度,$f_{\mu\nu}$ を 2 階の Killing–矢野テンソルとしたとき,$n_\mu = f_{\mu\nu}u^\nu$ は測地線に沿って平行移動されることを示せ.

| 解 | 測地線に沿って $n_\mu$ を微分をすると |

$$u^\nu \nabla_\nu n_\mu = u^\nu \nabla_\nu (f_{\mu\rho} u^\rho) = u^\nu u^\rho \nabla_\nu f_{\mu\rho} + f_{\mu\rho} u^\nu \nabla_\nu u^\rho = u^\nu u^\rho \nabla_\nu f_{\mu\rho}$$

$$= \frac{1}{2} u^\nu u^\rho (\nabla_\nu f_{\mu\rho} + \nabla_\rho f_{\mu\nu}) = -\frac{1}{2} u^\nu u^\rho (\nabla_\nu f_{\rho\mu} + \nabla_\rho f_{\nu\mu}) = 0$$

となり，$n_\mu$ は測地線に沿って平行移動される． □

Killing テンソルや Killing–矢野テンソルに対する保存則は時空の対称性に陽に依存していないので，これらの対称性は隠れた対称性と呼ばれる．これらのテンソルの重要な応用はブラックホールの章で改めて議論する．

### 5.4.3 場のエネルギーと運動量

場のエネルギーと運動量の保存に関してはエネルギー・運動量 $T^{\mu\nu}$ の保存則

$$\nabla_\nu T^{\mu\nu} = 0 \tag{5.36}$$

が Einstein 方程式と Bianchi 恒等式から導かれることは既に学んでいる．しかしながらこの式は場のエネルギーと運動量が必ず保存されることを保証しない．

> **例題 5.19** エネルギー・運動量テンソルの共変微分による発散が
> $$\nabla_\nu T^{\mu\nu} = \frac{1}{\sqrt{-g}} \partial_\nu \big(\sqrt{-g} T^{\mu\nu}\big) + \Gamma^\mu{}_{\rho\nu} T^{\rho\nu}$$
> となることを示せ．

| 解 | 共変微分の定義式より |

$$\nabla_\nu T^{\mu\nu} = \partial_\nu T^{\mu\nu} + \Gamma^\nu{}_{\rho\nu} T^{\mu\rho} + \Gamma^\mu{}_{\rho\nu} T^{\rho\nu} = \partial_\nu T^{\mu\nu} + \frac{1}{\sqrt{-g}} \partial_\nu \big(\sqrt{-g}\big) T^{\mu\nu} + \Gamma^\mu{}_{\rho\nu} T^{\rho\nu}$$

$$= \frac{1}{\sqrt{-g}} \partial_\nu \big(\sqrt{-g} T^{\mu\nu}\big) + \Gamma^\mu{}_{\rho\nu} T^{\rho\nu}$$

となる．ここで (4.10) 式を用いた． □

場のエネルギー・運動量保存則 $\nabla_\nu T^{\mu\nu} = 0$ より

$$\frac{1}{\sqrt{-g}} \partial_\nu \big(\sqrt{-g} T^{\mu\nu}\big) = -\Gamma^\mu{}_{\rho\nu} T^{\rho\nu} \tag{5.37}$$

となる．ここで場を含む 4 次元時空 $\mathcal{M}$ の境界である 3 次元超曲面を $\Sigma$，面積要素を $d\Sigma_\nu$ で与え，場の持つエネルギー・運動量を特殊相対性理論のときのように $P^\mu \equiv \int d\Sigma_\nu \sqrt{-g} T^{\mu\nu}$ で定義したとしても，一般に (5.37) 式の右辺はゼロではないので $P^\mu$ は必ずしも保存されない．それは重力場もエネルギーや運動量を持ち，場と相互作用するため，物質場だけでは保存則が成り立たないからである．しかしながら Killing ベクトルがある場合は，場の保存量が得られる．

**例題 5.20** Killing ベクトル $\xi^\mu$ に対して

$$\mathcal{J}^\mu = T^{\mu\nu}\xi_\nu$$

が保存則 $\nabla_\mu \mathcal{J}^\mu = 0$ を満たすことを示せ．ただし，物質場はエネルギー・運動量保存則 (5.36) を満たすものとする．

---

解　$\mathcal{J}^\mu$ の共変微分は

$$\nabla_\mu \mathcal{J}^\mu = \nabla_\mu(T^{\mu\nu}\xi_\nu) = \xi_\nu \nabla_\mu T^{\mu\nu} + T^{\mu\nu}\nabla_\mu \xi_\nu$$
$$= \xi_\nu \nabla_\mu T^{\mu\nu} + \frac{1}{2}T^{\mu\nu}(\nabla_\mu \xi_\nu + \nabla_\nu \xi_\mu)$$

となるが，第 1 項はエネルギー・運動量保存則 $\nabla_\mu T^{\mu\nu} = 0$ より，第 2 項は Killing 方程式よりゼロとなるので，保存則 $\nabla_\mu \mathcal{J}^\mu = 0$ が得られる． $\square$

ここで 4 次元時空 $\mathcal{M}$ の境界を 3 次元超曲面 $\Sigma$ とし，その法線ベクトルを $n^\mu$，面積要素を $d\Sigma_\mu = n_\mu d\Sigma$ で定義すると，Gauss の法則より

$$0 = \int_{\mathcal{M}} d^4x \sqrt{-g}\,\nabla_\mu \mathcal{J}^\mu = \int_{\mathcal{M}} d^4x\,\partial_\mu(\sqrt{-g}\,\mathcal{J}^\mu) = \oint_\Sigma d\Sigma \sqrt{-g}\,n_\mu \mathcal{J}^\mu$$

となる．ここで，$\mathcal{M}$ を時刻の異なる 2 つの 3 次元体積 $V_1$, $V_2$ に挟まれた 4 次元領域とすると，$\Sigma$ は $V_1$ および $V_2$ からなり，上の式は $\displaystyle\int_{V_1} d^3x \sqrt{-g}\,n_\mu \mathcal{J}^\mu = \int_{V_2} d^3x \sqrt{-g}\,n_\mu \mathcal{J}^\mu$ と表せる．$V_1$, $V_2$ は任意に選べるので，保存量

$$Q = \int_V d^3x \sqrt{-g}\,n_\mu \mathcal{J}^\mu = \int_V d^3x \sqrt{-g}\,n_\mu T^{\mu\nu}\xi_\nu$$

が得られる．

時間的な Killing ベクトルの場合を考え，$\xi^\mu_{(0)} = \delta^\mu_{\ 0}$ となる座標系を選ぶと，保存量として場のエネルギー

$$E \equiv -Q = -\int_V dV \sqrt{-g}\,n_\mu T^\mu_{\ \nu}\xi^\nu_{(0)} = -\int_V d^3x \sqrt{-g}\,n_\mu T^\mu_{\ 0}$$

が得られる．同様にして空間方向に並進を表す Killing ベクトルがある場合には保存量として，場の運動量が得られる．また $z$ 軸に関して軸対称となる系では，Killing ベクトルとして回転対称方向（$\varphi$ 方向）のベクトルを考えると，場の角運動量の $z$ 成分が保存量となる．

## 5.5　重力場のエネルギー・運動量擬テンソル

Killing ベクトルがある場合は場のエネルギーや運動量が定義されたが，一般の時空では場のエネルギーや運動量は保存される形で定義できない．それは，前にも言ったように重力場そのものもエネルギーや運動量を持つため，物質場だけでは保存される量が得られないからである．では重力場を含めた形で保存されるエネルギーや運動量が定義可能かどうかを考えてみよう．

特殊相対性理論では物質のエネルギー・運動量テンソル $T^{\mu\nu}$ の保存則は $\partial_\mu T^{\mu\nu} = 0$ の形で与えられる．重力場を含めた場合も，このように偏微分による発散がゼロとなるようなものを探す必要がある．そこで，まず時空上のある点 $\mathrm{P}(x_\mathrm{P}^\mu)$ で $\partial_\rho g_{\mu\nu}(x_\mathrm{P}) = 0$ を満たす座標系を考えよう．これは局所慣性系を設定するときと同じで，1 点であれば必ずできる．ただし，いまの場合必ずしも $g_{\mu\nu}(x_\mathrm{P}) = \eta_{\mu\nu}$ である必要はない．また，曲がった時空では曲率は存在するので $\partial_\rho \partial_\sigma g_{\mu\nu}(x_\mathrm{P}) \neq 0$ である．この系では (5.37) 式より $\partial_\mu T^\mu{}_\nu(x_\mathrm{P}) = 0$ となる．

> **例題 5.21**　$\partial_\rho g_{\mu\nu}(x_\mathrm{P}) = 0$ を満たす点 P では，Einstein 方程式を用いると，物質場のエネルギー・運動量テンソルが
>
> $$T^{\mu\nu}(x_\mathrm{P}) = \frac{1}{-g(x_\mathrm{P})}\partial_\rho \eta^{\mu\nu\rho}\Big|_\mathrm{P} \tag{5.38}$$
>
> のように表されることを確かめよ．ただし，ここで $\eta^{\mu\nu\rho}$ は
>
> $$\eta^{\mu\nu\rho} \equiv \frac{1}{16\pi G}\partial_\sigma[-g(g^{\mu\nu}g^{\rho\sigma} - g^{\mu\rho}g^{\nu\sigma})]$$
>
> で定義される．

> **解**　Einstein 方程式より物質のエネルギー・運動量テンソルは

$$T^{\mu\nu} = \frac{1}{8\pi G}G^{\mu\nu} = \frac{1}{8\pi G}\left(R^{\mu\nu} - \frac{1}{2}g^{\mu\nu}R\right)$$

で与えられる．このとき点 P での Ricci テンソルは $\Gamma^\mu{}_{\nu\rho}(x_\mathrm{P}) = 0$ に注意すると

$$R^{\mu\nu}(x_\mathrm{P}) = \frac{1}{2}g^{\mu\alpha}g^{\nu\beta}g^{\rho\gamma}(\partial_\alpha\partial_\gamma g_{\rho\beta} + \partial_\rho\partial_\beta g_{\alpha\gamma} - \partial_\alpha\partial_\beta g_{\rho\gamma} - \partial_\rho\partial_\gamma g_{\alpha\beta})\Big|_\mathrm{P}$$

となり，また縮約を取ると点 P でのスカラー曲率は

$$R(x_\mathrm{P}) = g_{\mu\nu}R^{\mu\nu}\Big|_\mathrm{P} = \frac{1}{2}g^{\rho\gamma}\left(2\partial^\alpha\partial_\gamma g_{\rho\alpha} - \partial^\alpha\partial_\alpha g_{\rho\gamma} - g^{\alpha\beta}\partial_\rho\partial_\gamma g_{\alpha\beta}\right)\Big|_\mathrm{P}$$

で与えられる．これを計量の 1 階微分がゼロになることに注意してまとめると，点 P での物質のエネルギー・運動量テンソルは

$$T^{\mu\nu}(x_\mathrm{P}) = \frac{1}{16\pi G}\partial_\rho\left\{\frac{1}{-g}\partial_\sigma[-g(g^{\mu\nu}g^{\rho\sigma} - g^{\mu\rho}q^{\nu\sigma})]\right\}\Big|_\mathrm{P}$$

と表される．さらに，$\partial_\rho(-g)|_\mathrm{P} = 0$ に注意すると，点 P における物質のエネルギー・運動量テンソルは (5.38) 式で与えられる．　　　　　　　　□

　この $\eta^{\mu\nu\rho}$ は後ろの添え字の入れ替えに対して反対称 $\eta^{\mu\nu\rho} = -\eta^{\mu\rho\nu}$ となる．よって

$$\partial_\nu\partial_\rho\eta^{\mu\nu\rho} = 0$$

が成り立つ．ここで $\partial_\rho\eta^{\mu\nu\rho}\big|_\mathrm{P} = -gT^{\mu\nu}\big|_\mathrm{P}$ であったことに注意すると，$\partial_\nu[-gT^{\mu\nu}]\big|_\mathrm{P} = 0$ と保存則に近い形になる．ただしこれが成り立つのは 1 点 P だけであるので，保存則を考えるにはこれを一般化する必要がある．実際，任意の点で

$$\partial_\rho \eta^{\mu\nu\rho} - (-g)T^{\mu\nu} = -g t_{\mathrm{LL}}^{\mu\nu}$$

という擬テンソル $t^{\mu\nu}$ が定義できる．ここで $t_{\mathrm{LL}}^{\mu\nu}$ は，Einstein 方程式を用いると，

$$t_{\mathrm{LL}}^{\mu\nu} \equiv \frac{1}{16\pi G(-g)}\partial_\alpha \partial_\beta \left[-g\left(g^{\mu\nu}g^{\alpha\beta} - g^{\mu\alpha}g^{\nu\beta}\right)\right] - \frac{1}{8\pi G}G^{\mu\nu}$$

で与えられる．

**例題 5.22** 擬テンソル $t_{\mathrm{LL}}^{\mu\nu}$ を計量と Christoffel 記号を用いて表せ．

解 かなり長いが，直接的な計算の後

$$
\begin{aligned}
16\pi G t_{\mathrm{LL}}^{\mu\nu} =&\ \left(2\Gamma^{\alpha}_{\ \lambda\kappa}\Gamma^{\beta}_{\ \alpha\beta} - \Gamma^{\alpha}_{\ \lambda\beta}\Gamma^{\beta}_{\ \kappa\alpha} - \Gamma^{\alpha}_{\ \lambda\alpha}\Gamma^{\beta}_{\ \kappa\beta}\right)\left(g^{\mu\lambda}g^{\mu\kappa} - g^{\mu\nu}g^{\lambda\kappa}\right)\\
&+ g^{\mu\lambda}g^{\alpha\beta}\left(\Gamma^{\nu}_{\ \lambda\kappa}\Gamma^{\kappa}_{\ \alpha\beta} + \Gamma^{\nu}_{\ \alpha\beta}\Gamma^{\kappa}_{\ \lambda\kappa} - \Gamma^{\nu}_{\ \beta\kappa}\Gamma^{\kappa}_{\ \lambda\alpha} - \Gamma^{\nu}_{\ \lambda\alpha}\Gamma^{\kappa}_{\ \beta\kappa}\right)\\
&+ g^{\nu\lambda}g^{\alpha\beta}\left(\Gamma^{\mu}_{\ \lambda\kappa}\Gamma^{\kappa}_{\ \alpha\beta} + \Gamma^{\mu}_{\ \alpha\beta}\Gamma^{\kappa}_{\ \lambda\kappa} - \Gamma^{\mu}_{\ \beta\kappa}\Gamma^{\kappa}_{\ \lambda\alpha} - \Gamma^{\mu}_{\ \lambda\alpha}\Gamma^{\kappa}_{\ \beta\kappa}\right)\\
&+ g^{\lambda\alpha}g^{\kappa\beta}\left(\Gamma^{\mu}_{\ \lambda\beta}\Gamma^{\nu}_{\ \kappa\alpha} - \Gamma^{\mu}_{\ \lambda\alpha}\Gamma^{\nu}_{\ \kappa\beta}\right)
\end{aligned}
\tag{5.39}
$$

を得る． □

この $t_{\mathrm{LL}}^{\mu\nu}$ は Lev D. Landau と Evgeny M. Lifshitz により導入された．擬テンソル $t_{\mathrm{LL}}^{\mu\nu}$ はその名の通りテンソルではない．実際，Christoffel 記号で与えられるので局所慣性系ではゼロになるが，一般座標系ではゼロではない．この $t_{\mathrm{LL}}^{\mu\nu}$ は Landau–Lifshitz の**エネルギー・運動量擬テンソル**と呼ばれる．

$t_{\mathrm{LL}}^{\mu\nu}$ はテンソルとしては振る舞わないが，重力場を含めたエネルギー・運動量保存則

$$\partial_\mu[(-g)(T^{\mu\nu} + t_{\mathrm{LL}}^{\mu\nu})] = 0 \tag{5.40}$$

が成り立つ．そこで，時間的超曲面 $\Sigma$ に対して重力を含めた 4 元運動量を

$$P^\mu = \int_\Sigma (-g)(T^{\mu\nu} + t_{\mathrm{LL}}^{\mu\nu})d\Sigma_\nu \tag{5.41}$$

で定義しよう．ここで，時間的超曲面を $\Sigma$，$d\Sigma_\nu$ をその微小面積要素を表す．(5.40) 式より $P^\mu$ は保存量となることがわかる．

この $t_{\mathrm{LL}}^{\mu\nu}$ は計量の 1 階微分の 2 次形式

$$
\begin{aligned}
16\pi G(-g)t_{\mathrm{LL}}^{\alpha\beta} =&\ \partial_\lambda \mathfrak{g}^{\alpha\beta}\partial_\mu \mathfrak{g}^{\lambda\mu} - \partial_\lambda \mathfrak{g}^{\alpha\lambda}\partial_\mu \mathfrak{g}^{\beta\mu} + \frac{1}{2}g^{\alpha\beta}\partial_\rho \mathfrak{g}^{\lambda\nu}\partial_\nu \mathfrak{g}^{\rho\mu}\\
&- \left(g^{\alpha\lambda}g_{\mu\nu}\partial_\rho \mathfrak{g}^{\beta\nu}\partial_\lambda \mathfrak{g}^{\mu\rho} + g^{\beta\lambda}g_{\mu\nu}\partial_\rho \mathfrak{g}^{\alpha\nu}\partial_\lambda \mathfrak{g}^{\mu\rho}\right) + g_{\lambda\mu}g^{\nu\rho}\partial_\nu \mathfrak{g}^{\alpha\lambda}\partial_\rho \mathfrak{g}^{\beta\mu}\\
&+ \frac{1}{8}\left(2g^{\alpha\lambda}g^{\beta\mu} - g^{\alpha\beta}g^{\lambda\mu}\right)\left(2g_{\nu\rho}g_{\sigma\tau} - g_{\rho\sigma}g_{\nu\tau}\right)\partial_\lambda \mathfrak{g}^{\nu\tau}\partial_\mu \mathfrak{g}^{\rho\sigma}
\end{aligned}
$$

としても表すことができる．ここで $\mathfrak{g}^{\alpha\beta} \equiv \sqrt{-g}g^{\alpha\beta}$ とした．

しかしながら重力場のエネルギー・運動量擬テンソルは，重力場を含めたエネルギー・運動量保存則が成り立つという条件だけでは一意的に決まらない．実際，Einstein は

$$\partial_\nu \left[\sqrt{-g}(T^\mu_{\ \nu} + t_{\mathrm{E}}{}^\mu_{\ \nu})\right] = 0$$

といった保存則を導き，Landau–Lifshitz とは異なるエネルギー・運動量擬テンソル $t_{\mathrm{E}}{}^{\mu}{}_{\nu}$ を導いている．しかしながら Einstein の定義では $t_{\mathrm{E}}{}^{\mu\nu} \neq t_{\mathrm{E}}{}^{\nu\mu}$ と添字の入れ替えに対して対称とならないので物理的には問題があると考えられている．この対称性がどのような物理的違いを示すのか次の例題で見てみよう．

**例題 5.23** 場の角運動量テンソルを

$$J^{\mu\nu} = \int_{\Sigma} (x^{\mu} dP^{\nu} - x^{\nu} dP^{\mu})$$

で定義する．ここで $dP^{\mu}$ は時間的超曲面 $\Sigma$ 上で定義された重力場を含めた微小 4 元運動量である．エネルギー・運動量擬テンソルとして Landau–Lifshitz の定義を用いると全角運動量は保存することを示せ．

解 場の角運動量テンソルを重力場を含めたエネルギー・運動量擬テンソルを用いて書き直すと

$$J^{\mu\nu} = \int_{\Sigma} (-g)[x^{\mu}(T^{\nu\rho} + t_{\mathrm{LL}}^{\nu\rho}) - x^{\nu}(T^{\mu\rho} + t_{\mathrm{LL}}^{\mu\rho})]d\Sigma_{\rho} \tag{5.42}$$

となる．このとき任意の 2 つの時間的超曲面 $\Sigma_1$，$\Sigma_2$ に囲まれた 4 次元領域を $\mathcal{M}_{12}$ とすると 2 つの超曲面で評価した角運動量テンソルの差は

$$
\begin{aligned}
J^{\mu\nu}(\Sigma_2) - J^{\mu\nu}(\Sigma_1) &= \int_{\Sigma_2 - \Sigma_1} (-g)[x^{\mu}(T^{\nu\rho} + t_{\mathrm{LL}}^{\nu\rho}) - x^{\nu}(T^{\mu\rho} + t_{\mathrm{LL}}^{\mu\rho})]d\Sigma_{\rho} \\
&= \int_{\mathcal{M}_{12}} d^4x\, \partial_{\rho}[(-g)(x^{\mu}(T^{\nu\rho} + t_{\mathrm{LL}}^{\nu\rho}) - x^{\nu}(T^{\mu\rho} + t_{\mathrm{LL}}^{\mu\rho}))] \\
&= \int_{\mathcal{M}_{12}} d^4x(-g)[(T^{\nu\mu} + t_{\mathrm{LL}}^{\nu\mu}) - (T^{\mu\nu} + t_{\mathrm{LL}}^{\mu\nu})] = 0
\end{aligned}
$$

となる．ここでエネルギー・運動量保存則 (5.40) と $T^{\mu\nu}$ および $t_{\mathrm{LL}}^{\mu\nu}$ の対称性を用いた．

よって $J^{\mu\nu}(\Sigma_2) = J^{\mu\nu}(\Sigma_1)$ となるが，$\Sigma_1$，$\Sigma_2$ は任意の時間的超曲面であったので，重力場を含んだ場の角運動量 $J^{\mu\nu}$ は保存する． □

上の証明からわかるように，角運動量の保存則を示すには，物質場のエネルギー・運動量テンソル $T^{\mu\nu}$ だけでなく重力場のエネルギー・運動量擬テンソル $t_{\mathrm{LL}}^{\mu\nu}$ の対称性も重要であった．したがって Einstein の擬テンソルでは角運動量の保存則は導かれない．実際，計量の 1 階微分だけを含む重力場のエネルギー・運動量擬テンソルで対称なものは $t_{\mathrm{LL}}^{\mu\nu}$ に限られ，その意味で Landau Lifshitz の擬テンソルが物理的にもっともらしいと考えられている．

## 5.6 大域的保存量

時空に対称性がなくても星の質量や角運動量のように十分遠方では保存されると考えられる量を考えることができる．ところが十分遠方は真空であるので物質場を使ってそれらの保存量を求めることができない．どうすれば時空の振舞いがわかったときに十分遠方の真空中でそれらの大域的な保存量を求めることができるであろうか．

大域的保存量を定義するために空間的超曲面 $\Sigma$（例えば時間が一定となる超曲面）を考え，その法線ベクトルを $n^\mu$，空間的超曲面 $\Sigma$ 上の無限遠の境界を $\partial\Sigma$ としよう．

### 5.6.1 Komar 積分

はじめに系に Killing ベクトル $\xi^\mu$ がある場合を考えよう．物質が存在する場合，5.4.3節のように Killing ベクトルが存在すればその場が持つ保存量が定義できる．物質場のないところにおいてもこの物質場のつくる保存量は存在し，遠方での時空の振舞いによりこの保存量を表すことができる．

> **例題 5.24** $\xi^\mu$ を Killing ベクトルとしたとき
>
> $$\mathcal{I}^\mu \equiv R^\mu{}_\nu \xi^\nu \tag{5.43}$$
>
> は，保存則
>
> $$\nabla_\mu \mathcal{I}^\mu = 0 \tag{5.44}$$
>
> を満たすことを示せ．

**解** 保存則は $R_{\mu\nu}$ を用いて書き換えると

$$\nabla_\mu \mathcal{I}^\mu = \nabla_\mu (R^\mu{}_\nu \xi^\nu) = (\nabla_\mu R^\mu{}_\nu)\xi^\nu + R^\mu{}_\nu(\nabla_\mu \xi^\nu) = \xi^\nu \nabla_\mu R^\mu{}_\nu$$

となる．ここで Killing ベクトルの微分が反対称であることを用いた．さらに縮約された Bianchi 恒等式 $\nabla_\mu G^\mu{}_\nu = \nabla_\mu R^\mu{}_\nu - \frac{1}{2}\nabla_\nu R \equiv 0$ を用いると，

$$\nabla_\mu \mathcal{I}^\mu = \frac{1}{2}\xi^\nu \nabla_\nu R = 0$$

となる．ここで Killing ベクトル方向にはスカラー曲率は変化しないことを用いた． $\qquad\square$

保存則 (5.44) から超曲面 $\Sigma$ 上の積分

$$Q_{\mathrm{K}} \equiv \frac{1}{4\pi G}\int_\Sigma d\Sigma_\mu \sqrt{-g}\,\mathcal{I}^\mu = \frac{1}{4\pi G}\int_\Sigma d^3x \sqrt{-g}\,n_\mu \mathcal{I}^\mu \tag{5.45}$$

が超曲面 $\Sigma$ の取り方によらないことが分かる．ここで $n^\mu$ は超曲面 $\Sigma$ の法線ベクトルを表す．保存量 $Q_{\mathrm{K}}$ を考える場合，通常は超曲面 $\Sigma$ として時間的なものを考える．

> **例題 5.25** $\xi$ を Killing ベクトルとしたとき
>
> $$\mathcal{I}^\mu = \nabla_\nu \nabla^\mu \xi^\nu \tag{5.46}$$
>
> を示せ．

**解** 共変微分の交換関係

$$\nabla_\nu \nabla_\mu \xi^\alpha - \nabla_\mu \nabla_\nu \xi^\alpha = R^\alpha{}_{\beta\nu\mu}\xi^\beta$$

において縮約を取り，Killing 方程式を用いると $\nabla^\nu \xi_\nu = 0$ より

$$\nabla_\nu \nabla_\mu \xi^\nu = R_{\mu\nu} \xi^\nu = \mathcal{I}^\mu$$

となり，(5.46) 式が得られる． $\square$

(5.46) 式より保存量 $Q_K$ は

$$Q_K = \frac{1}{4\pi G} \int_\Sigma d^3 x \sqrt{-g} n_\mu \nabla_\nu \nabla^\mu \xi^\nu$$

と表される．

---

**例題 5.26** 保存量 $Q_K$ を無限遠境界（$\partial\Sigma_\infty$）の表面積分で表すと

$$Q_K = \frac{1}{4\pi G} \oint_{\partial\Sigma_\infty} dS_\sigma \sqrt{q} n_\rho \nabla^\rho \xi^\sigma \tag{5.47}$$

となることを示せ．ここで $q_{ab}$ を 2 次元曲面 $\partial\Sigma$ の計量，$\theta^A$ をその座標，$s_\sigma$ をその法線ベクトルとしたとき面積要素は $dS_\sigma = s_\sigma d^2\theta$ で与えられる．

---

**解** $\nabla^\mu \xi^\nu$ の反対称性より $\nabla_\nu(\nabla^\mu \xi^\nu) = \frac{1}{\sqrt{-g}} \partial_\nu(\sqrt{-g} \nabla^\mu \xi^\nu)$ となるので，

$$
\begin{aligned}
Q_K &= \frac{1}{4\pi G} \int_\Sigma d\Sigma_\mu \sqrt{-g}(\nabla_\nu \nabla^\mu \xi^\nu) \nabla_\nu \nabla^\mu \xi^\nu = \frac{1}{4\pi G} \int_\Sigma d^3 x n_\mu \partial_\nu(\sqrt{-g} \nabla^\mu \xi^\nu) \\
&= \frac{1}{4\pi G} \oint_{\partial\Sigma_\infty} d^2\theta \sqrt{-g} s_\nu n_\mu \nabla^\mu \xi^\nu - \frac{1}{4\pi G} \int_\Sigma d^3 x \sqrt{-g}(\partial_\nu n_\mu)(\nabla^\mu \xi^\nu) \\
&= \frac{1}{4\pi G} \oint_{\partial\Sigma_\infty} d^2\theta \sqrt{-g} s_\nu n_\mu \nabla^\mu \xi^\nu - \frac{1}{4\pi G} \int_\Sigma d^3 x \sqrt{-g} K_{\mu\nu}(\nabla^\mu \xi^\nu) \\
&= \frac{1}{4\pi G} \oint_{\partial\Sigma_\infty} d^2\theta \sqrt{q} s_\nu n_\mu \nabla^\mu \xi^\nu = \frac{1}{4\pi G} \oint_{\partial\Sigma_\infty} dS_\sigma n_\rho \nabla^\rho \xi^\sigma
\end{aligned}
$$

となる．ここで $K_{\mu\nu}$ は超曲面 $\Sigma$ の外曲率で対称で，$\nabla^\mu \xi^\nu$ が反対称なので第 2 項は消える．また無限遠では Minkowski 時空に近づくので $\sqrt{-g} = \sqrt{q}$ となる． $\square$

---

上の積分は無限遠の閉曲面 $\partial\Sigma_\infty$ で評価したが，任意の 2 次元閉曲面 $S$ に移しても構わないので，$Q_K$ は閉曲面 $S$ の取り方によらない保存量となる．ただしこの場合は一般に $\sqrt{-g} \neq \sqrt{q}$ であることに注意せよ．この保存量 $Q_K$ を **Komar** 積分と呼ぶ．

Killing ベクトルとして時間的な $\xi_{(0)}^\mu$ を考えると **Komar** 質量

$$M_K = \frac{1}{4\pi G} \oint_{\partial\Sigma} dS_\sigma n_\rho \nabla^\rho \xi_{(0)}^\sigma$$

が得られる．一方，軸対称性を表す Killing ベクトル $\xi_{(\phi)}^\mu$ を考えると **Komar** 角運動量

$$J_K = -\frac{1}{8\pi G} \oint_{\partial\Sigma} dS_\sigma n_\rho \nabla^\rho \xi_{(\phi)}^\sigma$$

が得られる．ここで $J_K$ の定義では $Q_K$ の符号を逆にし，$\frac{1}{2}$ の因子をかけたのは保存量が物理的な角運動量に一致するようにするためである．

このように Komar 積分が何を表しているかは Killing ベクトルによるが，その物理的意味を具体的に考えるには物質場の積分に書き換えるとわかりやすい．Einstein 方程式を

使って Komar 積分を物質場のエネルギー・運動量テンソル $T_{\mu\nu}$ の体積積分で表すと

$$Q_{\mathrm{K}} = \frac{1}{4\pi G} \int_\Sigma d\Sigma_\mu \sqrt{-g} R^\mu{}_\nu \xi^\nu = 2 \int_\Sigma d^3x \sqrt{-g} \left( T^\mu{}_\nu - \frac{1}{2} T \delta^\mu{}_\nu \right) n_\mu \xi^\nu$$

となる．この式を元に，2 つの Komar 積分 $M_{\mathrm{K}}, J_{\mathrm{K}}$ を評価すると，非相対論的極限で，従来の星の重力質量 $M$ および角運動量 $J$ に一致することが確認できる．

### 5.6.2 ADM 保存量

Komar 積分は対称性が存在する場合の大域的な保存量を与えたが，現実には必ずしも全時空で対称性が存在するとは限らない．しかし，そのような場合でも Minkowski 時空のように漸近的に対称性のある時空に近づく場合は大域的な保存量が考えられる場合がある．

#### 5.6.2.1 弱重力場近似における保存量

Komar 積分で考えたように物質場の積分で保存量を定義し，それを遠方での計量の積分で表すことを試みる．ただし，Killing ベクトルが存在しないので，まず重力場が弱い状況を考える．

> **例題 5.27** 線形近似をした Einstein 方程式 (4.27) は
>
> $$\partial_\alpha \partial_\beta H^{\mu\alpha\nu\beta} = 2\kappa^2 T^{\mu\nu} \tag{5.48}$$
>
> の形で表したとき，$H^{\mu\alpha\nu\beta}$ を $\bar{h}_{\mu\nu} \equiv h_{\mu\nu} - \frac{1}{2}\eta_{\mu\nu}h$ で表せ．

$\boxed{\text{解}}$ Minkowski 計量 $\eta^{\alpha\beta}$ を使って $\partial_\beta \partial^\beta \bar{h}^{\mu\nu} = \partial_\alpha \partial_\beta \eta^{\alpha\beta} \bar{h}^{\mu\nu}$，$\partial^\mu \partial_\alpha \bar{h}^{\alpha\nu} = \partial_\alpha \partial_\beta \eta^{\mu\beta} \bar{h}^{\alpha\nu}$，$\partial^\nu \partial_\alpha \bar{h}^{\alpha\mu} = \partial_\alpha \partial_\beta \eta^{\nu\beta} \bar{h}^{\alpha\mu}$ と書き換え，線形化した Einstein 方程式 (4.27) を微分 $\partial_\alpha \partial_\beta$ でくくると

$$H^{\mu\alpha\nu\beta} \equiv -\left( \bar{h}^{\mu\nu}\eta^{\alpha\beta} + \eta^{\mu\nu}\bar{h}^{\alpha\beta} - \bar{h}^{\alpha\nu}\eta^{\mu\beta} - \bar{h}^{\mu\beta}\eta^{\alpha\nu} \right) \tag{5.49}$$

が得られる．　　　　　　　　　　　　　　　　　　　　　　　　　　　　　□

この $H^{\mu\alpha\nu\beta}$ は Riemann テンソルと同じ対称性を持つ，つまり $H^{\mu\alpha\nu\beta} = H^{\nu\beta\mu\alpha} = H^{[\mu\alpha][\nu\beta]}$ および $H^{\mu[\alpha\nu\beta]} = 0$ を満たすことに注意せよ．

線形近似をした場合のエネルギー・運動量保存則から

$$\partial_\nu T^{\mu\nu} = \frac{1}{2\kappa^2} \partial_\nu \partial_\alpha \partial_\beta H^{\mu\alpha\nu\beta} = 0 \tag{5.50}$$

が成り立つ．よって，保存量として 4 元運動量

$$P^\mu \equiv \int_\Sigma d^3x T^{\mu 0} = \frac{1}{2\kappa^2} \int_\Sigma d^3x \partial_\alpha \partial_\beta H^{\mu\alpha 0\beta} = \frac{1}{2\kappa^2} \int_\Sigma d^3x \partial_\alpha \partial_j H^{\mu\alpha 0 j}$$

$$= \frac{1}{2\kappa^2} \oint_{\partial\Sigma} d^2S_j \partial_\alpha H^{\mu\alpha 0 j} \tag{5.51}$$

が定義できる．また 4 元角運動量も

$$J^{\mu\nu} \equiv \int_\Sigma d^3x \big( x^\mu T^{\nu 0} - x^\nu T^{\mu 0} \big)$$

$$= \int_\Sigma d^3x \Big[ \partial_\beta (x^\mu \partial_\alpha H^{\nu\alpha 0\beta} - x^\nu \partial_\alpha H^{\mu\alpha 0\beta}) - \partial_\alpha (\delta^\mu{}_\beta H^{\nu\alpha 0\beta} - \delta^\nu{}_\beta H^{\mu\alpha 0\beta}) \Big]$$

$$= \frac{1}{2\kappa^2} \oint_{\partial\Sigma} dS_j \big( x^\mu \partial_\alpha H^{\nu\alpha 0j} - x^\nu \partial_\alpha H^{\mu\alpha 0j} + H^{\mu j 0\nu} - H^{\nu j 0\mu} \big) \qquad (5.52)$$

で定義される保存量で与えられる.

これらの保存量は 5.5 節で定義した重力場を含む場合の 4 元運動量および 4 元角運動量の線形近似をした場合になっている. この表現で重要なのは,それらの保存量が計量 $\bar{h}_{\mu\nu}$ から構成される量 $H^{\mu\alpha\nu\beta}$ の表面積分によって表されており,十分遠方の Minkowski 時空に近い領域で評価すると線形近似がよくなる点である. このように (5.51) や (5.52) を用いると物質場のないところでも系の保存量が計量の表面積分で評価できる. つまり Komar 積分と同じように,物質場がつくる重力場の漸近的振舞いだけで質量等の保存量を求めることができるのである.

### 5.6.2.2  ADM 質量と ADM 角運動量

ここでその保存量を ADM 変数（ADM 計量および外曲率）を用いて具体的に表してみよう.

> **例題 5.28**  物質場の持つ質量 $M$ を $M^2 = -P^\mu P_\mu$ で定義する. ここで $P^\mu$ は線形近似した場合の場の 4 元運動量とする. いま場の運動が十分遅い場合（$|P^i| \ll P^0$），場の質量は,$\partial\Sigma_\infty$ を超曲面 $\Sigma$ の無限遠境界としたとき,
>
> $$M_{\mathrm{ADM}} = P^0 = \frac{1}{2\kappa^2} \int_{\partial\Sigma_\infty} dS_i \big( \partial_j \gamma^{ij} - \partial_i \gamma^j{}_j \big) \qquad (5.53)$$
>
> で与えられることを示せ.

**解**  $H^{\mu\alpha\nu\beta}$ の対称性より,4 元運動量の 0 成分で非自明な項は

$$P^0 = \frac{1}{2\kappa^2} \oint_{\partial\Sigma} d^2 S_j \partial_i H^{0i0j} = -\frac{1}{2\kappa^2} \oint_{\partial\Sigma} d^2 S_j \partial_i \big( \bar{h}^{00} \eta^{ij} + \eta^{00} \bar{h}^{ij} \big)$$

となる. ここで $\bar{h}_{\mu\nu}$ を $h_{\mu\nu}$ に戻すと

$$\bar{h}^{00} \eta^{ij} + \eta^{00} \bar{h}^{ij} = -\big( h^{ij} - \delta^{ij} h^k{}_k \big)$$

となる. 線形化した ADM 計量と $h^{ij}$ の関係は $y^{ij} = \gamma^{ij} - \frac{\beta^i \beta^j}{\alpha^2} \approx \gamma^{ij} = \delta^{ij} + h^{ij}$ となり, (5.53) 式が得られる. $\qquad\square$

保存量の存在は何らかの対称性がその背後にあると考えられるが,漸近的平坦な時空の場合,十分遠方では Minkowski 時空で近似され,時間の並進対称性がエネルギー（= 質量）の保存則を保証すると考えられる. そこで質量の別の導出法として,重力場のハミルトニアン (4.61) を考えよう.

ハミルトニアン (4.61) に Einstein 方程式の解を代入すると,体積積分項は拘束条件から値を持たず,境界項のみが寄与する. 2 次元境界 $S(t)$ を無限遠の漸近的平坦な領域

$(\alpha = 1,\, \beta^i = 0)$ に持って行き $\partial\Sigma_\infty$ としてハミルトニアンから質量を求めると

$$M_{\mathrm{ADM}} \equiv \frac{1}{\kappa^2} \int_{\partial\Sigma_\infty} d^2\theta \sqrt{q} \left( {}^{(2)}K - {}^{(2)}K_0 \right) \tag{5.54}$$

が得られる．ここで漸近的平坦な時空に近づくとして，外曲率 ${}^{(2)}K$ を 3 次元計量 $\gamma_{ij}$ を用いて評価すると (5.54) 式は前の結果 (5.53) に一致する．

ここで定義された質量 $M_{\mathrm{ADM}}$ は **ADM 質量**と呼ばれる．この質量は前に弱場近似をして定義された質量 (5.53) に一致するが，弱場近似を用いていないので，漸近的平坦な領域を伴う強重力天体（ブラックホールなど）に対しても用いることができる．なお漸近的平坦な領域で極座標などの曲線座標系を用いる場合には上の定義を共変的な記述の

$$M_{\mathrm{ADM}} = \frac{1}{2\kappa^2} \int d^2\theta \sqrt{q}\, s_i \left( \mathcal{D}_j \gamma^{ij} - \mathcal{D}^i \gamma^j{}_j \right) \tag{5.55}$$

とすればよい．ここで $\mathcal{D}_i$ は曲線座標系の計量 $f_{ij}$ に関する共変微分である．

また十分遠方で Minkowski 時空に近づく場合，時間並進対称性と共に空間並進対称性があり，それに伴う保存量（運動量）が存在すると期待できる．デカルト座標 $x^i$ で考えたとき，$i$ 方向の空間並進を表す Killing ベクトルは $\boldsymbol{\partial}_{(i)}$ となる．ADM 質量のときと同じようにハミルトニアン (4.61) の境界項を考え，$\alpha = 0,\, \beta^k = (\partial_{(i)})^k$ と置くと，運動量の $i$ 成分は

$$P_i = \frac{1}{\kappa^2} \int d^2\theta \sqrt{q}\, (K_{kj} - K\gamma_{kj})(\partial_{(i)})^k s^j \tag{5.56}$$

で与えられる．

> **例題 5.29** 運動量 $P_i$ の定義 (5.56) と同様に，Minkowski 時空の回転対称性を表す Killing ベクトルを用い，角運動量 $J_i^{\mathrm{ADM}}$ を定義し，デカルト座標を使って具体的な表式を求めよ．

$\boxed{\text{解}}$ Minkowski 時空の回転対称性を表す 3 つの Killing ベクトルを $\xi_{(i)}^k$ $(i = 1, 2, 3)$ とする．並進を表す Killing ベクトル $\boldsymbol{\partial}_{(i)}$ の代わりにこの Killing ベクトルを用いると，角運動量は

$$J_i^{\mathrm{ADM}} = \frac{1}{\kappa^2} \int d^2\theta \sqrt{q}\, (K_{kj} - K\gamma_{kj}) \xi_{(i)}^k s^j \tag{5.57}$$

で定義される．この 3 つの Killing ベクトルをデカルト座標 $(x^i) = (x, y, z)$ を用いて表すと

$$\xi_{(1)}^i \partial_i = y\partial_z - z\partial_y, \quad \xi_{(2)}^i \partial_i = z\partial_x - x\partial_z, \quad \xi_{(3)}^i \partial_i = x\partial_y - y\partial_x$$

となる．よってデカルト座標を使って角運動量 (5.57) を表すと

$$J_i^{\mathrm{ADM}} = \frac{1}{\kappa^2} \epsilon_{ijk} \int d^2\theta \sqrt{q}\, x^j \left( K^{k\ell} - K\delta^{k\ell} \right) s_\ell \tag{5.58}$$

となる． □

# 第 6 章
# 球対称時空と粒子の運動

　現実世界では厳密に対称な系は存在しないが，物理学では多くの場合，近似的に対称であると仮定し，系を簡単化することで詳細な解析を行うことはよくある．例えば星は完全には球対称ではないが，星が球対称であるとして星の構造や進化を計算すると観測とよく合う．相対論的な星のつくる重力場も簡単に求めることができ，星の周りを運動する物体や光の軌道の解析が容易になる．この章では球対称時空がどのように表されるかを調べ，その時空中における物体や光の運動を解析する．この結果を太陽の近くを通過する物体や光の軌道に応用し，Einstein の重力理論を検証する．

## 6.1　球対称時空

　球対称時空は，2 つの偏角 $(\theta, \varphi)$ で表される座標が構成する 2 次元空間が最大対称空間になる時空として定義される．

### 6.1.1　球対称時空の計量
　前章で議論したように，2 次元の最大対称空間には 3 つの Killing ベクトルがあり，(5.17)–(5.19) 式で与えられる．そこで，球対称時空は次の 3 つの Killing ベクトルが存在する 4 次元時空とする．

$$\zeta_{(1)}^{\mu} - (0, 0, \quad \sin\varphi, \quad \cot\theta\cos\varphi), \tag{6.1}$$

$$\xi_{(2)}^{\mu} = (0, 0, \cos\varphi, -\cot\theta\sin\varphi), \tag{6.2}$$

$$\xi_{(3)}^{\mu} = (0, 0, 0, 1). \tag{6.3}$$

> **例題 6.1**　4 次元時空が球対称性を持つとき計量は
>
> $$ds^2 = -Adt^2 + 2Bdtdr + Cdr^2 + D(d\theta^2 + \sin^2\theta d\varphi^2) \tag{6.4}$$
>
> で与えられることを Killing 方程式を用いて示せ．ただし，$A, B, C, D$ はすべて $t$ と $r$ の関数とする．

解 3つの Killing ベクトル $\xi^{\mu}_{(a)}$ $(a = 1, 2, 3)$ に対する Killing 方程式は

$$\mathscr{L}_{\xi_{(a)}} g_{\mu\nu} = \nabla_{\mu}\xi_{(a)\nu} + \nabla_{\nu}\xi_{(a)\mu} = g_{\nu\rho}\partial_{\mu}\xi^{\rho}_{(a)} + g_{\mu\rho}\partial_{\nu}\xi^{\rho}_{(a)} + \xi^{\rho}_{(a)}\partial_{\rho}g_{\mu\nu}$$

$$= g_{\theta\nu}\partial_{\mu}\xi^{\theta}_{(a)} + g_{\varphi\nu}\partial_{\mu}\xi^{\varphi}_{(a)} + g_{\theta\mu}\partial_{\nu}\xi^{\theta}_{(a)} + g_{\varphi\nu}\partial_{\mu}\xi^{\varphi}_{(a)} + \xi^{\theta}_{(a)}\partial_{\theta}g_{\mu\nu} + \xi^{\varphi}_{(a)}\partial_{\varphi}g_{\mu\nu} = 0$$

となる.

計量の角度方向成分に関しては，2 次元最大対称空間のときと同じ形になるが，2 次元球面の半径は任意であるため，4 次元時空では一般に $t$ と $r$ の関数で表される．つまり

$$D(t, r)\left(d\theta^2 + \sin^2\theta d\varphi^2\right)$$

となる．計量の残りの成分に関しては，まず，00 成分を考えると

$$\xi^{\theta}_{(a)}\partial_{\theta}g_{00} + \xi^{\varphi}_{(a)}\partial_{\varphi}g_{00} = 0$$

となる．いま $a = 3$ とすると，$\xi^{\mu}_{(3)}$ は $\varphi$ 成分のみ残るので $\partial_{\varphi}g_{00} = 0$ となる．その条件の下で $a \neq 3$ の場合を考えると $\xi^{\theta}_{(a)}\partial_{\theta}g_{00} = 0$ が得られ，$\partial_{\theta}g_{00} = 0$ となる．よって，計量 $g_{00}$ は $\theta$ と $\varphi$ によらず，$t$ と $r$ のみの関数となり，$g_{00} = A(t, r)$ が得られる．$0r$ 成分，$rr$ 成分に関しても同様の式が得られ，$g_{0r}$, $g_{rr}$ も $t$ と $r$ のみの関数となり，$g_{0r} = B(t, r)$, $g_{rr} = C(t, r)$ となる．次に，$0\theta$ 成分を考えると

$$\xi^{\theta}_{(a)}\partial_{\theta}g_{0\theta} + \xi^{\varphi}_{(a)}\partial_{\varphi}g_{0\theta} + g_{0\theta}\partial_{\theta}\xi^{\varphi}_{(a)} = 0$$

となるので，先ほどと同様にして $a = 3$ のときを考えると $g_{0\theta}$ は $\varphi$ によらない．その条件の下で $a \neq 3$ のときを考えると $\xi^{\theta}_{(a)}\partial_{\theta}g_{0\theta} + g_{0\theta}\partial_{\theta}\xi^{\varphi}_{(a)} = 0$ となる．(6.1) 式と (6.2) 式を用いて具体的に表すと

$$-\sin\varphi\partial_{\theta}g_{0\theta} - \cot\theta\cos\varphi g_{0\theta} = 0, \quad \cos\varphi\partial_{\theta}g_{0\theta} - \cot\theta\sin\varphi g_{0\theta} = 0$$

となる．この 2 式を同時に満たすのは $g_{0\theta} = 0$ のみである．同様に $g_{0\varphi} = 0$ も導くことができる．よって 4 次元球対称時空は一般に (6.4) 式の形で与えられる． □

## 6.1.2 Schwarzschild 解と Birkhoff の定理

球対称時空と仮定しても，Einstein 方程式は複雑である．しかしながら星の外部のような真空状態における重力場は簡単に解析でき，解はただ一つしか存在しないことが分かっている．

一般的な球対称な計量は式 (6.4) で与えられるが，$t$ 座標と $r$ 座標の座標変換の自由度を用いると，一般性を失うことなく $B(t, r) = 0$ で $D(t, r) = r$ と置ける[*1]．そこで球対称な時空の計量として

$$ds^2 = -e^{2\phi(t, r)}dt^2 + e^{2\lambda(t, r)}dr^2 + r^2\left(d\theta^2 + \sin^2\theta d\varphi^2\right) \tag{6.5}$$

を考えよう．

---

*1) ここで $D(t, r)$ は $\nabla_{\mu}D\nabla^{\mu}D \neq 0$ が仮定されている．それが成り立たない場合（$D = $ 定数 または $\nabla^{\mu}D$ が光的な場合）は解の唯一性は成り立たない．

$\boxed{\text{解}}$　真空の Einstein 方程式は $G_{\mu\nu} = R_{\mu\nu} - \dfrac{1}{2}g_{\mu\nu}R = 0$ で与えられるが，縮約を取ると $g^{\mu\nu}G_{\mu\nu} = R - 2R = -R = 0$ となるので，$R_{\mu\nu} = 0$ と等価である．この Ricci テンソルを計量 (6.5) を用いて計算すると非自明な方程式は

$$R_{00} = e^{2(\phi - \lambda)}\left(\phi'' + \phi'^2 - \lambda'\phi' + \frac{2}{r}\phi'\right) - \big(\ddot{\lambda} + \dot{\lambda}^2 - \dot{\phi}\dot{\lambda}\big) = 0,$$

$$R_{0r} = \frac{2}{r}\dot{\lambda} = 0,$$

$$R_{rr} = -\left(\phi'' + \phi'^2 - \lambda'\phi' - \frac{2}{r}\lambda'\right) + e^{2(\lambda - \phi)}\big(\ddot{\lambda} + \dot{\lambda}^2 - \dot{\phi}\dot{\lambda}\big) = 0,$$

$$R_{\theta\theta} = e^{-2\lambda}[r(\lambda' - \phi') - 1] + 1 = 0$$

となる．ここで $' = \partial_r$ および $\dot{} = \partial_t$ と略記した．また，$R_{\varphi\varphi} = \sin^2\theta R_{\theta\theta}$ となり，$R_{\varphi\varphi} = 0$ は独立な式を与えないので省略した．

$R_{0r} = 0$ より $\lambda$ は $r$ のみの関数 $\lambda(r)$ となる．また，

$$R_{rr} + e^{2(\lambda - \phi)}R_{00} = \frac{2}{r}(\lambda' + \phi') = 0$$

より $\phi + \lambda = \nu(t)$ とおける（$\nu(t)$ は $t$ のみのある関数）ので $e^{2\phi} = e^{-2\lambda(r)}e^{2\nu(t)}$ と表すことができる．したがって計量は

$$ds^2 = -e^{-2\lambda(r)}e^{2\nu(t)}dt^2 + e^{2\lambda(r)}dr^2 + r^2\big(d\theta^2 + \sin^2\theta d\varphi^2\big)$$

となる．ここで時間座標を再定義し，$d\tilde{t} = e^{\nu(t)}dt$ と置くと

$$ds^2 = -e^{-2\lambda}d\tilde{t}^2 + e^{2\lambda}dr^2 + r^2\big(d\theta^2 + \sin^2\theta d\varphi^2\big)$$

となり，球対称真空解は，一般性を失うことなく，静的球対称解で表されることがわかる．

よって残された方程式は，$\phi = -\lambda$ より

$$R_{rr} = \lambda'' - 2\lambda'^2 + \frac{2}{r}\lambda' = 0,$$

$$R_{\theta\theta} - e^{-2\lambda}(2r\lambda' - 1) + 1 = -(re^{-2\lambda})' + 1 = 0$$

となる．前者の式は後者の式を $r$ で微分すると導かれるので，後者のみを考えればよい．後者の式は簡単に積分でき，

$$re^{-2\lambda} = \int dr = r - r_g$$

となる．ここで $r_g$ は積分定数である．したがって

$$e^{2\phi} = 1 - \frac{r_g}{r}, \quad e^{2\lambda} = \frac{1}{1 - \frac{r_g}{r}}$$

となり，$\tilde{t}$ を $t$ と書き換えれば漸近的平坦な真空の Einstein 方程式の解は，Schwarzschild 解に一意に決まる．　　　　　　　　　　　　　　　　　　　　　　　　　　$\square$

この Schwarzschild 解は 1916 年 Karl Schwarzschild により発見された[*2]．また，ここで示した解の一意性は 1923 年に George D. Birkhoff により証明され，**Birkhoff の定理**と呼ばれている．この Schwarzschild 解は球対称な星の外部における重力場を記述している．重力質量が $M$ の星があるとき，十分遠方での重力場は Newton ポテンシャル $\Phi = -\dfrac{GM}{r}$ で記述される．ここで $r$ は星の中心からの距離である．Newton 近似では，前に議論したように，時空の計量は

$$g_{00} \approx -1 - \frac{2\Phi}{c^2} = -1 + \frac{2GM}{c^2 r}$$

と Newton ポテンシャルと関係する．Schwarzschild 解で $r \to \infty$ の極限を取ると $g_{00} = -f(r) \approx -1 + \dfrac{r_g}{r}$ となるので，積分定数 $r_g$ は

$$r_g = \frac{2GM}{c^2}$$

のように星の重力質量で与えられる．$r_g$ は長さの次元を持ち，星の**重力半径**（または**Schwarzschild 半径**）と呼ばれる．

### 6.1.3 Schwarzschild 解の表現

漸近的に平坦な球対称真空解は Birkhoff の定理から Schwarzschild 解に限られるが，一般相対性理論では座標変換の自由度があり，計量は必ずしも (6.6) で表す必要はない．

> **例題 6.3** Schwarzschild 解 (6.6) において，計量の空間部分が等方的になるように動径座標 $r$ の座標変換 $\bar{r} = \bar{r}(r)$ を行うと，
>
> $$ds^2 = -\left(\frac{1 - \frac{r_g}{4\bar{r}}}{1 + \frac{r_g}{4\bar{r}}}\right)^2 dt^2 + \left(1 + \frac{r_g}{4\bar{r}}\right)^4 \left[d\bar{r}^2 + \bar{r}^2\left(d\theta^2 + \sin^2\theta d\varphi^2\right)\right] \tag{6.7}$$
>
> となることを示せ．また，座標変換 $\bar{r} = \bar{r}(r)$ を具体的に示し，2 つの動径座標 $\bar{r}, r$ の対応関係を図示せよ．

解 空間部分が等方的になる計量をその極座標で表すと

$$ds^2 = \bar{g}_{00}dt^2 + \bar{g}_{11}\left[d\bar{r}^2 + \bar{r}^2\left(d\theta^2 + \sin^2\theta d\varphi^2\right)\right]$$

となる．これを Schwarzschild の動径座標 $r$ に戻し Schwarzschild 計量と比較すると

$$\bar{g}_{00} = -f(r), \quad \bar{g}_{11}\left(\frac{d\bar{r}}{dr}\right)^2 = \frac{1}{f(r)}, \quad \bar{g}_{11}\bar{r}^2 = r^2$$

となる．後者の 2 式から $\bar{g}_{11}$ を消去すると，

$$\frac{d\bar{r}}{\bar{r}} = \frac{f^{-1/2}(r)}{r}dr = \frac{dr}{r\sqrt{1 - r_g/r}}$$

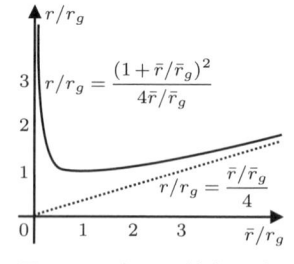

図 6.1 $r$ と $\bar{r}$ の対応関係.

となる．両辺を積分すると $\ln\left(\dfrac{\bar{r}}{\bar{r}_g}\right) = 2\ln\left(\sqrt{\dfrac{r}{r_g}} - \sqrt{\dfrac{r}{r_g} - 1}\right)$ となり，$\bar{r}$ は

---

[*2] Schwarzschild 解は Johannes Droste も同年に独立に発見したとされる.

$$\frac{\bar{r}_g}{\bar{r}} = \left(\sqrt{\frac{r}{r_g} - 1} - \sqrt{\frac{r}{r_g}}\right)^2 = 2\frac{r}{r_g} - 1 - 2\sqrt{\frac{r}{r_g}\left(\frac{r}{r_g} - 1\right)}$$

と表される．ここで $\bar{r}_g$ は積分定数である．この関係を $\frac{r}{r_g}$ について解くと $\frac{r}{r_g} = \frac{(1 + \bar{r}/\bar{r}_g)^2}{4\bar{r}/\bar{r}_g}$ となり，新しい座標における計量は

$$\bar{g}_{00} = -\frac{(1 - \bar{r}_g/\bar{r})^2}{(1 + \bar{r}_g/\bar{r})^2}, \quad \bar{g}_{11} = \frac{r_g^2}{16\bar{r}_g^2}\left(1 + \frac{\bar{r}_g}{\bar{r}}\right)^4$$

となる．$\bar{r} \to \infty$ の極限で Minkowski 時空になるという条件から積分定数が $\bar{r}_g = \frac{r_g}{4} = \frac{GM}{2}$ と決定され，(6.7) 式が得られる．この $r$ と $\bar{r}$ の関係を図示すると図 6.1 のようになる．この図から，$\bar{r}$ は $r \geq r_g$ の領域のみを表していることが分かる． $\square$

計量 (6.7) は，その空間成分がデカルト座標 $\bar{x} = \bar{r}\sin\theta\cos\varphi$, $\bar{x} = \bar{r}\sin\theta\sin\varphi$, $\bar{z} = \bar{r}\cos\theta$ を用いると $\left(1 + \frac{r_g}{4\bar{r}}\right)^4 (d\bar{x}^2 + d\bar{y}^2 + d\bar{z}^2)$ となり，$\bar{x}, \bar{y}, \bar{z}$ に関して等方的に表されるため，**等方座標系**と呼ばれる．

他にもよく知られた Schwarzschild 解の異なる表現として次のような Painlevé–Gullstrand 座標を用いたものもある．

$$ds^2 = -\left(1 - \frac{r_g}{r}\right)d\bar{t}^2 - 2\sqrt{\frac{r_g}{r}}d\bar{t}dr + dr^2 + r^2 d\Omega^2$$

この座標系では時間（$\bar{t}$）一定の観測者にとっては 3 次元空間は平坦なユークリッド空間（$ds_3^2 = dr^2 + r^2 d\Omega^2$）になる．また，後の章（第 8 章）で明らかになるが，ブラックホールの本質を正しく理解するには「座標変換」が重要な鍵となる．

## 6.2 Schwarzschild 時空における粒子の運動

曲がった時空における物体の運動は測地線方程式により記述される．ここでは Schwarzschild 時空における質量 $m$ を持つ粒子について考えよう．

**例題 6.4** Schwarzschild 時空における質量 $m$ の粒子の運動は測地線方程式 $\frac{Du^\mu}{d\tau} = 0$ により記述される．4 元速度を

$$u^\mu = \frac{dx^\mu}{d\tau} = \left(\frac{dt}{d\tau}, \frac{dr}{d\tau}, \frac{d\theta}{d\tau}, \frac{d\varphi}{d\tau}\right)$$

と表したとき，具体的な粒子の運動方程式を導け．

$\boxed{\text{解}}$ 測地線方程式 $\frac{Du^\mu}{d\tau} = \frac{du^\mu}{d\tau} + \Gamma^\mu{}_{\nu\rho}u^\nu u^\rho = 0$ をそれぞれの成分について書き下すと

$$\frac{Du^0}{d\tau} = \frac{du^0}{d\tau} + \Gamma^0{}_{0r}u^0 u^r = \frac{du^0}{d\tau} + \frac{r_g}{2r(r - r_g)} = 0,$$

$$\frac{Du^r}{d\tau} = \frac{du^r}{d\tau} + \Gamma^r{}_{00}(u^0)^2 + \Gamma^r{}_{rr}(u^r)^2 + \Gamma^r{}_{\theta\theta}(u^\theta)^2 + \Gamma^r{}_{\varphi\varphi}(u^\varphi)^2$$

$$= \frac{du^r}{d\tau} + \frac{r_g(r-r_g)}{2r^3}(u^0)^2 - \frac{r_g(u^r)^2}{2r(r-r_g)} - (r-r_g)\big((u^\theta)^2 + \sin^2\theta(u^\varphi)^2\big) = 0,$$

$$\frac{Du^\theta}{d\tau} = \frac{du^\theta}{d\tau} + \Gamma^\theta{}_{r\theta}u^r u^\theta + \Gamma^\theta{}_{\varphi\varphi}(u^\varphi)^2 = \frac{du^\theta}{d\tau} + \frac{1}{r}u^r u^\theta - \sin\theta\cos\theta(u^\varphi)^2 = 0,$$

$$\frac{Du^\varphi}{d\tau} = \frac{du^\varphi}{d\tau} + \Gamma^\varphi{}_{r\varphi}u^r u^\varphi + \Gamma^\varphi{}_{\theta\varphi}u^\theta u^\varphi = \frac{du^\varphi}{d\tau} + \frac{1}{r}u^r u^\varphi + \cot\theta u^\theta u^\varphi = 0$$

となる. よって運動方程式は

$$\frac{d^2 t}{d\tau^2} = -\frac{r_g}{2r(r-r_g)},$$

$$\frac{d^2 r}{d\tau^2} = -\frac{r_g(r-r_g)}{2r^3}\left(\frac{dt}{d\tau}\right)^2 + \frac{r_g}{2r(r-r_g)}\left(\frac{dr}{d\tau}\right)^2 + (r-r_g)\left[\left(\frac{d\theta}{d\tau}\right)^2 + \sin^2\theta\left(\frac{d\varphi}{d\tau}\right)^2\right],$$

$$\frac{d^2\theta}{d\tau^2} = -\frac{1}{r}\frac{dr}{d\tau}\frac{d\theta}{d\tau} + \sin\theta\cos\theta\left(\frac{d\varphi}{d\tau}\right)^2,$$

$$\frac{d^2\varphi}{d\tau^2} = -\frac{1}{r}\frac{dr}{d\tau}\frac{d\varphi}{d\tau} - \cot\theta\frac{d\theta}{d\tau}\frac{d\varphi}{d\tau}$$

で与えられる. □

　上の運動方程式は常微分方程式ではあるが 4 変数 $t, r, \theta, \varphi$ が連立しているのでそのまま解くのは大変である. しかし以下に示すように，対称性から得られる保存量を用いると解析は簡単になる.

　Schwarzschild 時空は静的球対称という対称性があり，4 つの Killing ベクトルがある. 1 つは時間的 Killing ベクトル $\xi^\mu_{(0)} = \delta^\mu_0$ で，残りは式 (6.1)–(6.3) で与えられる回転対称性に対応する 3 つの Killing ベクトル $\xi^\nu_{(a)}$ $(a = 1, 2, 3)$ である. 前章で示したように Killing ベクトルが存在するとき，粒子の 4 元運動量 $p^\mu = mu^\mu$ との内積が保存量になる.

> **例題 6.5** Schwarzschild 時空における質量 $m$ の粒子の 4 元運動量 $p^\mu$ からつくられる 4 つの保存量 $E \equiv -p_\mu \xi^\mu_{(0)}$, $L_a \equiv p_\mu \xi^\mu_{(a)}$ を求めよ.

$\boxed{\text{解}}$　4 つの Killing ベクトルをそれぞれ代入すると

$$E = -p_\mu \xi^\mu_{(0)} = -mu_0 = mf(r)\frac{dt}{d\tau},$$

$$L_1 = p_\mu \xi^\mu_{(2)} = -m(\sin\varphi u_\theta + \cot\theta\cos\varphi u_\varphi) = -mr^2\left(\sin\varphi\frac{d\theta}{d\tau} + \sin\theta\cos\theta\cos\varphi\frac{d\varphi}{d\tau}\right),$$

$$L_2 = p_\mu \xi^\mu_{(2)} = m(\cos\varphi u_\theta - \cot\theta\sin\varphi u_\varphi) = mr^2\left(\cos\varphi\frac{d\theta}{d\tau} - \sin\theta\cos\theta\sin\varphi\frac{d\varphi}{d\tau}\right),$$

$$L_3 = p_\mu \xi^\mu_{(3)} = mu_\varphi = mr^2\sin^2\theta\frac{d\varphi}{d\tau}$$

となる. □

　$E$ はエネルギー，$\boldsymbol{L} = (L_1, L_2, L_3)$ は角運動量という保存量を表している. Newton 力学では角運動量保存則から粒子の運動が 2 次元平面内に制限され，運動の解析が容易になった. 相対性理論の場合はどうであろうか?

**例題 6.6** 初期 ($\tau = 0$) に赤道面 ($\theta = \dfrac{\pi}{2}$) にいた粒子の速度の $\theta$ 方向成分が $u^\theta = 0$ のとき，粒子の運動は常に赤道面に限られることを示せ．また運動量 $p^\mu$ に対して $p^\mu p_\mu = -m^2$ が成り立つことを示し，赤道面上を運動する粒子の動径座標 $r$ に関する方程式を保存量 $E, L_3$ を用いて 1 階微分方程式で表せ．

解 例題 6.4 の $\theta$ の運動方程式で初期に $\theta = \dfrac{\pi}{2}$，$\dfrac{d\theta}{d\tau} = 0$ と置くと $\dfrac{d^2\theta}{d\tau^2} = 0$ となる．よって常に $\theta = \dfrac{\pi}{2}$ となり，粒子の運動は赤道面上に限られる．

4 元運動量は $p^\mu = mu^\mu$ で定義され，4 元速度の定義 $u^\mu u_\mu = -1$ から $p^\mu p_\mu = -m^2$ となる．この式は，$p_0 = -E$，$p_\varphi = L_3$ および $p^\theta = m\dfrac{d\theta}{d\tau} = 0$ を用いると

$$g_{rr}(p^r)^2 + g^{00}E^2 + g^{\varphi\varphi}L_3^2 = -m^2$$

と表される．よってこの式は，$p^r = m\dfrac{dr}{d\tau}$ を用いると，

$$m^2\left(\frac{dr}{d\tau}\right)^2 + V_{\text{eff}}^2 = E^2 \tag{6.8}$$

のように 1 階微分方程式になる．ただし，

$$V_{\text{eff}}^2 \equiv \left(m^2 + \frac{L_3^2}{r^2}\right)\left(1 - \frac{r_g}{r}\right) \tag{6.9}$$

である． □

赤道面上を運動するので $L_1 = L_2 = 0$ となり，角運動量としては $L_3$ のみが残る．角運動量の大きさを $L$ とすると $L_3 = \pm L$ となる．ここで $+$ は順行（$\varphi$ が増える方向）を，$-$ は逆行（$\varphi$ が減る方向）を表す．しかしながら，球対称な系では赤道面や $z$ 軸の方向は自由に設定できるので，$L_3 = L\ (\geq 0)$ となるように選ぶことができる．

Newton 力学では質量 $M$ の星の周りを回る質量 $m$ を持つテスト粒子のエネルギーは

$$E_{\text{N}} = \frac{1}{2}m\left(\frac{dr}{dt}\right)^2 + V_{\text{N(eff)}} \tag{6.10}$$

で与えられる．ここで

$$V_{\text{N(eff)}} = -G\frac{mM}{r} + \frac{L^2}{2mr^2} \tag{6.11}$$

は有効ポテンシャル（重力ポテンシャル＋角運動量ポテンシャル）である．

上の運動方程式 (6.8) の Newton 極限を考えてみよう．Newton 力学ではエネルギーに静止質量エネルギーは含まれないので $E_{\text{N}} = E - mc^2$ と定義する．このとき

$$\frac{V_{\text{eff}}^2}{c^2} = m^2c^2 - m^2c^2\frac{r_g}{r} + \frac{L^2}{r^2} - \frac{r_g L^2}{r^3} = m^2c^2 + 2mV_{\text{N(eff)}} - \frac{2GML^2}{c^2 r^3},$$

$$\frac{E^2}{c^2} = m^2c^2 + 2mE_{\text{N}} + \frac{E_{\text{N}}^2}{c^2}$$

となる．Newton 極限では $\tau \approx t$ となるので，(6.8) 式において $c \to \infty$ の極限を考えると Newton 力学におけるエネルギー (6.10) が得られる．つまり運動方程式 (6.8) は (6.10) 式

の相対論的拡張である.

　運動方程式 (6.8) を解析して粒子の運動を議論する場合，単位質量当たりの量に書き直すのが便利である．つまり $\mathcal{E} = \dfrac{E}{m}$, $\mathcal{L} = \dfrac{L}{m}$ とすると (6.8) 式は

$$\left(\frac{dr}{d\tau}\right)^2 + \mathcal{V}_{\mathrm{eff}}^2(r) = \mathcal{E}^2, \tag{6.12}$$

$$\mathcal{V}_{\mathrm{eff}}^2 \equiv \frac{V_{\mathrm{eff}}^2}{m^2} = \left(1 + \frac{\mathcal{L}^2}{r^2}\right)\left(1 - \frac{r_g}{r}\right) \tag{6.13}$$

となる.

　この式を用いると星の周りの粒子の運動は，図 6.2 に示された有効ポテンシャル $\mathcal{V}_{\mathrm{eff}}^2$ を用いて定性的に議論することができる.

　Newton 力学のときと異なり，有効ポテンシャル $\mathcal{V}_{\mathrm{eff}}^2$ は角運動量の大きさ $\mathcal{L}$ によって 2 つに分類される．つまり図のように極大値・極小値を持つ場合と単調に変化し極値を持たない場合の 2 つである.

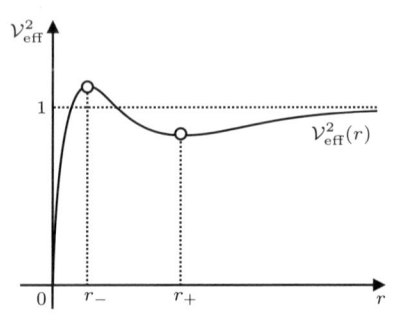

図 6.2　Schwarzschild 時空における有効ポテンシャル $\mathcal{V}_{\mathrm{eff}}^2$.

**例題 6.7**　ポテンシャルが極大値と極小値を持つ条件を求めよ．ポテンシャルの極値となる点では粒子は円軌道を描く．このときの円軌道の半径 $r_\pm$ を求めよ.

解　極値を持つにはポテンシャルの傾きがゼロとなることが条件となる．つまり

$$\frac{d\mathcal{V}_{\mathrm{eff}}^2}{dr} = \frac{r_g}{r^4}\left(r^2 - 2\frac{\mathcal{L}^2}{r_g}r + 3\mathcal{L}^2\right) = 0$$

が実数解を持つ条件

$$\left(\frac{\mathcal{L}^2}{r_g}\right)^2 - 3\mathcal{L}^2 = \mathcal{L}^2\left(\frac{\mathcal{L}^2}{r_g^2} - 3\right) \geq 0$$

でなければならない．よって $\mathcal{L} \geq \sqrt{3}r_g$ が極値が存在する条件となる.

　また極値を取るときの半径は

$$r_\pm = \frac{\mathcal{L}^2}{r_g}\left[1 \pm \sqrt{1 - \frac{3r_g^2}{\mathcal{L}^2}}\right]$$

で与えられる.　　　　　　　　　　　　　　　　　　　　　　　　　　　□

　このとき図 6.2 より $r_+$ が安定な平衡点となり，$r = r_+$ は安定な円軌道を与える．一方，$r_-$ は不安定な平衡点となり，$r = r_-$ は不安定な円軌道となる.

　極値が存在する条件は $\mathcal{L} \geq \sqrt{3}r_g$ であったので極大値を取る半径 $r_+$ には

$$r_+ \geq r_{\mathrm{ISCO}} \equiv 3r_g = \frac{6GM}{c^2}$$

という条件が付く．この最も小さい半径 $r_{\mathrm{ISCO}}$ を持つ安定な円軌道を**最近接安定円軌道**（Innermost Stable Circular Orbit［**ISCO**］）と呼ぶ．Newton 力学ではいくらでも半径の小さい円軌道を考えることができ，このような最小半径は存在しないので，この ISCO の存在は一般相対性理論特有の性質となっている．

　通常の星では ISCO 半径は星の半径より小さくなるので存在しないが，ブラックホールのように非常に重くコンパクトな天体ではその外部に現れる．多くのブラックホールにはそのまわりの赤道面近くに降着円盤という分布した物質が存在し，角運動量を失いながら回転しながらゆっくりとブラックホールに落下していくと考えられている．その際，ISCO 半径を超えると，安定な円軌道が存在しないため，物質は急速にブラックホールに向かって落下していく．その結果，降着円盤の内縁は ISCO 半径で与えられる．

　円運動以外の一般的な運動も有効ポテンシャルから定性的に考えることができる．

> **例題 6.8**　一般的な軌道は固有エネルギー $\mathcal{E}$ および固有角運動量 $\mathcal{L}$ の大きさによっていくつかに分類される．どのような条件の場合にどのような軌道を描くか有効ポテンシャルを図示し，分類せよ．

解 $\mathcal{V}_{\mathrm{eff}}^2(r_-) = 1$ となる角運動量は $\mathcal{L} = 2r_g$ となる．よって粒子の軌道は角運動量の大きさによって図 6.3 のように 3 つのケースに分類される．エネルギーがポテンシャルより大きい領域で運動が可能になるので，軌道の振舞いはエネルギーの大きさでさらに分類される．それらをまとめると以下のようになる．

1. $\mathcal{L} > 2r_g$ のとき（図 6.3(a)）

| | |
|---|---|
| $\mathcal{E} > \mathcal{V}_{\mathrm{eff}}(r_-)$ | 無限遠または有限半径かららせん状に落下（$r < \infty$），およびその時間反転． |
| $\mathcal{E} = \mathcal{V}_{\mathrm{eff}}(r_-)$ | 不安定円軌道（$r = r_-$）．無限遠または有限半径（$r \neq r_-$）から無限時間かかって $r = r_-$ に達する，およびその時間反転． |
| $1 \leq \mathcal{E} < \mathcal{V}_{\mathrm{eff}}(r_-)$ | 散乱運動［準双曲線運動または準放物線運動（$(r_- <)\, r_0 \leq r < \infty$）］．有限半径 $r_3\ (< r_-)$ かららせん状に落下（$r \leq r_3$），およびその時間反転． |
| $\mathcal{V}_{\mathrm{eff}}(r_+) < \mathcal{E} < 1$ | 束縛周期運動［準楕円軌道（$(r_- <)\, r_1 \leq r \leq r_2\ (> r_+)$）］．有限半径 $r_3\ (< r_-)$ かららせん状に落下（$r \leq r_3$），およびその時間反転． |
| $\mathcal{E} = \mathcal{V}_{\mathrm{eff}}(r_+)$ | 安定円軌道（$r = r_+$）．有限半径 $r_3\ (< r_-)$ かららせん状に落下（$r \leq r_3$），およびその時間反転． |
| $\mathcal{E} < \mathcal{V}_{\mathrm{eff}}(r_+)$ | 有限半径 $r_3\ (< r_-)$ かららせん状に落下（$r \leq r_3$），およびその時間反転． |

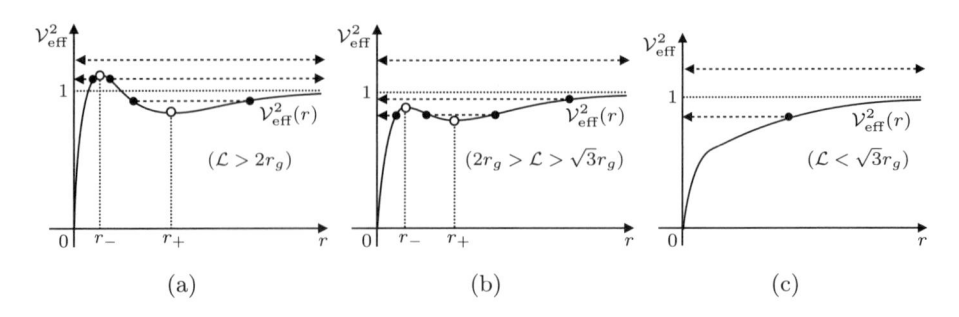

図 6.3　有効ポテンシャル．点線はエネルギー一定を表し運動可能領域が求まる．

2. $2r_g > \mathcal{L} > \sqrt{3}r_g$ のとき（図 6.3(b)）

| $\mathcal{E} \geq 1$ | 無限遠または有限半径かららせん状に落下（$r < \infty$），およびその時間反転． |
| --- | --- |
| $\mathcal{V}_{\mathrm{eff}}(r_-) < \mathcal{E} < 1$ | 有限半径 $r_0$ $(> r_+)$ かららせん状に落下（$r \leq r_0$），およびその時間反転． |
| $\mathcal{E} = \mathcal{V}_{\mathrm{eff}}(r_-)$ | 不安定円軌道（$r = r_-$）．有限半径（$r \neq r_-$）から無限時間かかって $r = r_-$ に達する，およびその時間反転． |
| $\mathcal{V}_{\mathrm{eff}}(r_+) < \mathcal{E} < \mathcal{V}_{\mathrm{eff}}(r_-)$ | 束縛周期運動［準楕円軌道］（$(r_- <)\, r_1 \leq r \leq r_2\, (> r_+)$）．有限半径 $r_3$ $(< r_-)$ かららせん状に落下（$r \leq r_3$），およびその時間反転． |
| $\mathcal{E} = \mathcal{V}_{\mathrm{eff}}(r_+)$ $\mathcal{E} < \mathcal{V}_{\mathrm{eff}}(r_+)$ | 安定円軌道（$r = r_+$）．有限半径 $r_3$ $(< r_-)$ かららせん状に落下（$r \leq r_3$），およびその時間反転． |
| $\mathcal{E} < \mathcal{V}_{\mathrm{eff}}(r_+)$ | 有限半径 $r_3$ $(< r_-)$ かららせん状に落下（$r \leq r_3$），およびその時間反転． |

3. $\mathcal{L} < \sqrt{3}r_g$ のとき（図 6.3(c)）

| $\mathcal{E} \geq 1$ | 無限遠または有限半径かららせん状に落下（$r < \infty$），およびその時間反転． |
| --- | --- |
| $\mathcal{E} < 1$ | 有限半径 $r_0$ かららせん状に落下（$r \leq r_0$），およびその時間反転． |

$\mathcal{L} = 2r_g$ または $\mathcal{L} = \sqrt{3}r_g$ の場合も同様に解析できるが，ここでは省略する．　　　□

## 6.3　水星の近日点移動

Newton 重力によれば，惑星は太陽の周りをケプラー運動し，太陽を焦点とした楕円軌道を描く．このとき最も太陽に近づく点を近日点と呼ぶ．しかし，水星を詳細に観測すると図 6.4 のように近日点は少しずつ移動していることが分かった（**近日点移動**）．原因として観測者が非慣性系的な運

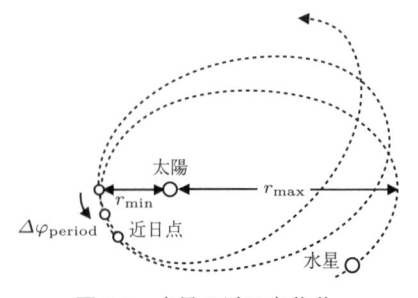

図 6.4　水星の近日点移動．

動していることによる見かけの効果や他の惑星の重力効果などが考えられるが，それらを差し引いてもほんのわずかなずれが残り，大きな謎とされた．

　一般相対性理論では重力の強さが Newton 重力と異なるので，球対称な星の周りを回る束縛粒子の軌道は楕円軌道からずれることが予想される．このずれはどの程度になるか考えてみよう．

**例題 6.9**　質量 $M$ の星のつくる重力場を Schwarzschild 時空で表したとき，星の周りを回る質量 $m$ の束縛粒子の軌道 $r = r(\varphi)$ の満たす方程式を求めよ．ここで粒子は赤道面上を運動し，その無次元化されたエネルギーおよび固有角運動量をそれぞれ $\mathcal{E} = \dfrac{E}{m}$, $\ell = \dfrac{\mathcal{L}}{r_g} = \dfrac{L}{mr_g}$ とする．

　また Newton 力学で考えたように新しい変数 $u \equiv \dfrac{r_g}{r}$ を導入したとき，$u = u(\varphi)$ の満たすべき方程式を導け．

**解**　動径座標 $r$ の方程式 (6.8)

$$\left(\frac{dr}{d\tau}\right)^2 = \left[\mathcal{E}^2 - \frac{V_{\text{eff}}^2}{m^2}\right] = \left[\mathcal{E}^2 - \left(1 + \frac{\ell^2 r_g^2}{r^2}\right)\left(1 - \frac{r_g}{r}\right)\right]$$

および角運動量の定義 $\mathcal{L} = u_\varphi = r^2 \dfrac{d\varphi}{d\tau} = r_g \ell$ より軌跡の方程式は

$$\left(\frac{dr}{d\varphi}\right)^2 = \left(\frac{dr}{d\tau}\right)^2 \left(\frac{d\tau}{d\varphi}\right)^2 = \frac{r^4}{\ell^2 r_g^2}\left[\mathcal{E}^2 - \left(1 + \frac{\ell^2 r_g^2}{r^2}\right)\left(1 - \frac{r_g}{r}\right)\right] \tag{6.14}$$

となる．また $u \equiv r_g/r$ を代入すると

$$\left(\frac{du}{d\varphi}\right)^2 = \left(\frac{\mathcal{E}}{\ell}\right)^2 - (1 - u)\left(\frac{1}{\ell^2} + u^2\right) = \frac{\mathcal{E}^2 - 1}{\ell^2} + \frac{1}{\ell^2}u - u^2 + u^3 \tag{6.15}$$

が得られる．　　　　　　　　　　　　　　　　　　　　　　　　　　　　　□

　Newton 力学の場合（(1.6) 式）と比較すると，最後の $u^3$ の項だけ余分に付け加わっていることがわかる．水星の平均軌道半径を $a_{\text{☿}}$ とし，水星の場合に $u$ を評価すると

$$u = \frac{2GM_\odot}{a_{\text{☿}} c^2} \sim \frac{3 \text{ km}}{5.8 \times 10^7 \text{ km}} \sim 5 \times 10^{-8}$$

となり，Newton 重力からのずれは摂動として扱える．$u^3$ の項を無視すると粒子の軌道は

$$u_{\text{N}} = \frac{1}{p}(1 + e\cos\varphi)$$

と楕円軌道で表すことができる．(1.6) 式の $\alpha, \beta$ は

$$\alpha = \frac{1}{2\ell^2} = \frac{m^2 r_g^2 c^2}{2L^2}, \quad \beta = \frac{(\mathcal{E}^2 - 1)}{\ell^2} = \frac{r_g^2(E^2 - m^2 c^4)}{L^2 c^6}$$

とおいた場合に対応するので，半直弦 $p$ および離心率 $e$ は次のようになる．

$$p = \frac{1}{\alpha} = 2\ell^2, \quad e = \sqrt{1 + \frac{\beta}{\alpha^2}} = \sqrt{1 + 4\ell^2(\mathcal{E}^2 - 1)}$$

相対論的補正項 $u^3$ の項は微小であるので摂動として解くことが可能であるが，摂動として扱えない場合にも使えるよう，ここでは厳密解を求めてみよう．束縛系の周期運動ということで動径座標 $r$ には上限と下限が存在する．その近日点および遠日点までの距離を $r_p, r_a$ $(r_p < r_a)$ とし，それらに対応する $u_p, u_a$ $(u_p > u_a)$ を考えよう．ここで軌道は楕円に近いと考えられるので，楕円のときと同じように $u_a = \dfrac{1-e}{p}, u_p = \dfrac{1+e}{p}$ と表そう（逆にこれは $p, e$ の相対論的な定義と考えることもできる）．

転回点（近日点や遠日点）では動径座標の変化がゼロであるので $\dfrac{dr}{d\varphi} = 0$ つまり $\dfrac{du}{d\varphi} = 0$ となる．よって (6.15) 式は

$$\left(\frac{du}{d\varphi}\right)^2 = (u - u_a)(u - u_p)(u - u_3) \tag{6.16}$$

と表される．ここで各項を比較すると

$$u_a + u_p + u_3 = 1, \quad (u_a + u_p)u_3 + u_a u_p = \frac{1}{\ell^2}, \quad u_a u_p u_3 = \frac{1 - \mathcal{E}^2}{\ell^2}$$

となる．この式から $\mathcal{E}, \ell$ が与えられると $u_a, u_p, u_3$ が決定されるが，逆に $u_a, u_p$ （つまり $p, e$）が与えられると $u_3 = 1 - (u_a + u_p)$ および $\mathcal{E}, \ell$ が決まる．

> **例題 6.10** 微分方程式 (6.16) を積分し，第一種楕円関数を用いて $\varphi$ を $u$ の関数として表せ．ここで，第一種楕円関数は母数 $k$ $(0 < k^2 < 1)$ に対して
>
> $$F(\theta; k) \equiv \int_0^\theta \frac{d\theta'}{\sqrt{1 - k^2 \sin^2 \theta'}} = \int_0^{\sin\theta} \frac{du'}{\sqrt{(1 - u'^2)(1 - k^2 u'^2)}}$$
>
> で定義される．またこの式を積分することで，一周期（遠日点から次の遠日点まで）の間に進む角度 $\varphi_{\text{period}}$ を第一種完全楕円積分 $K(k) \equiv F(\pi/2; k)$ を用いて表せ．

| 解 | 微分方程式 (6.16) より

$$\frac{d\varphi}{du} = \pm \frac{1}{\sqrt{(u - u_a)(u - u_p)(u - u_3)}}$$

である．ここで，$a > b > c$ としたとき，$c < u < b$ の範囲においては，次の積分が

$$\int_c^u \frac{du'}{\sqrt{(u' - a)(u' - b)(u' - c)}} = \frac{2}{\sqrt{a - c}} F\left(\arcsin\sqrt{\frac{u - c}{b - c}}; \sqrt{\frac{b - c}{a - c}}\right)$$

のように第一種楕円関数で与えられる．

いま $u_3 > \dfrac{1}{3} > u_p > u_a$ および $u_3 = 1 - (u_p + u_a)$ であることを考慮し，遠日点 $u_a$ での角度を $\varphi_a$ とすると $u_p > u > u_a$ に対して

$$\varphi - \varphi_a = \pm \int_{u_a}^u \frac{du'}{\sqrt{(u' - u_3)(u' - u_p)(u' - u_a)}}$$

$$= \pm \frac{2}{\sqrt{1 - 2u_a - u_p}} F\left(\arcsin\sqrt{\frac{u - u_a}{u_p - u_a}}; \sqrt{\frac{u_p - u_a}{1 - 2u_a - u_p}}\right)$$

で与えられる．

一周期（遠日点から次の遠日点まで）に進む角度は遠日点から近日点までの角度の倍であるので，この解を用いると一周期の間に進んだ角度 $\varphi_{\mathrm{period}}$ が

$$\begin{aligned}\varphi_{\mathrm{period}} &= 2\int_{u_a}^{u_p} \frac{du'}{\sqrt{(u'-u_3)(u'-u_p)(u'-u_a)}}\\&= \frac{4}{\sqrt{1-2u_a-u_p}}F\left(\frac{\pi}{2};\sqrt{\frac{u_p-u_a}{1-2u_a-u_p}}\right)\\&= \frac{4}{\sqrt{1-2u_a-u_p}}K\left(\sqrt{\frac{u_p-u_a}{1-2u_a-u_p}}\right)\end{aligned}$$

となる． $\square$

　$|u_p-u_a|\ll 1$ の場合にこの式を展開すると

$$\varphi_{\mathrm{period}} = \frac{2\pi}{\sqrt{1-\frac{3}{2}(u_a+u_p)}} + \frac{3\pi}{32}\frac{(u_p-u_a)^2}{\left(1-\frac{3}{2}(u_a+u_p)\right)^{5/2}} + O\big((u_p-u_a)^4\big)$$

となる．さらに水星のように $u_a, u_p \ll 1$ の場合は $\varphi_{\mathrm{period}} \approx 2\pi\left(1+\frac{3}{4}(u_a+u_p)\right)+\cdots$ となり，近日点移動 $\Delta\varphi_{\mathrm{peri}}$ は $2\pi$ からのずれで表されるので

$$\Delta\varphi_{\mathrm{period}} = \frac{3\pi}{2}(u_a+u_p) = \frac{3\pi}{p} = \frac{3\pi r_g}{a(1-e^2)} \tag{6.17}$$

となる．これを水星の場合に当てはめると以下のようになる．

$$\Delta\varphi_{\mathrm{period}} = \frac{6\pi GM_\odot}{a_\zeta(1-e^2)} \approx 43''. \tag{6.18}$$

　上の軌道を表す解 $\varphi = \varphi(u)$ は，$u$ が $\varphi$ の陰関数として表されており，軌道としてはわかりにくい．そこで第一種楕円関数 $F(\theta;k)$ の逆関数である Jacobi の楕円関数 $\mathrm{sn}(u;k)$ $(u = \sin\theta)$ を用いると，軌道は

$$\sqrt{\frac{u-u_a}{u_p-u_a}} = \mathrm{sn}\left(\frac{\sqrt{1-2u_a-u_p}}{2}(\varphi-\varphi_a);\sqrt{\frac{u_p-u_a}{1-2u_a-u_p}}\right) \tag{6.19}$$

と表される．これを書き換えると $u = \frac{1}{p}(1+e\cos f)$ となる．ただし，

$$\cos f = -1 + 2\,\mathrm{sn}^2\left(\frac{\sqrt{1-2u_a-u_p}}{2}(\varphi-\varphi_a);\sqrt{\frac{u_p-u_a}{1-2u_a-u_p}}\right)$$

となる．これは Newton 極限 $(u_a, u_p \to 0)$ では

$$\cos f = -1 + 2\sin^2\left(\frac{(\varphi-\varphi_a)}{2}\right) = -\cos(\varphi-\varphi_a) = \cos(\varphi-\varphi_p)$$

となるので，軌道の式は $u = \frac{1}{p}[1+e\cos(\varphi-\varphi_p)]$，つまり $r = \frac{pr_g}{1+e\cos(\varphi-\varphi_p)}$ という楕円軌道に一致する．また，微小量 $u_a, u_p$ $(\ll 1)$ で展開すると楕円軌道からのずれが計算される．

　永年にわたるの観測データの解析から，水星の近日点移動は 1 世紀当たり約 5600
秒角になる．このうち地球の歳差運動など非慣性系での観測による見かけの効果が約
5026 秒角になり，また他の惑星の影響による効果が約 532 秒角（最も近い金星の影
響が約 280 秒角，最も重い木星の影響が約 150 秒角）となり，この 2 つでそのほと
んどをしめる．これらのわかっている効果を差し引くと約 43 秒角残るが，この原因
がどうしても説明できなかった．

　この水星の近日点移動の謎は，海王星の発見に大きな貢献をした Urbain J.J.
Le Verrier が最初に指摘したと言われる．その説明のため 2 つのアイデアが考えられ
た．一つは，水星の内側に未知の惑星（バルカン）が存在する可能性で，もう一つは
太陽が扁平していることによる効果である．19 世紀後半，天文学者はこぞってバル
カンを発見しようとしたが誰も発見できなかった．また詳細な太陽観測により太陽の
扁平性による可能性も否定され，水星の近日点移動の残差は謎のまま残されていた．

　ところが Einstein は，自身が提唱した一般相対性理論を用いることで，この謎の
43 秒角を見事に説明したのである．Einstein はこの事実を見つけたとき，一般相対
性理論の正しさを確信したといわれる．

## 6.4　光の軌道と屈折

次に Schwarzschild 時空における光の軌道を考えよう．

> **例題 6.11**　Schwarzschild 時空における光の作用 (3.20) を変分し，光の軌道の動径座
> 標 $r$ の満たす方程式を導け．また $u = \dfrac{r_g}{r}$ と置いたとき，$u(\varphi)$ の満たすべき方程式を
> 求めよ．

解　光の作用は Schwarzschild 時空では

$$
\begin{aligned}
\mathfrak{S} &= \frac{1}{2}\int \frac{1}{\lambda}d\mathsf{t}\, g_{\mu\nu}\frac{dx^\mu}{d\mathsf{t}}\frac{dx^\nu}{d\mathsf{t}}\\
&= \frac{1}{2}\int \frac{1}{\lambda}d\mathsf{t}\left[-f(r)\left(\frac{dt}{d\mathsf{t}}\right)^2 + \frac{1}{f(r)}\left(\frac{dr}{d\mathsf{t}}\right)^2 + r^2\left(\frac{d\theta}{d\mathsf{t}}\right)^2 + r^2\sin^2\theta\left(\frac{d\varphi}{d\mathsf{t}}\right)^2\right]
\end{aligned}
$$

となる．このとき Schwarzschild 時空の Killing ベクトルの存在により光の軌道は平面上
に限られ，これを赤道面に取ると $\theta = \dfrac{\pi}{2}$ となる．また，時間方向と角度方向の無次元保
存量をそれぞれ $\mathcal{E} = -g_{00}u^0 = f(r)\dfrac{dt}{d\mathsf{t}}$ と $\ell = g_{\varphi\varphi}\dfrac{u^\varphi}{r_g} = \dfrac{r^2}{r_g}\dfrac{d\varphi}{d\mathsf{t}}$ とすると，Lagrange の未
定乗数 $\lambda$ の変分によって得られるヌル条件は

$$
g_{\mu\nu}\frac{dx^\mu}{d\mathsf{t}}\frac{dx^\nu}{d\mathsf{t}} = -\frac{\mathcal{E}^2}{f(r)} + \frac{1}{f(r)}\left(\frac{dr}{d\mathsf{t}}\right)^2 + \frac{\ell^2 r_g^2}{r^2} = 0
$$

となる．よって動径座標 $r$ の方程式は

$$\left(\frac{dr}{dt}\right)^2 + \mathcal{V}^2_{\mathrm{eff(ph)}} = \mathcal{E}^2 \tag{6.20}$$

で与えられる．ここで光の有効ポテンシャルを $\mathcal{V}^2_{\mathrm{eff(ph)}} = f(r)\dfrac{\ell^2 r_g^2}{r^2}$ で定義した．

$\ell$ の定義より $\dfrac{d\varphi}{dt} = \dfrac{\ell r_g}{r^2}$ であるので，この式を $\varphi$ の微分方程式に書き換えると

$$\left(\frac{dr}{d\varphi}\right)^2 = \left(\frac{dr}{dt}\right)^2 \left(\frac{d\varphi}{dt}\right)^{-2} = \frac{r^4}{\ell^2 r_g^2}\left(\mathcal{E}^2 - f(r)\frac{\ell^2 r_g^2}{r^2}\right)$$

となる．ここで $u$ を使って書き換えると

$$\left(\frac{du}{d\varphi}\right)^2 = \frac{\mathcal{E}^2}{\ell^2} - u^2 + u^3 \tag{6.21}$$

が得られる． □

光の有効ポテンシャル $\mathcal{V}^2_{\mathrm{eff(ph)}}$ は図 6.5 のように表される．このポテンシャルは $r = r_{\mathrm{ps}} \equiv \dfrac{3r_g}{2} = \dfrac{3GM}{c^2}$ に極大値しか持たないため，質量を持つ粒子のときと違い安定な円軌道は存在しない．この光子球半径 $r_{\mathrm{ps}}$ 上では光は不安定な円軌道を描き，ブラックホールの影の議論で重要な半径となる．

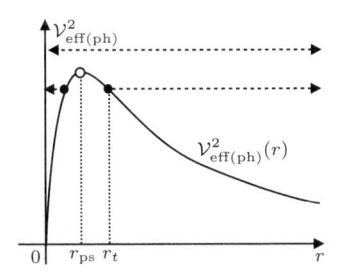

図 6.5 光の有効ポテンシャル．

このポテンシャルから光の軌道に関して定性的な振舞いが解析でき，次の 3 つの場合に分類できる．

- $\mathcal{E}^2 > \dfrac{4}{27}\ell^2$ 光は無限遠から近づき，中心に落ちていく．またはその時間反転．
- $\mathcal{E}^2 = \dfrac{4}{27}\ell^2$ 光は無限遠から近づき（または中心付近から外側に向かって伝播し），光子球半径 $r_{\mathrm{ps}}$ に無限に巻き付いていく．またはその時間反転．
- $\mathcal{E}^2 < \dfrac{4}{27}\ell^2$ 光は無限遠から近づき，転回点でポテンシャル障壁に跳ね返され，再び無限遠に遠ざかる．または，中心付近から外側に向かって伝播し，転回点でポテンシャル障壁に跳ね返され，再び中心に落下していく．

### 6.4.1 光の屈折

(6.21) 式を用いて太陽の近傍を通る光の軌道を考えよう．上の分類では 3 番目の場合（$\mathcal{E}^2 < \dfrac{4}{27}\ell^2$）で，無限遠から入射された光は転回点 $r_t$ まで近づいた後，再び無限遠に遠ざかる．太陽表面近くを通る光の場合，

$$u_t \approx \frac{r_g}{R_\odot} = \frac{2GM_\odot}{R_\odot c^2} \sim 4.2 \times 10^{-6}$$

であるので，$u \le 4.2 \times 10^{-6}$ となり，(6.21) 式の $u^3$ の項は十分小さく摂動として扱うことができる．

**例題 6.12** $u^3$ の項を無視した微分方程式

$$\left(\frac{du}{d\varphi}\right)^2 = \frac{\mathcal{E}^2}{\ell^2} - u^2$$

の解は直線を表すことを示せ. また, 入射してくる光の衝突パラメータを $b$ とすると, $b = \frac{\ell}{\mathcal{E}} r_g$ となることを示せ.

**解** 無限遠 $(r \to \infty)$ で $\varphi = 0$ とすると解は $u = \frac{\mathcal{E}}{\ell} \sin\varphi$ で与えられる. 2 次元デカルト座標 $(x, y) = (r\cos\varphi, r\sin\varphi)$ を用いるとこの解は

$$y = r\sin\varphi = \frac{\ell}{\mathcal{E}} r_g = 一定$$

となるので, 光の軌道は $x$ 軸に平行な直線になる.

この直線は $x$ 軸から $\frac{\ell}{\mathcal{E}} r_g$ だけ離れているので, 衝突径数 $b$ は $b = \frac{\ell}{\mathcal{E}} r_g$ となる. □

$u^3$ の項を考慮すると光の軌道は直線からずれ, 光は太陽の重力により図 6.6 のように曲げられると予想される.

前にも述べたように太陽による光の屈折角は十分小さいと考えられるので, $u^3$ の項を摂動として扱うこともできるが, ここではより一般的な場合を考え, 近日点移動の計算のとき同様に厳密に積分してみよう.

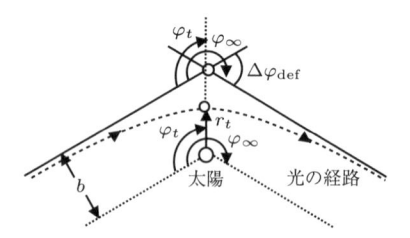

図 6.6 星による光の曲がり角.

**例題 6.13** 光の軌道方程式 (6.21) を積分し, 光の屈折角を $u_t$ を用いて表せ. また $u_t$ が十分小さいと近似したときの屈折角を衝突径数 $b$ を用いて表せ.

**解** 無次元化した衝突パラメータ $\tilde{b} \equiv \frac{b}{r_g}$ を用いると解くべき方程式 (6.21) は

$$\left(\frac{du}{d\varphi}\right)^2 = \tilde{b}^{-2} - u^2 + u^3 = (u - u_t)(u - u_1)(u - u_2)$$

のように表される. この関係から $u_t$ を与えると他のパラメータが次のように決定される.

$$u_1 = \frac{1}{2}\Big(1 - u_t - \sqrt{(1-u_t)(1+3u_t)}\Big),$$

$$u_2 = \frac{1}{2}\Big(1 - u_t + \sqrt{(1-u_t)(1+3u_t)}\Big),$$

$$\tilde{b}^2 = \frac{1}{u_t^2(1-u_t)}$$

考えている $u$ の範囲が $0 < u \le u_t$ であるから上の積分は第一種楕円積分を用いて

$$\varphi_t - \varphi = \int_u^{u_t} \frac{1}{\sqrt{(u-u_1)(u-u_t)(u-u_2)}}$$

$$= \frac{2}{\sqrt{u_2 - u_1}} F\left(\arcsin\sqrt{\frac{(u_2-u_1)}{(u_t-u_1)}\frac{(u_t-u)}{(u_2-u)}}; \sqrt{\frac{u_t-u_1}{u_2-u_1}}\right)$$

となる．$u^3$ 項を含まない直線の場合は $\varphi_t - \varphi_\infty = \dfrac{\pi}{2}$ であることを考慮すると，無限遠では $u = 0$ となるので，屈折角は

$$\Delta\varphi_{\mathrm{def}} = 2(\varphi_t - \varphi_\infty) - \pi = \frac{4}{\sqrt[4]{(1-u_t)(1+3u_t)}}F(\psi_{\mathrm{def}};k_{\mathrm{def}}) - \pi$$

で与えられる．ここで $\psi_{\mathrm{def}}, k_{\mathrm{def}}$ は次のように定義した．

$$\psi_{\mathrm{def}} \equiv \arcsin\sqrt{\frac{(u_2-u_1)}{(u_t-u_1)}\frac{u_t}{u_2}} = \arcsin\sqrt{\frac{2\sqrt{(1-u_t)(1+3u_t)}}{3(1-u_t)+\sqrt{(1-u_t)(1+3u_t)}}},$$

$$k_{\mathrm{def}} \equiv \sqrt{\frac{u_t-u_1}{u_2-u_1}} = \frac{3u_t-1+\sqrt{(1-u_t)(1+3u_t)}}{2\sqrt{(1-u_t)(1+3u_t)}}.$$

$u_t \ll 1$ として上の楕円積分を $u_t \ll 1$ の 1 次までで展開すると

$$\Delta\varphi_{\mathrm{def}} \approx 2u_t + \cdots \approx \frac{2}{b} + \cdots$$

となる．よって屈折角は

$$\Delta\varphi_{\mathrm{def}} \approx \frac{2r_g}{b} = \frac{4GM}{bc^2} \tag{6.22}$$

となる． □

この公式を用い，衝突パラメータを太陽半径とすると $\Delta\varphi_{\mathrm{def}} \sim 1.75$ 秒角となる．この光の屈折は，1919 年の皆既日食のときに Arthur S. Eddington が率いる観測隊により確認され，一般相対性理論が正しいことを示す重要な証拠となった．

実は 1912 年と 1914 年の皆既日食時にも観測が計画されていたが，最初の観測は十分なデータが得られず，また 2 回目は世界大戦のため中止された．このことは，はじめに半分の屈折角を予言した Einstein にとっては幸いであった．第 1 章で議論したように，Einstein 自身は等価原理を用いて光の屈折を予言していたが，そのときの予想値は $\Delta\varphi_{\mathrm{def}} \approx 0.89$ 秒角であった．後に Einstein 自身が一般相対性理論に基づいた値に修正してからちゃんとした観測が行われ，その正しさが示され賞賛されることになったのだから．等価原理だけでは説明できない残りの半分は空間の曲がりにより起きており，空間の曲がりが重要であったことがわかる．

## 6.5 Shapiro 遅延

上記の 2 つの一般相対性理論の検証は，Einstein 自身が指摘していた．水星の近日点移動に関しては Einstein がその正しさを確認し，光の屈折に関しては後に Eddington による日食観測で確かめられた．さらに，1964 年には Irwin I. Shapiro が新たな検証実験を

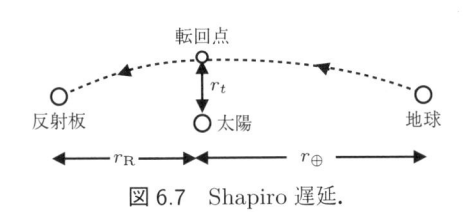

図 6.7 Shapiro 遅延.

提案した．近くの天体までの距離測定には通常レーダーが用いられ，発射された電波が天体で反射して再び地球に戻ってくるまでの往復の時間を測ることで距離が決定される．

しかしながら，一般相対性理論によると，図 6.7 のように電波が太陽近傍を通過する場合，往復に要する時間が遅くなることが予想される．この現象を **Shapiro 遅延**と呼ぶ．

　ここでは Schwarzschild 時空中の光の軌道を考えることで，この Shapiro 遅延を導こう．これには前節で使った光の軌道方程式が使える．

> **例題 6.14** Schwarzschild 時空中の光の軌道方程式を用い，観測者の時間 $t$ の動径座標 $r$ に関する微分方程式を衝突径数 $b$ を用いて求めよ．またこの式を $u = \dfrac{r_g}{r}$ を使って書き換えよ．

解 保存量 $\mathcal{E}$ の定義および光の軌道方程式 (6.20) は

$$\frac{dt}{d\mathsf{t}} = \frac{\mathcal{E}}{f(r)}, \quad \left(\frac{dr}{d\mathsf{t}}\right)^2 = \mathcal{E}^2 - f(r)\frac{\ell^2 r_g^2}{r^2}$$

と表されるが，これからアフィンパラメータ $\mathsf{t}$ を消去すると

$$\frac{dt}{dr} = \pm\frac{1}{f(r)}\frac{1}{\sqrt{1 - f(r)\frac{\ell^2 r_g^2}{\mathcal{E}^2 r^2}}} = \pm\frac{1}{f(r)}\frac{1}{\sqrt{1 - f(r)\frac{b^2}{r^2}}}$$

となる．この式を $u$ を使って書き換えると

$$\frac{dt}{du} = \pm\frac{b}{(1-u)u^2\sqrt{\tilde{b}^{-2} - (1-u)u^2}} \tag{6.23}$$

となる． □

　前と同様に転回点 $r_t$ での $u$ の値を $u_t$ とすると，$\tilde{b}^{-2} = (1-u_t)u_t^2$ である．

> **例題 6.15** $u_t \ll 1$ のとき位置 $r$ から入射した光が転回点に到達する時間を求めよ．

解 (6.23) 式を転回点まで積分すると

$$t = r_g u_t\sqrt{1-u_t}\int_u^{u_t}\frac{du'}{(1-u')u'^2\sqrt{(1-u_t)u_t^2 - (1-u')u'^2}}.$$

ここで $u = u_t\sin\theta$ と置くと

$$t = \frac{r_g}{u_t}\int_\theta^{\pi/2}\frac{d\theta'}{(1 - u_t\sin\theta')\sin^2\theta'\sqrt{1 - \frac{u_t\sin^2\theta'}{(1-u_t)(1+\sin\theta')}}}$$

となる．さらに，$u_t$ は十分小さいとしてべき級数展開をすると

$$\begin{aligned}
t &= \frac{r_g}{u_t}\int_\theta^{\pi/2}\frac{d\theta'}{\sin^2\theta'} + r_g\int_\theta^{\pi/2}d\theta'\left(\frac{1}{\sin\theta'} + \frac{1}{2(1+\sin\theta')}\right) + O(u_t) \\
&= \frac{r_g}{u_t}\frac{1}{\tan\theta} + r_g\left[-\ln\tan\left(\frac{\theta}{2}\right) + \frac{1}{2}\tan\left(\frac{\pi}{4} - \frac{\theta}{2}\right)\right] + O(u_t) \\
&\approx \sqrt{r^2 - r_t^2} + r_g\ln\left(\frac{r + \sqrt{r^2 - r_t^2}}{r_t}\right) + \frac{r_g}{2}\sqrt{\frac{r - r_t}{r + r_t}}
\end{aligned}$$

となる． □

出発地点や到達地点までの距離 $r$ が転回点の距離 $r_t$ に比べて十分大きいときは

$$t = r + r_g \ln\left(\frac{r}{r_t}\right) + \frac{r_g}{2} + O\left(\frac{r_t}{r}\right)$$

となるので，地球（位置 $r_\oplus$）から太陽近くを通過し，惑星（または人工衛星）上の反射板（位置 $r_\mathrm{R}$）で反射され，再び地球に戻ってくるまでの時間は

$$t_\mathrm{propagate} \approx 2\left[r_\oplus + r_\mathrm{R} + r_g \ln\left(\frac{r_\oplus r_\mathrm{R}}{r_t^2}\right) + r_g\right]$$

となる．このうち，太陽重力の影響がなく電波が直線的に伝わる場合の地球から惑星（または人工衛星）までの往復に要する時間は $2(r_\oplus + r_\mathrm{R})$ となり Shapiro 遅延の大きさは

$$\Delta t_\mathrm{S} = 2r_g\left[\ln\left(\frac{r_\oplus r_\mathrm{R}}{r_t^2}\right) + 1\right] = \frac{4GM_\odot}{c^3}\left[\ln\left(\frac{r_\oplus r_\mathrm{R}}{r_t^2}\right) + 1\right] \tag{6.24}$$

で与えられる．

　この Shapiro 遅延が最も大きくなるのは電波が太陽の表面付近を通過したときで，そのときの値は $\Delta t_\mathrm{S} \approx 213\,\mu\mathrm{s}$（水星），$225\,\mu\mathrm{s}$（金星）となる．Shapiro 達は 1966–67 年に金星および水星までのレーダーエコー実験を行い，予想値とよく一致する結果を得ている．現在最も精度のよい Shapiro 遅延の実験は，2003 年の土星近傍を通過したカッシーニ衛星を用いた実験で，理論値と 0.001% の精度で一致している．

# 第 7 章
# 超高密度天体と重力崩壊

　20 世紀に入って星のエネルギー源が原子核融合反応によるものだとわかり，星に対する理解は大きく進み，星の進化理論は一部の未解決問題を残し宇宙物理学の中で最も確立された理論の一つに数えられる．その未解決問題としては，星の誕生と終焉の謎がある．このうち星の最後の姿に関しては一般相対性理論が重要な役割をする．そこで，この章では相対論的球対称星とその重力崩壊について考えよう．

## 7.1　Schwarzschild 内部解

　球対称時空では星内部の物質もまた球対称である．星の構造を議論するとき通常は**完全流体**を考える．完全流体のエネルギー・運動量テンソルは

$$T^{\mu}{}_{\nu} = (\rho + P)u^{\mu}u_{\nu} + P\delta^{\mu}{}_{\nu} \tag{7.1}$$

とエネルギー密度 $\rho$ と圧力 $P$，流体の 4 元速度 $u^{\mu}$ を用いて表される．静的時空では流体も静止しているので，4 元速度は $u^{\mu} = \dfrac{dx^{\mu}}{d\tau} = (u^0, 0, 0, 0)$ となる．ここで $g_{\mu\nu}u^{\mu}u^{\nu} = u^0 u_0 = -1$ より，エネルギー・運動量テンソルは $T^0{}_0 = -\rho, T^r{}_r = T^{\theta}{}_{\theta} = T^{\varphi}{}_{\varphi} = P$ で与えられる．

　Schwarzschild 解を見つけた Schwarzschild は，密度が一様な星の内部時空を表す**Schwarzschild 内部解**を 1916 年に発見している．

> **例題 7.1**　計量が
>
> $$ds^2 = -e^{2\phi(r)}dt^2 + e^{2\lambda(r)}dr^2 + r^2(d\theta^2 + \sin^2\theta d\varphi^2) \tag{7.2}$$
>
> で表される球対称静的時空において，密度が一様な場合（$\rho = \rho_0 = $ 一定）の Einstein 方程式の解を求めよ．ただし，計量は半径 $R$ で質量 $M$ の Schwarzschild 計量となめらかに接続されるものとする．またそのときの圧力 $P$ はどのように表されるか．

　$\boxed{\text{解}}$　計量 (7.2) の場合の Einstein 方程式は

$$G^0{}_0 = -\frac{1}{r^2}\left[r(1 - e^{-2\lambda})\right]' = -8\pi G\rho, \tag{7.3}$$

$$G^r{}_r = -\frac{1}{r^2}(1 - e^{-2\lambda}) + \frac{2}{r}e^{-2\lambda}\phi' = 8\pi GP, \tag{7.4}$$

$$G^\theta{}_\theta = G^\varphi{}_\varphi = e^{-2\lambda}\left(\phi'' + \phi'^2 + \frac{1}{r}(\phi' - \lambda') - \phi'\lambda'\right) = 8\pi GP \tag{7.5}$$

で与えられる.

$G^r{}_r - G^\theta{}_\theta$ を考え,未知の圧力 $P$ を消去し,$\rho = \rho_0$ とすると,

$$\frac{1}{r^2}\left[r(1 - e^{-2\lambda})\right]' = 8\pi G\rho_0,$$

$$\frac{1}{r^2}(1 - e^{-2\lambda}) + e^{-2\lambda}\left(\phi'' + \phi'^2 - \frac{1}{r}(\phi' + \lambda') - \phi'\lambda'\right) = 0$$

のように未知の計量 $\phi$, $\lambda$ に関する連立微分方程式が得られる.

原点($r = 0$)での正則性を考慮し,はじめの微分方程式を積分すると

$$e^{-2\lambda} = 1 - \frac{8\pi G\rho_0 r^2}{3}$$

が得られる.これが Schwarzschild 計量の $rr$ 成分 $g^{rr} = 1 - \dfrac{r_g}{r} = 1 - \dfrac{2GM}{r}$ と半径 $R$ でなめらかにつながるので,$M = \dfrac{4}{3}\pi\rho_0 R^3$ である.ここで注意すべきことは,星内部と外部で同じ動径座標 $r$ を使っている点である.半径 $r$ の球面の面積は $4\pi r^2$ であるが,面積は幾何学的不変量で星表面で連続になる必要があり,同じ座標であることがわかる.

2 番目の微分方程式を

$$\frac{1}{r^2}(1 - e^{-2\lambda}) + e^{-2\lambda}\left(\phi'' + \phi'^2 - \frac{1}{r}\phi'\right) + \frac{1}{2}\left(e^{-2\lambda}\right)'\left(\frac{1}{r} + \phi'\right) = 0$$

と書き直し,前に得られた解 $e^{-2\lambda}$ を代入すると $\left(1 - \dfrac{8\pi G\rho_0}{3}r^2\right)(\phi'' + \phi'^2) - \dfrac{1}{r}\phi' = 0$ が得られる.これに $e^\phi$ をかけ,書き直すと

$$\left(1 - \frac{8\pi G\rho_0}{3}r^2\right)\left(e^\phi\right)'' - \frac{1}{r}\left(e^\phi\right)' = 0$$

のように線形化できるので,積分すると

$$e^\phi = e^{\phi_0} - \frac{3C}{8\pi G\rho_0}\sqrt{1 - \frac{8\pi G\rho_0}{3}r^2}$$

となる.ここで $\phi_0$ および $C$ は積分定数である.この解の計量の 00 成分が Schwarzschild 計量のものと半径 $R$ でなめらかにつながる条件から積分定数が決定され,

$$e^\phi = \frac{3}{2}\sqrt{1 - \frac{8\pi G\rho_0}{3}R^2} - \frac{1}{2}\sqrt{1 - \frac{8\pi G\rho_0}{3}r^2}$$

が得られる.この解を (7.4) 式に代入すると圧力 $P$ は

$$P = \rho_0 \frac{\sqrt{1 - \frac{8\pi G\rho_0}{3}r^2} - \sqrt{1 - \frac{8\pi G\rho_0}{3}R^2}}{3\sqrt{1 - \frac{8\pi G\rho_0}{3}R^2} - \sqrt{1 - \frac{8\pi G\rho_0}{3}r^2}}$$

となる. □

　1920 年代には Schwarzschild 解を巡って論争があった. Schwarzschild 計量の 00 成分 $g_{00} = -\left(1 - \dfrac{r_g}{r}\right)$ は $r = r_g$ でゼロになる. また $rr$ 成分 $g_{rr} = \left(1 - \dfrac{r_g}{r}\right)^{-1}$ は無限大に発散する. この計量の特異な振舞いから $r = r_g$ は Schwarzschild 特異性と呼ばれた[*a]. Einstein は, 半径 $r_0$ で円運動する非常に多くの粒子からなる球殻状の「星」を考え, この「星」を縮めていったとき, 半径 $r_0$ が $r_g$ に達する前に構成粒子の速度が光速度を超えるので Schwarzschild 特異性は自然界には現れないとした. Schwarzschild は自ら求めた内部解を示し, 一様密度の星でも内部に $g_{00} = 0$ となる半径が存在する場合があるので, 星の半径が $r_g$ より小さくなくても同様の特異性が表れると主張した. それに対し Einstein は「密度一様という条件は非圧縮流体を仮定しており, 非圧縮性は相対性理論と矛盾するのでそのような解は現実的でない[*b]」とした. ただ, Schwarzschild 内部解は状態方程式を仮定して解かれたものではないので, この批判は的を射ていない.

　Schwarzschild 内部解において $g_{00} = 0$ となる半径は

$$r = 3R\sqrt{1 - \frac{4R}{9GM}} = 3R\sqrt{1 - \frac{8R}{9r_g}} \quad (\leq R)$$

となるので, 星の半径 $R$ が $r_g \leq R \leq \dfrac{9}{8}r_g$ であれば Schwarzschild が主張するように $g_{00} = 0$ となる特異性が星内部に存在する. しかし, 同じ点で圧力が無限大に発散するので, そのような解は現実的ではないと考えられる.

───────────────

[*a]　Eddington はこの半径を magic circle と呼んだ.
[*b]　非圧縮性流体は密度変化を伴わず, 物体の一端を動かすともう一方の端も同時に動くため, 「情報伝播速度が有限である」という相対性理論の前提と矛盾する.

## 7.2　星の最小半径

　実際の星を考えたとき一様性の仮定は厳密には正しくないと考えられる. そこでより一般的な球対称な星を考えよう. 球対称静的な計量 (7.2) を考えたとき, その Einstein 方程式は (7.3), (7.4), (7.5) で与えられる. 変数は計量の $\phi$, $\lambda$ および物質の $\rho$, $P$ の 4 つであるので, もう一つ条件式が必要となるが, それが星を構成する物質の性質を表す**状態方程式**である. 星内部では通常局所熱平衡が仮定されるが, その場合独立な熱力学変数は 2 つ（例えば密度とエントロピー）で, 他の熱力学変数はその 2 つで表すことができる. ここでは簡単のため

$$P = P(\rho) \tag{7.6}$$

という, 温度ゼロの場合の状態方程式を考える.

**例題 7.2** 新しい動径座標として $\xi = \int_0^r dr\, r e^\lambda$ を考えたとき，Einstein 方程式 (7.3), (7.4), (7.5) を用いて

$$\frac{d^2 e^\phi}{d\xi^2} = \frac{4\pi G}{3} \frac{e^\phi}{r} \frac{d\bar\rho}{dr} \tag{7.7}$$

が成り立つことを示せ．ここで質量関数 $m(r)$ を

$$m(r) \equiv 4\pi \int_0^r dr\, r^2 \rho(r) \tag{7.8}$$

で定義したとき，$\bar\rho$ は半径 $r$ までの平均密度で $\bar\rho = m(r) / \frac{4\pi r^3}{3}$ で与えられる．

---

$\boxed{\text{解}}$ Einstein 方程式 (7.4), (7.5) を用いると

$$\frac{d^2 e^\phi}{d\xi^2} = \frac{1}{r e^\lambda} \frac{d}{dr}\left(\frac{1}{r e^\lambda} \frac{d e^\phi}{dr}\right) = \frac{e^\phi}{r^2} e^{-2\lambda}\left(\phi'' + \phi'^2 - \frac{\phi'}{r} - \lambda'\phi'\right)$$

$$= \frac{e^\phi}{r^2}\left(8\pi G P - \frac{2\phi'}{r} e^{-2\lambda} + \frac{\lambda'}{r} e^{-2\lambda}\right) = \frac{e^\phi}{r^2}\left[-\frac{1}{r^2}\left(1 - e^{-2\lambda}\right) - \frac{1}{2r}\left(e^{-2\lambda}\right)'\right]$$

となる．ここで Einstein 方程式 (7.3) を積分すると

$$r(1 - e^{-2\lambda}) = \int 8\pi G \rho r^2\, dr = 2Gm(r)$$

となる．したがって $e^{-2\lambda} = 1 - \dfrac{2Gm(r)}{r}$ となり，これを前の式に代入すると

$$\frac{d^2 e^\phi}{d\xi^2} = \frac{e^\phi}{r^2}\left[-\frac{2Gm}{r^3} - \frac{1}{2r}\left(1 - \frac{2Gm(r)}{r}\right)'\right] = \frac{Ge^\phi}{r}\left(\frac{m}{r^3}\right)' = \frac{4\pi G}{3}\frac{e^\phi}{r}\bar\rho'$$

となる． $\qquad\qquad\qquad\qquad\qquad\qquad\qquad\qquad\qquad\qquad\qquad\qquad\qquad\square$

通常，星は中心に近づくほど密度が高くなるので，密度は外に向かって増加しない，つまり $\rho' \leq 0$ と仮定しよう．そうすると，平均密度 $\bar\rho$ も非増加関数 $\bar\rho' \leq 0$ である．その結果，上で求めた関係式から $\dfrac{d^2 e^\phi}{d\xi^2} \leq 0$ となる．

---

**例題 7.3** 不等式 $\dfrac{d^2 e^\phi}{d\xi^2} \leq 0$ を積分し，星の半径 $R$ は条件 $R \geq \dfrac{9}{8} r_g$ を満たすことを示せ．ここで積分範囲は中心 $(r = 0)$ から星の半径 $(r = R)$ までとし，$r = R$ での値を計量が外部解（Schwarzschild 解）となめらかに接続する条件から評価せよ．

---

$\boxed{\text{解}}$ 不等式 $\dfrac{d^2 e^\phi}{d\xi^2} \leq 0$ を積分すると $\dfrac{d e^\phi}{d\xi}\Big|_{r=R} \geq \dfrac{d e^\phi}{d\xi} \geq \dfrac{d e^\phi}{d\xi}\Big|_{r=0}$ となる．計量 $g_{\mu\nu}$ は外部の Schwarzschild 計量と半径 $R$ でなめらかにつながるので

$$\frac{d e^\phi}{d\xi}\Big|_{r=R} = \frac{e^{-\lambda}}{r}\frac{d e^\phi}{dr}\Big|_{r=R} = \frac{\sqrt{1 - \frac{2GM}{R}}}{R}\frac{\frac{GM}{R^2}}{\sqrt{1 - \frac{2GM}{R}}} = \frac{GM}{R^3}$$

と評価できる．よって上の不等式より

$$e^\phi\Big|_{r=R} - e^\phi\Big|_{r=0} = \int_0^{\xi_R} \frac{de^\phi}{d\xi}d\xi = \int_0^R \frac{de^\phi}{d\xi}drre^\lambda \geq \frac{GM}{R^3}\int_0^R dr \frac{r}{\sqrt{1-\frac{2Gm}{r}}}$$

となる. ここで $\bar\rho(r) \geq \bar\rho(R)$ から $\sqrt{1-\frac{2Gm}{r}} \leq \sqrt{1-\frac{2GM}{R^3}r^2}$ であることを用いると

$$e^\phi\Big|_{r=R} - e^\phi\Big|_{r=0} \geq \frac{GM}{R^3}\int_0^R dr \frac{r}{\sqrt{1-\frac{2GM}{R^3}r^2}} = \frac{1}{2}\left(1-\sqrt{1-\frac{2GM}{R}}\right)$$

が得られる. $e^\phi\Big|_{r=R} = \sqrt{1-\frac{2GM}{R}}$ および $e^\phi\Big|_{r=0} \geq 0$ であるので, 上の不等式は

$$\sqrt{1-\frac{2GM}{R}} \geq \frac{1}{2}\left(1-\sqrt{1-\frac{2GM}{R}}\right)$$

となる. つまり $R \geq \frac{9GM}{4c^2} = \frac{9}{8}r_g$ となる. $\square$

　完全流体から構成される球対称静的な星で密度が外に向かって増加しなければ, 状態方程式によらずその半径は重力半径 $r_g$ の $\frac{9}{8}$ 倍より必ず大きいことが示された. この結果は1959 年に Hans A. Buchdahl により証明されたので **Buchdahl の定理**といわれる.

## 7.3　Tolman–Oppenheimer–Volkoff（TOV）方程式

　一般の状態方程式 $P = P(\rho)$ が与えられた場合, 相対論的な星の構造およびその時空を求めるには Einstein 方程式 (7.3), (7.4), (7.5) を解けばよいのだが, 物理的にはわかりにくい. そこでもう少しわかりやすく, 実用的な式に書き換えよう.

> **例題 7.4**　球対称静的時空 (7.2) において完全流体のエネルギー・運動量保存則 $\nabla_\mu T^\mu{}_\nu = 0$ はどのように表されるか.

　解　計量 (7.2) では $\sqrt{-g} = e^{\phi+\lambda}r^2\sin\theta$ となるので, エネルギー・運動量保存則を

$$\nabla_\mu T^\mu{}_\nu = \frac{1}{\sqrt{-g}}\partial_\mu\left(\sqrt{-g}T^\mu{}_\nu\right) - \frac{1}{2}(\partial_\nu g_{\mu\rho})T^{\mu\rho} = 0$$

と書き換える. 密度と圧力は動径座標 $r$ のみの関数であることからこの式は $r$ 成分のみ残り

$$\nabla_\mu T^\mu{}_r = \frac{1}{e^{\phi+\lambda}r^2}(e^{\phi+\lambda}r^2 p)' - \frac{1}{2}g^{\rho\nu}(\partial_r g_{\mu\rho})T^\mu{}_\nu = P' + (\rho+P)\phi' = 0 \qquad (7.9)$$

となる. $\square$

　このエネルギー・運動量保存則は, 第 4 章で議論したように, Einstein 方程式と独立ではなく, 縮約された Bianchi 恒等式 $\nabla_\mu G^\mu{}_\nu = 0$ を用いると Einstein 方程式から導くことができる. 実際に上の Einstein 方程式 (7.3), (7.4), (7.5) から (7.9) 式を出すことができる. この式は Newton 極限（$\frac{P}{c^2} \ll \rho$）で静水圧平衡の式（圧力勾配と重力の釣り合い）

になりその意味はわかりやすいので，上の 3 つの Einstein 方程式の一つをこれに差し替えるのが都合がよい．

<中性子星>

歴史的には，James Chadwick が 1932 年に中性子を発見してすぐに Landau が中性子星の可能性を指摘している．その後，1934 年に Wilhelm H.W. Baade と Fritz Zwicky は星の最後の進化形態としての中性子星を提案している．1939 年には Julius R. Oppenheimer と George M. Volkoff により完全縮退した中性子流体に対して中性子星の上限質量が具体的に計算された．

観測的には，1967 年 Antony Hewish と Susan J. Bell が電波観測によって非常に規則正しい電波を発する天体「パルサー」PSR B1919+21 を発見した．その後，数千個のパルサーが発見され，その周期は 1.6 ミリ秒から 8.5 秒と非常に短く，そのような周期の電波を放出するためには星は非常にコンパクトで，密度が原子核密度（$\sim 2 \times 10^{14}$ g/cm$^3$）程度と非常に高くなり，中性子星と同定された．

**例題 7.5** Einstein 方程式 (7.3), (7.4) および静水圧平衡の式 (7.9) から，以下の圧力の満たすべき方程式を導け．

$$P' = -\frac{G(\rho + P)\big[m(r) + 4\pi Pr^3\big]}{r^2\big[1 - \frac{2Gm(r)}{r}\big]} \tag{7.10}$$

解 Einstein 方程式 (7.3) を積分すると

$$r(1 - e^{-2\lambda}) = \int 8\pi G\rho r^2 dr = 2Gm(r)$$

となり $e^{-2\lambda} = 1 - \dfrac{2Gm(r)}{r}$ と表すことができる．これを (7.4) 式に代入すると

$$-\frac{2Gm(r)}{r^3} + \frac{2}{r}\left(1 - \frac{2Gm(r)}{r}\right)\phi' = 8\pi GP$$

となる．つまり，$\phi' = \dfrac{G\big[4\pi Pr^3 + m(r)\big]}{r^2\big[1 - \frac{2Gm(r)}{r}\big]}$ となる．静水圧平衡の式 (7.9) に代入すると (7.10) 式が得られる． □

この式は，1939 年に Oppenheimer と Volkoff により，中性子星の上限質量を導くのに用いられたが，同様の方程式は既に 1934 年に Richard C. Tolman により解析されていたので，**Tolman–Oppenheimer–Volkoff 方程式**（TOV 方程式）と呼ばれる．

TOV 方程式の非相対論的極限（$c \to \infty$）は，$\dfrac{P}{c^2} \ll \rho$ および $\dfrac{2Gm(r)}{rc^2} \ll 1$ より，

$$\frac{dP}{dr} = -\rho\frac{d\phi}{dr} = -G\frac{\rho m(r)}{r^2}$$

となり，これも圧力勾配が重力に釣り合うという星の静水圧平衡の式に一致する．つまり (7.9) 式や TOV 方程式は静水圧平衡の式の相対論的拡張ということになる．

Oppenheimer と Volkoff は相互作用のない完全縮退した中性子流体の状態方程式を用いて計算した結果，中性子星の上限質量は $0.7M_\odot$ と小さい値になった．しかし粒子間の相互作用（核力）を入れた現実的な状態方程式を考えると上限質量は $2M_\odot$–$3M_\odot$ 程度になる．この質量限界は **TOV 限界**と呼ばれる．ただ核密度を超える超高密度での状態方程式は現在でもまだよくわかっていないので，上限値は確定していない．しかし，音速 $c_s = \sqrt{\left(\dfrac{\partial P}{\partial \rho}\right)_{\mathrm{ad}}}$ が光速 $c$ を超えないという仮定から，上限質量は $3.2M_\odot$ 以下であることが示されている．

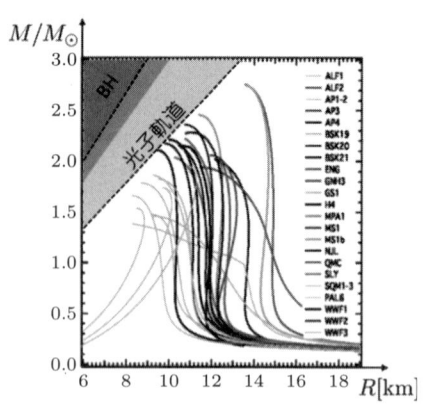

図 7.1　様々な状態方程式に対する中性子星の質量 $M$ と半径 $R$ の関係.

　図 7.1 に様々な状態方程式を仮定したときの中性子星の質量 $M$ と半径 $R$ の理論計算結果を示す[*1]．2017 年に発見された PSR J0952-0607 というパルサーの質量 $M = 2.35M_\odot$ が最も重い中性子星の質量であるので，上限質量はこれより大きくなければならない．図 7.1 で上限質量が $2.35M_\odot$ に達しないモデルは却下される．

---

　<中性子星の上限質量>

　中性子星に上限質量があることは簡単な次元解析で得られる．星の重力を支えるのは中性子の縮退圧で，その一粒子あたりに働く Fermi エネルギー $\epsilon_{\mathrm{F}}$ をまず評価する．星の半径を $R$，核子（中性子）数を $N_n$ とすると一粒子当たりの占める長さは $\ell = \left(\dfrac{R^3}{N_n}\right)^{1/3}$ であるので，不確定性原理 $p_{\mathrm{F}} \cdot \ell \sim \hbar$ を用い Fermi 運動量 $p_{\mathrm{F}}$ を評価すると，相対論的極限で $\epsilon_{\mathrm{F}} = p_{\mathrm{F}}c \sim \dfrac{\hbar c}{\ell} = \dfrac{\hbar c N_n^{1/3}}{R}$ が得られる．一方，一粒子当たりに働く重力ポテンシャルエネルギーは $\epsilon_g \sim -\dfrac{Gm_n M}{R}$ で与えられる．ここで $m_n$ は中性子の質量，$M = N_n m_n$ は中性子星の質量である．

　この 2 つの式はどちらも $R$ の逆数に比例するので $\epsilon_{\mathrm{F}}$ の方の係数が大きければ星を支えることができ，逆の場合は重力のほうが強くなり崩壊する．その境の粒子数は $N_{n(\mathrm{cr})} \sim \left(\dfrac{\hbar c}{Gm_n^2}\right)^{3/2} \sim 10^{57}$ となるので，上限質量は $M_{(\mathrm{cr})} \sim m_n N_{n(\mathrm{cr})} \sim 2M_\odot$ で与えられる．$\epsilon_{\mathrm{F}}$ が非相対論的領域では $1/R$ とは異なる依存性を示し，$M \le M_{(\mathrm{cr})}$ の場合は，重力との釣り合いが可能になる．

　この縮退圧による星の上限質量の存在をはじめに指摘したのは Subrahmanyan Chandraseckhar である．彼は星の最後の姿として電子の縮退圧で重力を支える星（白色矮星）を考え，上限質量が存在することを明らかにした．その質量は $1.4M_\odot$ で **Chandraseckhar 質量**と呼ばれる．中性子星は，電子を中性子に置き換えたもので，かつ強重力のため一般相対性理論が必要になるという点が異なるだけであるが，核密度以上の状態方程式がまだよくわからないため上限質量は確定していない．

---

[*1]　F. Özel and P. Freire, Annual Review of Astronomy and Astrophysics, **54** (2016) 401 を一部改変.

## 7.4 重力崩壊

前節の議論からわかるように，中性子星は上限質量を超えると自分の重さを支えることができずに急激に収縮をはじめ，**重力崩壊**を起こす．現実の重力崩壊は状態方程式に依存し複雑になると予想されるが，重力が圧力勾配を十分上回るので，最も簡単な場合として圧力ゼロ（$P = 0$）のダスト流体を考えよう．これは 1939 年に Oppenheimer と Hartland S. Snyder によって議論された．

Birkhoff の定理より崩壊している星の外部解は Schwarzschild 計量

$$ds^2 = -f(r)dt^2 + f^{-1}(r)dr^2 + r^2(d\theta^2 + \sin^2\theta d\varphi^2)$$

で一意的に与えられる．ここで $f(r) = 1 - \dfrac{2GM}{r}$ である．この座標系での星の半径を $R$ と置くと，この解は動径座標が $r \geq R$ の範囲を表している．ただし，重力崩壊している場合は半径が小さくなるので $R = R(t)$ のように時間に依存することに注意せよ．

次に星の内部がどうなるか考えよう．球対称時空の一般的な計量

$$ds^2 = -e^{2\phi}d\tau^2 + e^{2\lambda}d\xi^2 + D^2(d\theta^2 + \sin^2\theta d\varphi^2) \tag{7.11}$$

を仮定する．一般に，$\phi, \lambda, D$ はすべて時間 $\tau$ および動径座標 $\xi$ の関数である．

---

**例題 7.6** 球対称時空の計量 (7.11) において動径座標 $\xi$ を流体素片と一緒に動く共動座標とし，圧力がゼロのダスト流体に対してエネルギー・運動量保存則を書き下せ．

---

解 共動座標を用いたとき 4 元速度は $u^\mu = (u^0, 0, 0, 0)$ となり，エネルギー・運動量テンソルは $T^\mu_{\ \nu} = (-\rho, 0, 0, 0)$ で表される．よって

$$\nabla_\mu T^\mu_{\ \nu} = \frac{1}{\sqrt{-g}}\partial_\mu\big(\sqrt{-g}T^\mu_{\ \nu}\big) - \Gamma^\rho_{\ \mu\nu}T^\mu_{\ \rho} = \delta^0_{\ \nu}\frac{1}{e^{\phi+\lambda}D^2}\partial_0\big(e^{\phi+\lambda}D^2 T^0_{\ 0}\big) - \Gamma^0_{\ 0\nu}T^0_{\ 0}$$

$$= -\delta^0_{\ \nu}\frac{1}{e^{\phi+\lambda}D^2}\partial_0\big(e^{\phi+\lambda}D^2\rho\big) + \rho\partial_\nu\phi = 0$$

である．よって

$$\dot\rho = -\left(2\dot\phi + \dot\lambda + 2\frac{\dot D}{D}\right)\rho, \tag{7.12}$$

$$\rho\phi' = 0 \tag{7.13}$$

となる．ここでドット（$\cdot$）とプライム（$'$）はそれぞれ $\tau$ 微分，$\xi$ 微分である． □

---

このように圧力ゼロの場合は $\phi' = 0$ となるので，$\phi = \phi(\tau)$ となる．よって時間座標の再定義 $d\tilde\tau = e^{\phi(\tau)}d\tau$ により $\phi = 0$ と置くことができる．

---

**例題 7.7** 圧力ゼロのダスト流体に対する球対称時空の計量

$$ds^2 = -d\tau^2 + e^{2\lambda}d\xi^2 + D^2(d\theta^2 + \sin^2\theta d\varphi^2) \tag{7.14}$$

を考えたとき，Einstein 方程式を導け．ここで動径座標 $\xi$ は流体素片と一緒に動く共動座標とする．

---

解 計量 (7.14) に対する曲率を計算し，Einstein 方程式を書き下すと

$$G^\tau{}_\tau = -\frac{1}{D^2}\left[1 + \left(\dot{D}^2 + 2\dot{\lambda}D\dot{D}\right) - e^{-2\lambda}\left(D'^2 + 2D(D'' - \lambda'D')\right)\right]$$
$$= -8\pi G\rho, \tag{7.15}$$

$$G^\tau{}_\xi = \frac{2}{D}\left(\dot{D}' - \dot{\lambda}D'\right) = 0, \tag{7.16}$$

$$G^\xi{}_\xi = -\frac{1}{D^2}\left[1 + \left(\dot{D}^2 + 2D\ddot{D}\right) - e^{-2\lambda}D'^2\right] = 0, \tag{7.17}$$

$$G^\theta{}_\theta = G^\varphi{}_\varphi = -\left[\ddot{\lambda} + \dot{\lambda}^2 + \frac{1}{D}\left(\ddot{D} + \dot{\lambda}\dot{D}\right)\right] + e^{-2\lambda}\left[\frac{1}{D}(D'' - \lambda'D')\right] = 0 \tag{7.18}$$

となる． □

---

**例題 7.8** 新しい量として

$$m(\xi) \equiv 4\pi \int_0^\xi \rho D^2 D' d\xi, \quad U \equiv \dot{D}, \quad \Gamma \equiv e^{-\lambda}D'$$

を定義したとき，エネルギー・運動量保存則や Einstein 方程式を用いて

(1) $\dot{m} = 0$,

(2) $\Gamma^2 = 1 + U^2 - \dfrac{2Gm}{D}$,

(3) $\dot{\Gamma} = 0$

が成り立つことを示せ.

---

解 (1) $m$ の積分の上限 $\xi$ は共動座標であるため時間変化しない．よって Einstein 方程式 (7.16) を用いると

$$\dot{m} = 4\pi \int_0^\xi \left(\dot{\rho}D^2 D' + 2\rho D\dot{D}D' + \rho D^2 \dot{D}'\right)d\xi = 4\pi \int_0^\xi D^2 D'\left[\dot{\rho} + \left(2\frac{\dot{D}}{D} + \dot{\lambda}\right)\rho\right]d\xi$$

となる．ここでエネルギー運動量保存則 (7.12) を用いると $\dot{m} = 0$ であることがわかる．

(2) また，Einstein 方程式 (7.15) を (7.16) 式を使って書き換えると

$$8\pi G\rho D^2 D' = D' + \dot{D}^2 D' + 2\dot{\lambda}DD'\dot{D} - e^{-2\lambda}\left(D'^3 + 2DD'(D'' - \lambda'D')\right)$$
$$= D' + \dot{D}^2 D' + 2D\dot{D}'\dot{D} - e^{-2\lambda}\left(D'^3 + 2DD'(D'' - \lambda'D')\right)$$
$$= \left[D\left(1 + \dot{D}^2 - e^{-2\lambda}D'^2\right)\right]'$$

となるが，これを 0 から $\xi$ まで積分すると

$$2Gm(\xi) = D\left(1 + \dot{D}^2 - e^{-2\lambda}D'^2\right)$$

となる．ここで $\xi = 0$ で $D = 0$ および $m(0) = 0$ を用いた．これを書き換えると

$$\Gamma^2 = 1 + U^2 - \frac{2Gm}{D} \tag{7.19}$$

が得られる.

(3) 上の (7.19) 式を $\tau$ で微分すると

$$2\Gamma\dot{\Gamma} = 2U\dot{U} + \frac{2Gm}{D^2}\dot{D} = 2\dot{D}\left(\ddot{D} + \frac{Gm}{D^2}\right)$$

となる．ここで Einstein 方程式 (7.17) を書き換えると

$$\ddot{D} = -\frac{1}{2D}(1 + \dot{D}^2 - e^{-2\lambda}D'^2) = -\frac{1}{2D}(1 + U^2 - \Gamma^2) = -\frac{Gm}{D^2}$$

となるので，$\dot{\Gamma} = 0$ であることがわかる． □

以上より $m(\xi)$, $\Gamma(\xi)$ は時間に依存しないので，(7.19) 式を時間 $\tau$ に関する $D$ の微分方程式と見ると，固定された $\xi$ に対して積分できる．

**例題 7.9** 時間 $\tau$ に関する $D$ の微分方程式

$$\left(\frac{dD}{d\tau}\right)^2 - \frac{2Gm}{D} = \Gamma^2 - 1 \tag{7.20}$$

を（必要ならばパラメータ表示を使って）積分せよ．

解 $\Gamma^2$ の値によって 3 つの場合に分類される．$\Gamma^2 = 1$ のときは簡単に積分できるが，$\Gamma^2 \neq 1$ のときはパラメータ表示が必要となる．

(i) $\Gamma^2 < 1$ のとき：
$\tilde{D} \equiv \dfrac{D}{Gm/(1-\Gamma^2)}$, $\tilde{\tau} \equiv \dfrac{\tau}{Gm/(1-\Gamma^2)^{3/2}}$ のように無次元量を導入すると微分方程式は

$$\tilde{D}\left[\left(\frac{d\tilde{D}}{d\tilde{\tau}}\right)^2 + 1\right] = 2$$

となり，サイクロイド曲線が満たす方程式になる．よって解は

$$D = \frac{Gm(\xi)}{1 - \Gamma^2(\xi)}(1 + \cos\eta),$$

$$\tau = \frac{Gm(\xi)}{(1 - \Gamma^2(\xi))^{3/2}}(\eta + \sin\eta) + T(\xi)$$

となる．ここで $\eta$ はパラメータで，$D \geq 0$ より $0 \leq \eta \leq \pi$ の範囲を動く．

(ii) $\Gamma^2 = 1$ のとき：

$$D = \left[\frac{9Gm(\xi)}{2}\right]^{1/3}[\tau - T(\xi)]^{2/3}.$$

(iii) $\Gamma^2 > 1$ のとき：

(i) と同じように無次元量を導入して解くと

$$D = \frac{Gm(\xi)}{\Gamma^2(\xi) - 1}(\cosh\eta - 1),$$

$$\tau = \frac{Gm(\xi)}{(\Gamma^2(\xi) - 1)^{3/2}}(\sinh\eta - \eta) + T(\xi)$$

が得られる．ここで $\eta$ はパラメータで，$D \geq 0$ より $0 \leq \eta < \infty$ の範囲を動く．

(i)–(iii) の $T(\xi)$ は積分のときに得られる $\xi$ の任意関数である． □

このように計量 $D^2$ は 3 つの関数 $m(\xi)$, $\Gamma(\xi)$, $T(\xi)$ で与えられる．ここで $m(\xi)$ は質量関数に対応し，動径座標 $\xi$ までの質量を，$\Gamma(\xi)$ は流体素片の重力を考慮したときの

"Lorentz 因子" に対応し，初期の流体素片の速度分布を，$T(\xi)$ は $\xi$ における流体素片の時間の原点の取り方の自由度を表している．残された計量 $\lambda$ は $e^\lambda = D'/\Gamma(\xi)$ で与えられる．

以上をまとめると，ダスト流体の重力崩壊を表す計量は，$D$ を上の解で与えたとして，

$$ds^2 = -d\tau^2 + \frac{D'^2}{\Gamma^2(\xi)}d\xi^2 + D^2d\Omega^2$$

で表すことができる．

Oppenheimer と Snyder は (i) つまり，$\Gamma^2 < 1$ のときを考え，$T(\xi) = 0$ とし，密度 $\rho$ も時刻 $\tau$ で一様（$\rho = \rho(\tau)$）と仮定した．このとき

$$m(\xi) = 4\pi\rho \int_0^\xi D^2 D' d\xi = \frac{4\pi}{3}\rho(\tau)D^3(\tau,\xi)$$

となるが，$m(\xi)$ が時間に依存しないという条件から $D(\tau,\xi) = a(\tau)\mathfrak{r}(\xi)$ のように変数分離され，$\rho a^3 = $ 一定 という条件が付く．

このときの計量を具体的に書くと

$$ds^2 = -d\tau^2 + a^2(\tau)\left(\frac{\mathfrak{r}'^2}{\Gamma^2(\xi)}d\xi^2 + \mathfrak{r}^2 d\Omega^2\right) = -d\tau^2 + a^2(\tau)\left(\frac{d\mathfrak{r}^2}{\Gamma^2(\mathfrak{r})} + \mathfrak{r}^2 d\Omega^2\right)$$

となる．ここでさらに任意関数 $\Gamma$ として $\Gamma^2(\mathfrak{r}) = 1 - \mathfrak{r}^2$ と取ると

$$ds^2 = -d\tau^2 + a(\tau)^2\left[\frac{d\mathfrak{r}^2}{1 - \mathfrak{r}^2} + \mathfrak{r}^2(d\theta^2 + \sin^2\theta d\varphi^2)\right] \tag{7.21}$$

となり，3 次元空間はちょうど曲率が正の最大対称空間になる．計量 $a$ は，上で求めた解 (i) より，パラメータ表示を使って

$$a = \frac{a_0}{2}(1 + \cos\eta), \quad \tau = \frac{a_0}{2}(\eta + \sin\eta) \tag{7.22}$$

で与えられる．ここで $a_0 \equiv \frac{8\pi G}{3}\rho a^3$ (一定) である．

また，ダスト球の重力崩壊を表す計量 (7.21) は，別の共動座標 $\chi$（$d\chi \equiv \frac{d\mathfrak{r}}{\sqrt{1 - \mathfrak{r}^2}}$）や上のパラメータ $\eta$ を使って次のように表すこともできる[*2]．

$$ds^2 = -d\tau^2 + a(\tau)^2\left[d\chi^2 + \sin^2\chi(d\theta^2 + \sin^2\theta d\varphi^2)\right] \tag{7.23}$$

$$= a(\eta)^2\left[-d\eta^2 + d\chi^2 + \sin^2\chi(d\theta^2 + \sin^2\theta d\varphi^2)\right] \tag{7.24}$$

> **例題 7.10** 重力崩壊をする星の密度の時間変化を求め，密度が無限大に達するまでの時間を流体素片の固有時間を使って表せ．星の共動座標による半径を $\chi_s$ とし，初期時刻は，星の半径が最大で，流体素片が静止しているときとする．

$\boxed{\text{解}}$ $\rho a^3 = $ 一定 であるので，星の密度は $\rho = \frac{\rho_0 a_0^3}{a^3}$ で与えられる．$\eta = 0$ で $\tau = 0$，$a = a_0$，$\dot{a} = 0$ となるので，密度変化もこの瞬間はゼロになり星は静止していると考えられるので，初期時刻は $\eta = 0$ である．

---

[*2] これらの計量 (7.21), (7.23) は第 11 章で議論する Friedmann 宇宙モデルで曲率が正の場合（閉じた宇宙モデル）の計量になっている．またパラメータ $\eta$ は宇宙論で共形時間と呼ばれる時間座標である．

密度が無限大に発散するのは $a = 0$, つまり $\eta_\infty = \pi$ のときである. このとき流体素片の固有時間 $\tau$ は $\tau_\infty = \dfrac{a_0 \pi}{2}$ より, 崩壊に要する時間は $\dfrac{a_0 \pi}{2}$ で与えられる. $\qquad\square$

星に乗った観測者（流体素片）にとっては, その位置 $\chi$ は変化しないが, 密度 $\rho$ が有限時間で無限に大きくなり, 星は崩壊する. いまダスト流体を考えており, この流体素片には重力しか働いていないので各素片は測地線を運動している. 一方で, 無限遠で静止した観測者からは, この重力崩壊はどのように見えるのだろうか.

> **例題 7.11** 星表面の粒子（流体素片）は外部の Schwarzschild 計量が表す時空において測地線運動をする. 初期 $(t = 0)$ に半径 $R_0$ で静止していた粒子が, 重力崩壊を始めてから $r_g = 2GM$ に到達するまでの時間を求めよ.

$\boxed{\text{解}}$ いま粒子は角運動量ゼロで中心に向かって落下しているので, Schwarzschild 計量における単位質量当たりの粒子の測地線は, (6.12) 式より

$$\left(\frac{dr}{d\tau}\right)^2 + \left(1 - \frac{r_g}{r}\right) = \mathcal{E}^2$$

で与えられる. $t = 0$ で $r = R_0$, $\dfrac{dr}{d\tau} = 0$ であるので, $\mathcal{E}^2 = 1 - \dfrac{r_g}{R_0}$ となる. よって, $R_0$ から $r_g$ に到達するまでの粒子の固有時間 $\tau$ は

$$\int_{R_0}^{r_g} dr \frac{d\tau}{dr} = -\int_{R_0}^{r_g} \frac{dr}{\sqrt{\mathcal{E}^2 - 1 + \frac{r_g}{r}}} = -\int_{R_0}^{r_g} \frac{dr}{\sqrt{r_g\left(\frac{1}{r} - \frac{1}{R_0}\right)}}$$

$$= \sqrt{r_g R_0}\left[\sqrt{\frac{R_0}{r_g} - 1} + \frac{R_0}{r_g}\tan^{-1}\left(1 - \frac{r_g}{R_0}\right)\right]$$

となり, 固有時間では有限の間に $r = r_g$ まで崩壊する.

一方, 無限遠の観測者の時間 $t$ で測ると

$$\int_{R_0}^{r_g} dr \frac{dt}{dr} = \int_{R_0}^{r_g} dr \frac{dt}{d\tau}\frac{d\tau}{dr} = -\int_{R_0}^{r_g} f^{-1}(r)\mathcal{E}\frac{dr}{\sqrt{\mathcal{E}^2 - 1 + \frac{r_g}{r}}}$$

$$= -\mathcal{E}\int_{R_0}^{r_g}\left(1 - \frac{r_g}{r}\right)^{-1}\frac{dr}{\sqrt{r_g\left(\frac{1}{r} - \frac{1}{R_0}\right)}}$$

$$\approx -r_g \ln(r - r_g) \to \infty \quad (r \to r_g)$$

となり, 発散する. $\qquad\square$

この星表面の流体素片の運動は一般的に積分でき, パラメータ表示するとサイクロイドで表される. つまり

$$R = \frac{R_0}{2}(1 + \cos\eta), \tag{7.25}$$

$$\tau = \sqrt{\frac{R_0^3}{4r_g}}(\eta + \sin\eta) \tag{7.26}$$

となる.

また無限遠の観測者にとって，星の重力崩壊では

$$R \to r_g \left(1 + e^{-t/r_g}\right) \tag{7.27}$$

のように，星表面が無限時間かかって $r_g$ に近づいていくように見える．しかし星表面にいる観測者の固有時間ではその時間は有限で，さらに $r_g$ を超えて有限時間 $\tau_\infty$ で中心 $r = 0$ に到達する．

> **例題 7.12** 重力崩壊する星の内部解は 2 つのパラメータ $(a_0, \chi_s)$ で特徴付けられる．ここで $\chi_s$ は星の表面における共同座標 $\chi$ の値である．一方，外部解である Schwarzschild 解は質量 $M$ で特徴付けられる．この 2 つの時空を星表面で接続し，星の質量 $M$ および星の初期半径 $R_0$ を $a_0, \chi_s$ を用いて表せ．

解 2 つの時空の座標系は異なるので計量が連続とは限らない．しかしながら角度 $(\theta, \varphi)$ は共通であるので，任意の半径における球面の面積は星表面で連続でなければならない．Schwarzschild 計量で半径 $r = R$ における球面の面積は $4\pi R^2$ である．一方，崩壊する星の計量 (7.23) は $4\pi(a \sin \chi_s)^2$ となる．この 2 つが等しいので $R(t) = a(\tau) \sin \chi_s$ である．初期時刻 $(t = 0, \tau = 0)$ では $R_0 = a_0 \sin \chi_s$ となる．

また，星表面の法線ベクトルを $n^\mu$ とし，星表面に垂直な 3 次元超曲面を考える．崩壊する星の計量からこの 3 次元超曲面の計量を求めると

$$ds_{3(-)}^2 = -d\tau^2 + a^2 \sin^2 \chi_s d\Omega^2 = a^2(-d\eta^2 + \sin^2 \chi_s d\Omega^2)$$

となる．一方，Schwarzschild 計量で星表面に垂直な 3 次元超曲面を見ると

$$ds_{3(+)}^2 = -\left(1 - \frac{r_g}{R}\right)dt^2 + \left(1 - \frac{r_g}{R}\right)^{-1} dR^2 + R^2 d\Omega^2$$

$$= -d\tau^2 + R^2 d\Omega^2 = \frac{R_0^2}{4}(1 + \cos \eta)^2 \left[-d\eta^2 + \left(\frac{R_0}{r_g}\right)d\Omega^2\right]$$

となる．最後の式では星表面の流体素片の運動をパラメータ表示した結果 (7.25), (7.26) を用いた．星表面での計量は一致する必要があるので，$ds_{3(-)}^2$ と $ds_{3(+)}^2$ を等しく置くと，$\dfrac{R_0}{r_g} = \sin \chi_s^2$ となるので，$R_0 = a_0 \sin \chi_s$ を使うと $GM = \dfrac{a_0}{2} \sin^3 \chi_s$ が得られる． □

この解が考えているダスト球体の重力崩壊を表す解になっていることの証明としては実は十分ではない．ここで示したのは星表面の計量が $r = R$ で一致することを示しただけで，2 つの時空がなめらかに接続されているかは自明ではない．なめらかであることを示すには，法線ベクトルがなめらかにつながる条件，つまり星表面の外曲率が連続であるという条件が必要となる．幸いにもここで得られた解はそのままで外曲率が連続となっており，ダスト球体の重力崩壊を表す解になっている．

# 第 8 章
# ブラックホールの時空

Schwarzschild は 1916 年に初めて Einstein 方程式の球対称真空解を発見したが，その解の持つ重力半径 $r_g = \dfrac{2GM}{c^2}$ を巡って様々な議論があったことは既に述べた．Einstein はそのような Schwarzschild 特異性は現れないと主張したが，Oppenheimer と Snyder が示したように，上限質量を超えた中性子星は，支える十分の圧力がなく，重力半径 $r_g$ を超えて有限時間で重力崩壊する．ではこの重力半径は特に意味のない半径だったのであろうか．実は，この半径がブラックホールを特徴付ける重要な半径で，Schwarzschild 特異性の本当の意味が明らかになったのは 1960 年代のことである．

## 8.1 Schwarzschild 特異性

上限質量を超えた星は，自らの重力に抗うだけの圧力が存在しないため，**重力崩壊**を起こす．この重力崩壊した星の外部は Birkhoff の定理より Schwarzschild 解

$$ds^2 = -f(r)dt^2 + f^{-1}(r)dr^2 + r^2 d\theta^2 + r^2 \sin^2\theta d\varphi^2 \tag{8.1}$$

で与えられる．ここで $f(r) = 1 - r_g/r$ である．

前章で示したように，Buchdahl の定理から中性子星などの静的球対称星の半径は必ず $r_g$ より大きくなり，Schwarzschild 特異性は表れないが，重力崩壊する星の外部では $r - r_y$ が現れる．この点では Schwarzschild 計量 (8.1) は発散するが，これをどう解釈すればいいのであろうか．

一般相対性理論は一般相対性原理を満たし，どのような観測者（座標系）に対してもその物理的振舞いは変化しない．しかし，計量は観測者により変化するので，計量の特異性は必ずしも物理的な特異性には対応しない．そこで，座標変換に対して不変となるスカラー量として Erich J. Kretschmann により定義された **Kretschmann 不変量** $\mathcal{K} \equiv R_{\mu\nu\rho\sigma}R^{\mu\nu\rho\sigma}$ を考えよう[*1]．

---

[*1] $R$ や $R_{\mu\nu}R^{\mu\nu}$ も不変量となるが，真空解ではそれらは自明にゼロとなるので，Riemann テンソルから構成される不変量を考える．

**例題 8.1** Schwarzschild 解の Kretschmann 不変量は

$$\mathcal{K} = R_{\mu\nu\rho\sigma}R^{\mu\nu\rho\sigma} = \frac{12r_g^2}{r^6}$$

で与えられることを示せ.

**解** Schwarzschild 解の Riemann テンソルで非自明なものは

$$R_{0r0r} = -\frac{r_g}{r^3}, \quad R_{0\theta0\theta} = \frac{r_g}{2r}f(r), \quad R_{0\varphi0\varphi} = \frac{r_g}{2r}f(r)\sin^2\theta,$$

$$R_{r\theta r\theta} = -\frac{r_g}{2r}f^{-1}(r), \quad R_{r\varphi r\varphi} = -\frac{r_g}{2r}f^{-1}(r)\sin^2\theta, \quad R_{\theta\varphi\theta\varphi} = r_g r \sin^2\theta$$

で与えられる. ただし, ここでは Riemann テンソルの対称性

$$R_{\mu\nu\rho\sigma} = R_{\rho\sigma\mu\nu} = R_{\nu\mu\sigma\rho} = -R_{\nu\mu\rho\sigma} = -R_{\mu\nu\sigma\rho}$$

で結びつく他の 18 成分は省略した. したがって Kretschmann 不変量は

$$\mathcal{K} = 4\Big(R_{0r0r}R^{0r0r} + R_{0\theta0\theta}R^{0\theta0\theta} + R_{0\varphi0\varphi}R^{0\varphi0\varphi}$$

$$+ R_{r\theta r\theta}R^{r\theta r\theta} + R_{r\varphi r\varphi}R^{r\varphi r\varphi} + R_{\theta\varphi\theta\varphi}R^{\theta\varphi\theta\varphi}\Big) = \frac{12r_g^2}{r^6}$$

となる. □

　重力崩壊において密度が無限大になる $r = 0$ では Kretschmann 不変量も発散し, この点はどの観測者から見ても曲率が無限に大きくなる**曲率特異点**であることがわかる. 一方, $r = r_g$ では Kretschmann 不変量は $\mathcal{K} = \dfrac{12}{r_g^4}$ となり, 有限である. したがって Schwarzschild 計量における $r = r_g$ の特異性は, 観測者に依存した特異性で, 適切な座標系へ変換することで取り除くことができる可能性がある.

　そこで, Schwarzschild 時空において特異性を示す $r = r_g$ での振舞いをもう少し詳しく見てみよう.

**例題 8.2** Schwarzschild 時空において, $r_g$ から $r\ (> r_g)$ までの動径方向の実距離 $\ell(r) = \displaystyle\int_{r_g}^{r} \sqrt{g_{rr}}dr$ を求めよ.

**解** $r_g$ からの動径方向の距離は

$$\ell(r) = \int_{r_g}^{r} \sqrt{g_{rr}}dr = \int_{r_g}^{r} \frac{dr}{\sqrt{1 - \frac{r_g}{r}}}$$

で定義されるが, ここで $\xi = \sqrt{1 - \frac{r_g}{r}}$ とおくと

$$\ell(r) = \int_0^{\xi} \frac{2r_g}{(1-\xi^2)^2}d\xi = r\sqrt{1 - \frac{r_g}{r}} + \frac{r_g}{2}\ln\left(\frac{1 + \sqrt{1 - \frac{r_g}{r}}}{1 - \sqrt{1 - \frac{r_g}{r}}}\right)$$

となり, $r_g$ で計量は発散するが $r_g$ からの物理的な実距離 $\ell(r)$ は有限となる. □

ここで，時刻 $t = 0$ に半径 $r_0 \, (> r_g)$ から動径方向に放たれた光を考える．動径方向に伝播する光の経路は $ds^2 = -f(r)dt^2 + f^{-1}(r)dr^2 = 0$ となり，光の動径方向の速度は $\dfrac{dr}{dt} = \pm f(r)$ で与えられる．ここで，正負はそれぞれ外向き，内向きに放たれた光を表す．

半径 $r_0$ から動径方向に放出された光を観測者が $r_{\mathrm{obs}} \, (> r_0)$ で受け取ったとき，その間に経過する時間 $T$ は

$$T = \int_0^T dt = \int_{r_0}^{r_{\mathrm{obs}}} \frac{dt}{dr} dr = \int_{r_0}^{r_{\mathrm{obs}}} f^{-1} dr = r_{\mathrm{obs}} - r_0 + r_g \ln \frac{r_{\mathrm{obs}} - r_g}{r_0 - r_g} \qquad (8.2)$$

で与えられる．ここで，時刻 $t = 0$ に半径 $r_0$ から外向き動径方向に放たれた光 $(\dfrac{dr}{dt} > 0)$ に対して $T \to \infty$ の極限を考え，

$$\lim_{T \to \infty} \int_0^T dt = \int_{r_0}^{r_{\infty(+)}} \frac{dt}{dr} dr = \int_{r_0}^{r_{\infty(+)}} f^{-1}(r) dr = r_{\infty(+)} - r_0 + r_g \ln \frac{r_{\infty(+)} - r_g}{r_0 - r_g}$$

によって $r_{\infty(+)} \, (> r_0)$ を定義すると，$r_{\infty(+)} = \infty$ となる，つまり外向き動径方向に放たれた光は無限遠まで到達可能である．

---

**例題 8.3** 同様に，時刻 $t = 0$ に半径 $r_0$ から内向き動径方向に放たれた光 $(\dfrac{dr}{dt} < 0)$ が到達可能な半径は

$$\lim_{T \to \infty} \int_0^T dt = \int_{r_0}^{r_{\infty(-)}} \frac{dt}{dr} dr = - \int_{r_0}^{r_{\infty(-)}} f^{-1}(r) dr$$

で定義される $r_{\infty(-)} \, (< r_0)$ で与えられる．このとき $r_{\infty(-)}$ を求めよ．

---

【解】 $T \to \infty$ での中心方向への経過時間は同様にして

$$\lim_{T \to \infty} \int_0^T dt = - \int_{r_0}^{r_{\infty(-)}} \left( 1 - \frac{2r_g}{r} \right)^{-1} dr = r_0 - r_{\infty(-)} + r_g \ln \frac{r_0 - r_g}{r_{\infty(-)} - r_g}$$

となるので，時刻 $t = 0$ に半径 $r_0$ で内向きに放たれた光が到達できる領域は半径 $r_{\infty(-)} = r_g$ で与えられる． $\qquad\qquad\qquad\qquad\qquad\qquad\qquad\qquad\qquad\qquad\qquad\quad \square$

つまり $r_g$ より外の領域から光を外向きに放出すると無限遠点まで到達可能であるが，内向きの光は $r_g$ までしか到達できない．しかしこれは $r_g$ を超えて星が重力崩壊するということと矛盾しているように見える．実はこれは異なる時間座標を使って議論しているからである．重力崩壊が有限時間というのはあくまで星とともに落下していく観測者の固有時間で測ったものであって，ここで用いた時間 $t$ は無限遠にいる観測者の固有時間である．無限遠の観測者から見て内向きの光は $r_g$ を超えて内側には入れないということである．重力崩壊でも，(7.27) 式のように，無限遠の観測者にとっては星表面が $r_g$ に到達するまでに無限の時間がかかるのである．

次に半径 $r_g$ の外から出た光の振動数を考えてみよう．

---

**例題 8.4** 半径 $r_{\mathrm{em}}$ で放された振動数 $\nu_{\mathrm{em}}$ の光を半径 $r_{\mathrm{obs}}$ にいる観測者が受け取った．観測者が受け取った光の振動数を振動数 $\nu_{\mathrm{obs}}$ としたとき，$\nu_{\mathrm{em}}$ との関係を求めよ．

---

振動数 $\nu_{\mathrm{em}}$ の光が半径 $r_{\mathrm{em}}$ で時刻 $t_{\mathrm{em}}$ から $t_{\mathrm{em}} + \Delta t_{\mathrm{em}}$ の間放出されたとする．このとき観測者は時刻 $t_{\mathrm{obs}}$ から $t_{\mathrm{obs}} + \Delta t_{\mathrm{obs}}$ の間に光を受け取ったとすると，(8.2) 式より

$$t_{\mathrm{obs}} - t_{\mathrm{em}} = r_{\mathrm{obs}} - r_{\mathrm{em}} + r_g \ln \frac{r_{\mathrm{obs}} - r_g}{r_{\mathrm{em}} - r_g},$$

$$(t_{\mathrm{obs}} + \Delta t_{\mathrm{obs}}) - (t_{\mathrm{em}} + \Delta t_{\mathrm{em}}) = r_{\mathrm{obs}} - r_{\mathrm{em}} + r_g \ln \frac{r_{\mathrm{obs}} - r_g}{r_{\mathrm{em}} - r_g}$$

となるので $\Delta t_{\mathrm{obs}} = \Delta t_{\mathrm{em}} = \Delta t$ である．この時間間隔をそれぞれの位置 $r_{\mathrm{em}}$ と $r_{\mathrm{obs}}$ における静止系の固有時間で表すと

$$\Delta \tau_{\mathrm{em}} = \sqrt{-g_{00}(r_{\mathrm{em}})} \Delta t, \quad \Delta \tau_{\mathrm{obs}} = \sqrt{-g_{00}(r_{\mathrm{obs}})} \Delta t,$$

となる．(振動数)×(固有時間) はその時間間隔の間に振動する光の波の数を表しているので，その値は放出側と受取側で一致する必要がある．つまり

$$\nu_{\mathrm{em}} \Delta \tau_{\mathrm{em}} = \nu_{\mathrm{obs}} \Delta \tau_{\mathrm{obs}}$$

である．よって 2 つの振動数の関係は

$$\frac{\nu_{\mathrm{obs}}}{\nu_{\mathrm{em}}} = \frac{\Delta \tau_{\mathrm{em}}}{\Delta \tau_{\mathrm{obs}}} = \sqrt{\frac{-g_{00}(r_{\mathrm{em}})}{-g_{00}(r_{\mathrm{obs}})}} = \sqrt{\frac{1 - r_g/r_{\mathrm{em}}}{1 - r_g/r_{\mathrm{obs}}}} \quad (< 1)$$

となる． □

このように，重力の強い場所から光を放出すると，より遠方の重力の弱い場所にいる観測者にとっては赤方偏移した光を受け取ることになる（第 1 章 1.2.2 節）．特に $r_{\mathrm{em}} = r_g$ で放出された光の場合は放出光の振動数によらず $\nu_{\mathrm{obs}} = 0$ となり，無限に赤方偏移した光を受け取ることになる[*2]．これは受け取る場所にもよらず，$r_g$ の外側にいる静止観測者すべてに対して成り立つ[*3]．

このように Schwarzschild 座標系で特異性を示す $r = r_g$ は非常に奇妙な場所に見えるが，そこがどのような物理的意味を持つかを知るには，その点で特異とならない座標系を設定しないといけない．

## 8.2 Eddington–Finkelstein 座標

時空で重要なのは因果的構造であるので，まず角度 $(\theta, \varphi) = $ 一定 で動径方向に伝播する光の振舞いを見てみよう．計量 $ds^2 = -dt^2 + dr^2 + r^2 d\Omega^2$ で表される Minkowski 時空では $ds^2 = 0$ より光円錐は $\frac{dt}{dr} = \pm 1$ で表され，積分すると光の軌道は $t = \pm r + $ 定数 となり，時空図で $\pm 45°$ 方向に伝播する．ここでヌル座標 $u = t - r$，$v = t + r$ を導入すると $u = $ 一定 が外向きの光の軌道，$v = $ 一定 が内向きの光の軌道を表す．このヌル座標を用いると計量は $ds^2 = -dudv + r^2 d\Omega^2$ と表される．

---

[*2] これはもう光（電磁波）と呼べないが．

[*3] 後述するように $r = r_g$ から光は外側に出てこられないので，実はこの文章には意味がない．

**例題 8.5** Schwarzschild 時空において動径方向に伝播する光の軌道を $t = \pm F(r)$ で表したときの $F(r)$ を求めよ．ここで $\pm$ はそれぞれ外向き，内向きを表すとする．

$\boxed{\text{解}}$ 光の軌道は $ds^2 = 0$ で表されるので，Schwarzschild 計量より光の軌道は微分方程式

$$\frac{dt}{dr} = \pm f^{-1}(r) = \pm\left(1 - \frac{r_g}{r}\right)^{-1} \tag{8.3}$$

で与えられる．ここで $\pm$ はそれぞれ外向きの光，内向きの光に対応している．積分すると

$$t = \int dt = \int \frac{dt}{dr} dr = \pm \int f^{-1}(r) dr = \pm \int \frac{r}{r - r_g} dr = \pm\left(r + r_g \ln \frac{r - r_g}{r_g}\right)$$

となる．よって $F(r) = r + r_g \ln \dfrac{r - r_g}{r_g}$ となる． $\qquad\qquad\square$

Schwarzschild 座標では，(8.3) 式から，光円錐の傾き $\dfrac{dt}{dr}$ は，無限遠では $\dfrac{dt}{dr} = \pm 1$ より Minkowski 時空における $\pm 45°$ に一致するが，$r = r_g$ に近づくと $\dfrac{dt}{dr} \to \pm\infty$ となり，光円錐は狭まり，やがて潰れてしまう．これは $r = r_g$ の近傍では Schwarzschild 座標の振舞いが悪いからで，因果構造を明確にするには Minkowski 時空のときのように光円錐の傾きが常に $\pm 45°$ となるような座標系を選ぶとよいと考えられる．

そこで新たな動径座標 $r^*$ を

$$r^* \equiv r + r_g \ln \frac{r - r_g}{r_g} \tag{8.4}$$

と定義すると，光の軌道は $t = \pm r^* +$ 定数となり，Minkowski 時空のときのように表すことができる．この動径座標 $r^*$ は**亀座標**と呼ばれている．そこでヌル座標を $U = t - r^*$, $V = t + r^*$ で定義すると．$U =$ 一定 が外向きの光の軌道，$V =$ 一定 が内向きの光の軌道を表すことになる．

**例題 8.6** Schwarzschild 計量をヌル座標 $V$ と動径座標 $r$ を用いて表せ．

$\boxed{\text{解}}$ 時間座標 $t$ の微分は $dt = dV - dr^* = dV - f^{-1}dr$ で与えられる．したがって Schwarzschild 計量は

$$ds^2 = -f dt^2 + f^{-1} dr^2 + r^2 d\Omega^2 = -f\left(dV - f^{-1}dr\right)^2 + f^{-1}dr^2 + r^2 d\Omega^2$$
$$= -f dV^2 + 2 dV dr + r^2 d\Omega^2 \tag{8.5}$$

となる． $\qquad\qquad\square$

Schwarzschild 解のこの座標系による表示は Eddington と David R. Finkelstein により独立に導入されたので，**Eddington–Finkelstein 座標**と呼ばれる．この Eddington–Finkelstein 座標表示では $r = r_g$ では計量は無限大に発散はしない．この座標系では光円錐がどのように振る舞うか考えよう．

例題 8.7 時間座標として $\tilde{t} \equiv V - r$ を用いた $(\tilde{t}, r)$ で表される時空図において，Eddington–Finkelstein 座標系では光円錐がどのように振る舞うか図示して答えよ．特に，$r \to r_g$ のときの振舞いを詳しく調べよ．

解 動径方向に進む光は $ds^2 = dV(-f(r)dV + 2dr) = 0$ で表されるので，$V = $一定，または $\dfrac{dV}{dr} = 2f^{-1}$ で与えられる．$V = $一定 で表される光は内向きの光を表し，新しい時間座標 $\tilde{t}$ を用いると光の軌道は $\tilde{t} = V - r = -r + $一定 となるので，$(\tilde{t}, r)$ 時空図上では内向き $45°$ の直線となる．

一方，外向きに伝播する光の軌道は

$$\tilde{t} = V - r = \int \frac{dV}{dr} dr - r = \int \frac{2}{1 - \frac{r_g}{r}} dr = r + 2r_g \ln \left| \frac{r}{r_g} - 1 \right|$$

で与えられる．

この式の第 2 項は $r \gg r_g$ では第 1 項の $r$ に比べて無視できるので $\tilde{t} \propto r$ となり外向き $45°$ の軌道となるが，$r = r_g$ 近傍では無視できず，時空図上で軌道は垂直に立ってきて，$r = r_g$ で光は外向きには進めなくなる（図 8.1）．また $r < r_g$ では外向きの光が内向き（$dr < 0$）に進むので光円錐は内側に傾いたようになる． □

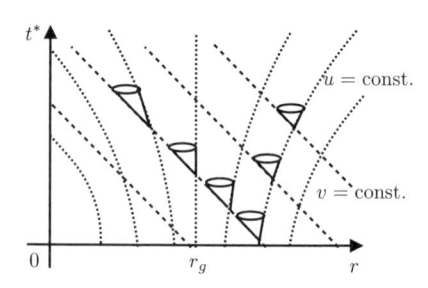

図 8.1 Eddington–Finkelstein 座標系における光円錐の振舞い．

例題 8.7 から以下のことがわかる．物体は光円錐の内部を通過するので，物体も $r = r_g$ を超えて内側に入っていくことはできるが，外向きには出られなくなる．つまり $r = r_g$ は光や物体が一方向にしか移動できない境界となる．外にいる人にとって，$r = r_g$ の内側から何も出てこないので，その部分は全くの闇のような世界になる．よってこのような天体をブラックホールと名付け，$r = r_g$ で表される一方通行の境界を事象の地平線と呼ぶ[*4]．

Eddington–Finkelstein 座標では $r_g$ が一方通行の境界を表し，Schwarzschild 解はブラックホールを記述していることがわかった．Schwarzschild 解の $r_g$ における特異性は，ブラックホールという強重力天体の表面を表していたのである．

ところが，内向きのヌル座標 $V$ の代わりに外向きのヌル座標 $U$ を使って Schwarzschild 解を表すこともできる．その計量は

$$ds^2 = -f(r)dU^2 - 2dU dr$$

となる．この場合動径方向の光の軌道は $U = $一定，または $\dfrac{dU}{dr} = -2f^{-1}$ で与えられる．同じように考察すると，$U = $一定 が外向きの光を表し，常に $45°$ の軌道となる．一方，内向きの光の軌道は $\dfrac{dU}{dr} = -2f^{-1}$ で決定され，場所によって時空図中で光の軌道は向きを変える．十分遠方では内向き $45°$ の軌道であるが，$r = r_g$ 近傍では軌道は時空図上で

---

[*4] 時間一定の超曲面上でこの境界は 2 次元球面となるので事象の地平面と呼ばれる場合もあるが，実際は 3 次元ヌル超曲面であるのでここでは事象の地平線と呼ぶ．

垂直に立ってきて，$r = r_g$ で光は内向きには進めなくなる．さらに $r < r_g$ では内向きの光が外向き（$dr > 0$）に進み，光円錐は全体的に外向きに傾き，$r_g$ より内側にいる物体は必ず $r_g$ の外に出てくることになる．つまり**ホワイトホール**である．

> ＜ブラックホールの原型＞
>
> 　ブラックホールのような性質を持つ星の存在に関しては一般相対性理論以前から議論されていた．ねじりばかりを発明した John Michell や数学や天文学など様々な分野で活躍した Pierre-Simon Laplace により独立に考えられた．当時，光は波ではなく粒子であると考えられていたため，星の表面からの脱出速度が光速を超える場合，星表面から放出された光は無限遠の観測者には到達せず，外部からは暗黒の星として見える．Newton 重力において星の質量を $M$，半径を $R$ とすると脱出速度は $v_{\mathrm{es}} = \sqrt{\dfrac{2GM}{R}}$ となる．したがって $v_{\mathrm{es}} > c$ となる星の半径は $R < \dfrac{2GM}{c^2} \left(= r_g\right)$ となる．このように非常にコンパクトな星を考えると外からは見えない暗黒の星となるのである．この上限半径はたまたま Schwarzschild 半径と一致する．

## 8.3　Kruskal 座標

　「前節の結果はおかしい」と思った人はいるだろうか？ 同じ Schwarzschild 解を異なる座標を使って記述すると物理的に異なったもの（ブラックホールとホワイトホール）になるというのは奇妙である．一般相対性原理によると座標変換によって物理は変わらないはずである．一体何が問題なのであろうか？

　その答えは時空を表す「多様体」という数学的性質にあった．多様体の解析的な性質を表すのに，「チャート」と呼ばれる座標系を用意する．一般にそのチャートは多様体の一部を記述しており，いくつかのチャートを集めて多様体全体を表す．このチャートの張り方は何通りも考えることができ，そのチャート間の関係が座標変換に対応している．例えば球面という多様体を表すのに通常の極座標で用いる角度変数 $(\theta, \varphi)$ を座標とするチャートを考えると，このチャートは一つで全体の球面をカバーできる．一方，北極点と球面上の点を結び，その直線が赤道面と交わる点を座標として表した立体射影座標をチャートとすると，このチャートは北極点を含まない．北極点を含めるにはもう一つ別のチャート（例えば北極点の代わりに南極点を用いた立体射影座標）が必要で，この 2 つのチャートで球面全体をカバーすることができる．

　同じように Eddington–Finkelstein 座標は $V$ を用いても，$U$ を用いても Schwarzschild 解が表す時空多様体全体をカバーできていなかったのである．

**例題 8.8**　Schwarzschild 解をヌル座標 $U = t - r^*$，$V = t + r^*$ を用いて表せ．

解　Schwarzschild 計量を書き換えると

$$ds^2 = -f(r)dt^2 + f^{-1}dr^2 + r^2 d\Omega^2 = -f(r)\big(dt - f^{-1}dr\big)\big(dt + f^{-1}dr\big) + r^2 d\Omega^2$$

となるが，$dV = dt + dr^* = dt + f^{-1}dr, dU = dt - dr^* = dt - f^{-1}dr$ であるので

$$ds^2 = -f(r)dUdV + r^2d\Omega^2$$

となる．ここで $f(r)$ は $r$ の関数であるが，$\dfrac{V-U}{2} = r^* = r + r_g \log\left(\dfrac{r}{r_g} - 1\right)$ より

$$e^{(V-U)/2r_g} = e^{r/r_g}\left(\frac{r}{r_g} - 1\right) \tag{8.6}$$

となる．この式から $r$ は $(V-U)$ の関数，よって $f(r)$ はヌル座標 $V, U$ の関数と見ることができる． $\square$

　$U, V$ を用いて計量を表すということは，$t, r^*$ を用いて表すことと同じであるが，$r_g < r < \infty$ に対して $r^*$ の値域は $-\infty < r^* < \infty$ となり，地平線の外側でのみ定義される．その結果，$U, V$ を用いるとその計量は地平線の外側しか表せないことになる．Eddington–Finkelstein 座標では $r$ を用いていたので，地平線内部（$r < r_g$）を考えることができ，$r_g$ の意味がはっきりとし，ブラックホールを考えることができた．しかし $t, r^*$ の時空図では，地平線 $r_+ = r_g$ が $r^* = -\infty$ という時空図の "無限遠点" になり，地平線内部が表せないのである．ところが地平線近傍で計量 $f(r)$ がどう振る舞うかを見てみると

$$f(r) = 1 - \frac{r_g}{r} \approx e^{(V-U)/2r_g} = e^{r^*/r_g}$$

のように $r = r_g$（$r^* = -\infty$）ではゼロになり，$t, r^*$ の時空図での "無限遠点" の $U \to -\infty$ や $V \to \infty$ でも $ds^2$ は有限で，$r = r_g$ は距離的に有限領域にとどまる可能性がある．ということは上の $U, V$ 座標を拡張し，内部を考えることのできる新たな座標を導入できると予想される．

> **例題 8.9　新しい座標**
>
> $$u = -e^{-U/2r_g}, \quad v = e^{V/2r_g}$$
>
> を導入したとき，Schwarzschild 計量はどのように表されるか答えよ．

$\boxed{\text{解}}$ 新しい座標 $u, v$ とヌル座標 $U, V$ の関係は

$$du = \frac{1}{2r_g}e^{-U/2r_g}dU, \quad dv = \frac{1}{2r_g}e^{V/2r_g}dV$$

であるので，Schwarzschild 計量は

$$ds^2 = -f(r)dUdV + r^2d\Omega^2 = -4r_g^2 f(r)e^{(U-V)/2r_g}dudv + r^2d\Omega^2$$

となる．ここで $U, V$ と $r$ の関係式 (8.6) を用いると

$$4r_g^2 f(r)e^{(U-V)/2r_g} = 4r_g^2\left(1 - \frac{r_g}{r}\right)e^{(U-V)/2r_g} = \frac{4r_g^3}{r}e^{-r/r_g}$$

となるので，Schwarzschild 計量は

$$ds^2 = -\frac{4r_g^3}{r}e^{-r/r_g}dudv + r^2d\Omega^2 \tag{8.7}$$

と表される。このとき $u, v$ と $r$ の関係は

$$-uv = e^{(U-V)/2r_g} = e^{r/2r_g}\left(\frac{r}{r_g} - 1\right) \tag{8.8}$$

で与えられる。 □

$U, V$ 座標と $u, v$ 座標の違いは何であろうか? $-\infty < U < \infty$, $-\infty < V < \infty$ は $-\infty < u < 0, 0 < v < \infty$ に対応する。つまり $U, V$ で全実数空間を動いたとき $u, v$ ではその 4 分の 1 しか動かない。よって $u, v$ で表される時空は $U, V$ で表される時空より広いことになる。地平線の $r^* = -\infty$ は $U = \infty$, $V = -\infty$ に対応するが、それは $u = 0$, $v = 0$ に対応することになり、$u, v$ 座標ではそれぞれゼロ（地平線）を超えて $0 < u < \infty$, $-\infty < v < 0$ に拡張できる。

Schwarzschild 座標や Eddington–Finkelstein 座標は多様体としての Schwarzschild 時空全体を張れていないことに気がついた Martin D. Kruskal は Schwarzschild 時空全体を完全に覆うことのできる最大拡張された座標系を導入した。このような座標系を **Kruskal 座標**と呼ぶ。計量 (8.7) には原点（$r = 0$）の曲率が発散する本当の特異点を除き特異性は現れない。Schwarzschild 計量に現れる事象の地平線 $r = r_g$ における見かけの特異性は消滅した。

ここで Kruskal 座標系における時間座標 $t_K$ と動径座標 $r_K$ を

$$t_K = \frac{v+u}{2}, \quad r_K = \frac{v-u}{2} \tag{8.9}$$

で定義しよう。この座標によって表された時空図 $(t_K, r_K)$ $(-\infty < t_K < \infty, -\infty < r_K < \infty)$ を **Kruskal 時空図**と呼ぶ。

> **例題 8.10** Kruskal 時空図 $(t_K, r_K)$ において特異点 $r = 0$ および地平線 $r = r_g$ はどこに現れるかを図示せよ。また、2 つの Eddington–Finkelstein 座標系 $(U, r)$ および $(V, r)$ は、それぞれ Kruskal 時空図の中のどの部分を覆っているか示せ。

**解** (8.9) 式より $u = t_K - r_K$, $v = t_K + r_K$ となるので $u, v$ と $r$ の関係式 (8.8) は

$$-t_K^2 + r_K^2 = e^{r/2r_g}\left(\frac{r}{r_q} - 1\right) \tag{8.10}$$

となる。よって $r = 0$ は $t_K^2 - r_K^2 = 1$ となる。また $r = r_g$ は $-t_K^2 + r_K^2 = 0$ つまり $t_K = \pm r_K$ となる。これらは時空図 $(t_K, r_K)$ 内では、図 8.2 に示されるように双曲線（点線）および 2 本の直線（実線）となる。

また Eddington–Finkelstein 座標 $(V, r)$ は値域が $-\infty < V < \infty, 0 \le r < \infty$ であるが、これは $0 < t_K + r_K < \infty, -1 \le -t_K^2 + r_K^2 < \infty$ に対応しているので、時空図 $(t_K, r_K)$ 中では領域 I と領域 II に対応する。もう一つの Eddington–Finkelstein 座標

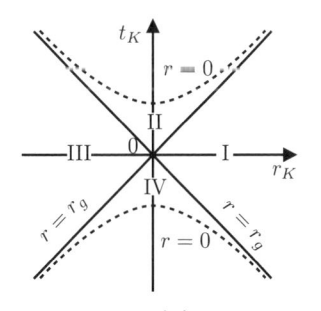

**図 8.2** Kruskal 時空図 $(t_K, r_K)$ における特異点 $r = 0$ および地平線 $r = r_g$ の位置。

$(U, r)$ は値域が $-\infty < U < \infty$, $0 \leq r < \infty$ であるが，これは $\infty \leq t_K - r_K < 0$, $-1 \leq -t_K^2 + r_K^2 < \infty$ に対応しているので，時空図 $(t_K, r_K)$ 中では領域 I と領域 IV に対応する． □

このように Eddington–Finkelstein 座標は $(V, r)$ を考えるか，$(U, r)$ を考えるかで Kruskal 時空図 $(t_K, r_K)$ の対応する領域が異なる．$(V, r)$ がブラックホール時空を表し，$(U, r)$ がホワイトホール時空を表していたが，対応する領域が異なるので何もおかしいことではなかったのである．この事実から $t_K > 0$ における地平線 $r_g$ がブラックホール地平線を表し，$t_K < 0$ における地平線 $r_g$ はホワイトホール地平線を表していることが分かる．$t_K > 0$ ($t_K < 0$) における地平線 $r_g$ を未来の（過去の）事象の地平線と呼ぶ．

Kruskal 時空図の領域 I は地平線の外側から無限遠までの我々の住んでいる時空を表し，領域 II はブラックホール地平線の内側から $r = 0$ の特異点までの時空を表す．この座標系では光の向きは常に傾き $\pm 45°$ で与えられるので，領域 I の外向きの光は，右上に進み無限遠まで到達するが，内向きの光は地平線を超え，領域 II に入り特異点に達することが分かる．一方，領域 II で放たれた光は外向きも内向きも領域 II から抜け出すことができず特異点に達する．このことから，未来の**事象の地平線** $r = r_g$ が，一方通行の境界となっていることが確認できる．

また，領域 IV で放出された光は必ず領域 I か領域 III に出てきて無限遠に進むが，領域 I や領域 III からの光は領域 IV には入ってこない．つまり領域 IV はホワイトホール時空に対応する．

Eddington–Finkelstein 座標で表せなかった領域 III は一体何であろうか．実は，領域 II および領域 IV の左境界（$r = r_g$）は Schwarzschild 時空の特異点やそれ以上時空が存在しない無限遠のような「端」ではなく，さらに領域 III まで拡張可能であったことを意味している．実際この領域 III は領域 I の鏡映のような存在で，$r_K \to -\infty$ は無限遠点になる．つまり，Schwarzschild 時空を最大拡張すると 2 つの漸近的平坦な領域が存在する時空で，ブラックホールやホワイトホールも含む時空なのである．

> **＜ブラックホールの名付け親?＞**
>
> 「ブラックホール」という呼び名は，相対性理論研究者の大御所であるアメリカの物理学者 John A. Wheeler が，1967 年晩秋ニューヨークで開催されたパルサーの国際会議，および 12 月にアメリカ科学振興協会で行った講演「我々の宇宙：既知と未知」の中で用いた．それ以前は「崩壊した星」とか「凍結した星」とかと呼ばれていたが，ブラックホールという言葉は，そのネーミングの良さから，科学者の間だけでなく一般社会にもまたたく間に知れ渡った．その意味で Wheeler の寄与は非常に大きかったと考えられるが，「ブラックホール」という言葉をはじめて使ったのはどうも異なるようである．1964 年 1 月の Science News Letter 誌の記事「"Black Holes" in Space」（Ann Ewing）によると，1963 年 12 月にクリーブランド（米）で開催されたアメリカ科学振興協会の会合ですでに使われていたようである．

## 8.4 Penrose 時空図

Kruskal 時空図では，動径方向に進む光の経路は常に $\pm 45°$ になるようになっているので時空の因果構造がわかりやすく，地平線付近での振る舞いが明快になった．しかし無限の未来や空間の無限遠点は図の中には含まれないため，漸近的な振舞いを考えたときに少し不便である．そこで Roger Penrose は，時空の因果構造が分かるように光の経路を常に $\pm 45°$ にするという条件を保持したまま，時空図全体を有限領域に描く方法を考えた．それが，**Penrose 時空図**である．

時空の無限遠は，大きく分けて，(i) 時間の無限遠，(ii) 空間の無限遠，(iii) 光の伝播を考えたときの無限遠の 3 つに分類できる．時間の無限遠には無限の未来と無限の過去の 2 種類が存在し，光の伝播においても光的な無限の未来と無限の過去の 2 種類が考えられる．

具体的には，有限領域にいる観測者の無限時間経過した時空領域を時間的無限未来と称し $I^+$ で表す．逆に，過去の方向に無限に進んだ時空領域を，時間的無限過去と称し $I^-$ で表す．一方，観測者の時間を有限にしたまま無限遠方に行った時空領域を，空間的無限遠と称し $I^0$ で表す．さらに光や質量ゼロの粒子の伝播を考えたときの未来と過去の無限遠領域を考えることができ，それぞれを未来ヌル無限遠，過去ヌル無限遠と称し $\mathscr{I}^+$ と $\mathscr{I}^-$ で表す．

ここでまず Penrose 時空図の簡単な例として Minkowski 時空を考えてみよう．Minkowski 時空を表す通常の座標の値域は $-\infty < t < \infty,\ 0 \leq r < \infty$ である．ヌル座標 $u = t - r,\ v = t + r$ を用いるとその値域は $-\infty < u, v < \infty$ である．これを有限領域に移す座標系を考える．例えば

$$u = \tan \mathscr{U}, \quad v = \tan \mathscr{V}$$

という座標変換を考えると，$\mathscr{U}, \mathscr{V}$ の値域は $-\dfrac{\pi}{2} < \mathscr{U}, \mathscr{V} < \dfrac{\pi}{2}$ と有限領域に収まるので時空図も有限領域になると予想される．

---

**例題 8.11** 座標 $\mathscr{U}, \mathscr{V}$ を用いて Minkowski 時空の計量を求めよ．また時間座標として $\eta = \dfrac{\mathscr{U} + \mathscr{V}}{2}$，動径座標として $\xi = \dfrac{\mathscr{V} - \mathscr{U}}{2}$ を定義したとき Minkowski 時空の時空図 $(\eta, \xi)$ はどうなるか図示せよ．

---

解 Minkowski 時空の計量は $ds^2 = -du\,dv$ となる．
ここで座標変換の微分を考えると

$$du = \frac{1}{\cos^2 \mathscr{U}} d\mathscr{U}, \quad du = \frac{1}{\cos^2 \mathscr{V}} d\mathscr{V}$$

となるので，計量は

$$ds^2 = -\frac{d\mathscr{U}\,d\mathscr{V}}{\cos^2 \mathscr{U} \cos^2 \mathscr{V}}$$

となる．光の経路は $u = $ 一定，$v = $ 一定 で与えられるが，新しい座標でも $\mathscr{U} = $ 一定，$\mathscr{V} = $ 一定 が光の経路となる．よって新しい座標 $(\eta, \xi)$ の時空図でも $\pm 45°$ が光の経路となる．

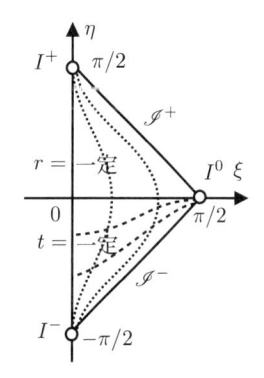

図 8.3 Minkowski 時空の Penrose 時空図．

Minkowski 時空のもとの座標の値域は $-\infty < t < \infty, 0 \leq r < \infty$ で，ヌル座標では $-\infty < v + u < \infty, 0 \leq v - u < \infty$ である．これは $-\frac{\pi}{2} < \mathscr{U}, \mathscr{V} < \frac{\pi}{2}$ かつ $\mathscr{U} \leq \mathscr{V}$，つまり $-\frac{\pi}{2} < \eta - \xi, \eta + \xi < \frac{\pi}{2}$ かつ $0 \leq \xi$ に対応する．これを図示すると図 8.3 のような有限領域になる． □

Minkowski 時空の場合，5 つの無限遠 ($I^0$, $I^\pm$, $\mathscr{I}^\pm$) はそれぞれ，空間的無限遠 ($r = \infty$)，時間的無限未来 ($t = \infty$)，時間的無限過去 ($t = -\infty$)，未来ヌル無限遠 ($t - r = \infty$)，過去ヌル無限遠 ($t + r = -\infty$) を表しているが，図 8.3 にはそれらも描いておいた．

次に Schwarzschild 時空の場合を考えよう．

例題 8.12 Schwarzschild 時空を記述する Kruskal 座標 $(u, v)$ において，座標変換

$$u = \tan \mathscr{U}, \quad v = \tan \mathscr{V}$$

を行ったときの計量を求めよ．また Schwarzschild 時空の Penrose 時空図はどのようになるか図示せよ．

解 Minkowski 時空のときと同様に座標変換すると

$$ds^2 = -\frac{4r_g^3 e^{-r/r_g}}{\cos^2 \mathscr{U} \cos^2 \mathscr{V}} d\mathscr{U} d\mathscr{V}$$

となり，$\mathscr{U} = $ 一定，$\mathscr{V} = $ 一定 も $u = $ 一定，$v = $ 一定 と同じようにヌルとなる．ここで $-\infty < u, v < \infty$ は $-\frac{\pi}{2} < \mathscr{U}, \mathscr{V} < \frac{\pi}{2}$ と有限領域に射影されるので，$(\mathscr{U}, \mathscr{V})$ を使えば Penrose 図を表すことができる．

特異点 ($r = 0$) は $\tan \mathscr{U} \tan \mathscr{V} = 1$ より $\mathscr{U} + \mathscr{V} = \pm\frac{\pi}{2}$ に対応し，事象の地平面 ($r = r_g$) は $\mathscr{U} = 0$ と $\mathscr{V} = 0$ で表される．ヌル無限遠はそれぞれ $\mathscr{U} = \pm\frac{\pi}{2}$ と $\mathscr{V} = \pm\frac{\pi}{2}$ に対応する．これらをまとめ Schwarzschild 時空の Penrose 時空図を描くと図 8.4 のようになる．ここで Minkowski 時空同様に時間座標，動径座標を $\eta = \frac{\mathscr{U} + \mathscr{V}}{2}$, $\xi = \frac{\mathscr{V} - \mathscr{U}}{2}$ で定義した． □

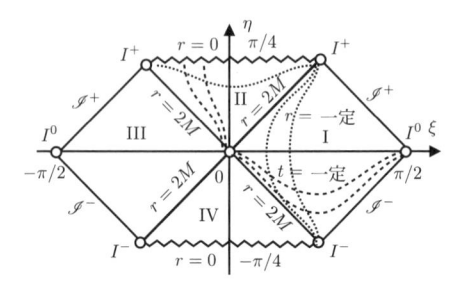

図 8.4 Schwarzschild 時空の Penrose 時空図．

図 8.4 では Kruskal 座標における領域 I〜IV に対応する領域を同じように I〜IV で表した．この Penrose 時空図からも事象の地平線などの時空構造がよく読み取れる．

# 第 9 章
# ブラックホールの性質

Schwarzschild 時空を適切な座標系を用いることでその因果構造を解析した結果，事象の地平線という一方通行の境界を持つ時空を表すブラックホールの存在が明らかとなった．しかし，現実の世界を考えた場合，球対称性は条件が強すぎる．一般的なブラックホールはどんなものであろうか?

## 9.1 回転ブラックホール

Schwarzschild 解は球対称静的なブラックホール解を表していたが，自然界のほとんどの天体は回転している．当然，星の進化の最後に形成されるブラックホールも回転するものが存在すると予想される．しかし，回転ブラックホールを記述するブラックホール解は Einstein 方程式の複雑さのためなかなか見つからなかったが，Schwarzschild 解からほぼ半世紀後の 1963 年に Roy P. Kerr により発見された．この解は **Kerr 解**と呼ばれるが，彼の発見した解は Kerr–Schild 座標系を使って記述されており物理的性質が見にくいので，通常はよりわかりやすい **Boyer–Lindquist** 座標系を用いて

$$ds^2 = -\frac{\Delta}{\Sigma}\left(dt - a\sin^2\theta d\varphi\right)^2 + \frac{\Sigma}{\Delta}dr^2 + \Sigma d\theta^2 + \frac{\sin^2\theta}{\Sigma}\left[(r^2+a^2)d\varphi - adt\right]^2 \quad (9.1)$$

と表される．ここで，

$$\Delta \equiv r^2 - 2\mathcal{M}r + a^2, \quad \Sigma \equiv r^2 + a^2\cos^2\theta$$

である．Kerr 解 (9.1) に含まれる 2 つのパラメータ $\mathcal{M}$ および $a$ は共に長さの次元をもつ定数であるが，$M = \dfrac{\mathcal{M}}{G}$ および $J = \dfrac{\mathcal{M}a}{G}$ は以下に示すような物理的意味を持つ．

### 9.1.1 大域的保存量

Kerr 解の計量 (9.1) は時間座標 $t$ と方位角 $\varphi$ に依存しないので，Kerr 時空は 2 つの Killing ベクトル $\xi^\mu_{(0)} = \delta^\mu_{\ 0}$, $\xi^\mu_{(\varphi)} = \delta^\mu_{\ \varphi}$ をもつ．Killing ベクトルがあるとそれに対応した保存量が存在するが，Kerr 解のような漸近的平坦な時空の場合次のような大域的保存量が存在する．

## (1) **Komar 積分**

**例題 9.1** Kerr 解の 2 つの Killing ベクトルに対して Komar 積分で定義される 2 つの保存量 $M_{\mathrm{K}}$（(5.48) 式）および $J_{\mathrm{K}}$（(5.48) 式）を求めよ.

【解】 時間方向の Killing ベクトルに対して，Komar 積分を無限遠（$\partial\Sigma_\infty$）で評価すると

$$M_{\mathrm{K}} = \frac{1}{4\pi G} \oint_{\partial\Sigma_\infty} d\theta d\varphi\, \Sigma \sin\theta n_0 \nabla^0 \xi^r_{(0)}$$

となる. 被積分項は $r \to \infty$ で，$\Sigma \to r^2$, $n_0 \to -1$, および

$$\nabla^0 \xi^r_{(0)} = g^{00}\nabla_0 \xi^r_{(0)} + g^{0\varphi}\nabla_\varphi \xi^r_{(0)} = g^{00}\Gamma^r_{00} + g^{0\varphi}\Gamma^r_{\varphi 0}$$
$$= -\frac{\mathcal{M}(r^2+a^2)(r^2-a^2\cos^2\theta)}{\Sigma^3} \to -\frac{\mathcal{M}}{r^2}$$

となる. よって

$$M_{\mathrm{K}} = \frac{\mathcal{M}}{4\pi G} \oint_{\partial\Sigma_\infty} d\theta d\varphi \sin\theta = \frac{\mathcal{M}}{G}$$

となり，$M = \dfrac{\mathcal{M}}{G}$ は Komar 質量 $M_{\mathrm{K}}$ に対応している.

次に，角度方向の Komar 積分は

$$J_{\mathrm{K}} = -\frac{1}{8\pi G} \oint_{\partial\Sigma_\infty} d\theta d\varphi\, \Sigma \sin\theta n_0 \nabla^0 \xi^r_{(\phi)}$$

であるが，被積分項を同様にして求めると，$r \to \infty$ の極限で

$$\nabla^0 \xi^r_{(\varphi)} = \frac{\mathcal{M}a\sin^2\theta\left[3r^4 + a^2 r^2(1+\cos^2\theta) - a^4\cos^2\theta\right]}{\Sigma^3} \to \frac{3\mathcal{M}a\sin^2\theta}{r^2}$$

となるので，

$$J_{\mathrm{K}} = \frac{3\mathcal{M}a}{8\pi G} \oint_{\partial\Sigma_\infty} d\theta d\varphi \sin^3\theta = \frac{\mathcal{M}a}{G}$$

となる. したがって，$J = \dfrac{\mathcal{M}a}{G}$ は Komar 角運動量 $J_{\mathrm{K}}$ に対応している. □

---

**＜電荷を持つ場合への拡張＞**

一般に電荷を持つ解への拡張は比較的容易で，Schwarzschild 解を電荷を持つ場合に拡張した解は，1916 年に Hans Reissner により，1918 年に Gunnar Nordstrøm により独立に見つけられ，**Reissner–Nordstrøm 解**として知られている. その解は，電荷を $Q$ としたとき，Schwarzschild 解 (6.6) の計量関数 $f$ を $f = 1 - \dfrac{r_g}{r} + \dfrac{Q^2}{r^2}$ に置き換えればよい.

また，Kerr 解の場合の拡張した解は，2 年後の 1965 年に Ezra T. Newman により発見され，**Kerr–Newman 解**と呼ばれている. この場合は Kerr 解 (9.1) の中の関数 $\Delta$ を $\Delta = r^2 - 2\mathcal{M}r + a^2 + Q^2$ に置き換えるだけでよい.

---

Kerr 解において角運動量をゼロ，つまり $a = 0$ とおくと

$$ds^2 = -\left(1 - \frac{2\mathcal{M}}{r}\right)dt^2 + \left(1 - \frac{2\mathcal{M}}{r}\right)^{-1}dr^2 + r^2\left(d\theta^2 + \sin^2\theta d\varphi^2\right)$$

となり，$r_g = 2\mathcal{M} = \dfrac{2GM}{c^2}$ の Schwarzschild 解に一致することから，Kerr 解は Schwarzschild 解を回転がある場合に拡張した解となっていることがわかる．

## (2) ADM 質量・ADM 角運動量

**例題 9.2** Kerr 解を無限遠近傍で展開し，ADM 質量を求めよ．

$\boxed{\text{解}}$ $M_{\text{ADM}}$ の被積分項のうち $\sqrt{q}$ は十分遠方では $r^2$ に比例するので，計量 $\gamma_{ij}$ の漸近的振舞いのうち $\dfrac{1}{r}$ に比例する部分を求めればよい．Boyer–Lindquist 座標で $r \to \infty$ の極限を取ると

$$ds^2 \approx -\left(1 - \frac{2\mathcal{M}}{r}\right)dt^2 + \left(1 - \frac{2\mathcal{M}}{r}\right)^{-1}dr^2 + r^2\left(d\theta^2 + \sin^2\theta d\varphi^2\right)$$

となる．これは Schwarzschild 計量と同じで，$\bar{r} = r\left(1 - \dfrac{\mathcal{M}}{2r}\right)$ を導入すると，(6.7) 式のように空間計量 $\gamma_{ij}$ をデカルト座標 $(\bar{x}, \bar{y}, \bar{z})$ で表すことができる．つまり

$$\left(1 - \frac{2\mathcal{M}}{r}\right)^{-1}dr^2 + r^2\left(d\theta^2 + \sin^2\theta d\varphi^2\right) = \left(1 + \frac{\mathcal{M}}{2\bar{r}}\right)^4\left(d\bar{x}^2 + d\bar{y}^2 + d\bar{z}^2\right)$$

となる．ここで $\bar{r}^2 = \bar{x}^2 + \bar{y}^2 + \bar{z}^2$ である．よって，3 次元計量は漸近的に $\gamma_{ij} = \left(1 + \dfrac{\mathcal{M}}{2\bar{r}}\right)^4 \delta_{ij} \approx \left(1 + \dfrac{2\mathcal{M}}{\bar{r}}\right)\delta_{ij}$ のように振る舞う．これから

$$s^i = \frac{\bar{x}^i}{\bar{r}}, \quad \frac{\partial \gamma_{ij}}{\partial \bar{x}^j} \approx -\frac{2\mathcal{M}}{\bar{r}^3}\bar{x}_i, \quad \frac{\partial \gamma^j{}_j}{\partial \bar{x}^i} \approx -\frac{6\mathcal{M}}{\bar{r}^3}\bar{x}_i$$

となるので，ADM 質量は

$$M_{\text{ADM}} = \frac{1}{2\kappa^2}\int_{S^2}d\theta d\varphi \bar{r}^2 \sin\theta \frac{\bar{x}^i}{\bar{r}}\left(-\frac{2\mathcal{M}}{\bar{r}^3}\bar{x}^i + \frac{6\mathcal{M}}{\bar{r}^3}\bar{x}^i\right) = \frac{2\mathcal{M}}{\kappa^2}\int_{S^2}d\theta d\varphi \sin\theta = \frac{\mathcal{M}}{G}$$

となる． $\hfill\square$

ADM 角運動量を計算するには計量の漸近展開をもう 1 次高いところまで展開する必要がある．(5.58) 式の被積分項を見ると $K^{k\ell} \propto \dfrac{1}{r^3}$ の振舞いを見ればよいことがわかる．定常時空における外曲率 $K^{k\ell}$ はシフトベクトル $\beta^i$ の微分で表されているので計量の非対角成分（$g_{0j}$）の振舞いを見ることになる．Boyer–Lindquist 座標で表された計量の $r \to \infty$ の極限を取ると $g_{0\varphi} \approx \dfrac{2\mathcal{M}a}{r}\sin^2\theta$ となり，デカルト座標 $(\bar{x}, \bar{y}, \bar{z})$ を用いると

$$\beta^{\bar{x}} = -2\mathcal{M}a\frac{\bar{y}}{\bar{r}^3}, \quad \beta^{\bar{y}} = 2\mathcal{M}a\frac{\bar{x}}{\bar{r}^3}, \quad \beta^{\bar{z}} = 0$$

となる．これを用いて外曲率 $K_{\bar{i}\bar{j}}$ を求めると (5.58) 式より

$$J_{\bar{z}}^{\text{ADM}} = \frac{\mathcal{M}a}{G}$$

が得られる．

Einstein 方程式は非線形で非常に複雑な方程式であるので，様々なブラックホールの解があってよいように思う．しかしながら 1960–70 年代に 4 人の物理学者が独立に 4 編の論文を執筆し，それらをまとめると Kerr 解（電荷を伴う場合には Kerr–Newman 解）が唯一のブラックホール解であることが分かる．

まず Werner Israel が，1967 年に，漸近的に平坦な真空（または電磁場のみを伴う）静的時空は，事象の地平線のトポロジーが 2 次元球面（$S^2$）であれば，球対称時空であることを示した．これは Birkhoff の定理と合わせると解は Schwarzschild 解（電荷を伴う場合には Reissner–Nordstrøm 解）に限られることになる．Brandon Carter（1970）と David C. Robinson（1975）は，定常軸対称時空がトポロジーが 2 次元球面の事象の地平線を有していれば，Kerr 解（電荷を伴う場合には Kerr–Newman 解）に限られることを証明した．最後に Hawking が定常時空は軸対称か静的であること，および事象の地平線のトポロジーが 2 次元球面に限られることを証明している（1973）．

これらの定理を合わせると，定常時空が軸対称であれば解は Kerr 解（または Kerr–Newman 解）になり，静的であれば Schwarzschild 解（または Reissner–Nordstrøm 解）になる．Schwarzschild 解（Reissner–Nordstrøm 解）は，Kerr 解（Kerr–Newman 解）で回転をゼロにした場合として含まれるので，定常ブラックホール解としては Kerr 解（Kerr–Newman 解）が唯一であることが数学的に証明される．

つまりブラックホールは 2 つの保存量（質量 $M$ と角運動量 $J$）（電磁場を伴う場合は電荷 $Q$ を含め 3 つの保存量）のみで特徴付けられる．Wheeler は，ブラックホールを特徴付ける保存量を「毛」にたとえ，3 本の「毛」以外の特徴はブッラックホールになるときすべて抜け落ちることから，「ブラックホールには毛がない」ともじっている（**ブラックホールの無毛仮説**）．

また上の一連の証明では事象の地平線の外側に特異点（裸の特異点）がないことが仮定されている．そこで Penrose は，自然界では裸の特異点が現れることはないという「**宇宙検閲官仮説**」を提唱した．この仮説が正しいと，十分に重い星の進化の最終形態は Kerr ブラックホールということになる．

事象の地平線のトポロジーが球面であるという Hawking の証明は 4 次元時空の場合にのみ有効で，より高い次元では球面とは異なるトポロジーも可能になる．実際，5 次元時空ではブラックリング解（事象の地平線のトポロジーがトーラス状（$S^1 \times S^2$）となる軸対称真空解）も見つかっている．

## 9.2 Kerr 時空における測地線

### 9.2.1 Carter 定数

3.1 節および 3.2 節で議論したように曲がった時空における粒子および光の測地線は 4 元速度 $u^\mu \equiv \dot{x}^\mu$ の 2 次の積分作用

$$\mathfrak{S} = \int d\mathfrak{t}\, L, \quad L \equiv \frac{1}{2} g_{\mu\nu} \dot{x}^\mu \dot{x}^\nu$$

の変分から導かれる．ここで $L$ はラグランジアンで，ドット（˙）はアフィンパラメータ $\mathfrak{t}$（または固有時間 $\tau$）に関する微分を表す．質量を持つ粒子の場合，4元速度は固有時間 $\tau$ を用いて $\dot{x}^\mu = \dfrac{dx^\mu}{d\tau}$ で与えられるので，定義から $g_{\mu\nu} \dot{x}^\mu \dot{x}^\nu = -1$ である．一方，光（質量ゼロ）の粒子の場合は $\dot{x}^\mu = \dfrac{dx^\mu}{d\mathfrak{t}}$ とアフィンパラメータ $\mathfrak{t}$ を用いる．この場合，測地線は光的となり $g_{\mu\nu} \dot{x}^\mu \dot{x}^\nu = 0$ である．この2つをまとめて $g_{\mu\nu} u^\mu u^\nu = -\mathfrak{m}^2$ と表そう．つまり質量を持つ粒子に対しては $\mathfrak{m} = 1$，光に対しては $\mathfrak{m} = 0$ である．また，共役運動量は定義から $p_\mu = \dfrac{\partial L}{\partial \dot{x}^\mu} = g_{\mu\nu} \dot{x}^\nu$ で与えられる[1]．

定常性および軸対称性から Kerr 時空には2つの Killing ベクトル $\xi^\mu_{(0)} = \delta^\mu{}_0$ と $\xi^\mu_{(\varphi)} = \delta^\mu{}_\varphi$ が存在し，4元速度のそれらに対応する保存量（(5.32), (5.33)）は $\mathcal{E} \equiv -p_0 = -p_\mu \xi^\mu_{(0)}$，$\mathcal{L} \equiv p_\varphi = p_\mu \xi^\mu_{(\varphi)}$ で与えられ，それぞれ無限遠での粒子のエネルギーおよび角運動量の $z$ 成分を表している．

ここで Kerr 時空における粒子（光）の運動が可積分であることを示すため Hamilton–Jacobi 方程式を考えよう[2]．ハミルトニアンは

$$H \equiv p_\mu \dot{x}^\mu - L = \frac{1}{2} g^{\mu\nu} p_\mu p_\nu = -\frac{\mathfrak{m}^2}{2}$$

で与えられる．Hamilton 方程式は

$$\dot{x}^\mu = \frac{\partial H}{\partial p_\mu} = g^{\mu\nu} p_\nu, \quad \dot{p}_\mu = -\frac{\partial H}{\partial x^\mu}$$

となるが，前者は運動量の定義，後者は Euler–Lagrange 方程式に一致する．

---

**例題 9.3** ハミルトニアン $H(x^\mu, p_\nu)$ に対し，母関数 $\mathcal{F}$ は Hamilton–Jacobi 方程式

$$H(x^\mu, \partial_\nu \mathcal{F}) + \frac{\partial \mathcal{F}}{\partial \mathfrak{t}} = 0$$

を解くことによって得られる．$\mathcal{F}$ は座標変数 $r, \theta$ に関して変数分離可能であると仮定し，Hamilton–Jacobi 方程式を変数分離形で表せ．

---

$\boxed{\text{解}}$ ここで $p_\mu = \dfrac{\partial \mathcal{F}}{\partial x^\mu}$ より，$p_0 = -\mathcal{E}$, $p_\varphi = \mathcal{L}$ を考慮すると，

$$\mathcal{F} = \frac{\mathfrak{m}^2}{2} \mathfrak{t} - \mathcal{E} t + \mathcal{L} \varphi + \mathcal{F}^{(r,\theta)}(r, \theta)$$

であるが，$\mathcal{F}^{(r,\theta)} = \mathcal{F}^{(r)}(r) + \mathcal{F}^{(\theta)}(\theta)$ とおき，Hamilton–Jacobi 方程式を書き直すと

$$\Delta \left( \frac{d\mathcal{F}^{(r)}}{dr} \right)^2 + \mathfrak{m}^2 r^2 + (\mathcal{L} - a\mathcal{E})^2 - \frac{1}{\Delta} \big( \mathcal{E}(r^2 + a^2) - \mathcal{L}a \big)^2$$

$$= -\left( \frac{d\mathcal{F}^{(\theta)}}{d\theta} \right)^2 + \cos^2 \theta \left[ -(\mathfrak{m}^2 - \mathcal{E}^2)a^2 - \frac{\mathcal{L}^2}{\sin^2 \theta} \right]$$

---

[1]　質量を持つ場合はこの $p_\mu$ は単位質量の粒子の運動量を表す．

[2]　Kerr 時空における粒子の運動には既に3つの保存量（積分）（$\mathfrak{m}^2, \mathcal{E}, \mathcal{L}$）が存在し，それが可積分であることを示すにはもう一つの積分の存在を示す必要がある．

となり，変数分離可能であることが分かる．つまり左辺は $r$ のみの関数であり，右辺は $\theta$ のみの関数となるので定数となる．この定数を $-\mathcal{C}$ と置くと，Hamilton–Jacobi 方程式を変数分離した式は

$$\Delta\left(\frac{d\mathcal{F}^{(r)}}{dr}\right)^2 + \mathfrak{m}^2 r^2 + (\mathcal{L} - a\mathcal{E})^2 - \frac{1}{\Delta}\left(\mathcal{E}(r^2 + a^2) - \mathcal{L}a\right)^2 = -\mathcal{C},$$

$$\left(\frac{d\mathcal{F}^{(\theta)}}{d\theta}\right)^2 + \cos^2\theta\left[(\mathfrak{m}^2 - \mathcal{E}^2)a^2 + \frac{\mathcal{L}^2}{\sin^2\theta}\right] = \mathcal{C}$$

となる. □

この定数 $\mathcal{C}$ を **Carter 定数**と呼ぶ．ここで関数 $\mathcal{R}, \Theta$ を

$$\mathcal{R}(r) = \left[\mathcal{E}(r^2 + a^2) - \mathcal{L}a\right]^2 - \Delta\left[\mathcal{C} + \mathfrak{m}^2 r^2 + (\mathcal{L} - a\mathcal{E})^2\right], \tag{9.2}$$

$$\Theta(\theta) = \mathcal{C} + \cos^2\theta\left[(-\mathfrak{m}^2 + \mathcal{E}^2)a^2 - \frac{\mathcal{L}^2}{\sin^2\theta}\right] \tag{9.3}$$

で定義すると変数分離された Hamilton–Jacobi 方程式は $\dfrac{d\mathcal{F}^{(r)}}{dr} = \pm\dfrac{\sqrt{\mathcal{R}(r)}}{\Delta}$ および $\dfrac{d\mathcal{F}^{(\theta)}}{d\theta} = \pm\sqrt{\Theta(\theta)}$ と表される．これらを形式的に積分すると母関数 $\mathcal{F}$ は

$$\mathcal{F} = -\frac{1}{2} - \mathfrak{m}^2\mathfrak{t} - \mathcal{E}t + \mathcal{L}\varphi \pm \int \frac{\sqrt{\mathcal{R}}}{\Delta}dr \pm \int \sqrt{\Theta}d\theta$$

で与えられる．したがって座標 $r, \theta$ に関する運動方程式は

$$\dot{r} = p^r = g^{rr}\partial_r\mathcal{F} = \pm\frac{\sqrt{\mathcal{R}}}{\Sigma}, \tag{9.4}$$

$$\dot{\theta} = p^\theta = g^{\theta\theta}\partial_\theta\mathcal{F} = \pm\frac{\sqrt{\Theta}}{\Sigma} \tag{9.5}$$

となる．

このように粒子（光）の運動には 3 つの保存量（質量 $\mathfrak{m}$，エネルギー $\mathcal{E}$，角運動量 $\mathcal{L}$）だけでなく Carter 定数 $\mathcal{C}$ という隠れた保存量が存在する．運動方程式 (9.5) を書き換えると Carter 定数 $\mathcal{C}$ は

$$\mathcal{C} = p_\theta^2 + \cos^2\theta\left[a^2(\mathfrak{m}^2 - \mathcal{E}^2) + \frac{\mathcal{L}^2}{\sin^2\theta}\right] \tag{9.6}$$

と表される．この式からわかるように，赤道面（$\theta = \dfrac{\pi}{2}$）上を運動する軌道（$p_\theta = 0$）では常に $\mathcal{C} = 0$ となる．また Carter 定数 $\mathcal{C}$ の代わりに別の定数 $\mathcal{K} = \mathcal{C} + (\mathcal{L} - a\mathcal{E})^2$ を用いることもある．この $\mathcal{K}$ は

$$\mathcal{K} = p_\theta^2 + \frac{(\mathcal{L} - a\mathcal{E}\sin^2\theta)^2}{\sin^2\theta} + \mathfrak{m}^2 a^2\cos^2\theta \quad (\geq 0)$$

と常に非負になり，解析に都合のよい定数となっている．なお $\mathcal{K} = 0$ となるのは光（$\mathfrak{m} = 0$）が極軸方向（$\theta = 0, \pi$）に伝播する場合に限られる．

5.4 節で議論したように，保存量は時空の対称性から導かれる．Kerr 時空においては 5.4.2 節で議論した Killing–矢野テンソルが存在し，

$$f^{\mu\nu} = \Sigma\left(\xi_{(u)}^{\mu}\xi_{(v)}^{\nu} + \xi_{(u)}^{\nu}\xi_{(v)}^{\mu}\right) + r^2 g^{\mu\nu}$$

で与えられる．ここで2つのヌル Killing ベクトルは

$$\xi_{(v)}^{\mu} = \left(\frac{r^2+a^2}{\Delta}, 1, 0, \frac{a}{\Delta}\right), \quad \xi_{(u)}^{\nu} = \left(\frac{r^2+a^2}{2\Sigma}, -\frac{\Delta}{2\Sigma}, 0, \frac{a}{2\Sigma}\right) \tag{9.7}$$

で定義される．Killing–矢野テンソル $f^{\mu\nu}$ を用いると Carter 定数 $\mathcal{C}$ は $\mathcal{C} = f^{\mu\nu}p_{\mu}p_{\nu}$ で与えられる．つまり Carter 定数 $\mathcal{C}$ は 4 元速度の 2 次でつくられる保存量となっている．

Kerr 時空の測地線方程式系は，変数の数 4 $(t, r, \theta, \varphi)$ と積分の数 4 $(-\mathrm{m}^2, \mathcal{E}, \mathcal{L}, \mathcal{C})$ が一致するため，可積分系となる．しかし測地線方程式 (9.4) および (9.5) は 2 つの座標 $r, \theta$ が混ざっているため，解析解を求めるのは困難である．ところが蓑時間 $\lambda$ を

$$d\lambda = \frac{d\mathrm{t}}{\Sigma} \tag{9.8}$$

で定義すると測地線方程式は

$$\frac{d\theta}{d\lambda} = \pm\sqrt{\Theta(\theta)}, \quad \frac{dr}{d\lambda} = \pm\sqrt{\mathcal{R}(r)} \tag{9.9}$$

となり 2 つの独立した方程式に分離される．$\zeta \equiv \cos\theta$ を導入すると $r(\lambda), \zeta(\lambda)$ は $\lambda$ の楕円関数で解析的に表すことができる．ただし，これを固有時間等のアフィンパラメータ $\mathrm{t}$ で表すためには，積分

$$\mathrm{t} - \mathrm{t}_0 = \int_{\lambda_0}^{\lambda} d\lambda\left[r^2(\lambda) + a^2\zeta^2(\lambda)\right]$$

を実行し，$\mathrm{t}(\lambda)$ を逆解きする必要がある．

---

**例題 9.4** Kerr 時空におけるテスト粒子（$\mathrm{m} = 1$）の運動として動径座標が一定 $(r = r_0)$ となる軌道を考えることができる．初期（$\lambda = 0$）に赤道面上（$\theta = \frac{\pi}{2}$）にいるとしたとき，天頂角 $\theta$ の時間変化は $\zeta = \cos\theta$ が

$$\zeta = \zeta_1 \mathrm{sn}(\zeta_2\lambda; k_{\zeta}) \tag{9.10}$$

で与えられることを示し，解に含まれるパラメータ $\zeta_1, \zeta_2, k_{\zeta}^2$ を $\mathcal{E}, \mathcal{L}, \mathcal{C}$ を用いて表せ．ここで $\mathrm{sn}(x, k)$ は母数 $k$ の Jacobi 楕円関数である［ヒント：動径座標一定の軌道は束縛運動であるので $\mathcal{E} < 1$ である］．

---

解 微分方程式 (9.9) を形式的に積分形で表すと

$$\lambda = \pm\int_{\pi/2}^{\theta}\frac{d\theta}{\sqrt{\Theta(\theta)}} = \pm\int_0^{\zeta}\frac{d\theta}{d\zeta}\frac{d\zeta}{\sqrt{\Theta(\theta)}} = \mp\int_0^{\zeta}\frac{d\zeta}{\sqrt{Z(\zeta)}} \tag{9.11}$$

となる．ここで $Z(\zeta)$ は

$$Z(\zeta) \equiv \sin^2\theta\,\Theta(\theta) = \mathcal{C} - \left[\mathcal{C} + \mathcal{L}^2 + (1-\mathcal{E}^2)a^2\right]\zeta^2 + (1-\mathcal{E}^2)a^2\zeta^4$$

である．

母数 $k$ の Jacobi 楕円関数 $\mathrm{sn}(x; k)$ は楕円積分

$$z = \int_0^x \frac{du}{\sqrt{(1-u^2)(1-k^2u^2)}} \quad (0 < k < 1)$$

の逆関数 $x = \mathrm{sn}(z; k)$ で定義されるので, $Z(\zeta)$ を

$$Z(\zeta) = (1-\mathcal{E}^2)a^2(\zeta_+^2 - \zeta^2)(\zeta_-^2 - \zeta^2) = \frac{\zeta_-^2}{\zeta_2^2}(1-u^2)(1-k_\zeta^2 u^2)$$

と表す. ここで $\zeta_\pm^2$ は

$$\zeta_\pm^2 = \frac{\mathcal{C} + \mathcal{L}^2 + (1-\mathcal{E}^2)a^2 \pm \sqrt{[\mathcal{C} + \mathcal{L}^2 + (1-\mathcal{E}^2)a^2]^2 - 4\mathcal{C}(1-\mathcal{E}^2)a^2}}{2(1-\mathcal{E}^2)a^2}$$

で与えられる. また,

$$\zeta_2^2 = \frac{1}{(1-\mathcal{E}^2)a^2}, \quad u = \frac{\zeta}{\zeta_-}, \quad k_\zeta = \frac{\zeta_-}{\zeta_+}$$

とした. よって (9.11) 式は

$$\zeta_2 \lambda = \mp \int_0^{\zeta/\zeta_-} \frac{du}{\sqrt{(1-u^2)\left(1-k_\zeta^2 u^2\right)}}$$

となるので,

$$\zeta = \zeta_1 \mathrm{sn}(\zeta_2 \lambda; k_\zeta)$$

が得られる. ここで $\zeta_1 = \mp\zeta_-$ で, $\zeta_2, k_\zeta$ は上に定義した値になる. □

Jacobi 楕円関数 sn は周期関数で, $\theta$ が時間と共に赤道面を挟んで $-\cos^{-1}(\zeta_-) \le \theta \le \cos^{-1}(\zeta_-)$ の間を振動する関数であること, つまり粒子の軌道面が時間と共に周期的に変動することがわかる. 他の座標 $t(\lambda), \varphi(\lambda)$ も楕円関数を用いて表すことができる.

### 9.2.2 Kerr 時空における赤道面上の測地線

Kerr 時空中のテスト粒子の運動は可積分で, 葉時間を用いると楕円関数で表すことができるが, 現実には複雑な軌道となるため, 以下では主に赤道面上の運動を考える. まず Kerr 時空においても赤道面上に制限した運動が可能であることを確かめよう.

> 例題 9.5 初期 $(\mathrm{t}=0)$ に $\theta = \dfrac{\pi}{2}, \dot{\theta} = 0$ ならば, Carter 定数は $\mathcal{C} = 0$ となることを示し, 軌道はその後も常に赤道面上に制限されることを示せ.

解 Carter 定数は (9.6) 式で与えられるが, 初期に $\theta = \dfrac{\pi}{2}, p_\theta = 0$ $(\dot{\theta} = 0)$ であるので $\mathcal{C} = 0$ となる. また, Kerr 時空における座標 $\theta$ の運動方程式は (9.5) 式で表されるが, $\mathcal{C} = 0$ とすると $\theta$ の運動方程式は

$$\dot{\theta}^2 = -\frac{\cos^2 \theta}{(r^2 + a^2\cos^2\theta)^2}\left[(\mathfrak{m}^2 - \mathcal{E}^2)a^2 + \frac{\mathcal{L}^2}{\sin^2\theta}\right]$$

となる．初期に $\theta = \dfrac{\pi}{2}$ ならば $\dot\theta = 0$ となり，その後の時刻でも $\theta = \dfrac{\pi}{2}, \dot\theta = 0$ が保証される．よって軌道は赤道面（$\theta = \dfrac{\pi}{2}$）上に拘束される． □

　Schwarzschild 計量はその球対称性から任意の軌道が平面上に拘束され，その平面を赤道面に取ることができたが，Kerr 時空では回転軸という特別な方向があり，赤道面は一つしかなく，そこからズレた軌道を議論するときは Carter 定数 $\mathcal{C}$ を使って改めて解き直す必要がある．

**例題 9.6**　赤道面上を運動する粒子の測地線方程式を求めよ．

$\boxed{\text{解}}$　赤道面では $\Sigma = r^2$ よりエネルギーと角運動量はそれぞれ

$$\mathcal{E} = \left(1 - \frac{2\mathcal{M}}{r}\right)\dot t + \frac{2\mathcal{M}a}{r}\dot\varphi, \quad \mathcal{L} = -\frac{2\mathcal{M}a}{r}\dot t + \left(r^2 + a^2 + \frac{2\mathcal{M}a^2}{r}\right)\dot\varphi$$

となる．これを逆に解くと

$$\dot t = \frac{1}{\Delta}\left[\left(r^2 + a^2 + \frac{2\mathcal{M}a^2}{r}\right)\mathcal{E} - \frac{2\mathcal{M}a}{r}\mathcal{L}\right], \tag{9.12}$$

$$\dot\varphi = \frac{1}{\Delta}\left[\left(1 - \frac{2\mathcal{M}}{r}\right)\mathcal{L} + \frac{2\mathcal{M}a}{r}\mathcal{E}\right] \tag{9.13}$$

となる．また，座標 $r$ に関する方程式は (9.4) 式で与えられるので，

$$\dot r^2 = \frac{1}{r^4}\mathcal{R} = \frac{1}{r^4}\left\{\left[\mathcal{E}(r^2 + a^2) - \mathcal{L}a\right]^2 - \Delta\left[\mathfrak{m}^2 r^2 + (\mathcal{L} - a\mathcal{E})^2\right]\right\} \tag{9.14}$$

となる． □

　ここで (9.14) 式を書き換えると

$$A\mathcal{E}^2 - 2B\mathcal{E} + C - r^4\dot r^2 = 0$$

のように $\mathcal{E}$ の 2 次式で表すことができる．ここで

$$A \equiv (r^2 + a^2)^2 - a^2\Delta, \quad B \equiv 2a\mathcal{M}\mathcal{L}r, \quad C \equiv -\mathcal{L}^2(r^2 - 2\mathcal{M}r) - \mathfrak{m}^2\Delta r^2$$

である．これから有効ポテンシャル $\mathcal{V}_\pm$ を

$$\mathcal{V}_\pm \equiv \frac{B \pm \sqrt{B^2 - AC}}{A}$$

で定義すると，粒子が存在できる範囲は $\mathcal{E} > \mathcal{V}_+$ または $\mathcal{E} < \mathcal{V}_-$ に限られる．

　質量を持つ粒子の場合（$\mathfrak{m} = 1$）を考えると，有効ポテンシャルは図 9.1 で表される．

　Schwarzschild 時空と同様に，角運動量 $\mathcal{L}$ が十分大きいと安定な円軌道が存在するが，$\mathcal{L}$ が小さくなると Newton 力学のときと違って円軌道は存在しなくなる．その境となる円軌道を**最内安定円軌道（ISCO）**と呼ぶ．この最内安定円軌道の軌道半径 $r_{\text{ISCO}}$（ISCO 半径）は Kerr パラメータ $a$ の値によって変わり，また順回転と逆回転のときで異なった値を持つ．

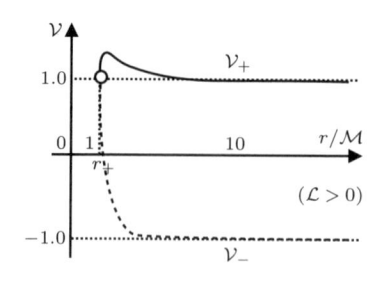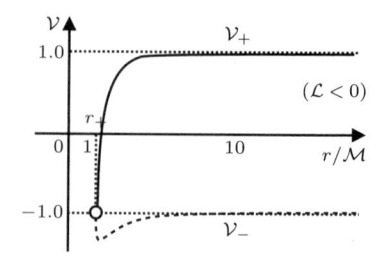

図 9.1 Kerr 時空における粒子の有効ポテンシャル ($a = 0.8\mathcal{M}$, $\mathcal{L} = \pm 4\mathcal{M}$).

**例題 9.7** 臨界 Kerr ブラックホール ($a = \mathcal{M}$) の場合の最内安定円軌道半径 $r_{\mathrm{ISCO}}$ および，そのときのエネルギー $\mathcal{E}$ と角運動量 $\mathcal{L}$ の値を求めよ．ただし，順回転と逆回転の場合で異なることに注意せよ．

**解** $\mathcal{V}_\pm$ は関数の形が複雑で計算が煩雑になるので，代わりに

$$\dot{r}^2 = \tilde{A}\mathcal{E}^2 - 2\tilde{B}\mathcal{E} + \tilde{C} \equiv V(r)$$

を用いて計算する．ここで $\tilde{A} = \dfrac{A}{r^4}$, $\tilde{B} = \dfrac{B}{r^4}$, $\tilde{C} = \dfrac{C}{r^4}$ である．

円軌道は半径が一定のであるので $\dot{r} = 0$ となり，$V(r) = 0$ となる．また，動径方向の加速度もゼロで $\ddot{r} = 0$ となるので，$\dfrac{dV(r)}{dr} = 0$ を満たす必要がある．ここで臨界ブラックホール ($a = \mathcal{M}$) の場合を考え，$u = \dfrac{\mathcal{M}}{r}$ および $\ell = \dfrac{\mathcal{L}}{\mathcal{M}}$ という無次元変数を用いると，

$$\tilde{A} = 1 + u^2 + 2u^3, \quad \tilde{B} = 2\ell u^3, \quad \tilde{C} = -\ell^2(1 - 2u)u^2 - (1 - u)^2$$

となる．いま新しいポテンシャルを $U(u) \equiv V(r) = \tilde{A}(u)\mathcal{E}^2 - 2\tilde{B}(u)\mathcal{E} + \tilde{C}(u)$ で定義すると，円軌道の条件 $V(r) = 0$, $\dfrac{dV(r)}{dr} = 0$ は $U(u) = 0$, $\dfrac{dU(u)}{du} = 0$ と等価になる．この 2 式を連立しエネルギー $\mathcal{E}$ および角運動量 $\ell$ を求めると

$$\mathcal{E}(u) = \frac{1 \pm \sqrt{u} - u}{\sqrt{1 \pm 2\sqrt{u}}}, \quad \ell(u) = \pm \frac{1 \pm \sqrt{u} + u \mp \sqrt{u^3}}{u(1 \pm \sqrt{u} \pm u)} \mathcal{E}(u)$$

となる（複号同順）．$\pm$ はそれぞれ順回転 ($\ell > 0$)，逆回転 ($\ell < 0$) を表す．

上の条件はポテンシャルの 2 つの極値（極大値および極小値）を与えるので，その 2 つの解は 2 つの円運動（安定円軌道および不安定円軌道）の半径を与える．最内安定円軌道では解が重根つまり変曲点となる場合で，その条件は $\dfrac{d^2 U}{du^2} = 0$ で与えられ，$\mathcal{E}(u)$, $\ell(u)$ を上の式を用いて消去すると，

$$1 - 3u^2 - 6u \pm 8\sqrt{u^3} = 0$$

が得られる．ここで $\pm$ はそれぞれ順回転 ($\ell > 0$)，逆回転 ($\ell < 0$) に対応している．これを解くと $u = 1$（順回転の場合），$u = \dfrac{1}{9}$（逆回転の場合）となり，最内安定円軌道半径が得られる．まとめると，

- 順回転 ($\ell > 0$) のとき，$r_{\mathrm{ISCO}} = \mathcal{M}$, $\mathcal{E} = \dfrac{1}{\sqrt{3}}$, $\mathcal{L} = \dfrac{2}{\sqrt{3}}\mathcal{M}$,

- 逆回転 ($\ell < 0$) のとき，$r_{\text{ISCO}} = 9\mathcal{M}$, $\mathcal{E} = \dfrac{5}{3\sqrt{3}}$, $\mathcal{L} = -\dfrac{22}{3\sqrt{3}}\mathcal{M}$

となる． $\square$

一般の場合の ISCO 半径も同様にして求めることが可能であり，$r_{\text{ISCO}}$ の方程式は

$$r_{\text{ISCO}}^2 - 3a^2 - 6\mathcal{M}r_{\text{ISCO}} \pm 8a\sqrt{\mathcal{M}r_{\text{ISCO}}} = 0 \tag{9.15}$$

となる．この 4 次方程式の解は具体的には

$$r_{\text{ISCO}} = \mathcal{M}\left[3 + Z_2 \mp \sqrt{(3 - Z_1)(3 + Z_1 + 2Z_2)}\right]$$

で与えられる．ここで $Z_1$, $Z_2$ は

$$Z_1 = 1 + \left(1 - \frac{a^2}{\mathcal{M}^2}\right)^{1/3}\left[\left(1 + \frac{a}{\mathcal{M}}\right)^{1/3} + \left(1 - \frac{a}{\mathcal{M}}\right)^{1/3}\right], \quad Z_2 = \sqrt{Z_1^2 + \frac{3a^2}{\mathcal{M}^2}}$$

で定義される．

光子の場合は $\mathfrak{m} = 0$ であるので，有効ポテンシャルの例は図 9.2 で示されるが，Schwarzschild 時空のとき同様，円軌道は不安定になる．不安定ではあるがこの軌道は 9.2.3 節で説明するブラックホールシャドウに非常に重要な役割をする[*3]．

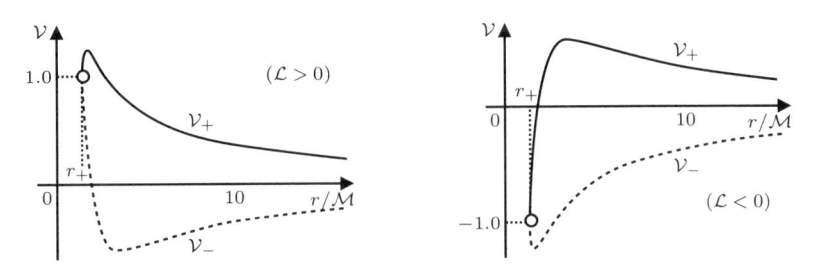

図 9.2　Kerr 時空における光子の有効ポテンシャル（$a = 0.8\mathcal{M}$, $\mathcal{L} = \pm 4\mathcal{M}$）．

### 9.2.3　ブラックホールシャドウ

ブラックホールは重力が非常に強く，光の軌道も大きく曲げられる．いったんブラックホールの中に入ると光ですら外に出てこられないため，光源の前に存在するブラックホールは遠方から見るとブラックホールシャドウとしてシルエットのように浮かび上がる．2019 年に Event Horizon Telescope（EHT）と呼ばれる地球規模の超長基線電波干渉計により実際に M87 や銀河系中心の射手座 A* の超巨大ブラックホールの影が観測され，注目されている．

重力場中の光の軌道を考え，ブラックホールの陰影（シャドウ）を計算してみよう．まず簡単な球対称時空の Schwarzschild ブラックホールについて考えてみよう．この場合は対称性から赤道面上を伝播する光の軌道を考えればよい．

---

[*3]　不安定円軌道半径は，9.2.3 節で求める半径 $r_{\text{ph,1}}$（順回転），$r_{\text{ph,0}}$（逆回転）に対応する．

解 | 6.4 節で議論したように，$\mathcal{E}^2 > \dfrac{4}{27}\ell^2$ の場合は光は無限遠から近づき，ブラックホールに吸い込まれる．入射する光の衝突パラメータは $b = \dfrac{r_g \ell}{\mathcal{E}}$ で与えられるため，ブラックホールに落ちていく光の衝突径数の上限値 $b_{\rm sh}$ は $b_{\rm sh} = \dfrac{3\sqrt{3}}{2} r_g$ で与えられる． □

いま観測者が $z$ 軸上の無限遠方にいるとし，無限遠から入射した光がブラックホールに散乱または吸収される場合の時間反転を考えよう．遠方から大きい衝突径数を持って入射してきた光は散乱され，$z$ 軸上の無限遠の観測者のほうにやってくる．このとき観測者は衝突径数 $b > b_{\rm sh}$ の光を観測することができる．一方，ブラックホールに落ち込む光の時間反転は（ホワイトホールのように）地平線を飛び出し衝突径数 $b < b_{\rm sh}$ の光として観測者の所に届く．しかしながらブラックホールから光は放出されないので，この光は実際には存在せず，観測者には影として見えることになる．これがブラックホールシャドウである．影の大きさは地平線の大きさ $r_g$ より大きく，$\dfrac{3\sqrt{3}}{2} r_g$ となることがわかる．この影の大きさは光が不安定円軌道（半径 $r_{\rm ph} = \dfrac{3}{2} r_g$）に近づくときの臨界衝突径数で決まっている．

次に回転する Kerr ブラックホールの場合を考える．この場合は軸対称性しかないので赤道面だけの光を考えるのは十分ではないが，無限遠から入射された光がブラックホールに吸収されるか，散乱されて再び無限遠に飛び出すかの境界を考えればよいことが Schwarzschild ブラックホールの場合の考察から想像できる．特に，Kerr ブラックホールの場合は軌道を表す運動方程式の動径成分と角度成分が分離されるので考察は簡単になる．再び無限遠に飛び出すかブラックホールに落ち込むかは動径方向の運動方程式を考えればよく，その境界は $r = r_{\rm ph}$（一定）で表される．つまり境界半径 $r = r_{\rm ph}$ では光は Kerr ブラックホールの周りをぐるぐる回ることになる．

よって，ブラックホールシャドウを考えるにはこの半径一定の球面軌道を見つければよいことになる．簑時間 $\lambda$ を用いると軌道方程式 (9.9) の動径成分およびその微分は

$$\frac{dr}{d\lambda} = \pm\sqrt{\mathcal{R}}, \quad \frac{d^2 r}{d\lambda^2} = \pm\frac{1}{2\sqrt{\mathcal{R}}} \frac{d\mathcal{R}}{dr} \frac{dr}{d\lambda} = \frac{1}{2} \frac{d\mathcal{R}}{dr}$$

となり，半径一定となる条件は，$\dfrac{dr}{d\lambda} = 0, \dfrac{d^2 r}{d\lambda^2} = 0$ で表されるので，半径 $r = r_{\rm ph}$ で $\mathcal{R}(r_{\rm ph}) = 0$ および $\dfrac{d\mathcal{R}}{dr}(r_{\rm ph}) = 0$ を満たせばよいことがわかる．この半径を決定する条件には $\xi = \dfrac{\mathcal{L}}{\mathcal{E}}$ および $\eta = \dfrac{\mathcal{C}}{\mathcal{E}^2}$ の 2 つのパラメータのみが現れるが，これがブラックホールシャドウの輪郭を表すことが Schwarzschild ブラックホールの場合の臨界衝突径数の議論から想像できる．ただし，この半径 $r_{\rm ph}$ は Schwarzschild ブラックホールの場合と異なり，$\mathcal{L}$ および $\mathcal{C}$（つまり $\xi$ および $\eta$）に依存する．角運動量の $z$ 成分の変化は順回転の場合が正で最も大きく，逆回転の場合に負で最も小さくなる．よって半径 $r_{\rm ph}$ の取り得る範囲を考えるにはその両極端の場合（赤道面上の軌道）の値を求めればよい．

任意の半径 $r_{\rm ph}$ の球面上を運動する光子に対して，$\xi$ および $\eta$ を求めよ．また，赤道面上の円軌道に対して軌道半径 $r_{\rm ph}$ を条件式（$\mathcal{R} = 0$ および $\dfrac{d\mathcal{R}}{dr} = 0$）から導き，一般の球面上を運動する光子軌道の半径 $r_{\rm ph}$ の取り得る範囲を求めよ．

解 半径 $r_{\rm ph}$ の球面上を運動する光子軌道に対する $\xi$ と $\eta$ は

$$\frac{1}{\mathcal{E}^2}\mathcal{R} = \left[(r_{\rm ph}^2 + a^2) - \xi a\right]^2 - (r_{\rm ph}^2 - 2\mathcal{M}r_{\rm ph} + a^2)\left[(\xi - a)^2 + \eta\right] = 0,$$

$$\frac{1}{\mathcal{E}^2}\frac{d\mathcal{R}}{dr} = 4r_{\rm ph}^3 + 2r_{\rm ph}(a^2 - \xi^2 - \eta) + 2\mathcal{M}\left[(\xi - a)^2 + \eta\right] = 0$$

の連立方程式を解けばよい．これから

$$\frac{1}{\mathcal{E}^2}\left[-\mathcal{R} + r\frac{d\mathcal{R}}{dr}\right] = 3r_{\rm ph}^4 + r_{\rm ph}^2(a^2 - \xi^2 - \eta) + a^2\eta = 0$$

を用いて $\eta$ を求めると

$$\eta = \frac{r_{\rm ph}^2(3r_{\rm ph}^2 + a^2 - \xi^2)}{r_{\rm ph}^2 - a^2}$$

となる．これを元の式に代入すると $\xi$ の 2 次方程式が得られ，$\xi$ は 2 つの解

$$\xi = \xi_{\pm} \equiv \frac{\mathcal{M}(r_{\rm ph}^2 - a^2) \pm r_{\rm ph}\Delta}{a(r_{\rm ph} - \mathcal{M})}$$

を持つことがわかる．対応する $\eta$ は

$$\eta = \eta_{\pm} \equiv \frac{r_{\rm ph}^2(3r_{\rm ph}^2 + a^2 - \xi_{\pm}^2)}{r_{\rm ph}^2 - a^2}$$

で与えられる．

いま $\xi_+ = \dfrac{r_{\rm ph}^2 + a^2}{a}$ の場合を考えると，$\eta_+ = -\dfrac{r_{\rm ph}^4}{a^2}$（$< 0$）となるが，対応する正定値の Carter 定数は $\dfrac{\mathcal{K}}{\mathcal{E}^2} = \eta_+ + (\xi_+ - a)^2 = 0$ となり，極軸方向に伝播する光になるため球面上の運動を表さない．もう一方の解は

$$\xi_- = \frac{\mathcal{M}(r_{\rm ph}^2 - a^2) - r_{\rm ph}\Delta(r_{\rm ph})}{a(r_{\rm ph} - \mathcal{M})},$$

$$\eta_- = \frac{r_{\rm ph}^3\left[4a^2\mathcal{M} - r_{\rm ph}(r_{\rm ph} - 3\mathcal{M})^2\right]}{a^2(r_{\rm ph} - \mathcal{M})^2}$$

で与えられ，$\dfrac{\mathcal{K}}{\mathcal{E}^2} = \dfrac{4r_{\rm ph}^2\Delta}{(r_{\rm ph} - \mathcal{M})^2}$（$> 0$）となり，球面上の運動を表す．よってこれが求める $\xi, \eta$ の値である．

赤道面に拘束された円運動（$\xi = \xi_0, \eta = 0$）の場合の条件式は

$$\frac{1}{\mathcal{E}^2}\mathcal{R} = r_{\rm ph}\left[r_{\rm ph}^3 + (a^2 - \xi_0^2)r_{\rm ph} + 2\mathcal{M}(\xi_0 - a)^2\right] = 0,$$

$$\frac{1}{\mathcal{E}^2}\frac{d\mathcal{R}}{dr} = 4r_{\rm ph}^3 + 2(a^2 - \xi_0^2)r_{\rm ph} + 2\mathcal{M}(\xi_0 - a)^2 = 0$$

となる．この 2 式から $\xi_0 = -\dfrac{r_{\rm ph} + 3\mathcal{M}}{r_{\rm ph} - 3\mathcal{M}}a$ となり，代入し $r_{\rm ph}$ の式を求めると

$$r_{\mathrm{ph}}^3 - 6\mathcal{M}r_{\mathrm{ph}}^2 + 9\mathcal{M}^2 r_{\mathrm{ph}} - 4\mathcal{M}a^2 = 0$$

と 3 次方程式が得られる．この式の解は

$$r_{\mathrm{ph},n} = 2\mathcal{M}\left\{1 + \cos\left[\frac{2}{3}\left(\cos^{-1}\left(\frac{a}{\mathcal{M}}\right) - n\pi\right)\right]\right\} \quad (n = -1, 0, 1)$$

で与えられる．

図 9.3 に示すように $r_{\mathrm{ph},-1} \leq r_{\mathrm{ph},1} \leq r_{\mathrm{ph},0}$ となるが，$r_{\mathrm{ph},-1}$ はブラックホールの事象の地平線内部に存在するので光子軌道半径になり得ない．また $r_{\mathrm{ph},0} \geq r_{\mathrm{ph},1} \geq r_+$（地平線半径）であるが，そのときの $\xi_0$ を求めると $\xi_0(r_{\mathrm{ph},1}) > 0 > \xi_0(r_{\mathrm{ph},0})$，つまり $\mathcal{L}(r_{\mathrm{ph},1}) > 0$，$\mathcal{L}(r_{\mathrm{ph},0}) < 0$ となり，$r_{\mathrm{ph},1}$ は順回転の場合の光子軌道半径を，$r_{\mathrm{ph},0}$ は逆回転の場合の光子軌道半径に対応していることが分かる．

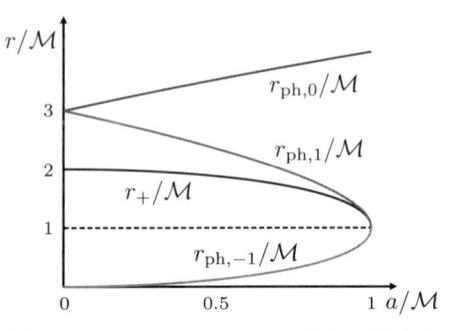

図 9.3　Kerr パラメータ $a$ に対する赤道面上の光子円軌道半径．

これから，一般の球面上を運動する光子軌道の半径 $r_{\mathrm{ph}}$ の取り得る範囲は

$$r_{\mathrm{ph},1} \leq r_{\mathrm{ph}} \leq r_{\mathrm{ph},0}$$

となる．　　　　　　　　　　　　　　　　　　　　　　　　　　　　　□

Schwarzschild ブラックホールのときの考察から，ブラックホールシャドウの輪郭は光子軌道半径ぎりぎりを通る光子の衝突径数で与えられる．観測者が十分遠方（距離 $r_0$，軌道傾斜角 $\theta_0$）にいるとすると衝突径数はブラックホール回転軸方向に対して横方向の広がりを $\alpha$，縦方向の広がりを $\beta$ とすると

$$\alpha = -\frac{\xi}{\sin\theta_0},$$
$$\beta = \pm\sqrt{\eta + a^2\cos^2\theta_0 - \xi^2\cot^2\theta_0}$$

で与えられる．ここで $\alpha$ の定義にマイナス符号がつけられているのは，シャドウを観測する場合に光がブラックホールに落ち込む場合ではなくブラックホール方向から出てくる場合を考えるからである．またブラックホールの回転軸方向の衝突径数の評価には $p_\theta^2 = \mathcal{C} + a^2\mathcal{E}^2 - \mathcal{L}^2\cot^2\theta$ を用いた．

$r = r_{\mathrm{ph}}$ を $r_{\mathrm{ph},0} \leq r_{\mathrm{ph}} \leq r_{\mathrm{ph},1}$ の範囲で変化させると，それに対応する $\xi_-$，$\eta_-$ が得られ，$(\alpha, \beta)$ からブラックホールシャドウの輪郭が決定できる．観測者がブラックホールを横から見たとき $\left(\theta_0 = \dfrac{\pi}{2}\right)$ の例を図 9.4 に示す．

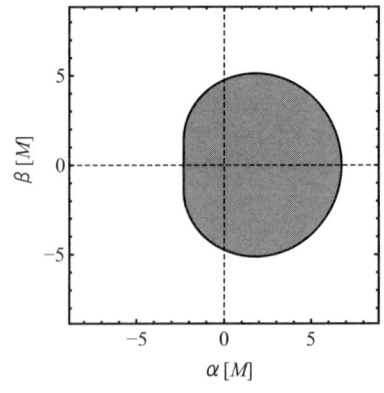

図 9.4　臨界 Kerr ブラックホール（$a = \mathcal{M}$）のシャドウ．

# 9.3 Kerr ブラックホールの時空構造

Schwarzschild ブラックホールの時空構造は非常に単純で，事象の地平線と時空特異点がその特徴を表している．事象の地平線は情報伝播の一方通行の境界で，その内部からは光といえども外に出てこられない領域を表している．中心にある時空の特異点は曲率が無限大に発散し，一般相対性理論の適応限界を超える真の特異点である．回転している Kerr ブラックホールはどうなっているのであろうか．対称性が低くなった分，その時空構造は複雑なものになる．それを以下で見ていこう．

### 9.3.1 無限赤方偏移面

重力場中の光の赤方偏移のところで学んだように，Schwarzschild ブラックホールの場合，空間座標が一定の光源から出た光は無限遠の観測者から見ると赤方偏移するが，その放出位置を事象の地平線に近づけると赤方偏移は無限大になる．Kerr ブラックホールの場合この位置はどこに当たるのであろうか?

> **例題 9.10** Kerr 時空 (9.1) において，空間座標 $(r_{\mathrm{em}}, \theta_{\mathrm{em}}, \varphi_{\mathrm{em}})$ にある光源から振動数 $\nu_{\mathrm{em}}$ の光を放出したとき，無限遠にいる観測者の観測する光の振動数 $\nu_{\mathrm{obs}}$ を求めよ．またこのとき観測された光の赤方偏移が無限大になる光源の位置を求めよ．

$\boxed{\text{解}}$ 例題 8.4 と同じように考えると，2 つの振動数の関係は，$r_{\mathrm{obs}} \to \infty$ で，

$$\nu_{\mathrm{obs}} = \frac{\sqrt{-g_{00}(r_{\mathrm{em}})}}{\sqrt{-g_{00}(r_{\mathrm{obs}})}} \nu_{\mathrm{em}} = \sqrt{1 - \frac{2\mathcal{M} r_{\mathrm{em}}}{r_{\mathrm{em}}^2 + a^2 \cos^2 \theta_{\mathrm{em}}}} \, \nu_{\mathrm{em}}$$

で与えられる．このとき赤方偏移が無限大（$\nu_{\mathrm{obs}} = 0$）になるのは

$$r_{\mathrm{em}}^2 - 2\mathcal{M} r_{\mathrm{em}} + a^2 \cos^2 \theta_{\mathrm{em}} = 0 \tag{9.16}$$

で表される 2 次元曲面上に光源があるときである． $\qquad\square$

2 次元曲面 (9.16) は $r = r_{\mathrm{IR}}(\theta) \equiv \mathcal{M} + \sqrt{\mathcal{M}^2 - a^2 \cos^2 \theta}$ のように極座標 $(r, \theta)$ を用いて表すことができる．このように Kerr 時空では，無限遠観測者の観測する光の赤方偏移が無限大になる位置は，時空が球対称ではなく軸対称であるため，軸対称な「回転楕円体面」となる．この「回転楕円体面」を**無限赤方偏移面**と呼ぶ．この位置における固有時間はゼロとなるため，Schwarzschild ブラックホールの事象の地平線同様に，物体がその位置に近づくとき無限遠の観測者にとって無限大の時間が経過するように見える．

### 9.3.2 定常限界面とエルゴ領域

次に Kerr ブラックホール近傍の様子を見るため，周りを回るテスト粒子を考えよう．簡単のため $r, \theta = $ 一定 の円運動を考える[*4)]．

---

[*4)] ここでは赤道面以外の円運動も考えるが，そのような軌道は測地線ではないので，何らかの外力が働いていると考える．

> **例題 9.11** Kerr 時空において $r, \theta = $ 一定 の円軌道を描くテスト粒子を無限遠の観測者から見たときの回転角速度 $\Omega = \dfrac{d\varphi}{dt}$ の取り得る範囲を求めよ.

**解** テスト粒子の 4 元速度を $u^\mu$ とすると無限遠の観測者から見たときの角速度は

$$\Omega = \frac{d\varphi}{dt} = \frac{u^\varphi}{u^0}$$

で与えられる. いま 2 つの Killing ベクトルを $\xi^\mu_{(0)}$, $\xi^\mu_{(\varphi)}$ とすると 4 元速度は $\xi^\mu_{(0)} + \Omega\xi^\mu_{(\varphi)}$ に比例し, 4 元速度が時間的 ($u^\mu u_\mu = -1$) であることを用いると

$$\left(\xi^\mu_{(0)} + \Omega\xi^\mu_{(\varphi)}\right)\left(\xi_{(0)\mu} + \Omega\xi_{(\varphi)\mu}\right) = g_{00} + 2\Omega g_{0\varphi} + \Omega^2 g_{\varphi\varphi} < 0$$

となる. この 2 次不等式を解くと $\Omega_- < \Omega < \Omega_+$ となる. ここで $\Omega_\pm$ は

$$\Omega_\pm \equiv -\frac{g_{0\varphi}}{g_{\varphi\varphi}} \pm \sqrt{\left(\frac{g_{0\varphi}}{g_{\varphi\varphi}}\right)^2 - \frac{g_{00}}{g_{\varphi\varphi}}} = \frac{2\mathcal{M}ar\sin\theta \pm \Sigma\sqrt{\Delta}}{\sin\theta\left[(r^2 + a^2)^2 - \Delta a^2\sin^2\theta\right]} \tag{9.17}$$

で与えられる. □

　平坦な時空で考えると順回転, 逆回転の速度はそれぞれ $v_{\mathrm{p}} = r\sin\theta\Omega_+ = 1$ および $v_{\mathrm{r}} = r\sin\theta\Omega_- = -1$ となり, この制限はテスト粒子が光速度を超えて回転できないという当たり前の結果を表している. Kerr 時空においてブラックホールに近づいていくと $\Omega_-$ は負の値からだんだんと大きくなり, $g_{00} = 0$ となる位置でゼロとなる. この面を超えて中に入ると $\Omega_- > 0$ となり, 逆回転している粒子が遠方からはブラックホールの回転方向と同じ方向に回転して見えることになる. これはブラックホールの回転による慣性系の引きずり効果によるものである. また, この境界面の内部では $\Omega_- > 0$ であるので, 常に $\Omega > 0$ となりテスト粒子は必ず順回転しなくてはならなくなる. つまり無限遠の観測者から見てテスト粒子は静止できない. そこでこの境界面を **定常限界面** と呼ぶ. なおこの境界面は無限赤方偏移面 $r = r_{\mathrm{IR}}(\theta)$ に一致していることに注意せよ.

　ところで, 慣性系の引きずりの効果を表す角速度

$$\omega \equiv -\frac{g_{0\varphi}}{g_{\varphi\varphi}} = \frac{2\mathcal{M}ar}{(r^2 + a^2)^2 - \Delta a^2\sin^2\theta} \tag{9.18}$$

で回転している観測者を「**局所無回転観測者**」と呼ぶが, これはその観測者から見ると順回転および逆回転する粒子の角速度の大きさは同じになり, 引きずり効果は相殺されてみえるからである.

　次にこの定常限界面内部に存在するテスト粒子のエネルギーについて考えてみよう. 時間方向の Killing ベクトル $\xi_{(0)}$ のノルムは

$$\xi^\mu_{(0)}\xi_{(0)\mu} = g_{00} = -\frac{\Delta - a^2\sin^2\theta}{\Sigma}$$

であり, 定常限界面外部では時間的となり粒子のエネルギー $E = -p_\mu\xi^\mu_{(0)}$ は必ず正になる. しかし定常限界面内部では空間的になるため, 粒子のエネルギーは必ずしも正にはならず, エネルギーが負になる場合も考えられる. 実際, 9.2.2 節で導入した有効ポテンシャ

ル $\mathcal{V}_+$ を考えると，有効ポテンシャルより上の領域では赤道面上を運動する粒子が存在可能であるが，図 9.1 の場合を見ると $\mathcal{L} = -4\mathcal{M}$ の場合には $\mathcal{V}_+ < 0$ となる領域が存在し，そこではエネルギーが負となる粒子を考えることができる．この定常限界面内部の領域を**エルゴ領域**と呼ぶ．エルゴ領域の境界は定常限界面（無限赤方偏移面）に一致する．

**例題 9.12** Kerr 時空の最内安定円軌道がエルゴ領域内部に入る Kerr パラメータ $a$ の最小値 $a_{\min}$ を求めよ．

解 エルゴ領域境界面の赤道面での半径は $r_{\mathrm{IR}}\left(\theta = \dfrac{\pi}{2}\right) = 2\mathcal{M}$ となる．よって $r_{\mathrm{ISCO}} \leq 2\mathcal{M}$ となるのが題意の条件である．$r_{\mathrm{ISCO}}$ は (9.15) 式を満たすが，ISCO 半径は順回転の方がより内側に来るのでそちらを考える．$r_{\mathrm{ISCO}} = 2\mathcal{M}$ として (9.15) 式を Kerr パラメータ $a$ について解くと解として $\dfrac{2\sqrt{2}}{3}\mathcal{M}$ と $2\sqrt{2}\mathcal{M}$ が得られるが，$a \leq \mathcal{M}$ であるので $2\sqrt{2}\mathcal{M}$ は適切ではない．したがって最内安定円軌道がエルゴ領域内部に入るときの Kerr パラメータの条件は

$$a \geq a_{\min} \equiv \frac{2\sqrt{2}}{3}\mathcal{M} \approx 0.9428\mathcal{M}$$

で与えられる． □

### 9.3.2.1 Penrose 過程：ブラックホールからエネルギーを抽出する！

例題 9.12 で考えたような最内安定円軌道ではエルゴ領域内部でも粒子のエネルギーは正であった．しかしブラックホールの回転と逆向きに回転する軌道（$L_z < 0$）においては，図 9.1（右）に示したように，エルゴ領域内部においてエネルギーが負（$E < 0$）になる粒子が存在し得る．ただし，その負エネルギー粒子がそのままエルゴ領域の外には出ることはできない．

**例題 9.13** ブラックホールに向かって落下してきた 1 つの粒子（$E > 0$）がエルゴ領域内で 2 つの粒子に崩壊した．崩壊後，粒子 1 はブラックホールに落ちていき，粒子 2 は無限遠に脱出したとする．崩壊後の粒子 1 のエネルギーが負（$E_1 < 0$）となるとき，無限遠まで戻ってきた粒子 2 のエネルギー $E_2$ とはじめに粒子が持っていたエネルギー $E$ の大きさを比較せよ．ただし，この崩壊過程において，エネルギー・運動量保存則は成り立つものとする．

解 粒子 1 および 2 の 4 元運動量を $P_1^\mu, P_2^\mu$ とすると，粒子が崩壊した位置では 4 元運動量は保存し，$P^\mu = P_1^\mu + P_2^\mu$ となる．Killing ベクトルと縮約を取れば

$$E = -\xi^\mu p_\mu = -\xi_\mu (P_1^\mu + P_2^\mu) = E_1 + E_2$$

と崩壊した位置でエネルギー保存則が成り立つ．崩壊後はそれぞれ測地線に沿って運動するのでそれぞれのエネルギーは保存する．

いま，粒子 1 のエネルギーが負（$E_1 < 0$）になる場合を考えているので，粒子 1 はブラックホールの回転と逆向きに回っていることになる．そのときエネルギー保存則から粒

子 2 のエネルギーは $E_2 = E - E_1 > E$ となる．つまり粒子 2 は，入射した粒子のエネルギー $E$ より大きなエネルギー $E_2$ を持って放出される． □

　このように回転するブラックホールのエルゴ領域を利用すると，ブラックホールからエネルギーを取り出すことができることになる．このエネルギー抽出法ははじめ Penrose が見つけたので **Penrose 過程**と呼ばれる．

　ブラックホールからは光すら出てこられないが，そのすぐ外を利用するとブラックホールからエネルギーを取り出すことが可能となる．ただし，Schwarzschild 解の場合は，エルゴ領域は存在せず，エネルギーを取り出すことができない．このことから想像できるように，Penrose 過程により抽出したエネルギーはブラックホールの回転エネルギー（の一部）である．同じように Kerr ブラックホールに波を入射すると，ある振動数領域では入射エネルギーより大きな反射エネルギーが得られる場合がある．これを**超放射現象**という．

### 9.3.3　事象の地平線と内部地平線

　計量は $\Delta = r^2 - 2Mr + a^2 = 0$，つまり $r_\pm \equiv \mathcal{M} \pm \sqrt{\mathcal{M}^2 - a^2}$ で特異性をもつ．しかし曲率（Kretschmann 不変量）を計算すると

$$R_{\mu\nu\rho\sigma}R^{\mu\nu\rho\sigma} = \frac{48M^2}{\Sigma^6}\left(r^2 - a^2\cos^2\theta\right)(\Sigma - 4ar\cos\theta)(\Sigma + 4ar\cos\theta)$$

となり[*5)]，$r_\pm$ では発散しない．無限大に発散するのは $\Sigma = 0$，つまり $r = 0$ かつ $\theta = \dfrac{\pi}{2}$（$a \neq 0$ のとき）となるところでは曲率は無限大になり，時空の特異点が存在する．

　実はこの $r_\pm$ が地平線になるが，それを具体的に確かめることはかなり難しいので本書では軸上の時空構造のみを解析し，その Penrose 図を描くことで確かめるにとどめよう．

　軸上の時空構造はその計量が

$$ds^2 = -f(r)dt^2 + \frac{1}{f(r)}dr^2 \tag{9.19}$$

のように 2 次元量で記述できる．ここで

$$f(r) \equiv \frac{\Delta}{r^2 + a^2} = \frac{(r - r_+)(r - r_-)}{r^2 + a^2}$$

である．Schwarzschild 時空のときのように 2 つのヌル座標を用い，時空を拡張して Penrose 図を描いてみよう．Kerr 時空は漸近的平坦であるので，無限遠点（$r = \infty$）近傍は Minkowski 時空と同じ時空構造をしている．そこから $r$ を減少させてくるとはじめに $r_+$ で計量は発散する．ヌル座標を導入するために亀座標 $r^*$ を

$$dr^* = \frac{r^2 + a^2}{\Delta}dr \tag{9.20}$$

で定義する．亀座標 $r^*$ を使って 2 つのヌル座標 $U = t - r^*$，$V = t + r^*$ を定義すると計量 (9.19) は $ds^2 = -fdUdV$ の形に書ける．このヌル座標 $U, V$ は Schwarzschild 時空のときと同様に共に $r_+$ で $\pm\infty$ に発散するが，この点では曲率は発散しないので新しい座標を導入しよう．

---

*5)　Kerr 時空の曲率を計算するのは非常に面倒であるが，Carter の 4 脚場を用い補遺 A で説明している外微分形式を用いた方法を使うと比較的容易に計算可能である．

$f$ を $r_+$ の近傍で展開し，$r^*$ を求めよ．ただし，$\kappa_+ \equiv \dfrac{f'(r_+)}{2}$ を用いよ．また $f$ を $r_+$ の近傍で $r^*$ を用いて近似的に表せ．

**解** $f(r)$ を $r_+$ の近傍で展開すると $f = f'(r_+)(r - r_+) + \cdots = 2\kappa_+(r - r_+) + \cdots$ となるので，亀座標 $r^*$ は

$$r^* = \int \frac{1}{f} dr \approx \frac{1}{2\kappa_+} \ln|\kappa_+(r - r_+)| + \cdots$$

となる．ここで対数関数の因数が無次元になるように $\kappa_+$ を掛け，積分定数を決めた．

これを逆に解くと，$\kappa_+(r - r_+) = \pm \exp(2\kappa_+ r^*)$ となるので $f$ は

$$f \approx \pm 2 \exp(2\kappa_+ r^*) = \pm 2 \exp[\kappa_+(V - U)]$$

となる．ただし，符号の $+$ および $-$ はそれぞれ $r > r_+$ および $r < r_+$ に対応する．　□

ここで新しい座標として

$$u_+ = \mp \exp(-\kappa_+ U), \quad v_+ = \exp(\kappa_+ V) \tag{9.21}$$

を定義する．ここで $\mp$ はそれぞれ $r > r_+$ および $r < r_+$ の領域での $u_+$ の定義とする．この $u_+, v_+$ を用いて $r_+$ 近傍での計量を求めると

$$ds^2 \approx -\frac{2}{\kappa_+^2} du_+ dv_+$$

のように表される．

ここで求めた計量は $r_+$ で正則で，$r > r_+$ のとき $u_+ < 0, v_+ > 0$ となり，$r < r_+$ のとき $u_+ > 0, v_+ > 0$ となる．$r = r_+$ では $u_+ = 0$ （または $v_+ = 0$）となりヌル超曲面を表している．この新しいヌル座標を用いると $r_+$ での特異性はなくなり，$r > r_+$ の領域から $r < r_+$ の領域になめらかに拡張される．この $(u_+, v_+)$ は Schwarzschild 時空のときの Kruskal 座標に対応し，$u_+ = \tan \mathscr{U}_+, v_+ = \tan \mathscr{V}_+$ という座標変換により有限領域に持っていくことが可能で，図 9.5 のように Penrose 時空図を描くことができる．この $(\mathscr{U}_+, \mathscr{V}_+)$ で表すことができるのは Schwarzschild 時空の Penrose 時空図の全領域 I～IV で，領域 I および III は Schwarzschild 時空図の場合とほぼ同じであるが，領域 II および IV では様子が異なる．Schwarzschild 時空の領域 II および IV では $r = 0$ の特異点に到達するので時空図はそこまでであるが，Kerr 時空のときは $r = 0$ に到達する前の $r = r_-$ で計量の特異性が表れる．しかし，この点でも曲率は発散しないので，$r_+$ と同様に時空をさらに拡張することは可能である．実際，$f$ を $r_-$ 近傍で $f \approx -2\kappa_-(r - r_-)$ と展開すると，$f \approx \pm 2 \exp(-2\kappa_- r^*) = \mp 2 \exp[\kappa_-(U - V)]$ となるので，新しいヌル座標として

$$u_- \equiv \mp \exp(\kappa_- U), \quad v_- \equiv -\exp(-\kappa_- V)$$

を導入すると，計量は $r_-$ 近傍で $ds^2 = -\dfrac{2}{\kappa_-^2} du_- dv_-$ となり特異性を消すことができる．この $r = r_-$ は $u_- = 0$ または $v_- = 0$ に対応したヌル超曲面になっている．そのため Penrose 時空図の領域 II または領域 IV には特異点は存在せず，さらに $r = r_-$ のヌ

ル超曲面を超えて $r < r_-$ の領域においても特異点は現れない．つまり $r = 0$ を超えて，$r = -\infty$ まで時空が拡張できるのである（図 9.5 参照）．

この時空の拡張を繰り返すと Kerr 時空の軸上の時空構造全体を表す Penrose 時空図（図 9.5）が得られる．

図 9.5 の Penrose 時空図を見ると我々の世界の無限遠 $(I^0, I^\pm, \mathscr{I}^\pm)$ との関係がよくわかる．我々の世界（領域 I）と因果的につながっているのは $r_+$ の外側で，$r = r_+$ が事象の地平線の位置を表している．Schwarzschild 時空と同じように我々の世界と異なるもう一つの漸近的平坦領域（領域 III）が存在する．

$r_+$ の内部に入ることは可能であるが，そこから出てくることはできない．これらの性質は Schwarzschild 時空の場合と同じである．違いはもう一つの地平線 $(r_-)$ の存在である．これを**内部地平線**と呼ぶ．これは物理的には，領域 I と領域 III において時間一定の空間的超曲面（Cauchy 面）において与えられた初期値によってその未来が決定できる領域の境界を表している．つまりそこを超えた領域で起こることは我々の世界（領域 III を含む）の初期値だけからは決まらないという因果的境界面を表しており**因果的地平線**とも呼ばれる．

内部地平線は特異点ではないのでその内部に入ることは可能である．注意が必要なのは，軸上 $(\theta = 0)$ では $r = 0$ は特異点ではなく，さらに拡張し $r < 0$ の領域につながっている．さらに

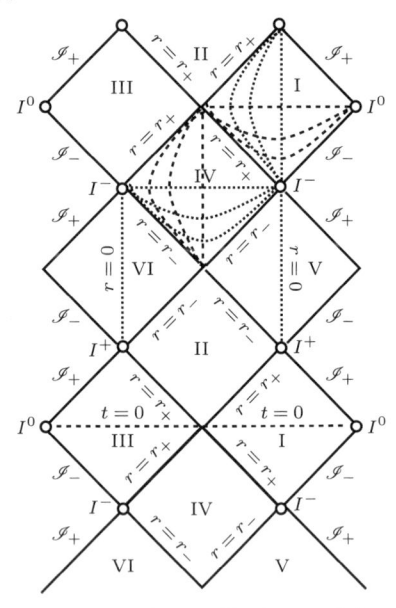

図 9.5　Kerr 解の $z$ 軸に沿った時空の Penrose 図形．

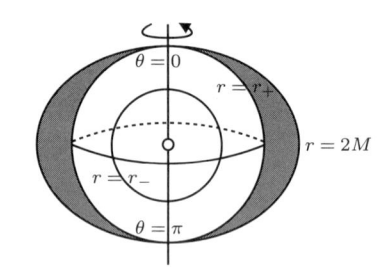

図 9.6　事象の地平線 $(r_+)$，内部地平線 $(r_-)$，およびエルゴ領域（灰色）．

$r \to -\infty$ の極限で漸近的平坦な時空に近づく．なおこの領域では質量が負 $(-\mathcal{M})$ になる．図 9.6 に事象の地平線，内部地平線およびエルゴ領域の位置関係を示した．

### 9.3.4　時空特異点

曲率が発散する特異点は $r = 0$ かつ $\theta = \dfrac{\pi}{2}$ のところにある．つまり赤道面から $r = 0$ に近づいたときに現れる．近づく方向によって振舞いが異なるということは $r = 0$ が一点ではないということである．どのような構造をしているのであろうか？特異点の構造を詳しく見るのには Boyer–Lindquist 座標ではなく，Kerr 解が最初に発見されたときに用いられた Kerr–Schild 座標 $(T, X, Y, Z)$ がより適切である．Kerr–Schild 座標に移行するにはまず次の座標変換を考える．

$$dT = dt - \frac{2\mathcal{M}r}{\Delta}dr, \quad d\Phi = d\varphi - \frac{a}{\Delta}dr. \tag{9.22}$$

その後，空間座標の変換

$$X = (r\cos\Phi + a\sin\Phi)\sin\theta, \quad Y = (r\sin\Phi - a\cos\Phi)\sin\theta, \quad Z = r\cos\theta \qquad (9.23)$$

で極座標 $(r, \theta, \Phi)$ をデカルト座標 $(X, Y, Z)$ に移す．

> **例題 9.15** Boyer–Lindquist 座標で表された Kerr 時空の計量 (9.1) に座標変換 (9.22), (9.23) を実行し，Kerr–Schild 計量を求めよ．

**解** 座標変換 (9.22) で

$$ds^2 = -dT^2 + dr^2 + \Sigma d\theta^2 + (r^2 + a^2)\sin^2\theta d\Phi^2 - 2a\sin^2\theta dr d\Phi$$
$$+ \frac{2Mr}{\Sigma}\big(dT - dr - a\sin^2\theta d\Phi\big)^2$$

が得られる．引き続き座標変換 (9.23) を行うと

$$ds^2 = \eta_{\mu\nu}dX^\mu dX^\nu$$
$$+ \frac{2Mr^3}{r^4 + a^2 Z^2}\left[dT - \frac{[r(XdX + YdY) + a(XdY - YdX)]}{r^2 + a^2} - \frac{ZdZ}{r}\right]^2 \qquad (9.24)$$

となる．座標変換 (9.23) から角度を消去すると $r$ は

$$r^4 - \big(X^2 + Y^2 + Z^2 - a^2\big)r^2 - a^2 Z^2 = 0$$

で表され，これから $r$ は空間座標 $X, Y, Z$ の関数として表される． $\qquad\square$

Kerr 時空の特異点 $(r = 0$ かつ $\theta = \frac{\pi}{2})$ を今のデカルト座標 $(X, Y, Z)$ で表すと $X = a\sin\Phi$, $Y = -a\cos\Phi$, $Z = 0$ $(0 \le \Phi < 2\pi)$ に対応する．つまり特異点はこの座標系では赤道面上のリング $(X^2 + Y^2 = a^2$ かつ $Z = 0)$ となる． $r = 0$ は $X^2 + Y^2 = a^2\sin^2\theta \le a^2$ かつ $Z = 0$ となり，半径 $a$ の円盤を表し，リング特異点はその円周に対応している．この円盤の内部 $(r = 0, \theta \ne \frac{\pi}{2})$ は特異点ではなく通り抜け可能である．実際に前節で見たように軸上 $(\theta = 0)$ では $r = 0$ は特異点ではなく $r < 0$ の領域になめらかにつながっている（図 9.5）．通り抜けることは可能であるがその先は元の我々の世界（領域 I）ではなく，別の領域につながっていることに注意せよ．

なお Kerr–Schild 計量というのは計量を $g_{\mu\nu} = \eta_{\mu\nu} + \ell_\mu\ell_\nu$ の形においたものである．ここで $\ell_\mu$ は Minkowski 計量 $\eta_{\mu\nu}$ に関するヌルベクトルである $(\eta^{\mu\nu}\ell_\mu\ell_\nu = 0)$．実際に，ヌルベクトル $\ell_\mu$ を

$$\ell_\mu = \sqrt{\frac{2Mr^3}{r^4 + a^2 Z^2}}\left(1, -\frac{rX - aY}{r^2 + a^2}, -\frac{rY + aX}{r^2 + a^2}, \frac{Z}{r}\right)$$

とすれば上の計量 (9.24) が得られる．

## 9.4 ブラックホールの特徴

Kerr ブラックホールを特徴付ける量として質量と角運動量があることは述べた．他にも重要な性質を表す量としてブラックホールの表面積 $\mathcal{A}$, 表面重力 $\kappa$, およびブラック

ホールの角速度 $\Omega_{\mathrm{H}}$ がある.

### 9.4.1 ブラックホールの表面積 $\mathcal{A}$

事象の地平線 $r_+$ の面積をブラックホールの**表面積**と称し, $\mathcal{A}$ で表す.

**例題 9.16** 事象の地平線の半径を $r_+$ としたとき, Kerr ブラックホールの表面積 $\mathcal{A}$ を求めよ.

解 Kerr ブラックホールの表面積は

$$\mathcal{A} = \oint_{r=r_+} \sqrt{g_{\theta\theta} g_{\varphi\varphi}} d\theta d\varphi = \int_0^{\pi} d\theta \int_0^{2\pi} d\varphi (r_+^2 + a^2) \sin\theta = 4\pi (r_+^2 + a^2)$$

で与えられる. □

### 9.4.2 ブラックホールの角速度

前に $r, \theta = $ 一定 のブラックホールの周りを回るテスト粒子を考えたとき, その回転角速度 $\Omega$ は $\Omega_- < \Omega < \Omega_+$ の範囲に限られたが, (9.17) 式のように順回転のときと逆回転のときは対称ではなく, 局所無回転観測者の角速度 $\omega$ の分だけずれていたが, これはブラックホールの回転による慣性系の引きずりの効果を表していた. 今, テスト粒子の位置を事象の地平線 $r_+$ に近づけると, $\Omega_- = \Omega_+ = \omega(r_+)$ となる.

**例題 9.17** $r = r_+$ における角速度 $\omega(r_+)$ を求めよ.

解 局所無回転観測者の角速度は

$$\omega(r) = -\frac{g_{0\varphi}}{g_{\varphi\varphi}} = \frac{2\mathcal{M}ar_+}{(r^2 + a^2)^2 - \Delta a^2 \sin^2\theta}$$

であり, 事象の地平線 $r = r_+$ では $\Delta = r_+^2 - 2\mathcal{M}r_+ + a^2 = 0$ であるので,

$$\omega(r_+) = \frac{2\mathcal{M}ar_+}{(r^2 + a^2)^2} = \frac{a}{r_+^2 + a^2}$$

となる. □

Kerr ブラックホールの周りを一定角速度で運動する粒子は事象の地平線に近づく極限ですべて同じ角速度

$$\Omega_{\mathrm{H}} \equiv \omega(r_+) = \frac{a}{r_+^2 + a^2} \tag{9.25}$$

で運動することになる. これから $\Omega_{\mathrm{H}}$ はブラックホールの角速度と考えることができる.

### 9.4.3 ブラックホールの表面重力

地球上の重力加速度は $g$ で表され, 場所により異なるがおよそ $9.8 \mathrm{~m/s^2}$ である. ブラックホール表面ではその重力加速度はどう表されるのであろうか? まずは Schwarzschild 解

で考えてみよう．4元速度が $u^\mu$ で運動する観測者の加速度は $a^\mu = u^\nu \nabla_\nu u^\mu$ で表される．Schwarzschild 解において空間座標一定の観測者の4元速度は $u^\mu_{(0)} = f^{-1/2} \xi^\mu_{(0)}$ で表されるので，その加速度は動径成分のみ値を持ち，$a^r = \frac{1}{2} f'$ である．ここで計量の00成分は $f = 1 - \frac{2\mathcal{M}}{r}$ であったことを思い出そう．よって加速度の大きさは

$$a \equiv \sqrt{g_{\mu\nu} a^\mu a^\nu} = \frac{1}{2} f^{-1/2} f'(r) = \frac{1}{\sqrt{1 - \frac{2\mathcal{M}}{r}}} \frac{\mathcal{M}}{r^2}$$

で与えられる．これは質量が1の物体に働く力と見ることができ，$r \to r_g = 2\mathcal{M}$ の極限で発散する．一方，無限遠にいる観測者が十分長い紐にこの物体を結び付けたときに働く力を $a_\infty(r)$ とする．この観測者が紐を $\delta\ell$ だけ引っ張るとそのときの仕事は $\delta W_\infty = a_\infty \delta\ell$ である．このとき物体になされた仕事は $\delta W = a\delta\ell$ であるが，この仕事を例えば輻射エネルギーに変換し，無限遠に持っていくとする．すると輻射は赤方偏移し，そのエネルギーは $\delta E_\infty = f^{1/2} a\delta\ell$ になる．これは無限遠の観測者が行った仕事に等しいので $\delta E_\infty = \delta W_\infty$ でなければならない．よって $a_\infty = f^{1/2} a = \frac{1}{2} f' = \frac{\mathcal{M}}{r^2}$ となる．この加速度は $r \to r_g = 2\mathcal{M}$ の極限で有限の値

$$\kappa \equiv a_\infty(r_g) = \frac{f'(r_g)}{2} = \frac{\mathcal{M}}{r_g^2} = \frac{1}{4\mathcal{M}} \tag{9.26}$$

となる[*6]．これを Schwarzschild ブラックホールの**表面重力**と呼ぶ．

これをより一般的な定常ブラックホール時空の場合に考えるために，Killing ベクトルを用いた共変的な形で拡張しよう．地平線以外の位置では時間的 Killing ベクトル $\xi^\mu_{(0)}$ のノルムが $\xi^\mu_{(0)} \xi_{(0)\mu} = -f$ であることを考慮するとその Killing ベクトルに垂直な方向（$r$ 方向）に微分をしたもの

$$e^\mu_{(r)} \nabla_\mu \left( \xi^\nu_{(0)} \xi_{(0)\nu} \right) = -f' = -2a_\infty(r)$$

がその位置での重力加速度 $a_\infty(r)$ を与える．

ここで $r \to r_g$ の極限を取ると $\xi^\mu_{(0)} \xi_{(0)\mu} = 0$ となり，Killing ベクトル $\xi^\mu_{(0)}$ はヌルになる．一方，事象の地平線はヌル超曲面で，ヌル超曲面に垂直なベクトルもまたヌルベクトルである．つまりブラックホールの表面重力は

$$\nabla_\mu \left( \xi^\nu_{(0)} \xi_{(0)\nu} \right) = -2\kappa \xi_{(0)\mu}$$

で与えられる．Killing ベクトルの微分反対称性を用い，この式を書き換えると

$$\xi^\nu_{(0)} \nabla_\nu \xi_{(0)\mu} = \kappa \xi_{(0)\mu}$$

となる．

ブラックホールの表面重力 $\kappa$ は，この考えを拡張し，一般に事象の地平線上のヌル Killing ベクトル $\xi^\mu_H$ を用いて

$$\nabla_\mu (\xi^\nu_H \xi_{H\nu}) = -2\kappa \xi_{H\mu} \tag{9.27}$$

または

---

[*6]　これは Newton 重力の場合半径 $R$ の球対称な星の表面重力 $GM/R^2$ に一致している．

$$\xi_H^\nu \nabla_\nu \xi_H^\mu = \kappa \xi_H^\mu \tag{9.28}$$

で定義される.

例題 9.18　Kerr 時空では Killing ベクトル $\xi_{(0)}^\mu$ は事象の地平線上でヌルにならないが, $\xi_{(\varphi)}^\mu$ との 1 次結合を取った Killing ベクトル $\xi_H^\mu \equiv \xi_{(0)}^\mu + \Omega_H \xi_{(\varphi)}^\mu$ が事象の地平線上でヌルベクトルになることを示せ. ここで $\Omega_H$ はブラックホールの角速度である.

解　Killing ベクトル $\xi_H^\mu$ のノルムは

$$\xi_H^\mu \xi_{H\mu} = \xi_{(0)}^\mu \xi_{(0)\mu} + 2\Omega_H \xi_{(0)}^\mu \xi_{(\varphi)\mu} + \Omega_H^2 \xi_{(\varphi)}^\mu \xi_{(\varphi)\mu} = g_{00} + 2\Omega_H g_{0\varphi} + \Omega_H^2 g_{\varphi\varphi}$$

となる. ここで, $\Omega_H = \omega(r_+) = \left. -\dfrac{g_{0\varphi}}{g_{\varphi\varphi}} \right|_{r_+}$ であるので

$$\xi_H^\mu \xi_{H\mu}|_{r_+} = \frac{(g_{00}g_{\varphi\varphi} - g_{0\varphi}^2)|_{r_+}}{g_{\varphi\varphi}|_{r_+}}$$

と表される. Kerr 時空の計量の地平線上の値を求めると

$$g_{00}(r_+) = \frac{a^2 \sin^2\theta}{r_+^2 + a^2\cos^2\theta}, \quad g_{0\varphi}(r_+) = -\frac{a(r_+^2 + a^2)\sin^2\theta}{r_+^2 + a^2\cos^2\theta}, \quad g_{\varphi\varphi}(r_+) = \frac{(r_+^2 + a^2)^2 \sin^2\theta}{r_+^2 + a^2\cos^2\theta}$$

となる. これを代入すると $\xi_H^\mu \xi_{H\mu}|_{r_+} = 0$ となり, Killing ベクトル $\xi_H^\mu$ は事象の地平線上でヌルになる. □

事象の地平線は, このヌル Killing ベクトル $\xi_H^\mu$ により生成されるヌル超曲面となるので, **Killing 地平線**と呼ばれる. 表面重力 $\kappa$ は (9.27) 式または (9.28) 式で定義されるが, Schwarzschild 座標や Boyer–Lindquist 座標のように地平線上で特異となる座標系には使えない. そこで Eddington–Finkelstein 座標のような地平線で特異にならない座標系を用いることが必要となる.

例題 9.19　事象の地平線の半径を $r_+$ としたとき, Kerr ブラックホールの表面重力 $\kappa$ を求めよ. ただし, 地平線を生成するヌル Killing ベクトルは $\xi^\mu = \xi_{(0)}^\mu + \Omega_H \xi_{(\varphi)}^\mu$ で与えられるものとする.

解　Eddington–Finkelstein タイプの座標地平線で特異にならない座標系を考えるには内向きのヌル座標 $V$ を導入する必要がある. Schwarzschild 時空のときは角度一定のヌル曲線を考えればよかったが, Kerr 時空のように回転している場合は $\varphi$ 方向への変化も考慮する必要がある. そこで座標変換 $(t, \varphi) \to (V, \phi)$ を $dV = dt + T(r)dr$, $d\phi = d\varphi + \Phi(r)dr$ で定義する. これを Kerr 時空の計量 (9.1) に代入し, 角度 $(\theta, \phi) = $ 一定 の軌道を考えたとき, $V = $ 一定 がヌル曲線になるには計量に $dr^2$ の項が含まれないようにすればよい. 具体的に代入した計量の $dr^2$ の項は

$$\left[ -\frac{\Delta}{\Sigma}(T - a\sin^2\theta\Phi)^2 + \frac{\Sigma}{\Delta} + \frac{\sin^2\theta}{\Sigma}\left((r^2 + a^2)\Phi - aT\right)^2 \right] dr^2$$

となるが，これが $\theta$ によらずゼロとなるのは $T = \dfrac{r^2 + a^2}{\Delta}$，$\Phi = \dfrac{a}{\Delta}$ の場合である．よって Kerr 時空における Eddington–Finkelstein 座標 $(V, r, \theta, \phi)$ を

$$dV = dt + \frac{r^2 + a^2}{\Delta}dr, \quad d\phi = d\varphi + \frac{a}{\Delta}dr$$

で定義すると計量は

$$ds^2 = -\left(\frac{\Delta - a^2 \sin^2\theta}{\Sigma}\right)dV^2 + 2dVdr - \frac{4Mra}{\Sigma}\sin^2\theta dVd\phi + \Sigma d\theta^2$$
$$+ \frac{\sin^2\theta}{\Sigma}\left((r^2 + a^2)^2 - \Delta a^2 \sin^2\theta\right)d\phi^2 - 2a\sin^2\theta drd\phi$$

と表される．この座標系では計量は $r = r_+$ で特異にならないので，事象の地平線上の解析ができる．

Killing 地平線を表すヌルベクトル $\xi_{\mathrm{H}}^{\mu}$ はこの座標系では $\xi_{\mathrm{H}}^{\mu} = (1, 0, 0, \Omega_{\mathrm{H}})$ で与えられ，そのノルムは

$$g_{\mu\nu}\xi_{\mathrm{H}}^{\mu}\xi_{\mathrm{H}}^{\nu} = \frac{(r^2 + a^2)^2 - a^2\Delta\sin^2\theta}{\Sigma}\sin^2\theta\left(\Omega_H - \frac{2\mathcal{M}ar}{(r^2 + a^2)^2 - a^2\Delta\sin^2\theta}\right)^2$$
$$- \frac{\Sigma\Delta}{(r^2 + a^2)^2 - a^2\Delta\sin^2\theta}$$

となる．第 1 項の $\Omega_{\mathrm{H}} - \dfrac{2\mathcal{M}ar}{(r^2 + a^2)^2 - a^2\Delta\sin^2\theta}$ は地平線上でゼロとなるので，微分した後に $r \to r_+$ の極限を取ったときに消え，第 2 項のみが寄与する．よって

$$\nabla_{\mu}(g_{\nu\rho}\xi_{\mathrm{H}}^{\nu}\xi_{\mathrm{H}}^{\rho})|_{r=r_+} = -\frac{\Sigma(r_+)}{(r_+^2 + a^2)^2}(\partial_{\mu}\Delta)|_{r=r_+} = -2\frac{\Sigma(r_+)(r_+ - \mathcal{M})}{(r_+^2 + a^2)^2}\delta_{\mu}^{\ r}$$

が得られる．一方，$\xi_{\mathrm{H}\mu} = g_{\mu\nu}\xi_{\mathrm{H}}^{\nu}$ は地平線上で $\xi_{\mathrm{H}\mu} = \left(0, \dfrac{\Sigma(r_+)}{r_+^2 + a}, 0, 0\right)$ となるので，

$$\nabla_{\mu}(g_{\nu\rho}\xi_{\mathrm{H}}^{\nu}\xi_{\mathrm{H}}^{\rho})|_{r=r_+} = -2\frac{(r_+ - \mathcal{M})}{(r_+^2 + a^2)}\xi_{\mathrm{H}\mu}$$

と表される．よって表面重力の定義より

$$\kappa = \frac{r_+ - \mathcal{M}}{r_+^2 + a^2} = \frac{\sqrt{\mathcal{M}^2 - a^2}}{2\mathcal{M}(\mathcal{M} + \sqrt{\mathcal{M}^2 - a^2})} \tag{9.29}$$

が得られる． □

この結果から**臨界ブラックホール** $(a = \mathcal{M})$ では表面重力 $\kappa$ がゼロになることがわかる．

表面重力を計算するもう一つの方法は，表面重力の表式を書き換えることである．Killing ベクトル $\xi_{\mathrm{H}}^{\mu}$ は地平線に垂直であるので，Frobenius の定理から，

$$\left.\xi_{\mathrm{H}[\alpha}\nabla_{\beta}\xi_{\mathrm{H}\gamma]}\right|_{r_+} = 0 \tag{9.30}$$

が成り立つ[*7]．

---

*7) 具体的な証明は Robert M. Wald「General Relativity」(University of Chicago Press, 1984) 参照．

**例題 9.20** (9.30) 式を用いて表面重力の表式を書き換え，表面重力 $\kappa$ は

$$\kappa^2 = -\frac{1}{2}\left(\nabla^\beta \xi_{\mathrm{H}}^\gamma \nabla_\beta \xi_{\mathrm{H}\gamma}\right)\Big|_{r_+} \tag{9.31}$$

で与えられることを示せ．

解 Frobenius の定理を書き換えると

$$\xi_{\mathrm{H}\alpha}\nabla_\beta\xi_{\mathrm{H}\gamma} + \xi_{\mathrm{H}\beta}\nabla_\gamma\xi_{\mathrm{H}\alpha} + \xi_{\mathrm{H}\gamma}\nabla_\alpha\xi_{\mathrm{H}\beta} = 0$$

となるので $\nabla^\beta\xi_{\mathrm{H}}^\gamma$ で縮約を取り，Killing ベクトルの微分の反対称性を用いると

$$\xi_{\mathrm{H}\alpha}\Big|_{r_+}\left(\nabla^\beta\xi_{\mathrm{H}}^\gamma\nabla_\beta\xi_{\mathrm{H}\gamma}\right)\Big|_{r_+} = -\left(\xi_{\mathrm{H}\beta}\nabla^\beta\xi_{\mathrm{H}}^\gamma\right)\Big|_{r_+}\left(\nabla_\gamma\xi_{\mathrm{H}\alpha}\right)\Big|_{r_+} + \left(\xi_{\mathrm{H}\gamma}\nabla^\gamma\xi_{\mathrm{H}}^\beta\right)\Big|_{r_+}\left(\nabla_\alpha\xi_{\mathrm{H}\beta}\right)\Big|_{r_+}$$

$$= -\kappa(\xi_{\mathrm{H}}^\gamma\nabla_\gamma\xi_{\mathrm{H}\alpha})\Big|_{r_+} - \kappa\left(\xi_{\mathrm{H}}^\beta\nabla_\beta\xi_{\mathrm{H}\alpha}\right)\Big|_{r_+} = -2\kappa^2\xi_{\mathrm{H}\alpha}\Big|_{r_+}$$

となり，(9.31) 式が得られる．ここで表面重力の表式 (9.28) を用いた． □

この表面重力の表式 (9.31) は地平線で特異となる Boyer–Lindquist 座標の場合にも適用可能となる．

### 9.4.4 Smarr の質量公式

先ほど得られた表面重力の表式にはブラックホールの質量 $\mathcal{M}$ と角運動量 $\mathcal{M}a \equiv \mathcal{J}$ を含むため，保存量の間に何らかの関係があることが予想される．

**例題 9.21** ブラックホールの保存量の間には

$$\mathcal{M} = 2\Omega_{\mathrm{H}}\mathcal{J} + \frac{\kappa\mathcal{A}}{4\pi} \tag{9.32}$$

の関係があることを示せ．ただし，$\mathcal{A}$ は地平線でのブラックホールの表面積である．

解 ブラックホールの角速度，表面重力，表面積はそれぞれ $\Omega_{\mathrm{H}} = a/(r_+^2 + a^2)$，$\kappa = (r_+ - \mathcal{M})/(r_+^2 + a^2)$，$\mathcal{A} = 4\pi(r_+^2 + a^2)$ で与えられるので，関係式の右辺は

$$2\Omega_{\mathrm{H}}\mathcal{J} + \frac{\kappa\mathcal{A}}{4\pi} = 2\frac{a}{r_+^2 + a^2}\mathcal{M}a + \frac{r_+ - \mathcal{M}}{r_+^2 + a^2}(r_+^2 + a^2) = \frac{a^2 + r_+(r_+ - \mathcal{M})}{r_+} = \mathcal{M}$$

となる．ここで地平線の条件 $r_+^2 + a^2 = 2\mathcal{M}r_+$ を用いた． □

この関係式は 1972 年に Larry L. Smarr により与えられたため Smarr の **質量公式** と呼ばれる．この関係式からブラックホールの質量は $\mathcal{M} = \mathcal{M}(\mathcal{A}, \mathcal{J})$ のように表面積と角運動量の関数として与えられる．

## 9.5 ブラックホール力学

1980 年代には James M. Bardeen，Carter，Hawking 達により，ブラックホールの力学において成り立つ様々な法則が見つけられ，以下のように整理された．

### 9.5.1 ブラックホールの質量変化

**例題 9.22** 質量 $\mathcal{M}$，角運動量 $\mathcal{J}$ のブラックホールに微小な質量 $\delta\mathcal{M}$，角運動量 $\delta\mathcal{J}$ を持つ物体を落下，吸収させたとする．このとき変化は準静的であるとする．ブラックホールの微小変化量 $\delta\mathcal{M}, \delta\mathcal{J}, \delta\mathcal{A}$ の間の関係式を求めよ．

**解** 表面積 $\mathcal{A} = 4\pi(r_+^2 + a^2)$ の微小変化は

$$\delta\mathcal{A} = 8\pi(r_+\delta r_+ + a\delta a)$$

となる．一方，地平線の定義 $\Delta(r_+) = r_+^2 - 2\mathcal{M}r_+ + a^2 = 0$ より

$$2r_+\delta r_+ - 2r_+\delta\mathcal{M} - 2\mathcal{M}\delta r_+ + 2a\delta a = 0$$

となる．この 2 式から $\delta r_+$ を消去し $r_+\delta r_+$ を代入すると

$$\frac{r_+ - \mathcal{M}}{r_+}\frac{\delta\mathcal{A}}{8\pi} = r_+\delta\mathcal{M} - \frac{\mathcal{M}}{r_+}a\delta a$$

となる．また角運動量の定義 $\mathcal{J} = \mathcal{M}a$ を用いて，$\delta a$ を消去すると

$$(r_+ - \mathcal{M})\frac{\delta A}{8\pi} = r_+^2\delta\mathcal{M} - a\delta\mathcal{J} + a^2\delta\mathcal{M}$$

が得られる．これを $\delta\mathcal{M}$ について解き直すと

$$\delta\mathcal{M} = \frac{a}{r_+^2 + a^2}\delta\mathcal{J} + \frac{r_+ - \mathcal{M}}{r_+^2 + a^2}\frac{\delta A}{8\pi} = \Omega_{\mathrm{H}}\delta\mathcal{J} + \frac{\kappa}{8\pi}\delta\mathcal{A}$$

となる． □

### 9.5.2 ブラックホールの面積則

Kerr ブラックホールを考えると，物体が吸い込まれ質量 $\mathcal{M}$ が増大すると地平線半径 $r_+$ も大きくなり，その面積 $\mathcal{A}$ は増大する．しかし，一般に，ブラックホールの形成過程やブラックホールどうしの衝突などの動的な過程においてブラックホールの表面積がどのように変化するかは自明ではない．

1971 年，Hawking は自然な前提の下[*8]，どのような（古典的）物理的過程においても地平線の表面積は時間的に減少しないこと，つまり

$$\delta\mathcal{A} \geq 0 \tag{9.33}$$

を数学的に厳密に証明した．これをブラックホールの**面積増大則**と呼ぶ．

**例題 9.23** 同質量 $M$ の 2 つの Schwarzschild ブラックホールが合体し，1 つの Schwarzschild ブラックホールになった．このとき放出されるエネルギーの上限値を求めよ．ただし，合体前のブラックホールは十分離れて静止しており，合体後も静止し

---

[*8] 周りに存在する物質場が弱エネルギー条件（任意の時間的ベクトル $W^\mu$ に対して常に $T_{\mu\nu}W^\mu W^\nu \geq 0$）を満たす．言い換えると，任意の観測者に対してエネルギー密度は非負（正またはゼロ）であるという自然な仮定である．

ているものとする．また合体が正面衝突ではなく少しずれている場合，合体後は角運動量を持ち Kerr ブラックホールになると予想される．合体後に角運動量が $J$ の Kerr ブラックホールになるとした場合の放出エネルギーの上限値はいくらになるか．

解 衝突前の Schwarzschild ブラックホールの質量をそれぞれ $M_1$, $M_2$ として衝突後の Kerr ブラックホールの質量を $M_\mathrm{f}$, Kerr パラメータを $a_\mathrm{f}$ とする．重力波として放出されたエネルギーを $E_\mathrm{GW}$ とすると，全エネルギーは保存されるので，

$$E_\mathrm{GW} = M_1 + M_2 - M_\mathrm{f}$$

となる．初期の 2 つの表面積の和は $\mathcal{A}_\mathrm{i} = \mathcal{A}_1 + \mathcal{A}_2 = 4\pi\left[(2M_1)^2 + (2M_2)^2\right] = 16\pi(M_1^2 + M_2^2)$ で与えられ，合体後の表面積は

$$\mathcal{A}_\mathrm{f} = 4\pi(r_+^2 + a_\mathrm{f}^2) = 8\pi M_\mathrm{f} r_+ = 8\pi M_\mathrm{f}^2\left(1 + \sqrt{1 - \frac{a_\mathrm{f}^2}{M_\mathrm{f}^2}}\right) = 8\pi M_\mathrm{f}^2\left(1 + \sqrt{1 - \frac{J_\mathrm{f}^2}{M_\mathrm{f}^4}}\right)$$

で与えられる．面積増大則 $\mathcal{A}_\mathrm{f} \geq \mathcal{A}_\mathrm{i}$ より，放出されるエネルギーの上限値は

$$E_\mathrm{GW} \leq M_1 + M_2 - \sqrt{M_1^2 + M_2^2 + \frac{J_\mathrm{f}^2}{4(M_1^2 + M_2^2)}}$$

となる．質量の同じ Schwarzschild 解（$M_1 = M_2$）から Schwarzschild 解（$J_\mathrm{f} = 0$）となる場合は，$E_\mathrm{GW} \leq (2 - \sqrt{2})M$ となり，放出重力波の上限は初期の合計質量のおおよそ 29% となる．また，同質量の Schwarzschild ブラックホールが合体し Kerr ブラックホールになるときの放出エネルギーの上限値は

$$E_\mathrm{GW} \leq 2M\left[1 - \sqrt{\frac{1}{2}\left(1 + \frac{J_\mathrm{f}^2}{16M^4}\right)}\right]$$

で与えられる． □

$E_\mathrm{GW} \geq 0$ より $J_\mathrm{f}^2 \leq 16M^4$ という条件が付く（等号は臨界 Kerr ブラックホールの場合）．臨界 Kerr ブラックホールになるときは表面積が $\mathcal{A}_\mathrm{f} = 8\pi M_\mathrm{f}^2$ となり，面積増大則は $M_\mathrm{f} \geq 2M$ と表されるが，放出重力波のエネルギーは非負（$2M - M_\mathrm{f} \geq 0$）であるので，放出エネルギーは 0 となる．合体時には重力波が必ず放出されるので，現実の合体では臨界 Kerr ブラックホールにはなれないことがわかる．

### 9.5.3 ブラックホールの力学法則
上に述べてきたブラックホールの力学において成り立つ法則は

---

**ブラックホールの力学法則**
第 0 法則：事象の地平線上の表面重力 $\kappa$ はどこでも同じである．
第 1 法則：ブラックホール質量の変化は角運動量変化や表面積変化による「仕事」
　　　　　などの和として表される．[$\delta\mathcal{M} = \Omega_\mathrm{H}\delta\mathcal{J} + \dfrac{\kappa}{8\pi}\delta\mathcal{A}$]

---

第2法則：ブラックホールの表面積は減少しない．$[\delta \mathcal{A} \geq 0]$

第3法則：**臨界ブラックホール**（$a = \mathcal{M}$）では表面重力 $\kappa$ がゼロになる．

のように4つの法則にまとめられている．これらの法則は熱力学の3法則（＋熱平衡の定義）に非常によく似ている．まず，熱力学で熱平衡は温度（$T$）一定状態として規定されるので，$\kappa \leftrightarrow T$ という対応が考えられる．熱力学第1法則では内部エネルギーの変化 $dE$ は

$$dE = -PdV + TdS$$

で与えられる．ここで $P, V, T, S$ はそれぞれ圧力，体積，温度，エントロピーである．質量・エネルギーの等価性を考慮すると，ブラックホール力学の第1法則はこれとよく似ている．また熱力学第2法則はエントロピー増大則とも呼ばれており，ブラックホール力学の第2法則と比較から $\mathcal{A} \leftrightarrow S$ という対応が考えられる．熱力学第3法則は，有限の操作で絶対零度に達することはできないというものであるが，これは臨界ブラックホールが温度ゼロの状態に対応しているとすれば，有限操作で臨界ブラックホールに達することはできないというものが本当の第3法則と言えるが，それはまだ証明されていない．第3法則とは直接関係がないが，前に述べた Penrose の宇宙検閲官仮説に従い，裸の特異点を持つ解が実在しないとすると，臨界ブラックホールが最大限に回転した天体ということになり，第3法則の信憑性がよりもっともらしくなる．

┌─ ＜ブラックホール熱力学と **Hawking 輻射**＞ ─

　ブラックホールの力学法則と熱力学の法則の類似性はもっともらしくは見えるがそれだけでブラックホールが熱力学的対象となるとはいえない．実際，$\kappa \leftrightarrow T$ や $\mathcal{A} \leftrightarrow S$ の対応関係を考えたとしても，その比例係数に関しては決定する方法がない．その状況を大きく変えたのが，1972 年の Hawking によるブラックホールの蒸発現象である．

　通常ブラックホールのような巨視的な天体においてミクロな世界の法則である量子論が入り込む余地はほとんどない．量子論が重要となる典型的なスケールは Compton 波長（$\dfrac{h}{mc}$）[a]程度である．電子の Compton 波長は $2.42631 \times 10^{-12}$ m，陽子の Compton 波長は $1.32141 \times 10^{-15}$ m であるので太陽質量（$M_\odot$）やそれ以上の質量のブラックホールの地平線半径スケール（$\dfrac{GM}{c^2} \geq 1.5$ km）と比べると，量子論は十分無視できることが分かる．

　しかしもし太陽より軽いブラックホールが存在すれば，特に地平線半径が Compton 波長程度に小さければ，量子論は無視できないであろう．そう考えた Hawking はブラックホール時空における物質場の量子効果を考察し，驚くべき結果を得た．すべてのものを飲み込むブラックホールから熱輻射（Hawking 輻射）が出てくるのである．その熱輻射の温度は $T_{\mathrm{BH}} = \dfrac{\kappa}{2\pi}$ となり，表面重力 $\kappa$ に比例する．この結果，熱力学との対応関係も係数を含めてはっきりとし

$$T_{\mathrm{BH}} = \frac{\kappa}{2\pi}, \quad S_{\mathrm{BH}} = \frac{\mathcal{A}}{4} \tag{9.34}$$

と表すことができる．

ブラックホールが Hawking 輻射により蒸発していく過程では，その表面積 $\mathcal{A}$ は減少し，第 2 法則そのものが成り立たなくなり，類似性は壊れてしまうように見える．しかしこのことは，ブラックホール力学を熱力学と類似したものと考えるのではなく，ブラックホールそのものを熱力学の枠組みに組み込んで，熱力学の対象とすることを示唆しているように見える．実際，ブラックホールもエントロピー $S_{\mathrm{BH}}$ を持ち，熱力学第 2 法則をブラックホールエントロピーを含めたものとして捉えると全エントロピー（$S + S_{\mathrm{BH}}$）は，ブラックホールの蒸発が起こる場合にも増大する（拡張された第 2 法則）．ここで $S$ は Hawking 輻射を含む物質のエントロピーである．

　この結果，単なる類似の範囲を超えてブラックホールは熱力学的対象と考えられるようになった．これを**ブラックホール熱力学**と呼ぶ．

---

*a)　$m$ は考えている粒子の質量．

# 第 10 章
# 重力波

重力場（計量）は場の方程式に従い，電磁気学における電磁波のように重力場もまた重力波として波のように振動し，伝播する．1916 年 Einstein は重力波の存在を予言したが，その予想される強度の弱さから観測されることはないだろうと言っていた．しかし Joseph H. Taylor と Russel A. Hulse により 1974 年に発見された連星パルサー PSR1913+16 の軌道周期の長期変化観測から，間接的ではあるが重力波の存在が確認された．そして，Einstein の予言から 100 年後の 2015 年 9 月 14 日，重力波検出装置 LIGO（Laser Interferometer Gravitational-Wave Observatory，米）は重力波の直接観測に成功した．約 $30 M_\odot$ の巨大ブラックホール連星の合体により発生した重力波の発見であった．

## 10.1 重力波の伝播

**重力波**は，時空のゆがみが空間を伝播するものである．重力場が非常に強い場合は，波動成分を分離することは難しいが，重力波源から十分離れれば平坦時空に近づくと考えられ，Minkowski 時空からの摂動として重力波を考えることができる．計量を $g_{\mu\nu} = \eta_{\mu\nu} + h_{\mu\nu}$ $(|h_{\mu\nu}| \ll 1)$ と摂動で表すと 4.4.1 節で示したように，Lorentz ゲージ条件の下，線形 Einstein 方程式は

$$\Box \bar{h}_{\mu\nu} = 16\pi G T_{\mu\nu} \tag{10.1}$$

のように波動方程式で表される．ここで $\Box = \partial^\alpha \partial_\alpha$ は Minkowski 時空の d'Alembert 演算子で，$\bar{h}_{\mu\nu}$ は $\bar{h}_{\mu\nu} \equiv h_{\mu\nu} - \frac{1}{2}\eta_{\mu\nu}h$ で定義される．

摂動量 $\bar{h}_{\mu\nu}$ は 2 階対称テンソルで，10 個の独立成分を持つ．ここで Lorentz ゲージ条件を課すと，4 つの拘束条件が得られる．しかし，4.4 節で議論したように Lorentz ゲージ条件は座標系を完全には決定しない．$\Box \xi^\mu = 0$ を満たす任意関数 $\xi^\mu$ の 4 つの自由度が残っているため，さらに独立成分を減らすことができる．まず，$\xi^0$ の自由度を用いて $\bar{h}^\rho{}_\rho = 0$ のように $\bar{h}_{\rho\sigma}$ のトレースをゼロ（traceless）に取る．この場合，$\bar{h}_{\mu\nu}$ と $h_{\mu\nu}$ の区別がなくなり，$\bar{h}_{\mu\nu} = h_{\mu\nu}$ となる．

次に $\xi^i(x)$ の自由度を使って $h^{0i} = 0$ $(i = 1,2,3)$ とする．ここで Lorentz ゲージ条件を具体的に用い，摂動計量の形をさらに限定する．Lorentz ゲージ条件の第 0 成分は

$\partial^\nu h_{0\nu} = \partial^0 h_{00} = 0$ となり，$h_{00}$ は時間に依存しなくなり波ではなくなる．実際この項は Newton 近似で重力ポテンシャルを与える非波動成分に対応しており，重力波を考えるときは $h^{00} = 0$ と置くことができる．残りの Lorentz ゲージ条件は $\partial^\nu h_{i\nu} = \partial^j h_{ij} = 0$ となり，横波（transverse）条件を与える．

その結果，摂動計量の非自明成分 $h_{ij}$ の 6 成分に対し，横波条件（3 つ）と $h^i{}_i = h^\rho{}_\rho = 0$ のトレースゼロの条件（1 つ）を課すことになり，$6 - (3+1) = 2$ の 2 成分が重力波を表す自由度となる．以上の座標条件をまとめて **TT（Transverse-Traceless）ゲージ条件** と呼び，重力波を記述するのに都合のよい座標条件を与える．TT ゲージ条件を課すと実際に摂動計量 $h_{ij}$ が 2 つの自由度を持つことが明確になるが，これは重力波が横波で，電磁波の場合と同じように 2 つの偏光を持つことを意味している．

具体的に記述するため，真空中（$T_{\mu\nu} = 0$）を伝播する単色平面重力波 $\bar{h}_{\mu\nu}(x) = \mathsf{h}\mathfrak{e}_{\mu\nu}e^{ik_\alpha x^\alpha}$ を考えよう[*1)]．ここで $\mathsf{h}$ は振幅を，$\mathfrak{e}_{\mu\nu}$ は偏光を表す 2 階のテンソルである．

> **例題 10.1**　$z$ 軸方向に伝播する単色平面重力波 $\bar{h}_{\mu\nu}(x) = \mathsf{h}\mathfrak{e}_{\mu\nu}e^{ik_\alpha x^\alpha}$ $[k^\mu = (\omega, 0, 0, k)]$ を考える．重力波の分散関係 $\omega = \omega(k)$ を求め，2 つの独立な偏光テンソル $\mathfrak{e}_{\mu\nu}$ の形を決定せよ．ただし TT ゲージ条件を課すものとする．

$\boxed{\text{解}}$　波動方程式 (10.1) から $k^\rho k_\rho = 0$ つまり $-\omega^2 + k^2 = 0$ となるので，分散関係は $\omega = k$ である．よって重力波は電磁波と同じく真空を光速で伝播する．

TT ゲージ条件では $h_{\mu 0} = 0$ と取るので $\mathfrak{e}_{\mu 0} = 0$ である．さらに非自明な摂動計量成分 $h_{ij}$ に対し，横波条件およびトレースゼロ条件を課す必要がある．横波条件は

$$\partial^j \bar{h}_{j\ell} = \partial^j (\mathsf{h}\mathfrak{e}_{j\ell}e^{ik_\alpha x^\alpha}) = ik^j \mathsf{h}\mathfrak{e}_{j\ell}e^{ik_\alpha x^\alpha} = 0$$

であるので $k^j \mathfrak{e}_{j\ell} = k\mathfrak{e}_{z\ell} = 0$ つまり $\mathfrak{e}_{z\ell} = 0$ が成り立つ．つまり偏光テンソル $\mathfrak{e}_{\mu\nu}$ の非自明な成分は $\mathfrak{e}_{xx}, \mathfrak{e}_{yy}, \mathfrak{e}_{xy}$ の 3 つであるが，トレースゼロの条件より $\mathfrak{e}_{xx} + \mathfrak{e}_{yy} = 0$ であるので，独立な成分は $\mathfrak{e}_{xx} = -\mathfrak{e}_{yy} \equiv \mathfrak{e}^+$，$\mathfrak{e}_{xy} = \mathfrak{e}_{xy} \equiv \mathfrak{e}^\times$ の 2 つになる．これが重力波の偏光モードに対応する．

いまそれぞれのモードの振幅 $\mathsf{h}$ は別の自由度として与えられるので，一般性を失うことなく $\mathfrak{e}^+ = 1$，$\mathfrak{e}^\times = 1$ と取ることができる．よって，2 つの独立な偏光テンソル $(\mathfrak{e}^+)_{\mu\nu}$，$(\mathfrak{e}^\times)_{\mu\nu}$ の形は非自明な $x, y$ 成分が

$$(\mathfrak{e}^+)_{AB} = \begin{pmatrix} 1 & 0 \\ 0 & -1 \end{pmatrix}, \quad (\mathfrak{e}^\times)_{AB} = \begin{pmatrix} 0 & 1 \\ 1 & 0 \end{pmatrix} \qquad (A, B = x, y) \tag{10.2}$$

で与えられる． $\qquad\qquad\qquad\qquad\qquad\qquad\qquad\qquad\qquad\qquad\qquad\qquad\qquad$ □

それぞれの偏光モードの振幅を $\mathsf{h}_+, \mathsf{h}_\times$ とすると，$z$ 軸に進む単色重力波は

$$h^{\text{TT}}_{\mu\nu}(x) = \left[\mathsf{h}_+(\mathfrak{e}^+)_{\mu\nu} + \mathsf{h}_\times(\mathfrak{e}^\times)_{\mu\nu}\right]e^{ik_\alpha x^\alpha} \tag{10.3}$$

---

[*1)]　計量は実数であるのでこの表記の実部が実際の平面波を表しているが，記述を簡潔にするためこのままの複素表示で波を記述することにする．

で与えられる．ここで TT ゲージ条件を課したときの摂動計量には添え字 TT を付け，一般の線形摂動の場合と区別する．また，TT ゲージ条件の下では $\bar{h}_{\mu\nu} = h_{\mu\nu}$ であるのでその 2 つの量は区別しなくてよい．このとき線素は以下のように表される．

$$ds^2 = g_{\mu\nu}dx^\mu dx^\nu = (\eta_{\mu\nu} + h_{\mu\nu})dx^\mu dx^\nu$$
$$= -dt^2 + \left[1 + \mathsf{h}_+ e^{ik_\alpha x^\alpha}\right]dx^2 + \left[1 - \mathsf{h}_+ e^{ik_\alpha x^\alpha}\right]dy^2 + 2\mathsf{h}_\times e^{ik_\alpha x^\alpha}dxdy + dz^2$$

## 10.2 重力波のエネルギー

重力波が実在するならばエネルギーを持つはずである．しかし，Einstein 方程式の右辺のエネルギー・運動量テンソルには重力波のエネルギーは含まれていない．それでは重力波のエネルギーはどのように定義すればよいのであろう．5.5 節で議論したように，重力場の局所的なエネルギーの共変的な表式は存在しない．しかし，重力場が弱い場合には重力場のエネルギーは計量の摂動 $h_{\mu\nu}$ の 2 次形式で与えられると予想される．実際，(5.39) 式で与えた Landau–Lifshitz のエネルギー運動量擬テンソルに TT ゲージ条件を課すことで重力波のエネルギーが定義できる．しかしここでは別のアプローチを考えよう．

> **例題 10.2** Minkowski 時空の周りの摂動として計量を $g_{\mu\nu} = \eta_{\mu\nu} + h_{\mu\nu}$ で表したとき，Einstein–Hilbert 作用を摂動展開し，$h_{\mu\nu}$ の 2 次まで求めよ．

$\boxed{解}$ Christoffel 記号は $h_{\mu\nu}$ の 2 次までとると

$$\Gamma^\alpha_{\mu\nu} = \frac{1}{2}g^{\alpha\beta}(\partial_\nu g_{\mu\beta} + \partial_\mu g_{\beta\nu} - \partial_\beta g_{\mu\nu})$$
$$\approx \frac{1}{2}(\eta^{\alpha\beta} - h^{\alpha\beta})(\partial_\nu h_{\mu\beta} + \partial_\mu h_{\beta\nu} - \partial_\beta h_{\mu\nu}) \equiv \Gamma^\alpha_{(1)\mu\nu} + \Gamma^\alpha_{(2)\mu\nu}$$

となる．ここで $\Gamma^\alpha_{(1)\mu\nu}$ は摂動の 1 次項，$\Gamma^\alpha_{(2)\mu\nu}$ は 2 次項である．また，線形近似のときと同様に，添え字の上げ下げは Minkowski 計量 $\eta_{\mu\nu}$ で行なう．

次に Ricci テンソルを

$$R_{\mu\nu} = \partial_\alpha \Gamma^\alpha_{\mu\nu} - \partial_\nu \Gamma^\alpha_{\mu\alpha} + \Gamma^\alpha_{\rho\alpha}\Gamma^\rho_{\mu\nu} - \Gamma^\alpha_{\rho\nu}\Gamma^\rho_{\mu\alpha} \approx R^{(1)}_{\mu\nu} + R^{(2)}_{\mu\nu}$$

のように摂動の 1 次項と 2 次項に分ける．ここで $\Gamma^\alpha_{(1)\mu\nu}$, $\Gamma^\alpha_{(2)\mu\nu}$ はそれぞれ摂動の 1 次項，2 次項であることに注意すると，1 次項 $R^{(1)}_{\mu\nu}$ は

$$R^{(1)}_{\mu\nu} = \partial_\alpha \Gamma^\alpha_{(1)\mu\nu} - \partial_\nu \Gamma^\alpha_{(1)\mu\alpha}$$
$$= \frac{1}{2}\eta^{\alpha\beta}\partial_\alpha(\partial_\nu h_{\mu\beta} + \partial_\mu h_{\beta\nu} - \partial_\beta h_{\mu\nu}) - \frac{1}{2}\eta^{\alpha\beta}\partial_\nu(\partial_\alpha h_{\mu\beta} + \partial_\mu h_{\beta\alpha} - \partial_\beta h_{\mu\alpha})$$
$$= \frac{1}{2}(\partial^\alpha \partial_\mu h_{\nu\alpha} + \partial^\alpha \partial_\nu h_{\mu\alpha} - \partial^\alpha \partial_\alpha h_{\mu\nu} - \partial_\mu \partial_\nu h),$$

2 次項 $R^{(2)}_{\mu\nu}$ は

$$R^{(2)}_{\mu\nu} = \partial_\alpha \Gamma^\alpha_{(2)\mu\nu} - \partial_\nu \Gamma^\alpha_{(2)\mu\alpha} + \Gamma^\alpha_{(1)\rho\alpha}\Gamma^\rho_{(1)\mu\nu} - \Gamma^\alpha_{(1)\rho\nu}\Gamma^\rho_{(1)\mu\alpha}$$
$$= -\frac{1}{2}\partial_\alpha\left[h^{\alpha\beta}(\partial_\nu h_{\mu\beta} + \partial_\mu h_{\beta\nu} - \partial_\beta h_{\mu\nu})\right] + \frac{1}{2}\partial_\nu\left[h^{\alpha\beta}(\partial_\alpha h_{\mu\beta} + \partial_\mu h_{\beta\alpha} - \partial_\beta h_{\mu\alpha})\right]$$

$$+ \frac{1}{4} \eta^{\alpha\beta} (\partial_\alpha h_{\rho\beta} + \partial_\rho h_{\beta\alpha} - \partial_\beta h_{\rho\alpha}) \eta^{\rho\gamma} (\partial_\nu h_{\mu\gamma} + \partial_\mu h_{\gamma\nu} - \partial_\gamma h_{\mu\nu})$$

$$- \frac{1}{4} \eta^{\alpha\beta} (\partial_\nu h_{\rho\beta} + \partial_\rho h_{\beta\nu} - \partial_\beta h_{\rho\nu}) \eta^{\rho\gamma} (\partial_\alpha h_{\mu\gamma} + \partial_\mu h_{\gamma\alpha} - \partial_\gamma h_{\mu\alpha})$$

$$= \frac{1}{2} h^{\rho\alpha} (\partial_\mu \partial_\nu h_{\rho\alpha} + \partial_\rho \partial_\alpha h_{\mu\nu} - \partial_\nu \partial_\alpha h_{\mu\rho} - \partial_\mu \partial_\alpha h_{\rho\nu})$$

$$+ \frac{1}{4} [\partial_\mu h_{\rho\alpha} \partial_\nu h^{\rho\alpha} + 2\partial^\rho h^\alpha{}_\nu \partial_\rho h_{\mu\alpha} - \partial^\rho h^\alpha{}_\nu \partial_\alpha h_{\mu\rho} - \partial^\rho h^\alpha{}_\mu \partial_\alpha h_{\nu\rho}$$

$$+ (\partial^\alpha h - 2\partial^\rho h_{\rho\alpha})(\partial_\nu h_{\mu\alpha} + \partial_\mu h_{\nu\alpha} - \partial_\alpha h_{\mu\nu})]$$

となる．ここで $h = h^\alpha{}_\alpha$ を用いた．

また，計量の行列式は摂動の 1 次までで $g = \det g_{\mu\nu} = \det(\eta_{\mu\nu} + h_{\mu\nu}) = -(1 + h)$ となるので，$\sqrt{-g} \approx 1 + \frac{1}{2} h$ である．$g^{\mu\nu} \approx \eta^{\mu\nu} - h^{\mu\nu}$ に注意して展開すると，Einstein–Hilbert 作用は $h_{\mu\nu}$ の 2 次までで

$$S = \frac{1}{16\pi G} \int d^4 x \sqrt{-g} g^{\mu\nu} R_{\mu\nu} = S^{(1)} + S^{(2)}$$

と表される．ここで 1 次摂動項 $S^{(1)}$ は

$$S^{(1)} = \frac{1}{16\pi G} \int d^4 x \eta^{\mu\nu} R^{(1)}_{\mu\nu} = \frac{1}{16\pi G} \int d^4 x [\partial_\alpha \partial_\beta h^{\alpha\beta} - \partial_\alpha \partial^\alpha h],$$

2 次摂動項 $S^{(2)}$ は

$$S^{(2)} = \frac{1}{16\pi G} \int d^4 x \left[ \frac{1}{2} h \eta^{\mu\nu} R^{(1)}_{\mu\nu} - h^{\mu\nu} R^{(1)}_{\mu\nu} + \eta^{\mu\nu} R^{(2)}_{\mu\nu} \right]$$

$$= \frac{1}{16\pi G} \int d^4 x \left[ -\frac{1}{2} \left( \frac{1}{2} h \eta^{\mu\nu} + h^{\mu\nu} \right) (\partial^\alpha \partial_\mu h_{\nu\alpha} + \partial^\alpha \partial_\nu h_{\mu\alpha} - \partial^\alpha \partial_\alpha h_{\mu\nu} - \partial_\mu \partial_\nu h) \right.$$

$$- \frac{1}{2} h^{\mu\nu} \eta^{\alpha\beta} (\partial_\alpha \partial_\mu h_{\beta\nu} + \partial_\beta \partial_\nu h_{\mu\alpha} - \partial_\alpha \partial_\beta h_{\mu\nu} - \partial_\mu \partial_\nu h_{\alpha\beta})$$

$$\left. + \frac{1}{4} \{ 3\partial^\mu h_{\rho\alpha} \partial_\mu h^{\rho\alpha} - 2\partial^\rho h^{\alpha\mu} \partial_\alpha h_{\mu\rho} - (\partial^\alpha h - 2\partial^\mu h_{\mu\alpha})(\partial_\alpha h - 2\partial^\nu h_{\nu\alpha}) \} \right]$$

となる．ここで部分積分を用いて 2 階微分項を 1 階微分項の積に書き換えると 2 次摂動項 $S^{(2)}$ は $S^{(2)} = \int d^4 x \mathcal{L}^{(2)}$ で与えられ，

$$\mathcal{L}^{(2)} \equiv -\frac{1}{32\pi G} \left[ \partial_\mu h_{\alpha\beta} \partial^\mu h^{\alpha\beta} - \partial_\mu h \partial^\mu h + 2\partial_\mu h^{\mu\nu} \partial_\nu h - 2\partial_\mu h^{\mu\nu} \partial_\rho h^\rho{}_\nu \right]$$

と表される． $\qquad\qquad\qquad\qquad\qquad\qquad\qquad\qquad\qquad\qquad\qquad\qquad\qquad\Box$

> **例題 10.3** TT ゲージ条件 $(\partial^\mu h^{\rm TT}_{\mu\nu} = 0, h^{\rm TT} = 0)$ を課したときの Einstein–Hilbert 作用の 2 次摂動項 $S^{(2)}$ を場 $h^{\rm TT}_{\mu\nu}$ に対する作用と考えたとき，$h^{\rm TT}_{\mu\nu}$ の正準エネルギー・運動量テンソル $\Theta^\mu{}_\nu$ を求めよ．

$\boxed{解}$ TT ゲージを課すと 2 次のラグランジアン密度は

$$\mathcal{L}^{(2)} = -\frac{1}{32\pi G} \partial_\mu h^{\rm TT}_{\alpha\beta} \partial^\mu h^{\alpha\beta}_{\rm TT}$$

となる．よって，正準エネルギー・運動量テンソルは

$$\Theta^\mu{}_\nu = \delta^\mu{}_\nu \mathcal{L}^{(2)} - \frac{\partial \mathcal{L}^{(2)}}{\partial(\partial_\mu h^{\mathrm{TT}}_{\rho\sigma})} \partial_\nu h^{\mathrm{TT}}_{\rho\sigma} = \frac{1}{32\pi G} \partial^\mu h^{\mathrm{TT}}_{\alpha\beta} \partial_\nu h^{\mathrm{TT}}_{\alpha\beta}$$

となる. $\qquad\qquad\qquad\qquad\qquad\qquad\qquad\qquad\qquad\qquad\qquad\qquad\qquad\qquad$ □

　この正準エネルギー・運動量テンソルは重力波の持つエネルギーや運動量を表すと期待されるが, 5.5 節で述べたように重力場の局所的なエネルギーや運動量は厳密には定義できない. 特に波の一波長より短いスケールでは意味を持たないと考えられる. しかし, 数波長より大きなスケールにおける平均量はマクロなエネルギーや運動量を与えると期待できる. そこで, 重力波の持つエネルギー・運動量テンソルを上の正準エネルギー・運動量テンソルを数波長以上で平均した量

$$\tau^\mu{}_\nu \equiv \langle \Theta^\mu{}_\nu \rangle = \frac{1}{32\pi G} \left\langle \partial^\mu h^{\mathrm{TT}}_{\alpha\beta} \partial_\nu h^{\alpha\beta}_{\mathrm{TT}} \right\rangle \tag{10.4}$$

で定義しよう. ここで $\langle \cdot \rangle$ は数波長以上での平均である.

　Richard A. Isaacson は, 重力波（短波長の重力場の変動）の持つエネルギー・運動量がつくり出す背景時空（長波長領域において緩やかに変化する重力場）を解析した. Einstein 方程式では物質場のエネルギー・運動量テンソルが時空を歪める原因となっているが, 彼の導いた Einstein 方程式の右辺には短波長で激しく変化する重力場のエネルギー・運動量の平均量が現れ, 背景となる長波長でゆっくりと変化する重力場をつくり出す源となっている. この平均量は (10.4) 式を共変的に表したもの（偏微分を背景時空の共変微分に置き換えたもの）となっており, 重力波のエネルギー・運動量テンソルに対する上記の推測を正当化するものとなっている.

## 10.3　重力波の放出

　重力波はどのような状況で発生するのであろう. 物質の存在が時空を歪ませるため, 物質場の変動により重力波が生じることは確かである. そこで物質場も含んだ Einstein 方程式を考える必要がある.

### 10.3.1　4 重極公式

　物質場があるときの線形化された Einstein 方程式は (4.28) 式で与えられ, Green 関数の方法を用いるとその解は形式的に (4.30) 式で与えられる. 重力波源の重力が弱い場合には, そこから放出される重力波もこの式を用いて評価できる.

　$\bar{h}_{\mu\nu}$ の Fourier 変換

$$\hat{\bar{h}}_{\mu\nu}(\omega, \boldsymbol{r}) \equiv \frac{1}{\sqrt{2\pi}} \int dt\, e^{i\omega t} \bar{h}_{\mu\nu}(t, \boldsymbol{r}) \tag{10.5}$$

を考える. (4.30) 式の解を用いると

$$\hat{\bar{h}}_{\mu\nu}(\omega, \boldsymbol{r}) = \frac{4G}{\sqrt{2\pi}} \int dt \int d^3\boldsymbol{r}'\, e^{i\omega t} \frac{T_{\mu\nu}(t - |\boldsymbol{r} - \boldsymbol{r}'|, \boldsymbol{r}')}{|\boldsymbol{r} - \boldsymbol{r}'|} = 4G \int d^3\boldsymbol{r}'\, \frac{e^{i\omega|\boldsymbol{r} - \boldsymbol{r}'|}}{|\boldsymbol{r} - \boldsymbol{r}'|} \hat{T}_{\mu\nu}(\omega, \boldsymbol{r}')$$

となる. ここで $\hat{T}_{\mu\nu}$ は $T_{\mu\nu}$ の時間に関する Fourier 変換である. 簡単のため, 物質は原

点近傍（$\Delta r$）に局在しており，観測者の位置 $\boldsymbol{r}$ は原点から十分離れて（$|\boldsymbol{r}| \gg \Delta r$）おり，また物質の運動は十分ゆっくりしているとする（$\Delta r \ll \omega^{-1}$）．この場合 $\dfrac{e^{i\omega|\boldsymbol{r}-\boldsymbol{r}'|}}{|\boldsymbol{r}-\boldsymbol{r}'|} \approx \dfrac{e^{i\omega r}}{r}$（$r \equiv |\boldsymbol{r}|$）で近似できるので，この解は

$$\hat{\bar{h}}^{\mu\nu}(\omega, \boldsymbol{r}) = 4G\frac{e^{i\omega r}}{r}\int d^3\boldsymbol{r}'\hat{T}^{\mu\nu}(\omega, \boldsymbol{r}') \tag{10.6}$$

と表される．

**例題 10.4** Lorentz ゲージ条件を課したとき，$\hat{\bar{h}}^{00}$ および $\hat{\bar{h}}^{0j}$ を $\hat{\bar{h}}^{ij}$ を用いて表せ．またエネルギー・運動量保存則を用いて，

$$\int d^3\boldsymbol{r}'\hat{T}^{ij}(\omega, \boldsymbol{r}') = -\frac{\omega^2}{2}\int d^3\boldsymbol{r}'\hat{T}^{00}(\omega, \boldsymbol{r}')x^i x^j$$

を示せ．

解 Fourier 逆変換 $\bar{h}^{\mu\nu}(t, \boldsymbol{r}) \equiv \dfrac{1}{\sqrt{2\pi}}\displaystyle\int d\omega\, e^{-i\omega t}\hat{\bar{h}}^{\mu\nu}(\omega, \boldsymbol{r})$ より Lorentz ゲージ条件は

$$\partial_\mu\bar{h}^{\mu\nu} = \partial_0\bar{h}^{0\nu} + \partial_k\bar{h}^{k\nu} = \frac{1}{\sqrt{2\pi}}\int d\omega\, e^{-i\omega t}\left[-i\omega\hat{\bar{h}}^{0\nu}(\omega, \boldsymbol{r}) + \partial_k\hat{\bar{h}}^{k\nu}(\omega, \boldsymbol{r})\right] = 0$$

と表される．これから $\hat{\bar{h}}^{0\nu}(\omega, \boldsymbol{r}) = i\omega^{-1}\partial_k\hat{\bar{h}}^{k\nu}(\omega, \boldsymbol{r})$ が得られる．よって，

$$\hat{\bar{h}}^{0\ell}(\omega, \boldsymbol{r}) = i\omega^{-1}\partial_k\hat{\bar{h}}^{k\ell}(\omega, \boldsymbol{r}), \quad \hat{\bar{h}}^{00}(\omega, \boldsymbol{r}) = i\omega^{-1}\partial_k\hat{\bar{h}}^{k0}(\omega, \boldsymbol{r}) = -\omega^{-2}\partial_k\partial_\ell\hat{\bar{h}}^{k\ell}(\omega, \boldsymbol{r})$$

となり，$\hat{\bar{h}}^{k\ell}(\omega, \boldsymbol{r})$ で表すことができる．

また，エネルギー・運動量保存則は

$$\partial_\mu T^{\mu\nu} = \partial_0 T^{0\nu} + \partial_k T^{k\nu} = \frac{1}{\sqrt{2\pi}}\int d\omega\, e^{-i\omega t}\left[-i\omega\hat{T}^{0\nu}(\omega, \boldsymbol{r}) + \partial_k\hat{T}^{k\nu}(\omega, \boldsymbol{r})\right] = 0$$

であるので，その Fourier 成分は $\partial_k\hat{T}^{k\nu}(\omega, \boldsymbol{r}) = i\omega\hat{T}^{0\nu}(\omega, \boldsymbol{r})$ を満たす．これを用いると

$$\begin{aligned}
\int d^3\boldsymbol{r}'\hat{T}^{ij}(\omega, \boldsymbol{r}') &= \int d^3\boldsymbol{r}'\left[\partial_k\left(x'^{(i|}\hat{T}^{k|j)}(\omega, \boldsymbol{r}')\right) - x'^{(i|}\partial_k\left(\hat{T}^{k|j)}(\omega, \boldsymbol{r}')\right)\right]\\
&= -\int d^3\boldsymbol{r}'x'^{(i|}\partial_k\left(\hat{T}^{k|j)}(\omega, \boldsymbol{r}')\right) = -i\omega\int d^3\boldsymbol{r}'x'^{(i|}\hat{T}^{0|j)}(\omega, \boldsymbol{r}')\\
&= -\frac{i\omega}{2}\int d^3\boldsymbol{r}'\left[\partial_\ell\left(x'^i x'^j\hat{T}^{0\ell}(\omega, \boldsymbol{r}')\right) - x'^i x'^j\partial_\ell\hat{T}^{0\ell}(\omega, \boldsymbol{r}')\right]\\
&= -\frac{\omega^2}{2}\int d^3\boldsymbol{r}'\hat{T}^{00}(\omega, \boldsymbol{r}')x'^i x'^j
\end{aligned}$$

が得られる．ここで対称化記号 $A^{(i}B^{j)} = \dfrac{1}{2}(A^i B^j + A^j B^i)$ を用いた． □

以上の計算より，$\bar{h}^{ij}$ は

$$\begin{aligned}
\bar{h}^{ij}(t, \boldsymbol{r}) &= \frac{1}{\sqrt{2\pi}}\int d\omega\, e^{-i\omega t}\hat{\bar{h}}^{ij}(\omega, \boldsymbol{r}) = \frac{4G}{\sqrt{2\pi}r}\int d\omega\, e^{-i\omega(t-r)}\int d^3\boldsymbol{r}'\hat{T}^{ij}(\omega, \boldsymbol{r}')\\
&= -\frac{2G}{\sqrt{2\pi}r}\int d\omega\,\omega^2 e^{-i\omega(t-r)}\int d^3\boldsymbol{r}'\hat{T}^{00}(\omega, \boldsymbol{r}')x'^i x'^j
\end{aligned}$$

$$= \frac{2G}{r}\partial_0^2 \int d^3\boldsymbol{r}' \left[ \frac{1}{\sqrt{2\pi}} \int d\omega\, e^{-i\omega(t-r)} \hat{T}^{00}(\omega,\boldsymbol{r}') x'^i x'^j \right]$$

$$= \frac{2G}{r}\partial_0^2 \int d^3\boldsymbol{r}'\, T^{00}(t-r,\boldsymbol{r}') x'^i x'^j$$

となる．$T^{00} = \rho$ より質量 4 重極モーメント

$$I_{ij}(t) = \int d^3\boldsymbol{r}'\, \rho(t,\boldsymbol{r}') x'^i x'^j \tag{10.7}$$

を用いると，

$$\bar{h}^{ij}(t,\boldsymbol{r}) = \frac{2G}{r}\frac{\partial^2 I^{ij}}{\partial t^2}(t-r) \tag{10.8}$$

と表される．

上記の計算では，TT ゲージ条件を課していないので Newton ポテンシャルのような縦モードを含む可能性があり，重力波の横波モードを取り出すには TT ゲージへの射影を行う必要がある．その射影演算子を

$$\Lambda_{ij}{}^{k\ell} \equiv P_i{}^k P_j{}^\ell - \frac{1}{2} P_{ij} P^{k\ell} \tag{10.9}$$

で定義しよう．ここで $P_i{}^k = \delta^i{}_k - n^i n_k$ は，重力波の伝播方向の単位ベクトルを $n^i$ としたとき，伝播方向に垂直な方向への射影演算子である．

---

**例題 10.5** TT ゲージへの射影

$$h_{ij}^{\mathrm{TT}} = \Lambda_{ij}{}^{k\ell}\bar{h}_{k\ell} \tag{10.10}$$

を行うことにより TT ゲージ条件を満たす重力波モードを抽出できることを示せ．

---

$\boxed{\text{解}}$ はじめに

$$\partial^j h_{ij}^{\mathrm{TT}} = \Lambda_{ij}{}^{k\ell}\partial^j \bar{h}_{k\ell}$$

を考える．上記の計算の $\bar{h}_{k\ell}$ を空間微分すると

$$\partial^j \bar{h}_{k\ell}(t,\boldsymbol{r}) = \partial^j \left[ \frac{4G}{\sqrt{2\pi}r} \int d\omega\, e^{-i\omega(t-r)} \int d^3\boldsymbol{r}'\, \hat{T}_{k\ell}(\omega,\boldsymbol{r}') \right]$$

$$= \frac{4G}{\sqrt{2\pi}r} n^j \int d\omega\, i\omega e^{-i\omega(t-r)} \int d^3\boldsymbol{r}'\, \hat{T}_{k\ell}(\omega,\boldsymbol{r}')$$

となる．ここで $n^j \equiv \dfrac{x^j}{r}$ は重力波の伝播方向である．

$n^j$ に垂直な方向への射影演算子 $P_j{}^\ell$ は $n^j P_j{}^\ell = n_\ell P_j{}^\ell = 0$ を満たし，TT ゲージへの射影演算子 $\Lambda^{ij}{}_{k\ell}$ に対して $n^j \Lambda^{ij}{}_{k\ell} = n^j \left( P_i{}^k P_j{}^\ell - \frac{1}{2} P_{ij} P^{k\ell} \right) = 0$ であるので，$\partial^j h_{ij}^{\mathrm{TT}} = 0$ となり，$h_{ij}^{\mathrm{TT}}$ は横波モードを表していることがわかる．

また，$h_{ij}^{\mathrm{TT}}$ のトレースは

$$\delta^{ij} h_{ij}^{\mathrm{TT}} = \delta^{ij}\Lambda_{ij}{}^{k\ell}\bar{h}_{k\ell} = \delta^{ij}\left( P_i{}^k P_j{}^\ell - \frac{1}{2} P_{ij} P^{k\ell} \right)\bar{h}_{k\ell} = \left( P_i{}^k P^{i\ell} - \frac{1}{2} P_i{}^i P^{k\ell} \right)\bar{h}_{k\ell} = 0$$

となる．ここで射影演算子 $P_i{}^k$ の性質，$P_i{}^k P^{i\ell} = P^{k\ell}$ および $P_i{}^i = 2$ を用いた．

よって，$h_{ij}^{\mathrm{TT}}$ は TT ゲージ条件を満たし，重力波モードを表す． □

例題 10.5 の結果から重力波の振幅 $h_{ij}^{\mathrm{TT}}$ は，(10.8) 式を TT ゲージへ射影することで得られる．つまり

$$h_{ij}^{\mathrm{TT}}(t, \boldsymbol{r}) = \frac{2G}{r} \Lambda_{ij}{}^{k\ell} \frac{\partial^2 I_{k\ell}}{\partial t^2}(t - r) \tag{10.11}$$

となる．この式は **4 重極公式**と呼ばれ，重力波源の重力が十分弱く，かつ時間変化がゆっくりとしている場合に放出される重力波の振幅を表している．このように重力波は質量分布の 4 重極モーメントが時間変化することにより生成される．なお，TT ゲージへの射影を行うので質量 4 重極 $I_{ij}$ はトレースゼロの 4 重極モーメント $\mathcal{I}_{ij} \equiv I_{ij} - \dfrac{1}{3} I^\ell{}_\ell \delta_{ij}$ に置き換えることができる．つまり

$$h_{ij}^{\mathrm{TT}}(t, \boldsymbol{r}) = \frac{2G}{r} \frac{\partial^2 \mathcal{I}_{ij}^{\mathrm{TT}}}{\partial t^2}(t - r) \tag{10.12}$$

である．ここでトレースゼロの 4 重極モーメントの TT ゲージへの射影を $\mathcal{I}_{ij}^{\mathrm{TT}} = \Lambda_{ij}{}^{k\ell} \mathcal{I}_{k\ell}$ で定義した．

### 10.3.2 放出重力波のエネルギー・運動量・角運動量

重力波源から放出された重力波のエネルギーや角運動量を考えてみよう．

例題 10.6 重力波源から放出された重力波のエネルギー放出率を求めよ．ただし，重力は十分弱いとし，エネルギー・運動量保存則は $\partial_\mu(T^{\mu\nu} + \tau^{\mu\nu}) = 0$ で与えられるとする．物質は領域 $V$ より内部にのみ存在し，系のエネルギー $E$ は体積積分 $E = \displaystyle\int_V d^3\boldsymbol{r}(T^{00} + \tau^{00})$ で与えられるものとする．

解 保存則 $\partial_\mu(T^{\mu\nu} + \tau^{\mu\nu}) = 0$ より

$$\int_V d^3\boldsymbol{r} \left[ \partial_0(T^{00} + \tau^{00}) + \partial_i(T^{i0} + \tau^{i0}) \right] = 0$$

である．領域 $V$ の境界面を $S$ とすると Stokes の定理より

$$\frac{dE}{dt} = \frac{d}{dt} \int_V d^3\boldsymbol{r}(T^{00} + \tau^{00}) = -\int_V d^3\boldsymbol{r} \partial_i(T^{i0} + \tau^{i0}) = -\int_S dS n_i \tau^{i0}$$

となる．ここで $n_i$ は境界面 $S$ に垂直な単位ベクトルで $dS$ は面積要素とする．

重力波のエネルギー・運動量テンソルは (10.4) 式で与えられ，十分遠方では $\partial_r h_{ij}^{\mathrm{TT}}(t - r) \approx -\partial_0 h_{ij}^{\mathrm{TT}}(t - r)$ であるので，系のエネルギーの時間変化は

$$\frac{dE}{dt} = -\int_S \tau^{r0} r^2 d\Omega = -\frac{1}{32\pi G} \int_S r^2 d\Omega \left\langle \partial_0 h_{ij}^{\mathrm{TT}} \partial_0 h_{\mathrm{TT}}^{ij} \right\rangle$$

となる．ここで境界面 $S$ を半径 $r$ の球面とした．$h_{ij}^{\mathrm{TT}}$ は 4 重極公式 (10.12) で評価できることを用いると，エネルギー保存則 $\left( \dfrac{dE}{dt} + \dfrac{dE_{\mathrm{GW}}}{dt} = 0 \right)$ から，単位時間に放出される重力波のエネルギーは

$$\frac{dE_{\mathrm{GW}}}{dt} = \frac{1}{32\pi G}\int_S r^2 d\Omega\left\langle \partial_0 h_{ij}^{\mathrm{TT}}\partial_0 h_{\mathrm{TT}}^{ij}\right\rangle = \frac{G}{8\pi}\int_S d\Omega\left\langle \frac{d^3\mathcal{I}_{ij}^{\mathrm{TT}}}{dt^3}\frac{d^3\mathcal{I}_{\mathrm{TT}}^{ij}}{dt^3}\right\rangle \quad (10.13)$$

で与えられる. □

**例題 10.7** (10.13) 式の立体角に関する積分を実行し単位時間に放出される重力波の
エネルギーを $\mathcal{I}_{ij}$ で表せ.

$\boxed{\text{解}}$ 定義より $\mathcal{I}_{ij}^{\mathrm{TT}} = \Lambda_{ij}{}^{k\ell}\mathcal{I}_{k\ell} = \left(P_i{}^k P_j{}^\ell - \frac{1}{2}P_{ij}P^{k\ell}\right)\mathcal{I}_{k\ell}$ であるが, 単位時間に放出される重力波のエネルギーは

$$\frac{dE_{\mathrm{GW}}}{dt} = \frac{G}{8\pi}\int d\Omega\left\langle\left[\frac{d^3\mathcal{I}_{ij}}{dt^3}\frac{d^3\mathcal{I}^{ij}}{dt^3} - 2n^i n_k\frac{d^3\mathcal{I}_{ij}^{\mathrm{TT}}}{dt^3}\frac{d^3\mathcal{I}_{\mathrm{TT}}^{jk}}{dt^3} + \frac{1}{2}\left(n^i n^j\frac{d^3\mathcal{I}_{ij}^{\mathrm{TT}}}{dt^3}\right)^2\right]\right\rangle$$

と表される. ここで立体角積分の公式

$$\int d\Omega\, n_i n_j = \frac{4\pi}{3}\delta_{ij}, \quad \int d\Omega\, n_i n_j n_k n_\ell = \frac{4\pi}{15}(\delta_{ij}\delta_{k\ell} + \delta_{ik}\delta_{j\ell} + \delta_{i\ell}\delta_{jk})$$

を用いると

$$\frac{dE_{\mathrm{GW}}}{dt} = \frac{G}{5}\left\langle \frac{d^3\mathcal{I}_{ij}}{dt^3}\frac{d^3\mathcal{I}^{ij}}{dt^3}\right\rangle \tag{10.14}$$

が得られる. □

また, 領域 $V$ 内に含まれる系の運動量 $P^i$ および角運動量 $L_i$ はそれぞれ (5.41), (5.42) を線形近似したもので与えられる. よって, エネルギーと同様に保存則から単位時間に放出される重力波の角運動量は

$$\frac{dL_{\mathrm{GW}}^i}{dt} = \frac{1}{32\pi G}\int r^2 d\Omega\left\langle -\epsilon^{ijk}\partial_0 h_{\ell m}^{\mathrm{TT}}x_j\partial_k h_{\mathrm{TT}}^{\ell m} + 2\epsilon^{ijk}h^{\mathrm{TT}\ell}{}_j\partial_0 h_{\ell k}^{\mathrm{TT}}\right\rangle$$
$$= \frac{2G}{5}\epsilon^{ijk}\left\langle \frac{d^2\mathcal{I}_{j\ell}}{dt^2}\frac{d^3\mathcal{I}_k{}^\ell}{dt^3}\right\rangle \tag{10.15}$$

で与えられる[*2].

### 10.3.3 連星からの重力波

重力波源の簡単な例として Newton 重力に従う連星系を考える. それぞれの星は $xy$ 平面上で重心の周りに円運動しているとする. 2つの星の質量を $m_{\mathrm{A}}$ と $m_{\mathrm{B}}$ とし, その間の距離は $r_0$ とする. このとき, 重心を原点に取る座標系においてそれぞれの位置は

$$x_{\mathrm{A}}^i(t) = (r_{\mathrm{A}}\cos\omega t, r_{\mathrm{A}}\sin\omega t, 0),$$
$$x_{\mathrm{B}}^i(t) = (-r_{\mathrm{B}}\cos\omega t, -r_{\mathrm{B}}\sin\omega t, 0)$$

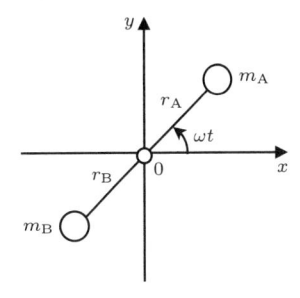

図 10.1 連星系.

---

[*2] 4重極近似では運動量の時間変化は立体角積分を行うとゼロになる.

で与えられる．ここで，$\omega$ は回転角速度を，$r_{\mathrm{A}}, r_{\mathrm{B}}$ はそれぞれの星の重心からの距離を表し，$r_{\mathrm{A}} = \dfrac{m_{\mathrm{B}}}{m_{\mathrm{A}} + m_{\mathrm{B}}} r_0, r_{\mathrm{B}} = \dfrac{m_{\mathrm{A}}}{m_{\mathrm{A}} + m_{\mathrm{B}}} r_0$ で与えられる．重力と遠心力の釣り合いは

$$m_{\mathrm{A}} r_{\mathrm{A}} \omega^2 = G\frac{m_{\mathrm{A}} m_{\mathrm{B}}}{r_0^2}, \quad m_{\mathrm{B}} r_{\mathrm{B}} \omega^2 = G\frac{m_{\mathrm{A}} m_{\mathrm{B}}}{r_0^2}$$

で与えられ，これらの式から角速度 $\omega = \sqrt{\dfrac{G(m_{\mathrm{A}} + m_{\mathrm{B}})}{r_0^3}}$ が得られる．

---

**例題 10.8** 質量 $m_{\mathrm{A}}, m_{\mathrm{B}}$ の連星系からの重力波を $z$ 軸上の観測者が観測した場合の重力波の 2 つの偏向モード $h_+ (= h_{11} = -h_{22}), h_\times (= h_{12})$ を求めよ．ただし，2 つの星は質点と近似し，星は距離 $r_0$ 離れているとし，連星は $xy$ 平面上で重心の周りを円運動しているとする．また連星系からの重力波のエネルギー放出率および角運動量放出率を求めよ．

---

$\boxed{\text{解}}$　重心を中心とする慣性モーメントは

$$I^{ij}(t) = m_{\mathrm{A}} x_{\mathrm{A}}^i x_{\mathrm{A}}^j + m_{\mathrm{B}} x_{\mathrm{B}}^i x_{\mathrm{B}}^j$$
$$= \mu r_0^2 \begin{pmatrix} \cos^2 \omega t & \cos \omega t \sin \omega t & 0 \\ \cos \omega t \sin \omega t & \sin^2 \omega t & 0 \\ 0 & 0 & 0 \end{pmatrix}$$

となる．$\mu = \dfrac{m_{\mathrm{A}} m_{\mathrm{B}}}{m_{\mathrm{A}} + m_{\mathrm{B}}}$ は換算質量である．よって，トレースゼロの 4 重極モーメントは

$$\mathchar'26\mkern-9mu I_{ij} = \frac{\mu r_0^2}{2} \begin{pmatrix} \frac{1}{3} + \cos 2\omega t & \sin 2\omega t & 0 \\ \sin 2\omega t & \frac{1}{3} - \cos 2\omega t & 0 \\ 0 & 0 & -\frac{2}{3} \end{pmatrix}$$

となる．また，公式 (10.8) より距離 $r$ 離れた位置では

$$\bar{h}^{ij} = -\frac{4G\mu\omega^2 r_0^2}{r} \begin{pmatrix} \cos 2\omega(t - r) & \sin 2\omega(t - r) & 0 \\ \sin 2\omega(t - r) & -\cos 2\omega(t - r) & 0 \\ 0 & 0 & 0 \end{pmatrix}$$

となる．

$z$ 軸上の観測者に対しては，射影演算子は $P^1_{\ 1} = P^2_{\ 2} = 1$ であるので，非自明な TT ゲージへの射影演算子成分は $\Lambda^{11}_{\ \ 11} = \Lambda^{22}_{\ \ 22} = \dfrac{1}{2}, \Lambda^{11}_{\ \ 22} = \Lambda^{22}_{\ \ 11} = -\dfrac{1}{2}, \Lambda^{12}_{\ \ 12} = \Lambda^{21}_{\ \ 21} = 1$ のみとなる．これを用いるとトレースゼロの慣性モーメントの TT ゲージへの射影は

$$\mathchar'26\mkern-9mu I_{ij}^{\mathrm{TT}} = \frac{\mu r_0^2}{2} \begin{pmatrix} \cos 2\omega(t - r) & \sin 2\omega(t - r) & 0 \\ \sin 2\omega(t - r) & -\cos 2\omega(t - r) & 0 \\ 0 & 0 & 0 \end{pmatrix}$$

となる．よって，4 重極公式 (10.12) を用いると

$$h_{ij}^{\mathrm{TT}} = -\frac{4G\mu r_0^2\omega^2}{r}\begin{pmatrix} \cos 2\omega(t-r) & \sin 2\omega(t-r) & 0 \\ \sin 2\omega(t-r) & -\cos 2\omega(t-r) & 0 \\ 0 & 0 & 0 \end{pmatrix}$$

が得られる．これから 2 つの偏向モードは

$$h_+ = -\frac{4G\mu r_0^2\omega^2}{r}\cos 2\omega(t-r), \quad h_\times = -\frac{4G\mu r_0^2\omega^2}{r}\sin 2\omega(t-r)$$

で与えられる．

エネルギー放出率および角運動量放出率は (10.14) 式および (10.15) より，

$$\frac{dE_{\mathrm{GW}}}{dt} = \frac{G}{5}\left\langle \frac{d^3\overline{I}_{ij}}{dt^3}\frac{d^3\overline{I}^{ij}}{dt^3}\right\rangle = \frac{32}{5}G\mu^2 r_0^4\omega^6, \tag{10.16}$$

$$\frac{dL_{\mathrm{GW}}^z}{dt} = \frac{2G}{5}\epsilon^{zjk}\delta^{\ell m}\left\langle \frac{d^2\overline{I}_{j\ell}}{dt^2}\frac{d^3\overline{I}_{km}}{dt^3}\right\rangle = \frac{32}{5}G\mu^2 r_0^4\omega^5 \tag{10.17}$$

となる．また，$\dfrac{dL_{\mathrm{GW}}^x}{dt} = \dfrac{dL_{\mathrm{GW}}^y}{dt} = 0$ である． $\square$

重力波放出は方向に依存している．観測者の位置が距離が $r$，$z$ 軸から測った傾斜角が $\theta^{*3)}$，方位角が $\varphi$ の場合，$n^i = (\sin\theta\cos\varphi, \sin\theta\sin\varphi, \cos\theta)$ であるので，それぞれのモードは

$$h_+ = \frac{4G\mu r_0^2\omega^2}{r}\left(\frac{1+\cos^2\theta}{2}\right)\cos 2\omega(t-r),$$

$$h_\times = \frac{4G\mu r_0^2\omega^2}{r}\cos\theta\sin 2\omega(t-r) \tag{10.18}$$

で与えられる．つまり振幅は $\theta = 0$ と $\pi$（回転軸方向）で最大値をとり，$\theta = \dfrac{\pi}{2}$（軌道面）で最小値を取る．またこの式からわかるように重力波の角振動数は $\omega_{\mathrm{GW}} = 2\omega$ のように，軌道角振動数 $\omega$ の 2 倍になる．また単位立体角当たりのエネルギー放出率および角運動量放出率は

$$\frac{d^2E_{\mathrm{GW}}}{dtd\Omega} = \frac{2G\mu^2 r_0^4\omega^6}{\pi}\left[\left(\frac{1+\cos^2\theta}{2}\right)^2 + \cos^2\theta\right],$$

$$\frac{d^2L_{\mathrm{GW}}^x}{dtd\Omega} = -\frac{3G\mu^2 r_0^4\omega^5}{2\pi}\cos\theta\sin\theta\sin\varphi\left(1+3\cos^2\theta\right),$$

$$\frac{d^2L_{\mathrm{GW}}^y}{dtd\Omega} = -\frac{3G\mu^2 r_0^4\omega^5}{2\pi}\cos\theta\sin\theta\cos\varphi\left(1+3\cos^2\theta\right),$$

$$\frac{d^2L_{\mathrm{GW}}^z}{dtd\Omega} = \frac{3G\mu^2 r_0^4\omega^5}{2\pi}\sin^2\theta\left(1+3\cos^2\theta\right)$$

となる．これらの式を全立体角で積分すると前の公式 (10.16) と (10.17) が得られる．

連星系は重力波を放出し，系のエネルギーと角運動量を失う．それにより軌道半径は次第に減少し，連星は最終的には合体する．

---

*3) この角度は観測者を基準とした座標系では連星系の軌道面の軌道傾斜角に対応している．

$\boxed{\text{解}}$ 軌道半径が $r$ のときの重力波放出率は (10.16) 式より $\dfrac{dE_{\text{GW}}}{dt} = \dfrac{32}{5} G\mu^2 r^4 \omega^6$ で与えられる. ここで $\mu = \dfrac{m_{\text{A}}m_{\text{B}}}{m_{\text{A}} + m_{\text{B}}}, \omega = \sqrt{\dfrac{G(m_{\text{A}} + m_{\text{B}})}{r^3}}$ である. よって, 連星系のエネルギー減少率は $\dfrac{dE}{dt} = -\dfrac{dE_{\text{GW}}}{dt}$ で与えられる.

一方, 連星系のエネルギー $E$ と半径 $r$ の関係より

$$\frac{dE}{dt} = \frac{d}{dt}\left(-\frac{Gm_{\text{A}}m_{\text{B}}}{2r}\right) = \frac{Gm_{\text{A}}m_{\text{B}}}{2r^2}\frac{dr}{dt}$$

となるので, 上のエネルギー減少率に関する式と等しく置くと

$$\frac{dr}{dt} = -\frac{2r^2}{Gm_{\text{A}}m_{\text{B}}}\frac{dE_{\text{GW}}}{dt} = -\frac{64G^3 m_{\text{A}}m_{\text{B}}(m_{\text{A}} + m_{\text{B}})}{5r^3}$$

が得られる. したがって合体時間は

$$t_{\text{merger}} = \int_{r_0}^{0} \frac{dt}{dr} dr = \frac{5r_0^4}{256G^3 m_{\text{A}}m_{\text{B}}(m_{\text{A}} + m_{\text{B}})}$$

となる. $\qquad\qquad\qquad\qquad\qquad\qquad\qquad\qquad\qquad\qquad\qquad\qquad\qquad\qquad\qquad\quad\Box$

合体までの間には軌道半径 $r$ の減少と共に, 連星系の回転角速度 $\omega$ も増加する.

$\boxed{\text{解}}$ 連星系の回転角速度 $\omega$ と軌道半径 $r$ の関係は $G(m_{\text{A}} + m_{\text{B}}) = \omega^2 r^3$ で与えられるので, 系のエネルギー $E$ は

$$E = -G\frac{m_{\text{A}}m_{\text{B}}}{2r} = -\frac{1}{2}G^{2/3}\frac{m_{\text{A}}m_{\text{B}}}{(m_{\text{A}} + m_{\text{B}})^{1/3}}\omega^{2/3} \equiv -\frac{\pi^{2/3}}{2}G^{2/3}m_c^{5/3}f^{2/3}$$

となる. ここで $m_c = \dfrac{(m_{\text{A}}m_{\text{B}})^{3/5}}{(m_{\text{A}} + m_{\text{B}})^{1/5}}$ を**チャープ質量**と呼ぶ. 系のエネルギー減少率

$$\frac{dE}{dt} = -\frac{32}{5}G\mu^2 r^4 \omega^6 = -\frac{32}{5}\pi^{10/3}G^{7/3}m_c^{10/3}f^{10/3}$$

と系のエネルギー $E$ と周波数 $f$ の関係式の微分

$$\frac{dE}{dt} = -\frac{\pi^{2/3}}{3} G^{2/3} m_c^{5/3} f^{-1/3} \frac{df}{dt}$$

との比較により，周波数 $t$ の時間変化は

$$\frac{df}{dt} = \frac{96}{5} \pi^{8/3} (Gm_c)^{5/3} f^{11/3}$$

で与えられる．これを積分すると

$$t = \int_{f_0}^{f(t)} \frac{dt}{df} df = \frac{5}{96} \pi^{-8/3} (Gm_c)^{-5/3} \int_{f_0}^{f(t)} f^{-11/3} df$$

$$= \frac{5}{256} \pi^{-8/3} (Gm_c)^{-5/3} \left[ f_0^{-8/3} - f(t)^{-8/3} \right]$$

となる．ここで，合体時 $t_{\mathrm{merger}}$ には周波数が発散することより，

$$t_{\mathrm{merger}} = \frac{5}{256} (Gm_c)^{-5/3} (\pi f_0)^{-8/3}$$

となるが，これは $r_0$ と $f_0$ の関係を用いると前に求めた値に一致することがわかる．上の式で $f_0$ を $t_{\mathrm{merger}}$ で置き換え，$f(t)$ について解くと

$$f(t) = \frac{1}{\pi} (Gm_c)^{-5/8} \left[ \frac{5}{256(t_{\mathrm{merger}} - t)} \right]^{3/8} \tag{10.19}$$

となる． $\qquad\qquad\qquad\qquad\qquad\qquad\qquad\qquad\qquad\qquad\qquad\qquad\qquad\square$

　合体近くの周波数 $f(t)$ の様子は (10.19) 式で与えられるので，重力波の周波数変化の観測により連星のチャープ質量が決定される[*4)]．

## 10.4　重力波の検出

　重力波を検出するため，重力波が来たときのテスト粒子の運動を考えよう．重力波は $h_{ij}^{\mathrm{TT}}$ で表されるが，自由落下系では Minkowski 計量からのずれはないので 1 つの自由粒子だけでは重力波が来たことは確認できない．重力波の影響を考えるには少なくとも 2 つのテスト粒子を考え，その間隔の時間変化を測定しなければならない．つまり測地線偏差を見る必要がある．

> **例題 10.11**　テスト粒子 A の局所慣性系においてテスト粒子 B が距離 $\xi''$ だけ離れているとして，測地線偏差方程式から重力波 $h_{ij}^{\mathrm{TT}}$ が来ているときの粒子 B の運動方程式を求めよ．また $h_{ij}^{\mathrm{TT}}$ が十分小さいとして粒子 B の位置 $x_{\mathrm{B}}^i$ を求めよ．ただし，初期位置を $x_{\mathrm{B}(0)}^i$ とする．

| 解 | 局所慣性系の座標を $\{x^{\hat{\mu}}\}$ とすると，計量は $ds^2 = -(dx^{\hat{0}})^2 + \delta_{\hat{i}\hat{j}} dx^{\hat{i}} dx^{\hat{j}} + O(|x^{\hat{k}}|^2)$ となる．この系における測地線偏差方程式は $\frac{D^2 \xi^{\hat{i}}}{d\tau^2} = -R^{\hat{i}}{}_{\hat{0}\hat{j}\hat{0}} \xi^{\hat{j}}$ となる．2 粒子間の間隔は $\xi^{\hat{i}} = x_{\mathrm{B}}^{\hat{i}} - x_{\mathrm{A}}^{\hat{i}}$ で与えられるが，テスト粒子 A の局所慣性系（自由落下系）では粒

---

[*4)]　チャープ（chirp）は鳥のさえずりのような甲高い音を意味しており，合体直前の重力波の周波数が鳥のさえずりのように急上昇する様子の観測から決定できる質量という意味で名付けられている．

子 A は動かないので $x_{\mathrm{A}}^{i}=0$ と取ることができる。よって $x_{\mathrm{B}}^{i}$ の満たすべき方程式は $\dfrac{D^2 x_{\mathrm{B}}^{i}}{d\tau^2}=-R^{i}{}_{\hat{0}\hat{j}\hat{0}}x_{\mathrm{B}}^{\hat{j}}$ となる。

Riemann テンソルはゲージ変換に対して不変であるので、TT ゲージを課した後の摂動計量 $(h_{ij}^{\mathrm{TT}})$ を用いて計算すると、摂動の 1 次項の Riemann テンソルは $R_{i\hat{0}\hat{j}\hat{0}}=-\dfrac{1}{2}\partial_0^2 h_{ij}^{\mathrm{TT}}$ となる。したがって $x_{\mathrm{B}}^{i}$ の満たす運動方程式は

$$\frac{D^2 x_{\mathrm{B}}^{\hat{i}}}{dt^2}=\frac{1}{2}\partial_0^2 h^{\mathrm{TT}\,i}{}_{j}x_{\mathrm{B}}^{\hat{j}}$$

となる。ここで線形近似の範囲で固有時間 $\tau$ を TT ゲージ座標の時間 $t$ に置き換えた。

次に、$x_{\mathrm{B}}^{\hat{i}}=x_{\mathrm{B}(0)}^{\hat{i}}+x_{\mathrm{B}(1)}^{\hat{i}}$ と $h_{\mu\nu}^{\mathrm{TT}}$ の 1 次まで展開すると、粒子 B の運動方程式は

$$\frac{D^2 x_{\mathrm{B}(1)}^{\hat{i}}}{dt^2}=\frac{1}{2}\partial_0^2 h^{\mathrm{TT}\,i}{}_{j}x_{\mathrm{B}(0)}^{\hat{j}}$$

となる。これを積分すると

$$x_{\mathrm{B}}^{\hat{i}}=x_{\mathrm{B}(0)}^{\hat{j}}\left(\delta^{i}{}_{j}+\frac{1}{2}h^{\mathrm{TT}\,i}{}_{j}\right) \tag{10.20}$$

が得られる。 □

このテスト粒子 B の運動 (10.20) がどうなるかをわかりやすくするために、前に考えた $z$ 軸に進む単色重力波が入射したときのテスト粒子 B の振舞いを見てみよう。粒子 B の初期位置は $x_{\mathrm{B}(0)}^{\hat{j}}=(x_{B(0)},y_{B(0)},0)$ と $xy$ 面内に取る。この場合、(10.3) 式から $h_{ij}^{\mathrm{TT}}$ は 2 つの偏光モード $h_{11}\doteqdot h_{22}=\mathsf{h}_{+}e^{ik(z-t)}\equiv h_{+}$ と $h_{12}=h_{21}=\mathsf{h}_{\times}e^{ik(z-t)a}\equiv h_{\times}$ がある。これを上の解に代入すると

$$x_{\mathrm{B}}^{\hat{i}}-x_{\mathrm{B}(0)}^{\hat{i}}=x_{\mathrm{B}(1)}^{\hat{i}}=\frac{\mathsf{h}_{+}}{2}e^{ik(z-t)}(x_{B(0)},-y_{B(0)},0)+\frac{\mathsf{h}_{\times}}{2}e^{ik(z-t)}(y_{B(0)},x_{B(0)},0)$$

となる。つまりそれぞれの偏光モードに対して位置は

$$x_{\mathrm{B}+}^{\hat{i}}=\left(x_{B(0)}\left[1+\frac{\mathsf{h}_{+}}{2}e^{ik(z-t)}\right],y_{B(0)}\left[1-\frac{\mathsf{h}_{+}}{2}e^{ik(z-t)}\right],0\right),$$

$$x_{\mathrm{B}\times}^{\hat{i}}=\left(x_{B(0)}+y_{B(0)}\frac{\mathsf{h}_{\times}}{2}e^{ik(z-t)},y_{B(0)}+x_{B(0)}\frac{\mathsf{h}_{\times}}{2}e^{ik(z-t)},0\right)$$

のように変化する。

この様子をわかりやすく示すため、$xy$ 面上に粒子 A の周りに円上に 8 個の粒子 B を等間隔で配置し、紙面に垂直方向 ($z$ 軸方向) から入射する重力波が通過したときにそれぞれの粒子がどのように動くかを図 10.2 に示した。

偏光テンソル $(\mathfrak{e}^{+})_{\mu\nu}$, $(\mathfrak{e}^{\times})_{\mu\nu}$ に対応するモードをそれぞれ**プラスモード**、**クロスモード**と呼ぶが、それは図のように、プラスモードでは $x$ 軸と $y$ 軸方

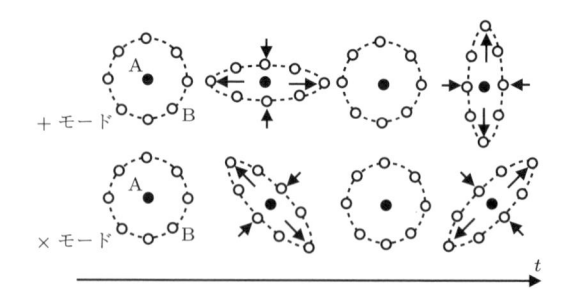

図 10.2 粒子 A （●）の周りの円周上に配置された 8 個の粒子 B （○）の位置の時間変化（＋ モードと × モード）。

向の距離が交互に + の形のように伸び縮みし，一方，クロスモードでは $x$ 軸，$y$ 軸と角 $45°$ の方向に × の形に振動が起こるからである．この重力波の進行方向に垂直な面内の粒子間距離の変化を測定することで重力波の観測が行われる．

<重力波の発見>

2015 年 9 月 14 日 9 時 50 分（UTC［協定世界時］），アメリカのルイジアナ州リビングストンとワシントン州ハンフォードに設置された 2 組の観測装置が非常にわずかな振動をキャッチした．世紀の重力波発見の瞬間である．Einstein が一般相対性理論の提唱後すぐにその存在を予言し，これまで多くの科学者が見つけようとしてきた重力波が，予言からほぼ 100 年の歳月を経て直接観測されたのである．

その重力源は驚くべきことに $30M_\odot$ もの巨大質量を持つブラックホールの連星の合体であった．2020 年 3 月までの O1–O3 の観測期に 90 イベントを検出している．そのほとんどが連星ブラックホールの合体によるもので，連星中性子星の合体は 2 イベント，中性子星–ブラックホールの合体と考えられるものが 3 イベントある．

連星中性子星のイベントは少ないが，非常に重要な情報をもたらしている．重力波の伝播速度に対する制限である．一般相対性理論では重力波の伝播速度は光速度であるが，一般相対性理論の検証のためにも実験的に確認する必要がある．GW170817（連星中性子星の合体）の検出 1.7 秒後にガンマ線バースト（GRB 170817A）が観測された．その到着時間のずれから重力波の伝播速度 $c_{\mathrm{GW}}$ に $1 - 3 \times 10^{-15} \leq \dfrac{c_{\mathrm{GW}}}{c} \leq 1 + 7 \times 10^{-16}$ という制限が得られた．これは非常によい精度で重力波の伝播速度が光速度に一致していることを表している．

重力波観測は 2023 年から O4 観測期に入っており，さらに興味深い重要な成果を提供してくれるであろう．

# 第 11 章
# 一様等方時空のダイナミクス

　時間と空間を物理学の対象とした一般相対性理論に基づくと，我々の住むこの宇宙がどのような時空になっているのか決定できる．Einstein が一般相対性理論を完成し，真っ先に考えたのがこの宇宙論への応用であった．ところが，科学で宇宙が明らかにできるという「人類の夢」にたどり着いたにもかかわらず，自らの信念で考えた宇宙モデルが自ら提唱している理論では否定されると知ったときの Einstein の落胆はいかばかりかと思う．

　宇宙論は観測技術も進み，現代では精密科学といわれるぐらい非常に多くのことがわかってきている．しかし本書は一般相対性理論の演習書であるので，現代宇宙論の詳細は他書に譲ることにし，ここでは宇宙論の基礎となる一様等方時空のダイナミクスについて考えてみよう．

## 11.1　一様等方時空

　対称性の高い世界は美しく，自然界もそれを好む傾向がある．4 次元時空の場合，最大対称空間は Minkowski 時空，de Sitter 時空，反 de Sitter 時空に限られた．現実の宇宙はどうであろうか．宇宙には星や銀河など様々な天体が存在し，宇宙の現象をすべて一つのモデルで理解するのはほとんど不可能である．しかし，宇宙を大局的に捉え，宇宙全体がどのような存在かを議論することはできそうである．つまり，コペルニクス的世界観から宇宙には特別な場所はなく，特別な方向もないとする考え方である．これは厳密に確かめる科学的手段はないため**宇宙原理**と呼ばれる[*1)]．

　この原理に従うと，3 次元空間はどの場所もどの方向も同じであるという対称性があることになる．つまり（擬）並進対称性と回転対称性が存在する最大対称空間であると考えられる．このような 3 次元最大対称空間を**一様等方空間**と呼ぶ．

### 11.1.1　3 次元一様等方空間

　3 次元最大対称空間は前に議論した一般の $N$ 次元最大対称空間の特別な場合（$N=3$）である．その計量は，$\gamma_{ij} = \delta_{ij}$, $x^1 = x$, $x^2 = y$, $x^3 = z$ とすると

---

*1)　銀河の空間分布や 3 K 宇宙背景輻射などの観測から，宇宙が一様・等方であると考えて矛盾がないことがわかっている．

$$ds_3^2 = dx^2 + dy^2 + dz^2 + \frac{K(xdx + ydy + zdz)^2}{1 - K(x^2 + y^2 + z^2)} \tag{11.1}$$

と表される．この表式は 3 つの座標 $x, y, z$ について対等に扱われているが，平坦な場合（$K = 0$）以外はわかりにくい．そこで，宇宙論では一様等方空間を "極座標" を用いてもっとわかりやすい形に書き換える．

**例題 11.1** 3 次元最大対称空間の計量 (11.1) を座標変換

$$x = r\sin\theta\cos\varphi, \quad y = r\sin\theta\sin\varphi, \quad z = r\cos\theta$$

によって極座標で記述せよ．ただし，$d\Omega^2 \equiv d\theta^2 + \sin^2\theta d\varphi^2$ を用いて表せ．

$\boxed{\text{解}}$　座標変換から $dx^2 + dy^2 + dz^2 = dr^2 + r^2 d\theta^2 + r^2\sin^2\theta d\varphi^2 = dr^2 + r^2 d\Omega^2$ および $x^2 + y^2 + z^2 = r^2$ であることがわかる．また，後者の関係式を微分すると $xdx + ydy + zdz = rdr$ となる．これらを計量 (11.1) に代入すると

$$ds_3^2 = dr^2 + r^2 d\Omega^2 + \frac{Kr^2 dr^2}{1 - Kr^2} = \frac{dr^2}{1 - Kr^2} + r^2 d\Omega^2 \tag{11.2}$$

が得られる．　　　　　　　　　　　　　　　　　　　　　　　　　　　　　　　$\square$

　3 次元最大対称空間の計量は，全体を定数 $a^2$ 倍してもその性質は変わらない．また新しい動径座標 $\chi$ を $d\chi^2 = \dfrac{dr^2}{1 - Kr^2}$ で定義すると

$$ds_3^2 = a^2\left(d\chi^2 + f^2(\chi)d\Omega^2\right) \tag{11.3}$$

と書き換えられる．ここで関数 $f(\chi)$ は

$$f(\chi) = \begin{cases} \sin\chi & (K > 0), \\ \chi & (K = 0), \\ \sinh\chi & (K < 0) \end{cases}$$

で与えられる．ここで，$a\,(> 0)$ は曲率を表す長さのスケール（曲率半径）で，曲率の大きさは $|K| = a^{-2}$ で与えられる．ただし，平坦な場合は任意の長さにスケール変換（$\chi \to a\chi$）でき必ずしも必要はないが，$K \neq 0$ の場合に合わせて記述してある．

　一様等方空間は定曲率空間で，その符号によって 3 つに分類される．曲率ゼロ（$K = 0$）は 3 次元ユークリッド空間で，よく知られているように動径座標の範囲は $0 \leq \chi < \infty$ で，3 次元体積は無限大である．正曲率（$K > 0$）の場合，計量 (11.3) の形から，3 次元空間は 3 次元球面 $S^3$ であることがわかる．動径座標の範囲は $0 \leq \chi \leq \pi$ のように有限範囲に限られ，その 3 次元体積も有限である．一方，負曲率（$K \leq 0$）の場合は，計量 (11.3) より 3 次元空間は 3 次元擬球面 $H^3$ になり，動径座標の範囲は $0 \leq \chi < \infty$ となり，3 次元全体積も無限大に発散する．これらの 3 つの定曲率空間を宇宙論に応用したときその宇宙モデルはそれぞれ平坦な宇宙，閉じた宇宙，開いた宇宙と呼ばれる．

　一方，物質のエネルギー・運動量テンソルは，空間の一様・等方性から

$$T^\mu{}_\nu = \mathrm{diag}(-\rho, P, P, P) \tag{11.4}$$

と表される．ここで $P$ は物質の圧力，$\rho$ はエネルギー密度である．

### 11.1.2　Einstein の静的宇宙と宇宙定数

Einstein は，宇宙は有限の体積を持った永遠不滅の存在と考えた．一様・等方空間のうち有限体積となるのは 3 次元球面 $S^3$ だけである．そこで Einstein は空間が $S^3$ で表される時間的に変化しない静的な時空が宇宙を記述すると考えた．物質としては質量エネルギーが優勢となるので，$P \approx 0$ とし，エネルギー密度 $\rho$ のみとした．

---

**例題 11.2　静的な一様等方時空（$K > 0$）**

$$ds^2 = -dt^2 + a^2\left(d\chi^2 + \sin^2\chi\, d\Omega^2\right) \tag{11.5}$$

は Einstein 方程式 $G_{\mu\nu} = 8\pi G T_{\mu\nu}$ を満たさないことを示せ．ここで $a$ は定数とする．物質としてはエネルギー密度 $\rho$ のみを考える．

次に，**宇宙定数 $\Lambda$ を導入した** Einstein 方程式[*a]

$$G_{\mu\nu} + \Lambda g_{\mu\nu} = 8\pi G T_{\mu\nu} \tag{11.6}$$

を考えたときの，静的な一様等方時空の解を求めよ．

---

[*a]　この $\Lambda$ を**宇宙定数**，$\Lambda g_{\mu\nu}$ を**宇宙項**と呼ぶが，混同して使う場合もしばしばある．

---

解 計量 (11.5) に対して Ricci テンソルを計算すると $R^i{}_j = \dfrac{2}{a^2}\delta^i{}_j$ で残りはゼロとなる．よって Einstein 方程式は

$$G^r{}_r = G^\theta{}_\theta = G^\varphi{}_\varphi = -\frac{1}{a^2} = 0, \quad G^0{}_0 = -\frac{3}{a^2} = -8\pi G\rho$$

となるが，これを満たす解は存在しない．

宇宙定数 $\Lambda$ を加えると Einstein 方程式は

$$-\frac{1}{a^2} + \Lambda = 0, \quad -\frac{3}{a^2} + \Lambda = -8\pi G\rho$$

となる．これを解くと $a = \dfrac{1}{\sqrt{\Lambda}}, \rho = \dfrac{\Lambda}{4\pi G}$ となり，静的な一様等方時空を表す解が得られる． □

ここで示したように Einstein は自分の提唱した理論に理想的な宇宙モデルの解が存在しないことに気がつき，1917 年に宇宙定数 $\Lambda$ を導入し，**静的宇宙モデル**を提唱している．これは Einstein が永遠不滅の宇宙の存在を信じたからであるが，現実の宇宙は時間変化するダイナミカルな存在であった．

## 11.2　膨張する宇宙と Friedmann 方程式

### 11.2.1　Friedmann–Lemaître–Robertson–Walker（**FLRW**）計量

1922 年，Alexander A. Friedmann は，時空が時間変化する場合，Einstein が考えた宇宙とは異なる動的な宇宙モデルの解が存在することを示した．宇宙原理より空間は 3 次元

最大対称空間となるがその計量 (11.2) は $r \to r' = ar$ と座標変換すると

$$ds_3^2 = a^2\left(\frac{dr^2}{1 - kr^2} + r^2 d\Omega^2\right) \quad (k = \pm 1, 0) \tag{11.7}$$

と表すことができる．ここで $a$ は $K \equiv \dfrac{k}{a^2}$ で定義される 3 次元空間のスケールを表す．また 3 次元対称空間は計量 (11.3) を用いても表すことができる．この 3 次元空間のスケール $a$ が時間に依存する場合を Friedmann は考えた．つまり，4 次元一様等方時空を表す計量として

$$ds^2 = -dt^2 + a^2(t)\left[\frac{dr^2}{1 - kr^2} + r^2 d\Omega^2\right] \tag{11.8}$$

を仮定したのである．

この計量 (11.8) は，1935 年に Howard P. Robertson により，また 1936 年に独立に Arthur G. Walker により導かれたので Robertson–Walker 計量と呼ばれることもあるが，同じような計量は既に Friedmann が考えており，また Georges H. Lemaître の寄与も無視できないということで，近年は 4 人の頭文字を用いて **FLRW 計量**とよばれる．

FLRW 計量において時間変化はスケール因子 $a(t)$ により表され，3 次元空間は相似的に変化する．一方，空間の各点を表す空間座標 $(r, \theta, \varphi)$ や $(\chi, \theta, \varphi)$ は変化しないので，**共動座標**と呼ばれる．風船を膨らませたときに風船の各点は動かないが，各点間の距離が増大するが，宇宙の膨張はこれと同じようなものと考えられる．

また，ここで導入した時間座標 $t$ は空間座標が一定の観測者が測定する固有時間という特別な意味を持ち，**宇宙時間**と呼ばれる．一方，**共形時間**と呼ばれる

$$\eta = \int \frac{dt}{a(t)} \tag{11.9}$$

を導入すると，FLRW 計量は

$$ds^2 = a^2(\eta)\left[-d\eta^2 + \frac{dr^2}{1 - kr^2} + r^2 d\Omega^2\right] \tag{11.10}$$

$$= a^2(\eta)\left[-d\eta^2 + d\chi^2 + f^2(\chi)d\Omega^2\right] \tag{11.11}$$

と表される．この計量では，時間変化を表すスケール因子 $a$ が 4 次元計量全体にかかり，それを除くと静的な時空となり，$ds^2 = 0$ で表される光の経路はこの静的時空で決まり，因果関係を考える場合に便利である．特に動径座標として $\chi$ を用いると，角度一定の光の経路は $\eta - \eta_0 = \pm(\chi - \chi_0)$ で表され，因果関係の議論がより簡単になる．

### 11.2.2 Friedmann 方程式

一様等方なエネルギー運動量テンソルは時空の対称性から (11.4) で与えられるが，完全流体である必要はない．しかし，以下では議論を簡単にするため完全流体を仮定することにする．つまり $\rho$ は完全流体のエネルギー密度を $P$ は圧力を表すものとする．

**例題 11.3**　一様等方時空は FLRW 計量 (11.8) で記述されるとして，Einstein 方程式からスケール因子 $a$ に関する方程式を導け．

Ricci テンソルおよびスカラー曲率は

$$R^0{}_0 = 3\frac{\ddot{a}}{a}, \quad R^i{}_j = \left[\frac{\ddot{a}}{a} + 2\left(\frac{\dot{a}}{a}\right)^2 + 2\frac{k}{a^2}\right]\delta^i{}_j, \quad R = \frac{6}{a^2}\left(a\ddot{a} + \dot{a}^2 + k\right)$$

となるので Einstein 方程式 $G^\mu{}_\nu = 8\pi G T^\mu{}_\nu$ は

$$\left(\frac{\dot{a}}{a}\right)^2 + \frac{k}{a^2} = \frac{8\pi G}{3}\rho, \tag{11.12}$$

$$2\frac{\ddot{a}}{a} + \left(\frac{\dot{a}}{a}\right)^2 + \frac{k}{a^2} = -8\pi G P \tag{11.13}$$

となる. □

宇宙定数 $\Lambda$ が存在する場合は上の 2 つの方程式は

$$\left(\frac{\dot{a}}{a}\right)^2 + \frac{k}{a^2} - \frac{\Lambda}{3} = \frac{8\pi G}{3}\rho, \tag{11.14}$$

$$2\frac{\ddot{a}}{a} + \left(\frac{\dot{a}}{a}\right)^2 + \frac{k}{a^2} - \Lambda = -8\pi G P \tag{11.15}$$

と修正される.

---

**例題 11.4** FLRW 計量 (11.8) で記述される一様等方時空において，エネルギー・運動量保存則 $\nabla_\mu T^\mu{}_\nu = 0$ はどのような式で表されるか.

また，得られた式は Einstein 方程式から導かれた $a$ に関する方程式 (11.12), (11.13) からも導かれることを示せ.

---

等方性から特別な方向が存在しないので運動量保存則は自明に成り立つ. 実際に，$\nabla_\mu T^\mu{}_j = 0$ であることが計算で確認できる. 一方，時間成分は

$$\nabla_\mu T^\mu{}_0 = \partial_\mu T^\mu{}_0 + \Gamma^\mu{}_{\mu\nu} T^\nu{}_0 - \Gamma^\nu{}_{\mu 0} T^\mu{}_\nu = \partial_0 T^0{}_0 + \left(\frac{1}{\sqrt{-g}}\partial_0 \sqrt{-g}\right)T^0{}_0 - \Gamma^j{}_{i0} T^i{}_j$$

$$= -\dot{\rho} - \frac{3\dot{a}}{a}\rho - \frac{3\dot{a}}{a}P = 0$$

となる. よって**エネルギー方程式**

$$\dot{\rho} + 3\frac{\dot{a}}{a}(\rho + P) = 0 \tag{11.16}$$

が得られる.

また，前問で求めた微分方程式 (11.12) を時間微分すると

$$\frac{\dot{a}}{a}\left[2\frac{\ddot{a}}{a} - 2\left(\frac{\dot{a}}{a}\right)^2 - 2\frac{k}{a^2}\right] = \frac{8\pi G}{3}\dot{\rho}$$

となるが，これに微分方程式 (11.13) を代入すると

$$\frac{\dot{a}}{a}\left[-8\pi G P - 3\frac{8\pi G}{3}\rho\right] = \frac{8\pi G}{3}\dot{\rho}$$

となる. これを整理するとエネルギー方程式 (11.16) になる. □

宇宙項が存在する場合も $a$ の満たすべき方程式 (11.14), (11.15) を用いると同じエネルギー方程式 (11.16) が得られる. 第 4 章で示したように, エネルギー・運動量保存則は Einstein 方程式より Bianchi 恒等式を用いて導くことができるので, 前問の結果は当然である[*2]. つまり Einstein 方程式を解けばエネルギー方程式も満たされるので, 考える必要はないと思われる. しかしながらこのエネルギー方程式を

$$\frac{d(\rho a^3)}{dt} = -P\frac{d(a^3)}{dt}$$

と書き改めると, 熱力学第 1 法則の式と等価の形で表される.

　熱力学第 1 法則によると, 内部エネルギー $E$ の変化は

$$dE = TdS - PdV$$

で与えられる. ここで $T, S, V$ はそれぞれ温度, エントロピー, 体積である. いま考えている状況は完全流体で, エントロピーは流線に沿って保存する. また一様等方空間ではエントロピーも空間的に一様なので, 全時空でエントロピーは変化しない ($S = sa^3 = $ 一定). よって $E = \rho a^3$, $V = a^3$ とすると熱力学第 1 法則からエネルギー方程式が得られる.

　このようにエネルギー方程式は物理的意味が明解のため, $a$ に関する 1 階微分方程式

$$H^2 + \frac{k}{a^2} = \frac{8\pi G}{3}\rho \tag{11.17}$$

と合わせて宇宙の進化を記述する方程式とするのが便利である. ここで $H$ は $H \equiv \dfrac{\dot{a}}{a}$ で定義される宇宙の膨張率で, **Hubble パラメータ**と呼ばれる. また宇宙項を含む場合も同じように

$$H^2 + \frac{k}{a^2} = \frac{1}{3}(8\pi G\rho + \Lambda) \tag{11.18}$$

と表すことができる. これらの方程式 (11.17), (11.18) は **Friedmann 方程式**と呼ばれる.

### 11.2.3　状態方程式と宇宙の膨張則

　上で与えた宇宙の進化を記述する方程式において独立変数は物質のエネルギー密度 $\rho$, 圧力 $P$, スケール因子 $a(t)$ の 3 つだが, 独立な方程式は Friedmann 方程式とエネルギー方程式の 2 つであるので, もう一つ条件が必要となる. それが物質の状態方程式である.

　宇宙の進化を議論するには宇宙を満たす物質の情報が必要となるが, 特別な時期を除いて宇宙進化においては物質の熱平衡が仮定される. 熱平衡状態において独立な変数は 2 つしかなく, 他の熱力学変数はその 2 つで表される. 例えば圧力は物質数密度 $n$ とエントロピー密度 $s$ で与えられる. 特に宇宙論においては, 一様等方性と完全流体の仮定から, ほとんどの時期においてエントロピーは一定であるので, 圧力は 1 変数で表される. 通常はその変数としてエネルギー密度 $\rho$ が用いられ, 状態方程式は $P = P(\rho)$ で与えられる.

　宇宙論において時空の進化（$a$ の時間変化）を議論する場合, 特に次の 3 つの状態方程式が重要になる.

---

[*2]　宇宙項が存在する場合も $\nabla^\mu g_{\mu\nu} = 0$ であるので, Einstein 方程式からエネルギー・運動量保存則を導くことができる.

- 輻射（または相対論的粒子）：光（電磁波）や質量が温度 $T$ に比べて無視できる（$mc^2 \ll k_{\mathrm{B}}T$）ような相対論的粒子の状態方程式は $P = \dfrac{1}{3}\rho$ で記述される[*3].
- 物質（非相対論的粒子）：エネルギー密度には粒子の静止質量も含まれるので，非相対論的粒子の場合，運動エネルギーは静止質量より十分小さく，熱運動に起因する圧力も無視できる．その結果，Friedmann 方程式などでは $P = 0$ と近似できる．
- 真空のエネルギー：真空においても量子的揺らぎにより場のエネルギーが現れ，真空のエネルギーと呼ばれる．それは局所慣性系において決まった値となり，状態方程式で表すと $P = -\rho$（一定）となる．

これらの典型的な状態では圧力はエネルギー密度に比例するので，状態方程式として

$$P = w\rho \quad (w: \text{定数})\tag{11.19}$$

と表す．$w = 0, \dfrac{1}{3}, -1$ がそれぞれ，物質，輻射，真空のエネルギーに対応する．

---

**例題 11.5** 状態方程式 (11.19) を用いてエネルギー方程式 (11.16) を積分し，エネルギー密度 $\rho$ をスケール因子 $a$ を用いて表せ．

---

[解] 状態方程式 $P = w\rho$ よりエネルギー方程式は $\dfrac{d\rho}{dt} = -3(1+w)\rho\dfrac{1}{a}\dfrac{da}{dt}$ となるので，積分すると

$$\int_{\rho_0}^{\rho} \frac{d\rho}{\rho} = \ln\frac{\rho}{\rho_0} = -\int_{a_0}^{a} 3(1+w)\frac{da}{a} = -3(1+w)\ln\frac{a}{a_0}$$

となる．ここで現在の時刻 $t_0$ でのエネルギー密度を $\rho_0$，スケール因子を $a_0$ とする．したがって，エネルギー密度は

$$\rho = \rho_0\left(\frac{a}{a_0}\right)^{-3(1+w)}$$

となる． □

---

**例題 11.6** 平坦な宇宙（$k = 0$）の場合に Friedmann 方程式 (11.17) の解を求めよ．ただし，状態方程式は (11.19) 式で与えられるものとする．

---

[解] 例題 11.5 の結果を用いると，平坦な宇宙（$k = 0$）の Friedmann 方程式 (11.17) は

$$\left(\frac{\dot{a}}{a}\right)^2 = \frac{8\pi G}{3}\rho_0\left(\frac{a}{a_0}\right)^{-3(1+w)}$$

となる．これを書き換えると $\dot{a}^2 = \dfrac{8\pi G}{3}\rho_0 a_0^{3(1+w)} a^{-(1+3w)}$ となる．これから

$$t = t_0 + \int_{a_0}^{a} da \frac{1}{\sqrt{-k + \frac{8\pi G}{3}\rho_0 a_0^{3(1+w)} a^{-(1+3w)}}}$$

となる．

---

[*3]　後に述べるように温度は宇宙膨張により変化するので，粒子の質量により相対論的な粒子として振る舞うかどうかは宇宙の時期によることに注意．

$w \neq -1$ とすると

$$t = t_0 + \int_{a_0}^{a} da \frac{1}{\sqrt{\frac{8\pi G}{3}\rho_0 a_0^{3(1+w)}}} a^{(1+3w)/2}$$

$$= t_0 + \frac{1}{\sqrt{\frac{8\pi G}{3}\rho_0 a_0^{3(1+w)}}} \frac{2}{3(1+w)} \left( a^{3(1+w)/2} - a_0^{3(1+w)/2} \right)$$

となり，$a$ について解き直すと，

$$a = a_0 \left( \frac{t}{t_0} \right)^{\frac{2}{3(1+w)}}$$

となる．ここで $t_0$ は $t_0 = \frac{2}{3(1+w)} \frac{1}{\sqrt{\frac{8\pi G}{3}\rho_0}}$ で与えられる．よって物質（$w = 0$）のと

きは $a \propto t^{2/3}$，輻射（$w = \frac{1}{3}$）のときは $a \propto t^{1/2}$ となる．また，$w = -1$ のときは，

$$t = t_0 + \int_{a_0}^{a} da \frac{1}{\sqrt{\frac{8\pi G}{3}\rho_0}} a^{-1} = t_0 + \frac{1}{\sqrt{\frac{8\pi G}{3}\rho_0}} \ln \frac{a}{a_0}$$

となるので

$$a = a_0 \exp\left[ \sqrt{\frac{8\pi G}{3}\rho_0}(t - t_0) \right]$$

となる． □

　このように先入観なしに宇宙は時間変化が可能だとすれば，Einstein 方程式から膨張宇宙が自然と導かれる[*4]．曲率がゼロでない場合の解は少し複雑になるが，同じような膨張宇宙モデルが構成できる．

　物質（$w = 0$）に対しては $\rho_m = \frac{\rho_{m0}a_0^3}{a^3}$，輻射（$w = \frac{1}{3}$）に対しては $\rho_r = \frac{\rho_{r0}a_0^4}{a^4}$ となる．ここで，$\rho_m = \rho_{m0}$, $\rho_r = \rho_{r0}$ は現在の物質および輻射のエネルギー密度を表す．また真空のエネルギー密度に対しては $\rho_v = \rho_{v0}$（定数）となる．これからわかるように膨張宇宙では，輻射のエネルギー密度は物質のエネルギー密度より速く減少し，物質のエネルギー密度も定数である真空のエネルギー密度よりは速く減少する．つまり膨張宇宙では初期には輻射が優勢であるが，膨張により物質が優勢な宇宙に進化する．その後，真空のエネルギー密度が優勢の宇宙になると予想される．

## 11.3　膨張宇宙論

　宇宙が膨張しているというのはどのように確かめられるのであろうか? 次のような単純な例えで考えるとわかりやすい．膨張しているものとして風船を膨らませるときを考えよう．風船が膨らむにつれその半径は大きくなるが，風船の各部分に注目するとお互いの距離が離れていくことがわかる．風船上の 1 点から見ると各点は遠ざかるように見える．そ

---

[*4]　Einstein 方程式は時間反転対称なので，初期条件により収縮宇宙モデルも考えられる．

の遠ざかるスピードは遠くにある点ほど速くなる．実際に天体が遠ざかっていればそれは赤方偏移として観測できるであろう．その赤方偏移は速度に比例するので，天体からの光の赤方偏移が距離に比例していれば宇宙が膨張していると考えられる．この例えを使った予想は正しいのであろうか?

### 11.3.1 膨張宇宙における赤方偏移

まず，天体から出た光を現在観測するとどのように見えるかを考えてみよう．

**例題 11.7** 時刻 $t$ に共動座標で $\chi$ に位置にある天体から放出された光を現在の時刻 $t_0$ に原点 $\chi = 0$ にいる観測者が観測した．放出された光の波長を $\lambda$ としたとき観測された光の波長 $\lambda_0$ を求めよ．

$\boxed{\text{解}}$ 等方性より光の軌道は $d\theta = d\varphi = 0$ とおけ，共動座標系での光の線素は

$$ds^2 = -dt^2 + a^2(t)d\chi^2 = 0$$

である．よって時間と共動座標の関係は $d\chi = \pm\dfrac{dt}{a}$ で与えられる．

放出される光の山と山（谷と谷）の間の時間間隔は $\Delta t = \dfrac{1}{\nu} = \dfrac{\lambda}{c}$ であるが，この光の山と山を原点の観測者が観測する時間間隔を $\Delta t_0$ とする．このとき 2 つの山の進んだ距離 $\chi$ は同じであるので

$$\chi = -\int_\chi^0 d\chi = \int_t^{t_0} \frac{dt}{a(t)} = \int_{t+\Delta t}^{t_0+\Delta t_0} \frac{dt}{a(t)}$$

となる．ここで $\Delta t, \Delta t_0 \ll t, t_0$ とすると

$$\int_{t+\Delta t}^{t_0+\Delta t_0} \frac{dt}{a(t)} \approx \int_t^{t_0} \frac{dt}{a(t)} + \frac{\Delta t_0}{a(t_0)} - \frac{\Delta t}{a(t)}$$

と展開できるので，$\dfrac{\Delta t}{a(t)} = \dfrac{\Delta t_0}{a(t_0)}$ となる．したがって $\dfrac{\lambda_0}{\lambda} = \dfrac{\Delta t_0}{\Delta t} = \dfrac{a(t_0)}{a(t)}$ より

$$\lambda_0 = \frac{\Delta t_0}{\Delta t} = \frac{a(t_0)}{a(t)}\lambda$$

となる． $\hfill\square$

このように膨張宇宙（$a(t_0) > a(t)$）では，観測される波長は長くなり，光は赤方偏移する．その**赤方偏移**は

$$z = \frac{\lambda_0 - \lambda}{\lambda} = \frac{a(t_0)}{a(t)} - 1 \tag{11.20}$$

で定義され，スケール因子の変化で与えられる．

### 11.3.2 臨界密度と密度パラメータ

全エネルギー密度は $\rho = \rho_\mathrm{r} + \rho_\mathrm{m} + \rho_\mathrm{v}$ で表されるので，宇宙定数を含む Friedmann 方程式 (11.18) は

$$H^2 + \frac{k}{a^2} = \frac{1}{3}[8\pi G(\rho_{\rm r} + \rho_{\rm m} + \rho_{\rm v}) + \Lambda] = \frac{8\pi G}{3}\left[\rho_{\rm r0}\frac{a_0^4}{a^4} + \rho_{\rm m0}\frac{a_0^3}{a^3} + \left(\rho_{\rm v} + \frac{\Lambda}{8\pi G}\right)\right]$$

となる．この式より宇宙定数と真空のエネルギーは Friedmann 方程式において同等の役割をする（$\Lambda \leftrightarrow 8\pi G\rho_{\rm v}$）ことがわかる．そこで以降では $\Lambda$（$\equiv 8\pi G\rho_\Lambda$）のみを用いることにする．

ここで臨界密度を

$$\rho_{\rm cr} = \frac{3H^2}{8\pi G} \tag{11.21}$$

で定義する．これは曲率がゼロとなる場合の全エネルギー密度に対応している．ここで各々の密度と臨界密度との比

$$\Omega_{\rm r} \equiv \frac{\rho_{\rm r}}{\rho_{\rm cr}}, \quad \Omega_{\rm m} \equiv \frac{\rho_{\rm m}}{\rho_{\rm cr}}, \quad \Omega_{\rm K} \equiv -\frac{k}{H^2 a^2}, \quad \Omega_\Lambda \equiv \frac{\Lambda}{3H^2} = \frac{\rho_\Lambda}{\rho_{\rm cr}}$$

を密度パラメータとして定義すると Friedmann 方程式 (11.18) は

$$1 = \Omega_{\rm r} + \Omega_{\rm m} + \Omega_{\rm K} + \Omega_\Lambda$$

と表される．各密度パラメータは

$$\Omega_{\rm r} \propto \frac{1}{H^2 a^4}, \quad \Omega_{\rm m} \propto \frac{1}{H^2 a^3}, \quad \Omega_{\rm K} \propto \frac{1}{H^2 a^2}, \quad \Omega_\Lambda \propto \frac{1}{H^2}$$

のように Hubble パラメータ $H$ とスケール因子 $a$ に依存する．特に現在の値は添字 0 を付けて表し，その値はおおよそ $\Omega_{\rm r0} = 9.2 \times 10^{-5}$, $\Omega_{\rm m0} = 0.32$, $\Omega_{\rm K0} = 0.00$, $\Omega_{\Lambda 0} = 0.68$ となることが様々な観測からわかっている．

> **例題 11.8** 輻射優勢期から物質優勢期へと変わるときの赤方偏移パラメータ $z_{\rm eq(r\text{-}m)}$ と物質優勢期から宇宙定数優勢期へと変わるときの赤方偏移パラメータ $z_{\rm eq(m\text{-}\Lambda)}$ を求めよ．

$\boxed{\text{解}}$ 輻射優勢から物質優勢に変わるときに，物質と輻射のエネルギー密度が釣り合うので

$$\rho_{\rm r}(t_{\rm eq(r\text{-}m)}) = \rho_{\rm r0}\frac{a(t_0)^4}{a(t_{\rm eq(r\text{-}m)})^4} = \rho_{\rm m}(t_{\rm eq(r\text{-}m)}) = \rho_{\rm m0}\frac{a(t_0)^3}{a(t_{\rm eq(r\text{-}m)})^3}$$

を満たす．したがって赤方偏移は

$$z_{\rm eq(r\text{-}m)} = \frac{a(t_0)}{a(t_{\rm eq(r\text{-}m)})} - 1 = \frac{\rho_{\rm m0}}{\rho_{\rm r0}} - 1 = \frac{\Omega_{\rm m0}}{\Omega_{\rm r0}} - 1 = 3.8 \times 10^3$$

となる．一方，物質優勢期から宇宙定数優勢期の加速膨張に移り変わるときは，宇宙定数と物質のエネルギー密度が釣り合うので

$$\rho_{\rm m}(t_{\rm eq(m\text{-}\Lambda)}) = \rho_{\rm m0}\frac{a(t_0)^3}{a(t_{\rm eq(m\text{-}\Lambda)})^3} = \rho_\Lambda$$

となる．したがって赤方偏移は

$$z_{\text{eq(m-}\Lambda)} = \frac{a(t_0)}{a(t_{\text{eq(m-}\Lambda)})} - 1 = \left(\frac{\rho_\Lambda}{\rho_{\text{m}0}}\right)^{1/3} - 1 = \left(\frac{\Omega_{\Lambda 0}}{\Omega_{\text{m}0}}\right)^{1/3} - 1 = 0.29$$

となる. $\qquad\qquad\qquad\qquad\qquad\qquad\qquad\qquad\qquad\qquad\qquad\qquad\qquad\qquad\square$

より詳細な値は，物質の共存系で Friedmann 方程式を解くことによって計算される．また観測からはおよそ $z_{\text{eq(r-m)}} \approx 3400$, $z_{\text{eq(m-}\Lambda)} \approx 0.3$ であることがわかっている[*5]．なお，宇宙膨張が加速に転ずるときの赤方偏移は $z_{\text{ac}} \approx 0.6$ で，$z_{\text{eq(m-}\Lambda)}$ から少しずれる．

このように現在の密度パラメータがわかれば，そこから宇宙の時間発展の様子が大体わかる．それでは宇宙が膨張していることがどうしてわかるのであろうか．

### 11.3.3 Hubble–Lemaître の法則

Edwin P. Hubble はセファイド型変光星を用いることで，遠方の天体までの距離を測定することに成功し，アンドロメダ星雲（M31）が天の川銀河の外側に存在することを発見し，それが別の銀河であることを明らかにした．さらに多くの銀河を観測するうちに，遠方にある銀河ほど放出する光の波長が長くなり，大きな赤方偏移を示すことに気がついた．

いま，スケール因子を現在の時刻 $t_0$ の周りでテイラー展開すると

$$a(t) = a(t_0)\left[1 + \frac{\dot{a}(t_0)}{a(t_0)}(t - t_0) + \frac{1}{2}\frac{\ddot{a}(t_0)}{a(t_0)}(t - t_0)^2 + \cdots\right]$$
$$\approx a(t_0)\left[1 + H_0(t - t_0) - \frac{1}{2}q_0 H_0^2 (t - t_0)^2\right]$$

となる．ここで **Hubble 定数**および**減速パラメータ**を

$$H_0 = \frac{\dot{a}(t_0)}{a(t_0)}, \quad q_0 = -\frac{\ddot{a}(t_0)a(t_0)}{\dot{a}(t_0)^2}$$

で定義した．

> **例題 11.9** 銀河までの物理的な距離 $d(t_0) = a(t_0)\chi$ と赤方偏移 $z$ の関係を $d$ の 2 次までの展開で求めよ．ここで，$t_0$ は現在の時刻，$\chi$ は銀河までの共動距離である．

$\boxed{\text{解}}$ 時刻 $t_1$ に放出された光を現在（$t_0$）で観測すると，その赤方偏移は

$$z = \frac{a(t_0)}{a(t_1)} - 1 \approx H_0(t_0 - t_1) + \left(1 + \frac{q_0}{2}\right)H_0^2 (t_0 - t_1)^2$$

となる．銀河までの共動距離 $\chi$ は

$$\chi = \int_{t_1}^{t_0} \frac{dt}{a(t)} \approx \frac{t_0 - t_1}{a(t_0)} + \frac{1}{2}\frac{H_0}{a(t_0)}(t_0 - t_1)^2$$

となり，物理的な距離は

$$d = a(t_0)\chi \approx (t_0 - t_1) + \frac{H_0}{2}(t_0 - t_1)^2$$

となるので，赤方偏移は物理的な距離を用いて

---

[*5] Planck 2018 results VI. Cosmological parameters, Astronomy & Astrophysics **641** (2020), A6. A.C. Alfano, C. Cafaro, S. Capozziello, O. Luongo, Physics of the Dark Universe **42** (2023), 101298.

$$z = H_0 d + \frac{1 + q_0}{2} H_0^2 d^2$$

となる. □

近傍の銀河に対しては $z \ll 1$ で $z \approx H_0 d$ となる．Hubble は赤方偏移と銀河までの距離を測定し，この関係，いわゆる **Hubble–Lemaître の法則**[*6] を確認し，宇宙は膨張していると主張した．

<ビッグバン膨張宇宙論>

Hubble は遠方銀河の赤方偏移を観測することで Friedmann の膨張宇宙モデルを支持する証拠を提示した．1946–48 年には George Gamow 達がこの膨張宇宙論を基礎に宇宙における元素の起源説を提唱した．Gamow 達は宇宙はイーレムという原初物質から始まり，膨張と共に様々な元素が創られていくと主張した．このイーレムは実質的には高密度の中性子物質と考えられ，$\beta$ 崩壊により陽子が創られ，中性子と陽子から様々な原子核が構成されるというシナリオである．しかし現存する多くの陽子を説明するには宇宙は高温状態で誕生し，陽子と中性子が同数の宇宙から始める必要があった．Gamow はこれを「火の玉」と呼んだ．

しかし Fred Hoyle，Thomas Gold，Hermann Bondi 達は宇宙に始まりがあることに懐疑的で，宇宙は始まりのない**定常宇宙論**を 1948 年に提唱し，Gamow 達の膨張宇宙論に対抗した．Hoyle は BBC のラジオ番組の中で「膨張宇宙論では大爆発（Big Bang）で宇宙が始まったことになる」と揶揄したところ，Gamow がそれは面白いと自分たちのモデルを**ビッグバン宇宙論**と称した．

ビッグバン膨張宇宙論に対しては，現在の宇宙が膨張していること以外にも重要な観測可能な証拠が存在する．一つは，Gamow 達の元素合成を精査すると宇宙の初期に He などの軽元素は合成されるが，炭素以上の重元素は星内部などでしか創られないという事実である．実際の古い星の観測で星ができる以前にすでに軽元素が存在することが確認され，ビッグバン宇宙論の 1 つの証拠とされている．

ビッグバン宇宙論を決定的にしたのは，1964 年に Arno A. Penzias と Robert W. Wilson によって発見された**宇宙マイクロ波背景輻射**である．宇宙が昔，高温高密度の熱平衡状態であったとするビッグバン宇宙論では，光も熱平衡状態にある．宇宙の温度が下がってきて 4000 K ぐらいになると，陽子やヘリウムは電子を捕獲し，宇宙は中性状態になる．このとき光（電磁波）は自由に飛び回れるようになり，そのときの情報が直接我々に届くのである．赤方偏移により光は絶対温度 3 K の Planck 分布になるが，それがまさに観測されたのである．

その後の様々な観測によりビッグバン宇宙論はさらに確かなものとなっていく一方で，その観測により新たな宇宙論の謎が誕生している．

---

[*6] 実は Hubble がこの法則を発表する 2 年前に同様の内容を，Lemaître がブリュッセル科学会年報にフランス語で発表をしていたがあまり知られていなかったので，当初は Hubble の法則と呼ばれていた．その後，2018 年の第 30 回国際天文学連合（AU）総会で見直され，今では Hubble–Lemaître の法則と呼ばれている．

一般に任意の時刻 $t$ における銀河の見かけの後退速度は $v(t) = \dot{d}(t) = \dot{a}(t)\chi = H(t)d(t)$ で与えられるので，赤方偏移は銀河が我々から後退するために起こる Doppler 効果と解釈することもできるが，それはあくまで $z \ll 1$ での結果が「例えによる予想」と偶然一致したからである．実際，Hubble–Lemaître の法則はあくまで近傍銀河でしか成り立たないことに注意する必要がある．

　この後，宇宙の精密観測の飛躍的発展もあり，膨張宇宙論は確実なものとなり，「現代科学の金字塔」と言えるまでの理論となっている．

---

**＜現代宇宙論のミステリー＞**

　しかし宇宙にはまだ多くの謎が残されている．3 K 宇宙背景輻射が等方的なことから宇宙の初期に因果的に結び付かない領域までどうして等方的であり得るのかという**地平線問題**が存在する．その答えの一つが**インフレーション**というアイデアであるが，それを引き起こすインフラトンの起源についてはまだ何もわかっていない．また宇宙の始まりがどうであったのかという問題に関しては，特異点を予言する一般相対性理論が破綻するため何も言えない．それに代わる量子重力理論が期待されているがまだ完成していない．これらの問題解決には宇宙初期という高エネルギー物理学が鍵となるが，それらに関しては我々はまだその基礎理論を知らないので，謎の解明にはほど遠いかもしれない．

　一方，エネルギースケールが大きくなく，物理の基礎理論がわかっているはずの現在の宇宙に関しても大きな謎が存在する．**ダークエネルギー**と**ダークマター**のミステリーである．Planck 衛星の最近の観測によると宇宙の構成要素はダークマターが $26\%$，ダークエネルギーが $69\%$ を占め，原子などを構成する通常の物質は残りの $5\%$ しかないという．

　ダークマターは何らかの物質が銀河や銀河団の周りに構造をつくっていることが観測からわかっている．その量は星などの光っている普通の物質の 10 倍以上存在する．しかしその正体に関しては，未知の素粒子や原始ブラックホールなどといった予想はあるが，まだよくわかっていない．一方，ダークエネルギーは観測されている現在の宇宙の加速膨張の起源となるもので，Einstein が静的宇宙モデルを考えるときに導入した宇宙定数に似た振舞いをもたらすものであるが，その実態すらわかっていない．宇宙膨張を加速させる奇妙な物質なのか，それとも一般相対性理論とは異なる重力理論が宇宙スケールで必要となるのか，はたまた全く予想もしていなかった新しい物理法則や原理が宇宙論で現れるのか．現代宇宙論最大のミステリーである．

---

# 補遺 A
# 微分形式と Riemann テンソル

本文で見たように Riemann 曲率テンソルは独立成分が 20 もありそれを一つ一つ計算するのは大変である．特に対称性が高い系においてはその多くがゼロとなる．そこで非自明な Riemann 曲率の成分だけを求める方法として外微分を用いた方法を紹介する．そのために本文における Riemann 幾何学の内容を微分形式を用いてまとめ，新たにテトラッド形式を導入する．その後に外微分による Riemann テンソルの計算法を考えよう．

## A.1　微分形式による記述

### A.1.1　微分形式

4 次元時空の 4 つの**基底ベクトル**を $e_\mu$ $(\mu = 0, 1, 2, 3)$ と置くと任意のベクトル $\boldsymbol{A}$ は $\boldsymbol{A} = A^\mu e_\mu$ のように反変ベクトル成分 $A^\mu$ を係数とする基底ベクトルの線形結合で表される．このとき 2 つのベクトル $\boldsymbol{A}, \boldsymbol{B}$ の内積はスカラー量

$$\boldsymbol{A} \cdot \boldsymbol{B} = (A^\mu e_\mu) \cdot (B^\nu e_\nu) = A^\mu B^\nu (e_\mu \cdot e_\nu) = g_{\mu\nu} A^\mu B^\nu$$

で与えられる．よって計量は $g_{\mu\nu} = e_\mu \cdot e_\nu$ のように基底の内積で定義される．

一方，双対基底ベクトル $\boldsymbol{\omega}^\mu$ を

$$\boldsymbol{\omega}^\mu \cdot e_\nu = \delta^\mu{}_\nu$$

で定義する．このとき計量の逆行列は $g^{\mu\nu} = \boldsymbol{\omega}^\mu \cdot \boldsymbol{\omega}^\nu$ で与えられる．また，ベクトル $\boldsymbol{A}$ を $\boldsymbol{\Lambda} = \Lambda_\mu \boldsymbol{\omega}^\mu$ のように共変ベクトル成分 $\Lambda_\mu$ と双対基底ベクトル $\boldsymbol{\omega}^\mu$ を用いて表すこともできる．物理学的にはこの 2 つのベクトルの表現は同じもので，基底ベクトルを使ったときの成分を反変ベクトル，双対基底ベクトルを使ったときの成分を共変ベクトルと称した．数学的にはこの 2 つは基底が異なるのでベクトル空間としては異なるものになる．そこで基底ベクトルで表したベクトルの集合を単にベクトル空間 $V$ と呼び，双対基底ベクトルで表したベクトルの集合を双対ベクトル空間と呼び，$V^*$ で表すことにする．

偏微分 $\partial_\mu$ を微分する方向の基底ベクトルと定義すると，$dx^\mu$ が双対基底ベクトルになる．ただし，基底ベクトルであることを顕わにするときは $\boldsymbol{\partial}_\mu$ や $\boldsymbol{dx}^\mu$ のように太字で表す．

次にベクトルの外積に似た演算**ウェッジ積** $\wedge$ を定義しよう．ベクトルのウェッジ積は交代則，結合則および分配則の代数的性質を満たすものとして定義される．つまり

(i) $\boldsymbol{A} \wedge \boldsymbol{B} = -\boldsymbol{B} \wedge \boldsymbol{A}$,

(ii) $(\alpha \boldsymbol{A} + \beta \boldsymbol{B}) \wedge \boldsymbol{C} = \alpha \boldsymbol{A} \wedge \boldsymbol{C} + \beta \boldsymbol{B} \wedge \boldsymbol{C}$ $(\alpha, \beta \in \mathbb{R})$,

(iii) $(\boldsymbol{A} \wedge \boldsymbol{B}) \wedge \boldsymbol{C} = \boldsymbol{A} \wedge (\boldsymbol{B} \wedge \boldsymbol{C})$

である．(i) より同じベクトルどうしのウェッジ積はゼロとなる．

通常のベクトルの外積との比較をするために 2 次元面 $(x, y)$ 上のベクトル $\boldsymbol{A}, \boldsymbol{B}$ のウェッジ積を基底ベクトルで表すと次のようになる．

$$\boldsymbol{A} \wedge \boldsymbol{B} = (A^x \boldsymbol{e}_x + A^y \boldsymbol{e}_y) \wedge (B^x \boldsymbol{e}_x + B^y \boldsymbol{e}_y)$$
$$= A^x B^y \boldsymbol{e}_x \wedge \boldsymbol{e}_y + A^y B^x \boldsymbol{e}_y \wedge \boldsymbol{e}_x = (A^x B^y - A^y B^x) \boldsymbol{e}_x \wedge \boldsymbol{e}_y.$$

この係数は 2 つのベクトルの外積 $\boldsymbol{A} \times \boldsymbol{B}$ の成分と同じで，その大きさは 2 つのベクトルのつくる平行四辺形の面積を与える．この意味でウェッジ積は外積によく似ている．しかし 3 次元空間の外積と異なり，ウェッジ積は一つのベクトル空間で演算が閉じていない．つまり $\boldsymbol{A}, \boldsymbol{B} \in V$ としたとき，外積は $\boldsymbol{A} \times \boldsymbol{B} \in V$ であるのに対してウェッジ積は $\boldsymbol{A} \wedge \boldsymbol{B} \in V \wedge V$ となる．ここで $V \wedge V$ は $\{\boldsymbol{e}_\mu \wedge \boldsymbol{e}_\nu \ (\mu < \nu)\}$ を基底とする新しいベクトル空間である．そのためウェッジ積を考える場合にはベクトル空間を $p$ 回ウェッジ積を取った空間 $\wedge^p V \equiv V \wedge \cdots \wedge V$ を導入する必要がある（$p$ は任意の自然数）．このベクトル空間を $p$ 階ウェッジ積空間と呼ぶことにしよう．その要素は $p$-ベクトルと呼ばれる．

ウェッジ積は双対ベクトルに対しても同様に定義でき，例えば双対ベクトル $\boldsymbol{A}, \boldsymbol{B}$ のウェッジ積は $\boldsymbol{A} \wedge \boldsymbol{B} \in V^* \wedge V^*$ となる．ここで $V^* \wedge V^*$ は $\{\boldsymbol{\omega}^\mu \wedge \boldsymbol{\omega}^\nu \ (\mu < \nu)\}$ を基底とする新しい双対ベクトル空間である．そこでこの場合にも，双対ベクトル空間を $p$ 回ウェッジ積したベクトル空間[*1] $\wedge^p V^* \equiv V^* \wedge \cdots \wedge V^*$ を考える必要がある（$p$ は任意の自然数）．この空間 $\wedge^p V^*$ の要素を $p$-形式[*2]と呼ぶ．1 形式は通常の共変ベクトルである．

次に**外微分**を導入しよう．外微分演算子 $\boldsymbol{d}$ は $p$-形式を $(p+1)$-形式にする微分演算子である．例えば，スカラー場 $\phi$ は 0-形式で，その外微分は

$$\boldsymbol{d}\phi = \partial_\mu \phi \boldsymbol{dx}^\mu$$

のように $x^\mu$ 方向の勾配で表される．ここで $\boldsymbol{dx}^\mu$ は 1-形式の集合つまり双対ベクトル空間 $V^*$ の基底である．また，双対ベクトル（1-形式）$\boldsymbol{A} = A_\nu \boldsymbol{dx}^\nu$ の外微分は

$$\boldsymbol{dA} = \boldsymbol{d}(A_\nu \boldsymbol{dx}^\nu) = \partial_\mu A_\nu \boldsymbol{dx}^\mu \wedge \boldsymbol{dx}^\nu = \frac{1}{2}(\partial_\mu A_\nu - \partial_\nu A_\mu) \boldsymbol{dx}^\mu \wedge \boldsymbol{dx}^\nu$$

で与えられる．ここで最後の式変形はウェッジ積の反対称性をあらわに表したものである．この $\boldsymbol{dA}$ は 2 階の双対外積空間 $V^* \wedge V^*$ の基底 $\boldsymbol{dx}^\mu \wedge \boldsymbol{dx}^\nu$ の線形結合で表されているので，2-形式であることがわかる．同様にして $p$ 階共変テンソル（$p$-形式）についても外微分が定義できる．

ここで外微分の重要な性質として，2 回続けて演算するとゼロになる，つまり $\boldsymbol{d}^2 \equiv 0$ である．具体的に 0-形式（スカラー場）$\phi$ の場合を見てみると，

---

[*1] $p$ 階双対ウェッジ積空間と呼ぶことにする．

[*2] $p$ 次微分形式または微分 $p$-形式とも呼ばれる．

$$\boldsymbol{d}^2\phi = \boldsymbol{d}(\partial_\mu\phi\boldsymbol{d}x^\mu) = \frac{1}{2}(\partial_\mu\partial_\nu\phi - \partial_\nu\partial_\mu\phi)\boldsymbol{d}x^\mu \wedge \boldsymbol{d}x^\nu = 0$$

となる．一般の $p$-形式 $\boldsymbol{\omega}$ に対しても $p$-形式の反対称性から $\boldsymbol{d}^2\boldsymbol{\omega} = 0$ が示される．

### A.1.2　テトラッド形式

　Einstein の等価原理によれば任意の点 P において図 A.1 のように常に**局所慣性系**が張れる．このとき 4 次元時空の座標を $x^\mu$ とし，局所慣性系の座標を $X^{\hat{\alpha}}$ と表すと，2 つの座標系間の変換として**テトラッド（4 脚場）**

$$e_{\hat{\alpha}}{}^\mu = \frac{dx^\mu}{dX^{\hat{\alpha}}}$$

が定義される．このテトラッド形式は微分形式の特別な場合であるが，Ludwig Maurar と Élie J. Cartan により導入された．

　このとき計量の変換は

$$g_{\mu\nu}e_{\hat{\alpha}}{}^\mu e_{\hat{\beta}}{}^\nu = \eta_{\hat{\alpha}\hat{\beta}} \tag{A.1}$$

となり局所慣性系の計量は Minkowski 計量で表される．添え字の上げ下げはそれぞれの計量で行うことにすると，

$$e^{\hat{\alpha}}{}_\mu = \eta^{\hat{\alpha}\hat{\beta}}g_{\mu\nu}e_{\hat{\beta}}{}^\nu$$

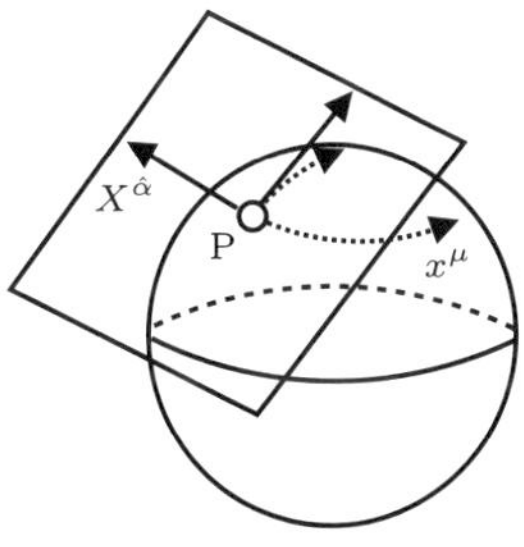

図 A.1　局所慣性系．

となるが，これは上の変換 (A.1) から $e_{\hat{\alpha}}{}^\mu e^{\hat{\beta}}{}_\mu = \delta_{\hat{\alpha}}{}^{\hat{\beta}}$ であることがわかる．つまり $e^{\hat{\alpha}}{}_\mu$ はテトラッド $e_{\hat{\alpha}}{}^\mu$ の逆行列を表していることになる．また変換 (A.1) より，テトラッドの行列式は $\det(e^{\hat{\alpha}}{}_\mu) = \sqrt{-g}$ で与えられる．

　いま 4 次元時空の座標基底を $\boldsymbol{e}_\mu$ とすると，局所慣性系での座標基底は

$$\boldsymbol{e}_{\hat{\alpha}} = e_{\hat{\alpha}}{}^\mu \boldsymbol{e}_\mu$$

となる．局所慣性系の基底は互いに直交するため $\boldsymbol{e}_{\hat{\alpha}}$ を**正規直交基底**と呼ぶ．また，この双対基底は $\boldsymbol{\omega}^{\hat{\alpha}} \cdot \boldsymbol{e}_{\hat{\beta}} = \delta^{\hat{\alpha}}{}_{\hat{\beta}}$ で定義されるが，基底 $\boldsymbol{e}_\mu$ の双対基底は $\boldsymbol{d}x^\mu$ であるので，双対基底 $\boldsymbol{\omega}^{\hat{\alpha}}$ は

$$\boldsymbol{\omega}^{\hat{\alpha}} = e^{\hat{\alpha}}{}_\mu \boldsymbol{d}x^\mu$$

で与えられる．このとき線素は $ds^2 = \eta_{\hat{\alpha}\hat{\beta}}\boldsymbol{\omega}^{\hat{\alpha}}\boldsymbol{\omega}^{\hat{\beta}}$ と表される．

　基底の変化は，第 2 章でアフィン接続係数を使って (2.6) 式のように表した．いまの場合正規直交基底の微分は

$$\partial_{\hat{\beta}}\boldsymbol{e}_{\hat{\alpha}} = \mathcal{C}^{\hat{\gamma}}{}_{\hat{\alpha}\hat{\beta}}\boldsymbol{e}_{\hat{\gamma}}$$

のように局所慣性系における接続 $\mathcal{C}^{\hat{\gamma}}{}_{\hat{\alpha}\hat{\beta}}$ を用いて表すことができる．この接続を特に**Ricci 回転係数**と呼ぶ[*3]．また双対基底に対しては，その定義から

$$\partial_{\hat{\beta}}\boldsymbol{\omega}^{\hat{\alpha}} = -\mathcal{C}^{\hat{\alpha}}{}_{\hat{\gamma}\hat{\beta}}\boldsymbol{\omega}^{\hat{\gamma}}$$

---

*3)　Ricci 回転係数の定義は教科書によって符号や添え字の順序が異なることがあるので注意すること．

となることがわかる．ここで**接続 1-形式**と呼ばれる量を

$$\boldsymbol{\omega}^{\hat{\alpha}}_{\ \hat{\beta}} = \mathcal{C}^{\hat{\alpha}}_{\ \hat{\beta}\hat{\gamma}}\boldsymbol{\omega}^{\hat{\gamma}}$$

で定義する．

テトラッドを用いて理論を定式化すると計量を使った場合より自由度が大きくなり，一般にトーションが現れる．一般相対性理論ではトーションはゼロとするので，その条件がどうなるかを見てみよう．$\boldsymbol{e}_{\hat{\alpha}} = e_{\hat{\alpha}}^{\ \nu}\boldsymbol{e}_{\nu}$ より

$$\partial_{\hat{\alpha}}\boldsymbol{e}_{\hat{\beta}} = e_{\hat{\alpha}}^{\ \mu}\Big(\partial_{\mu}e_{\hat{\beta}}^{\ \nu} + e_{\hat{\beta}}^{\ \lambda}\mathcal{C}^{\nu}_{\ \lambda\mu}\Big)\boldsymbol{e}_{\nu} = \mathcal{C}^{\hat{\gamma}}_{\ \hat{\beta}\hat{\alpha}}e_{\hat{\gamma}}^{\ \nu}\boldsymbol{e}_{\nu}$$

となるので，

$$\mathcal{C}^{\hat{\gamma}}_{\ \hat{\alpha}\hat{\beta}} = e_{\hat{\nu}}^{\hat{\gamma}}e_{\hat{\alpha}}^{\ \mu}\Big(\partial_{\mu}e_{\hat{\beta}}^{\ \nu} + e_{\hat{\beta}}^{\ \lambda}\mathcal{C}^{\nu}_{\ \lambda\mu}\Big) = e_{\hat{\nu}}^{\hat{\gamma}}e_{\hat{\alpha}}^{\ \mu}\nabla_{\mu}e_{\hat{\beta}}^{\ \nu} \tag{A.2}$$

となる．ここで $\nabla_{\mu}$ は 4 次元時空における $x^{\mu}$ 方向の共変微分を表す．接続はテンソルではないため，正規直交基底での接続 $\mathcal{C}^{\hat{\gamma}}_{\ \hat{\alpha}\hat{\beta}}$ ともとの時空の接続 $\mathcal{C}^{\nu}_{\ \mu\lambda}$ はテトラッドの変換のみでは表せない．

トーションをテトラッド成分で表すと

$$T^{\hat{\alpha}}_{\ \hat{\beta}\hat{\gamma}} = e^{\hat{\alpha}}_{\ \rho}e_{\hat{\beta}}^{\ \mu}e_{\hat{\gamma}}^{\ \nu}T^{\rho}_{\ \mu\nu} = -e^{\hat{\alpha}}_{\ \rho}e_{\hat{\beta}}^{\ \mu}e_{\hat{\gamma}}^{\ \nu}\Big(\mathcal{C}^{\rho}_{\ \mu\nu} - \mathcal{C}^{\rho}_{\ \nu\mu}\Big)$$

となるので，式 (A.2) を用いると

$$\begin{aligned} T^{\hat{\alpha}}_{\ \hat{\beta}\hat{\gamma}} &= -\Big(\mathcal{C}^{\hat{\alpha}}_{\ \hat{\beta}\hat{\gamma}} - e^{\hat{\alpha}}_{\ \nu}e_{\hat{\beta}}^{\ \mu}\partial_{\mu}e_{\hat{\gamma}}^{\ \nu}\Big) + \Big(\mathcal{C}^{\hat{\alpha}}_{\ \hat{\gamma}\hat{\beta}} - e^{\hat{\alpha}}_{\ \nu}e_{\hat{\gamma}}^{\ \mu}\partial_{\mu}e_{\hat{\beta}}^{\ \nu}\Big) \\ &= \mathcal{C}^{\hat{\alpha}}_{\ \hat{\gamma}\hat{\beta}} - \mathcal{C}^{\hat{\alpha}}_{\ \hat{\beta}\hat{\gamma}} + e_{\hat{\beta}}^{\ \nu}e_{\hat{\gamma}}^{\ \mu}\Big(\partial_{\mu}e^{\hat{\alpha}}_{\ \nu} - \partial_{\nu}e^{\hat{\alpha}}_{\ \mu}\Big) \end{aligned} \tag{A.3}$$

と少し複雑になる．これは接続がテンソルではないため，単純にテトラッドをかけるだけではテトラッド成分が得られないからである．

---

**例題 A.1**　トーション 2-形式を

$$\boldsymbol{T}^{\hat{\alpha}} = \frac{1}{2}T^{\hat{\alpha}}_{\ \hat{\beta}\hat{\gamma}}\boldsymbol{\omega}^{\hat{\beta}} \wedge \boldsymbol{\omega}^{\hat{\gamma}} = d\boldsymbol{\omega}^{\hat{\alpha}} + \boldsymbol{\omega}^{\hat{\alpha}}_{\ \hat{\beta}} \wedge \boldsymbol{\omega}^{\hat{\beta}} \tag{A.4}$$

で定義するとき，$T^{\hat{\alpha}}_{\ \hat{\beta}\hat{\gamma}}$ がトーションのテトラッド表示となることを示せ．また，接続 1-形式は添え字の入れ替えに対して反対称，つまり $\boldsymbol{\omega}_{\hat{\alpha}\hat{\beta}} = -\boldsymbol{\omega}_{\hat{\beta}\hat{\alpha}}$ となることを示せ．

---

$\boxed{解}$　双対基底 $\boldsymbol{\omega}^{\hat{\alpha}}$ の外微分は

$$d\boldsymbol{\omega}^{\hat{\alpha}} = \partial_{\nu}e^{\hat{\alpha}}_{\ \mu}\boldsymbol{dx}^{\nu} \wedge \boldsymbol{dx}^{\mu} = \frac{1}{2}e_{\hat{\beta}}^{\ \nu}e_{\hat{\gamma}}^{\ \mu}\big(\partial_{\nu}e^{\hat{\alpha}}_{\ \mu} - \partial_{\mu}e^{\hat{\alpha}}_{\ \nu}\big)\boldsymbol{\omega}^{\hat{\beta}} \wedge \boldsymbol{\omega}^{\hat{\gamma}}$$

となる．一方，

$$\boldsymbol{\omega}^{\hat{\alpha}}_{\ \hat{\beta}} \wedge \boldsymbol{\omega}^{\hat{\beta}} = \mathcal{C}^{\hat{\alpha}}_{\ \hat{\beta}\hat{\gamma}}\boldsymbol{\omega}^{\hat{\gamma}} \wedge \boldsymbol{\omega}^{\hat{\beta}} = \frac{1}{2}\Big(\mathcal{C}^{\hat{\alpha}}_{\ \hat{\gamma}\hat{\beta}} - \mathcal{C}^{\hat{\alpha}}_{\ \hat{\beta}\hat{\gamma}}\Big)\boldsymbol{\omega}^{\hat{\beta}} \wedge \boldsymbol{\omega}^{\hat{\gamma}}$$

となる．よって，トーション 2-形式は

$$\boldsymbol{T}^{\hat{\alpha}} = \frac{1}{2}\Big[\mathcal{C}^{\hat{\alpha}}_{\ \hat{\gamma}\hat{\beta}} - \mathcal{C}^{\hat{\alpha}}_{\ \hat{\beta}\hat{\gamma}} + e_{\hat{\beta}}^{\ \nu}e_{\hat{\gamma}}^{\ \mu}\big(\partial_{\mu}e^{\hat{\alpha}}_{\ \nu} - \partial_{\nu}e^{\hat{\alpha}}_{\ \mu}\big)\Big]\boldsymbol{\omega}^{\hat{\beta}} \wedge \boldsymbol{\omega}^{\hat{\gamma}}$$

となり，確かに (A.3) と一致する．

次に接続の添え字をすべて下付きにすると

$$\mathcal{C}_{\hat{\alpha}\hat{\beta}\hat{\gamma}} = \eta_{\hat{\alpha}\hat{\delta}}e^{\hat{\delta}}{}_{\lambda}e_{\hat{\gamma}}{}^{\mu}\nabla_{\mu}e_{\hat{\beta}}{}^{\lambda} = -\eta_{\hat{\alpha}\hat{\delta}}e_{\hat{\beta}}{}^{\lambda}e_{\hat{\gamma}}{}^{\mu}\nabla_{\mu}e^{\hat{\delta}}{}_{\lambda} = -e_{\hat{\beta}\lambda}e_{\hat{\gamma}}{}^{\mu}\nabla_{\mu}e_{\hat{\alpha}}{}^{\lambda}$$

となる．はじめの式の添え字を書き換えると

$$\mathcal{C}_{\hat{\beta}\hat{\alpha}\hat{\gamma}} = \eta_{\hat{\beta}\hat{\delta}}e^{\hat{\delta}}{}_{\lambda}e_{\hat{\gamma}}{}^{\mu}\nabla_{\mu}e_{\hat{\alpha}}{}^{\lambda} = e^{\hat{\beta}\lambda}e_{\hat{\gamma}}{}^{\mu}\nabla_{\mu}e_{\hat{\alpha}}{}^{\lambda}$$

となるので，確かに $\mathcal{C}_{\hat{\alpha}\hat{\beta}\hat{\gamma}} = -\mathcal{C}_{\hat{\beta}\hat{\alpha}\hat{\gamma}}$ のように1番目と2番目の添え字に関して反対称になる．よって接続1-形式 $\boldsymbol{\omega}_{\hat{\alpha}\hat{\beta}}$ の定義から反対称であることがわかる． □

次に Riemann テンソルのテトラッド表示を求めよう．(2.15) 式から $R^{\mu}{}_{\nu\rho\sigma}e_{\hat{\alpha}}^{\nu} = [\nabla_{\rho}, \nabla_{\sigma}]e_{\hat{\alpha}}^{\mu}$ であるが，テトラッド成分に射影すると

$$R^{\hat{\alpha}}{}_{\hat{\beta}\hat{\gamma}\hat{\delta}}\boldsymbol{\omega}^{\hat{\beta}} = R^{\mu}{}_{\nu\rho\sigma}e^{\hat{\alpha}}{}_{\mu}e_{\hat{\beta}}^{\nu}e_{\hat{\gamma}}{}^{\rho}e_{\hat{\delta}}{}^{\sigma}e^{\hat{\beta}}{}_{\lambda}\boldsymbol{dx}^{\lambda} = e_{\hat{\gamma}}{}^{\rho}e_{\hat{\delta}}{}^{\sigma}(\nabla_{\rho}\nabla_{\sigma} - \nabla_{\sigma}\nabla_{\rho})e^{\hat{\alpha}}{}_{\nu}\boldsymbol{dx}^{\nu}$$

となる．したがって $\boldsymbol{\omega}^{\hat{\beta}} = e^{\hat{\beta}}{}_{\nu}\boldsymbol{dx}^{\nu}$ に注意すると

$$R^{\hat{\alpha}}{}_{\hat{\beta}\hat{\gamma}\hat{\delta}} = e_{\hat{\beta}}{}^{\nu}e_{\hat{\gamma}}{}^{\rho}e_{\hat{\delta}}{}^{\sigma}(\nabla_{\rho}\nabla_{\sigma} - \nabla_{\sigma}\nabla_{\rho})e^{\hat{\alpha}}{}_{\nu}$$

となる．ここで $\nabla_{\rho}(e_{\hat{\beta}}{}^{\nu}\nabla_{\sigma}e^{\hat{\alpha}}{}_{\nu}) = e_{\hat{\beta}}{}^{\nu}\nabla_{\rho}\nabla_{\sigma}e^{\hat{\alpha}}{}_{\nu} + \nabla_{\rho}e_{\hat{\beta}}{}^{\nu}\nabla_{\sigma}e^{\hat{\alpha}}{}_{\nu}$ に注意をすると以下のようになる．

$$R^{\hat{\alpha}}{}_{\hat{\beta}\hat{\gamma}\hat{\delta}} = e_{\hat{\gamma}}{}^{\rho}e_{\hat{\delta}}{}^{\sigma}\nabla_{\rho}\left(e_{\hat{\beta}}{}^{\nu}\nabla_{\sigma}e^{\hat{\alpha}}{}_{\nu}\right) - e_{\hat{\gamma}}{}^{\rho}e_{\hat{\delta}}{}^{\sigma}\nabla_{\sigma}\left(e_{\hat{\beta}}{}^{\nu}\nabla_{\rho}e^{\hat{\alpha}}{}_{\nu}\right)$$
$$- e_{\hat{\gamma}}{}^{\rho}e_{\hat{\delta}}{}^{\sigma}\nabla_{\rho}e_{\hat{\beta}}{}^{\nu}\nabla_{\sigma}e^{\hat{\alpha}}{}_{\nu} + e_{\hat{\gamma}}{}^{\rho}e_{\hat{\delta}}{}^{\sigma}\nabla_{\sigma}e_{\hat{\beta}}{}^{\nu}\nabla_{\rho}e^{\hat{\alpha}}{}_{\nu}.$$

ここで表記を簡単にするために

$$\boldsymbol{\omega}^{\hat{\gamma}}{}_{\hat{\beta}} = \mathcal{C}^{\hat{\gamma}}{}_{\hat{\beta}\hat{\alpha}}e^{\hat{\alpha}}{}_{\rho}\boldsymbol{dx}^{\rho} = \omega^{\hat{\gamma}}{}_{\hat{\beta}\rho}\boldsymbol{dx}^{\rho}$$

で定義される**スピン接続係数**

$$\omega^{\hat{\gamma}}{}_{\hat{\beta}\rho} = \mathcal{C}^{\hat{\gamma}}{}_{\hat{\beta}\hat{\alpha}}e^{\hat{\alpha}}{}_{\rho} = e^{\hat{\gamma}}{}_{\nu}e_{\hat{\alpha}}{}^{\mu}\nabla_{\mu}e_{\hat{\beta}}{}^{\nu}e^{\hat{\alpha}}{}_{\rho} = e^{\hat{\gamma}}{}_{\nu}\nabla_{\rho}e_{\hat{\beta}}{}^{\nu}$$

を導入する．3番目の添え字のみが時空成分の添え字に対応していることに注意せよ．次に

$$\nabla_{\rho}e_{\hat{\beta}}{}^{\nu}\nabla_{\sigma}e^{\hat{\alpha}}{}_{\nu} = \nabla_{\rho}e_{\hat{\beta}}{}^{\lambda}\hat{\delta}^{\nu}{}_{\lambda}\nabla_{\sigma}e^{\hat{\alpha}}{}_{\nu} = \left(e^{\hat{\gamma}}{}_{\lambda}\nabla_{\rho}e_{\hat{\beta}}{}^{\lambda}\right)\left(e_{\hat{\gamma}}{}^{\nu}\nabla_{\sigma}e^{\hat{\alpha}}{}_{\nu}\right) = \omega^{\hat{\gamma}}{}_{\hat{\beta}\rho}\omega_{\hat{\gamma}}{}^{\hat{\alpha}}{}_{\sigma} = -\omega^{\hat{\alpha}}{}_{\hat{\gamma}\sigma}\omega^{\hat{\gamma}}{}_{\hat{\beta}\rho}$$

となる．ここで前の2つの添え字の反対称性を用いた．したがって Riemann テンソルのテトラッド表示 $R^{\hat{\alpha}}{}_{\hat{\beta}\hat{\gamma}\hat{\delta}}$ はスピン接続を用いて

$$R^{\hat{\alpha}}{}_{\hat{\beta}\hat{\gamma}\hat{\delta}} = e_{\hat{\gamma}}{}^{\rho}e_{\hat{\delta}}{}^{\sigma}\left(\nabla_{\rho}\omega_{\hat{\beta}}{}^{\hat{\alpha}}{}_{\sigma} - \nabla_{\sigma}\omega_{\hat{\beta}}{}^{\hat{\alpha}}{}_{\rho} + \omega^{\hat{\alpha}}{}_{\hat{\gamma}\sigma}\omega^{\hat{\gamma}}{}_{\hat{\beta}\rho} - \omega^{\hat{\alpha}}{}_{\hat{\gamma}\rho}\omega^{\hat{\gamma}}{}_{\hat{\beta}\sigma}\right)$$
$$= -e_{\hat{\gamma}}{}^{\rho}e_{\hat{\delta}}{}^{\sigma}\left(\nabla_{\rho}\omega^{\hat{\alpha}}{}_{\hat{\beta}\rho} - \nabla_{\sigma}\omega^{\hat{\alpha}}{}_{\hat{\beta}\sigma} + \omega^{\hat{\alpha}}{}_{\hat{\gamma}\rho}\omega^{\hat{\gamma}}{}_{\hat{\beta}\sigma} - \omega^{\hat{\alpha}}{}_{\hat{\gamma}\sigma}\omega^{\hat{\gamma}}{}_{\hat{\beta}\rho}\right) \tag{A.5}$$

のように表される．

---

**例題 A.2**　曲率2-形式を

$$\boldsymbol{R}^{\hat{\alpha}}{}_{\hat{\beta}} = \frac{1}{2}R^{\hat{\alpha}}{}_{\hat{\beta}\hat{\gamma}\hat{\delta}}\boldsymbol{\omega}^{\hat{\gamma}} \wedge \boldsymbol{\omega}^{\hat{\delta}} = d\boldsymbol{\omega}^{\hat{\alpha}}{}_{\hat{\beta}} + \boldsymbol{\omega}^{\hat{\alpha}}{}_{\hat{\gamma}} \wedge \boldsymbol{\omega}^{\hat{\gamma}}{}_{\hat{\beta}} \tag{A.6}$$

**解** 曲率 2 形式は次のように表せる.

$$\boldsymbol{R}^{\hat\alpha}{}_{\hat\beta} = \frac{1}{2} R^{\hat\alpha}{}_{\hat\beta\hat\gamma\delta}\boldsymbol{\omega}^{\hat\gamma} \wedge \boldsymbol{\omega}^{\hat\delta} = \frac{1}{2} R^{\hat\alpha}{}_{\hat\beta\hat\gamma\delta}e^{\hat\gamma}{}_\rho e^{\hat\delta}{}_\sigma \boldsymbol{dx}^\rho \wedge \boldsymbol{dx}^\sigma$$
$$= \frac{1}{2}\left(\nabla_\rho \omega^{\hat\alpha}{}_{\hat\beta\rho} - \nabla_\sigma \omega^{\hat\alpha}{}_{\hat\beta\sigma} + \omega^{\hat\alpha}{}_{\hat\gamma\rho}\omega^{\hat\gamma}{}_{\hat\beta\sigma} - \omega^{\hat\alpha}{}_{\hat\gamma\sigma}\omega^{\hat\gamma}{}_{\hat\beta\rho}\right)\boldsymbol{dx}^\sigma \wedge \boldsymbol{dx}^\rho. \tag{A.7}$$

一方，接続 1-形式の微分はスピン接続係数を用いると

$$d\boldsymbol{\omega}^{\hat\alpha}{}_{\hat\beta} = \partial_\sigma \omega^{\hat\alpha}{}_{\hat\beta\rho}\boldsymbol{dx}^\sigma \wedge \boldsymbol{dx}^\rho = \frac{1}{2}\left(\partial_\sigma \omega^{\hat\alpha}{}_{\hat\beta\rho} - \partial_\rho \omega^{\hat\alpha}{}_{\hat\beta\sigma}\right)\boldsymbol{dx}^\sigma \wedge \boldsymbol{dx}^\rho$$
$$= \frac{1}{2}\left(\nabla_\sigma \omega^{\hat\alpha}{}_{\hat\beta\rho} - \nabla_\rho \omega^{\hat\alpha}{}_{\hat\beta\sigma}\right)\boldsymbol{dx}^\sigma \wedge \boldsymbol{dx}^\rho$$

となり，また

$$\boldsymbol{\omega}^{\hat\alpha}{}_{\hat\gamma} \wedge \boldsymbol{\omega}^{\hat\gamma}{}_{\hat\beta} = \frac{1}{2}\left(\omega^{\hat\alpha}{}_{\hat\gamma\rho}\omega^{\hat\gamma}{}_{\hat\beta\sigma} - \omega^{\hat\alpha}{}_{\hat\gamma\sigma}\omega^{\hat\gamma}{}_{\hat\beta\rho}\right)\boldsymbol{dx}^\sigma \wedge \boldsymbol{dx}^\rho$$

である. よって

$$\boldsymbol{R}^{\hat\alpha}{}_{\hat\beta} = d\boldsymbol{\omega}^{\hat\alpha}{}_{\hat\beta} + \boldsymbol{\omega}^{\hat\alpha}{}_{\hat\gamma} \wedge \boldsymbol{\omega}^{\hat\gamma}{}_{\hat\beta} \tag{A.8}$$

が成り立つ. また，添え字の入れ替えについては Riemann テンソルの対称性 $R_{\hat\alpha\hat\beta\hat\gamma\delta} = -R_{\hat\beta\hat\alpha\hat\gamma\delta}$ より明らかである. □

　Ricci テンソルは Riemann テンソルの 1 番目の添え字と 3 番目の添え字の縮約で

$$R_{\hat\alpha\hat\beta} = R^{\hat\gamma}{}_{\hat\alpha\hat\gamma\hat\beta}$$

で定義される. もとの時空座標成分はテトラッドの逆行列を用いて

$$R^\mu{}_{\nu\rho\sigma} = e_{\hat\alpha}{}^\mu e^{\hat\beta}{}_\nu e^{\hat\gamma}{}_\rho e^{\hat\delta}{}_\sigma R^{\hat\alpha}{}_{\hat\beta\hat\gamma\delta}, \quad R_{\mu\nu} = e_\mu{}^{\hat\alpha}e_\nu{}^{\hat\beta}R_{\hat\alpha\hat\beta}$$

で与えられる.

### A.1.3 Riemann テンソルの計算法

　以上の考察を元に Riemann テンソルの具体的な計算法をまとめよう. 一般相対性理論で用いる Riemann 幾何学ではトーションはないと仮定されるので

$$\boldsymbol{T}^{\hat\alpha} = d\boldsymbol{\omega}^{\hat\alpha} + \boldsymbol{\omega}^{\hat\alpha}{}_{\hat\beta} \wedge \boldsymbol{\omega}^{\hat\beta} = 0$$

である. 計量 $g_{\mu\nu}$ の形が与えられたとき，まずテトラッド $e^{\hat\alpha}{}_\mu$ を計算する. これを用いると双対基底 $\boldsymbol{\omega}^{\hat\alpha} = e^{\hat\alpha}{}_\mu \boldsymbol{dx}^\mu$ が分かるのでその外微分を計算する. その結果の 2-形式を

$$d\boldsymbol{\omega}^{\hat\alpha} = -c_{|\hat\beta\hat\gamma|}{}^{\hat\alpha}\boldsymbol{\omega}^{\hat\beta} \wedge \boldsymbol{\omega}^{\hat\gamma}$$

の形に表し，係数 $c_{\hat\beta\hat\gamma}{}^{\hat\alpha}$ を求める. ここで $|\hat\beta\hat\gamma|$ は $\hat\beta < \hat\gamma$ の条件の下で縮約を取ることを表す. これにより $d\boldsymbol{\omega}^{\hat\alpha}$ が 2-形式の形で得られた場合，係数 $c_{\hat\beta\hat\gamma}{}^{\hat\alpha}$ はただ一つに決定される.

$\hat{\beta} > \hat{\gamma}$ に対する係数は 1 番目と 2 番目の添え字の反対称性 $c_{\hat{\beta}\hat{\gamma}}{}^{\hat{\alpha}} = -c_{\hat{\gamma}\hat{\beta}}{}^{\hat{\alpha}}$ で決定される.

**例題 A.3**　この $c_{\hat{\beta}\hat{\gamma}}{}^{\hat{\alpha}}$ を用いると接続 1-形式は

$$\boldsymbol{\omega}_{\hat{\alpha}\hat{\beta}} = \frac{1}{2}\Big(c_{\hat{\alpha}\hat{\beta}\hat{\gamma}} + c_{\hat{\alpha}\hat{\gamma}\hat{\beta}} - c_{\hat{\beta}\hat{\gamma}\hat{\alpha}}\Big)\boldsymbol{\omega}^{\hat{\gamma}} \tag{A.9}$$

で与えられることを示せ.

$\boxed{解}$　$c_{\hat{\beta}\hat{\gamma}}{}^{\hat{\alpha}}$ の反対称性を考慮すると

$$d\boldsymbol{\omega}^{\hat{\alpha}} = -\frac{1}{2}c_{\hat{\beta}\hat{\gamma}}{}^{\hat{\alpha}}\boldsymbol{\omega}^{\hat{\beta}} \wedge \boldsymbol{\omega}^{\hat{\gamma}}$$

と表される. 一方, 接続 1-形式は Ricci 回転係数 $\mathcal{C}^{\hat{\alpha}}{}_{\hat{\beta}\hat{\gamma}}$ を用いると $\boldsymbol{\omega}^{\hat{\alpha}}{}_{\hat{\beta}} = \mathcal{C}^{\hat{\alpha}}{}_{\hat{\beta}\hat{\gamma}}\boldsymbol{\omega}^{\hat{\gamma}}$ と表されるので, トーションゼロの条件より

$$d\boldsymbol{\omega}^{\hat{\alpha}} = -\boldsymbol{\omega}^{\hat{\alpha}}{}_{\hat{\beta}} \wedge \boldsymbol{\omega}^{\hat{\beta}} = -\mathcal{C}^{\hat{\alpha}}{}_{\hat{\beta}\hat{\gamma}}\boldsymbol{\omega}^{\hat{\gamma}} \wedge \boldsymbol{\omega}^{\hat{\beta}} = \frac{1}{2}\Big(\mathcal{C}^{\hat{\alpha}}{}_{\hat{\beta}\hat{\gamma}} - \mathcal{C}^{\hat{\alpha}}{}_{\hat{\gamma}\hat{\beta}}\Big)\boldsymbol{\omega}^{\hat{\beta}} \wedge \boldsymbol{\omega}^{\hat{\gamma}}$$

となる. 2 つの係数を比較すると $\mathcal{C}^{\hat{\alpha}}{}_{\hat{\beta}\hat{\gamma}} - \mathcal{C}^{\hat{\alpha}}{}_{\hat{\gamma}\hat{\beta}} = -c_{\hat{\beta}\hat{\gamma}}{}^{\hat{\alpha}}$ つまり $c_{\hat{\alpha}\hat{\beta}\hat{\gamma}} = \mathcal{C}_{\hat{\gamma}\hat{\beta}\hat{\alpha}} - \mathcal{C}_{\hat{\gamma}\hat{\alpha}\hat{\beta}}$ が得られる. これを用いて (A.9) 式の右辺を計算すると,

$$\frac{1}{2}\Big(c_{\hat{\alpha}\hat{\beta}\hat{\gamma}} + c_{\hat{\alpha}\hat{\gamma}\hat{\beta}} - c_{\hat{\beta}\hat{\gamma}\hat{\alpha}}\Big)\boldsymbol{\omega}^{\hat{\gamma}} = \mathcal{C}^{\hat{\alpha}}{}_{\hat{\beta}\hat{\gamma}}\boldsymbol{\omega}^{\hat{\gamma}} = \boldsymbol{\omega}_{\hat{\alpha}\hat{\beta}}$$

が得られる.　□

　曲率 2-形式は (A.6) 式, つまり

$$\boldsymbol{R}^{\hat{\alpha}}{}_{\hat{\beta}} = d\boldsymbol{\omega}^{\hat{\alpha}}{}_{\hat{\beta}} + \boldsymbol{\omega}^{\hat{\alpha}}{}_{\hat{\gamma}} \wedge \boldsymbol{\omega}^{\hat{\gamma}}{}_{\hat{\beta}}$$

で与えられるので, 上で求めた接続 1-形式の外微分やウェッジ積を計算することで, 曲率 2-形式を求めることができる. 曲率 2-形式を具体的に表すと

$$\boldsymbol{R}^{\hat{\alpha}}{}_{\hat{\beta}} = R^{\hat{\alpha}}{}_{\hat{\beta}|\hat{\gamma}\hat{\delta}|}\boldsymbol{\omega}^{\hat{\gamma}} \wedge \boldsymbol{\omega}^{\hat{\delta}}$$

となる. $|\hat{\gamma}\hat{\delta}|$ は, $\hat{\gamma} < \hat{\delta}$ の条件の下で縮約を取るので曲率のテトラッド成分 $R^{\hat{\alpha}}{}_{\hat{\beta}\hat{\gamma}\hat{\delta}}\,(\hat{\gamma} < \hat{\delta})$ はただ一つに決定される. $\hat{\gamma} > \hat{\delta}$ の成分に関しては Riemann テンソルの添え字の対称性からわかる. 以下で簡単な場合に具体的に計算してみよう.

**例題 A.4**　平坦な宇宙を記述する計量は

$$ds^2 = -dt^2 + a^2(t)\sum_{i=1}^{3}(dx^i)^2 \tag{A.10}$$

で与えられる. このとき (A.10) の Riemann テンソル, Ricci テンソルおよびスカラー曲率を求めよ. ここで $a(t)$ は時間 $t$ のみの関数である.

$\boxed{解}$　計量 (A.10) における双対基底は

$$\boldsymbol{\omega}^{\hat{0}} = \boldsymbol{dt}, \quad \boldsymbol{\omega}^{\hat{i}} = a(t)\boldsymbol{dx}^i \quad (i = 1, 2, 3)$$

となる．したがってその外微分は

$$d\boldsymbol{\omega}^{\hat{0}} = 0, \quad d\boldsymbol{\omega}^{\hat{i}} = \dot{a}dt \wedge dx^i = \frac{\dot{a}}{a}\boldsymbol{\omega}^0 \wedge \boldsymbol{\omega}^i$$

となる．ここでドット（·）は時間微分を表す．

（A.9）式より $c_{\hat{\mu}\hat{\nu}}{}^{\hat{0}} = 0$, $c_{\hat{0}\hat{i}}{}^{\hat{i}} = -\frac{\dot{a}}{a} = -c_{\hat{i}\hat{0}}{}^{\hat{i}}$ つまり

$$c_{\hat{\mu}\hat{\nu}\hat{0}} = 0, \quad c_{\hat{0}\hat{i}\hat{i}} = -\frac{\dot{a}}{a} = -c_{\hat{i}\hat{0}\hat{i}}$$

となる．ここでは Einstein の縮約則は使わず $\hat{i}$ での和は取らない．この結果を (A.9) 式に代入すると，接続 1-形式は

$$\boldsymbol{\omega}_{\hat{0}\hat{i}} = -\frac{\dot{a}}{a}\boldsymbol{\omega}^{\hat{i}} = -\boldsymbol{\omega}_{\hat{i}\hat{0}}, \quad \boldsymbol{\omega}_{\hat{i}\hat{j}} = 0$$

となる．最初の添え字を上げると

$$\boldsymbol{\omega}^{\hat{0}}{}_{\hat{i}} = \frac{\dot{a}}{a}\boldsymbol{\omega}^{\hat{i}} = \boldsymbol{\omega}^{\hat{i}}{}_{\hat{0}}, \quad \boldsymbol{\omega}^{\hat{i}}{}_{\hat{j}} = 0$$

となる．ここで添え字の上げ下げは Minkowski 時空で行うので，添え字 $\hat{0}$ のときのみ符号が変わることに注意せよ．

この外微分は

$$d\boldsymbol{\omega}^{\hat{0}}{}_{\hat{i}} = d\boldsymbol{\omega}^{\hat{i}}{}_{\hat{0}} = \frac{d}{dt}\left(\frac{\dot{a}}{a}\right)dt \wedge \boldsymbol{\omega}^{\hat{i}} + \left(\frac{\dot{a}}{a}\right)d\boldsymbol{\omega}^{\hat{i}} = \frac{\ddot{a}}{a}\boldsymbol{\omega}^{\hat{0}} \wedge \boldsymbol{\omega}^{\hat{i}}, \quad d\boldsymbol{\omega}^{\hat{i}}{}_{\hat{j}} = 0$$

となる．一方，ウェッジ積は

$$\boldsymbol{\omega}^{\hat{0}}{}_{\hat{i}} \wedge \boldsymbol{\omega}^{\hat{i}}{}_{\hat{0}} = 0, \quad \boldsymbol{\omega}^{\hat{0}}{}_{\hat{i}} \wedge \boldsymbol{\omega}^{\hat{i}}{}_{\hat{j}} = 0, \quad \boldsymbol{\omega}^{\hat{i}}{}_{\hat{0}} \wedge \boldsymbol{\omega}^{\hat{0}}{}_{\hat{j}} = \left(\frac{\dot{a}}{a}\right)^2 \boldsymbol{\omega}^{\hat{i}} \wedge \boldsymbol{\omega}^{\hat{j}}, \quad \boldsymbol{\omega}^{\hat{i}}{}_{\hat{j}} \wedge \boldsymbol{\omega}^{\hat{j}}{}_{\hat{k}} = 0$$

となるので，曲率 2-形式は

$$\boldsymbol{R}^{\hat{0}}{}_{\hat{i}} = \boldsymbol{R}^{\hat{i}}{}_{\hat{0}} = \frac{\ddot{a}}{a}\boldsymbol{\omega}^{\hat{0}} \wedge \boldsymbol{\omega}^{\hat{i}}, \quad \boldsymbol{R}^{\hat{i}}{}_{\hat{j}} = \frac{\dot{a}^2}{a^2}\boldsymbol{\omega}^{\hat{i}} \wedge \boldsymbol{\omega}^{\hat{j}}$$

となる．よって，Riemann テンソルのテトラッド成分で非自明なものは

$$R^{\hat{0}}{}_{\hat{i}\hat{0}\hat{i}} = \frac{\ddot{a}}{a} \; (= R^{\hat{i}}{}_{\hat{0}\hat{0}\hat{i}} = -R^{\hat{0}}{}_{\hat{i}\hat{0}\hat{i}} = -R^{\hat{i}}{}_{\hat{0}\hat{i}\hat{0}}), \quad R^{\hat{i}}{}_{\hat{j}\hat{i}\hat{j}} = \frac{\dot{a}^2}{a^2} \; (= -R^{\hat{i}}{}_{\hat{j}\hat{j}\hat{i}}) \quad (i < j)$$

となる．ここで括弧の部分は Riemann テンソルの添え字の対称性から決定される．

Ricci テンソルは Riemann テンソルの 1 番目と 3 番目の添え字の縮約により定義され

$$R_{\hat{0}\hat{0}} = \sum_{i=1}^{3} R^{\hat{i}}{}_{\hat{0}\hat{i}\hat{0}} = -3\frac{\ddot{a}}{a}, \quad R_{\hat{i}\hat{i}} = R^{\hat{0}}{}_{\hat{i}\hat{0}\hat{i}} + \sum_{j \neq i} R^{\hat{j}}{}_{\hat{i}\hat{j}\hat{i}} = \frac{\ddot{a}}{a} + 2\frac{\dot{a}^2}{a^2}$$

となる．スカラー曲率は

$$R = \eta^{\hat{0}\hat{0}}R_{\hat{0}\hat{0}} + \eta^{\hat{1}\hat{1}}R_{\hat{1}\hat{1}} + \eta^{\hat{2}\hat{2}}R_{\hat{2}\hat{2}} + \eta^{\hat{3}\hat{3}}R_{\hat{3}\hat{3}} = 6\left(\frac{\ddot{a}}{a} + \frac{\dot{a}^2}{a^2}\right)$$

となる． □

　ここで用いた計量 (A.10) は，第 11 章で議論する宇宙論において用いられる宇宙の時空構造を表す FLRW 計量の最も簡単な場合である．

# 補遺 B
# 局所慣性系の時空と計量

　自由落下系に移ればそこでの重力は消えるが，その近傍では潮汐力が働き完全には消せないと言った．重力（潮汐力は重力の差）は時空の曲がりで表すことができるのであるが，そのような自由落下系での時空の曲がりはどう記述できるのであろうか? ここでは曲がった時空で**局所慣性系**をどのように構築するかについて考えてみよう．

　局所慣性系を構築するときの基準となる観測者を考える．この観測者の世界線を $\gamma(\tau)$ で表し，その軌道を $x^\mu = z^\mu(\tau)$ とする．ここで $\tau$ は観測者の固有時間である．このとき観測者の4元速度は $u^\nu(\tau) \equiv \dfrac{dz^\mu}{d\tau}$ で与えられる．

　ここで局所慣性系を構築するために観測者の世界線 $\gamma(\tau)$ に沿ったテトラッド $\{e_{\hat{\alpha}}{}^\mu\}$ を考える．このテトラッドは

$$e_{\hat{\alpha}}{}^\mu e_{\hat{\beta}\mu} = \eta_{\hat{\alpha}\hat{\beta}}, \quad e_{\hat{0}}{}^\mu = u^\mu$$

で定義されるが，3次元空間の回転の自由度は残っている．

　このテトラッドの3次元空間部分は図 B.1 のように世界線 $\gamma(\tau)$ に沿って

$$\frac{De_{\hat{a}}{}^\mu}{d\tau} = -\Omega^{\mu\nu} e_{\hat{a}\nu}$$

のように移動されるとする．ここで $\hat{a} = \hat{1}, \hat{2}, \hat{3}$ は正規直交基底の空間成分を表す．観測者の加速度を $a^\mu = \dfrac{Du^\mu}{d\tau}$ とし，空間基底 $e_{\hat{a}}{}^\mu$ の回転角速度を

$$\omega^\mu = \frac{1}{2} u^\alpha \epsilon_{\alpha\mu\rho\sigma} \Omega^{\rho\sigma} = \frac{1}{2} \overset{(3)}{\epsilon}{}_{\mu\rho\sigma} \Omega^{\rho\sigma}$$

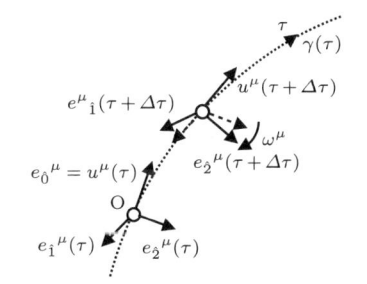

**図 B.1** 世界線に沿ったテトラッドの移動.

とする．ここで $\epsilon_{\alpha\mu\rho\sigma}$ は**完全反対称テンソル**であり，$\epsilon_{0123} = 1$ として添え字の入れ替えに対して偶置換を $+1$，奇置換を $-1$ とする．また，観測者に垂直な3次元空間の完全反対称テンソルを $\overset{(3)}{\epsilon}{}_{\mu\rho\sigma} = u^\alpha \epsilon_{\alpha\mu\rho\sigma}$ で定義した．このとき，$\Omega^{\mu\nu}$ は

$$\Omega^{\mu\nu} \equiv a^\mu u^\nu - u^\mu a^\nu + u_\alpha \omega_\beta \epsilon^{\alpha\beta\mu\nu}$$

で与えられる．

もしテトラッド系が非回転 ($\omega^\mu = 0$) である場合, そのような移動は **Fermi–Walker 移動**と呼ばれる. さらに観測者が測地線に沿って移動する場合 ($a^\mu = 0$) は $\dfrac{De_{\hat{a}}{}^\mu}{d\tau} = 0$ であるので, そのような移動は単純な平行移動になる.

以上の準備の下, 観測者の世界線近傍の局所慣性系 (観測者の固有座標系) を構築しよう. 世界線 $\gamma(\tau)$ に垂直な空間的超曲面を $\Sigma(\tau)$ とする. この超曲面 $\Sigma(\tau)$ 上の空間的測地線を $\gamma_\tau(n^\mu, \sigma)$ と表す. ここで $n^\mu$ は $\Sigma$ の中の測地線の単位接ベクトル ($n^\mu n_\mu = 1$) とする. こ

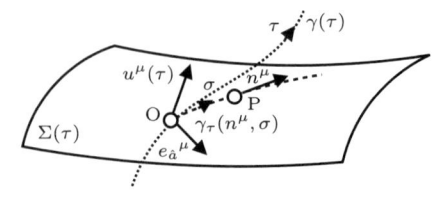

**図 B.2** 局所慣性系の構築法.

の $n^\mu$ は世界線 $\gamma(\tau)$ に垂直である. また $\sigma$ をこの空間的測地線に沿っての固有長であるとする. 超曲面 $\Sigma(\tau)$ 上にある観測者の近傍の任意の点 P の位置は 3 つのスカラー量により記述され, $X_\mathrm{P}^{\hat{a}} \equiv \sigma_\mathrm{P} e_{\hat{a}}{}^\mu n^\mu$ となる. ここで $\sigma_\mathrm{P}$ は空間的測地線 $\gamma_\tau(n^\mu, \sigma)$ に沿っての点 P までの固有長である.

この空間座標を用いて観測者の固有座標系 $\{X^{\hat{\alpha}}\}$ を次のように定義する.

$$X^{\hat{\alpha}} = \left(X^{\hat{0}}, X^{\hat{a}}\right) = (\tau, \sigma n^{\hat{a}}).$$

ここで $n^{\hat{a}} \equiv e^{\hat{a}}{}_\mu n^\mu$ である.

---

**例題 B.1** 観測者の世界線に沿った計量 $g_{\hat{\alpha}\hat{\beta}}$ および Christoffel 記号 $\Gamma^{\hat{\alpha}}{}_{\hat{\beta}\hat{\gamma}}$ を求めよ.

---

解 | 観測者の世界線に沿った計量 $g_{\hat{\alpha}\hat{\beta}}$ はこの座標系では Minkowski 計量になるので $g_{\hat{\alpha}\hat{\beta}} = \boldsymbol{e}_{\hat{\alpha}} \cdot \boldsymbol{e}_{\hat{\beta}} = \eta_{\hat{\alpha}\hat{\beta}}$ である. 一方, 観測者の世界線に沿ったテトラッドの移動は

$$\frac{D\boldsymbol{e}_{\hat{\alpha}}}{d\tau} = -\Omega^{\hat{\beta}}{}_{\hat{\alpha}} \boldsymbol{e}_{\hat{\beta}}$$

で与えられるが,

$$\frac{D\boldsymbol{e}_{\hat{\alpha}}}{d\tau} = \nabla_{\hat{0}} \boldsymbol{e}_{\hat{\alpha}} = \boldsymbol{e}_{\hat{\beta}} \Gamma^{\hat{\beta}}{}_{\hat{\alpha}\hat{0}}$$

であるので観測者の世界線に沿った Christoffel 記号は $\Gamma^{\hat{\beta}}{}_{\hat{\alpha}\hat{0}} = -\Omega^{\hat{\beta}}{}_{\hat{\alpha}}$ となる. ここで $\overset{(3)}{\epsilon}_{\hat{b}\hat{k}\hat{\ell}} = e^\mu{}_{\hat{b}} e^\nu{}_{\hat{k}} e^\rho{}_{\hat{\ell}} \overset{(3)}{\epsilon}_{\mu\nu\rho}$ は 3 次元空間 $\{X^{\hat{a}}\}$ における完全反対称テンソルとすると, 観測者の加速度および回転角速度は

$$a^{\hat{b}} \equiv e^{\hat{b}}{}_\mu \frac{Du^\mu}{d\tau}, \quad \omega^{\hat{b}} \equiv \frac{1}{2} \overset{(3)}{\epsilon}{}^{\hat{b}\hat{k}\hat{\ell}} e_{\hat{\ell}\mu} \frac{De_{\hat{k}}{}^\mu}{d\tau}$$

で与えられるので

$$\Omega_{\hat{\mu}\hat{\nu}} = a_{\hat{\mu}} u_{\hat{\nu}} - a_{\hat{\nu}} u_{\hat{\mu}} + \omega^{\hat{\beta}} \overset{(3)}{\epsilon}_{\hat{\beta}\hat{\mu}\hat{\nu}}$$

となる. 定義より $u_{\hat{0}} = -1$, $u_{\hat{b}} = 0$ および $a_{\hat{0}} = 0$ であるので, 観測者の世界線に沿った Christoffel 記号は

$$\Gamma^{\hat{0}}{}_{\hat{0}\hat{0}} = \Gamma_{\hat{0},\hat{0}\hat{0}} = 0, \quad \Gamma^{\hat{0}}{}_{\hat{b}\hat{0}} = -\Gamma_{\hat{0},\hat{b}\hat{0}} = \Gamma_{\hat{b},\hat{0}\hat{0}} = \Gamma^{\hat{b}}{}_{\hat{0}\hat{0}} = a^{\hat{b}}, \quad \Gamma^{\hat{a}}{}_{\hat{b}\hat{0}} = \Gamma_{\hat{a},\hat{b}\hat{0}} = -\omega^{\hat{k}} \overset{(3)}{\epsilon}_{\hat{k}\hat{a}\hat{b}}$$

となる．また上記以外の成分の Christoffel 記号はゼロであるので

$$\Gamma^{\hat{\alpha}}_{\ \hat{a}\hat{b}} = \Gamma_{\hat{\alpha},\hat{a}\hat{b}} = 0$$

となる． □

$\partial_{\hat{\gamma}} g_{\hat{\alpha}\hat{\beta}} = \Gamma_{\hat{\gamma}\hat{\alpha}\hat{\beta}} + \Gamma_{\hat{\beta}\hat{\gamma}\hat{\alpha}}$ を用いると，上で求めた観測者の世界線に沿った Christoffel 記号から，観測者の世界線上における計量の 1 階微分は

$$g_{\hat{\alpha}\hat{\beta},\hat{0}} = 0, \quad g_{\hat{a}\hat{b},\hat{k}} = 0, \quad g_{\hat{0}\hat{0},\hat{k}} = -2a_{\hat{k}}, \quad g_{\hat{0}\hat{b},\hat{k}} = -\omega^{\hat{a}} \overset{(3)}{\epsilon}_{\hat{b}\hat{k}\hat{a}}$$

となることがわかる．これを空間的超曲面 $\Sigma(\tau)$ 上で空間方向に積分すると観測者の固有座標系における計量が

$$g_{\hat{\alpha}\hat{\beta}} = \eta_{\hat{\alpha}\hat{\beta}} + \varepsilon^{(1)}_{\hat{\alpha}\hat{\beta}} + O(|X^{\hat{k}}|^2) \tag{B.1}$$

のように $X^{\hat{k}}$ の 1 次まで決定できる．ここで

$$\varepsilon^{(1)}_{\hat{0}\hat{0}} = -2a_{\hat{k}} X^{\hat{k}}, \quad \varepsilon^{(1)}_{\hat{0}\hat{b}} = -\overset{(3)}{\epsilon}_{\hat{b}\hat{k}\hat{\ell}} \omega^{\hat{\ell}} X^{\hat{k}}, \quad \varepsilon^{(1)}_{\hat{a}\hat{b}} = 0 \tag{B.2}$$

である．つまり，測地線に沿った平行移動（$a_{\hat{k}} = 0, \omega^{\hat{\ell}} = 0$）では $g_{\hat{\alpha}\hat{\beta}} = \eta_{\hat{\alpha}\hat{\beta}}$ となり重力による寄与は存在しない．

重力による影響を見るためには計量を $|X^{\hat{a}}|$ の 2 次まで，つまり

$$g_{\hat{\alpha}\hat{\beta}} = \eta_{\hat{\alpha}\hat{\beta}} + \varepsilon^{(1)}_{\hat{\alpha}\hat{\beta}} + \varepsilon^{(2)}_{\hat{\alpha}\hat{\beta}} + O(|X^{\hat{k}}|^3) \tag{B.3}$$

まで求める必要がある．

以後は簡単のため，観測者は測地線に沿って動く場合を考えよう．(B.3) 式は測地線 $X_{\gamma}^{\hat{\mu}} = (cT, \mathbf{0})$ 近傍での計量 $g_{\hat{\alpha}\hat{\beta}}$ の展開と考えられるので，一般的に

$$\varepsilon^{(1)}_{\hat{\alpha}\hat{\beta}} = \partial_{\hat{\mu}} g_{\hat{\alpha}\hat{\beta}}|_{\gamma} \left( X^{\hat{\mu}} - X_{\gamma}^{\hat{\mu}} \right),$$

$$\varepsilon^{(2)}_{\hat{\alpha}\hat{\beta}} = \frac{1}{2} \partial_{\hat{\mu}} \partial_{\hat{\nu}} g_{\hat{\alpha}\hat{\beta}}|_{\gamma} \left( X^{\hat{\mu}} - X_{\gamma}^{\hat{\mu}} \right)\left( X^{\hat{\nu}} - X_{\gamma}^{\hat{\nu}} \right)$$

と表すことができる．ここで $|_{\gamma}$ は測地線上での値を表すものとする．

測地線に沿った観測者の局所慣性系では，測地線 $\gamma$ 上では常に $\Gamma^{\hat{\alpha}}_{\ \hat{\beta}\hat{\gamma}}|_{\gamma} = 0$ を満たすので，その測地線に沿った時間微分もビロ，つまり $\partial_{\hat{0}} \Gamma^{\hat{\alpha}}_{\ \hat{\beta}\hat{\gamma}}|_{\gamma} = 0$ である．$\Gamma^{\hat{\alpha}}_{\ \hat{\beta}\hat{\gamma}}|_{\gamma} = 0$ から $\partial_{\hat{\mu}} g_{\hat{\alpha}\hat{\beta}}|_{\gamma} = 0$ が導かれ，$\varepsilon^{(1)}_{\hat{\alpha}\hat{\beta}} = 0$ であることがわかる．また $\partial_{\hat{0}} \Gamma^{\hat{\alpha}}_{\ \hat{\beta}\hat{\gamma}}|_{\gamma} = 0$ を計量で書き直すと $\partial_{\hat{0}} \partial_{\hat{\nu}} g_{\hat{\alpha}\hat{\beta}}|_{\gamma} = 0$ となるので，

$$\varepsilon^{(2)}_{\hat{\alpha}\hat{\beta}} = \frac{1}{2} \partial_{\hat{i}} \partial_{\hat{j}} g_{\hat{\alpha}\hat{\beta}}|_{\gamma} X^{\hat{i}} X^{\hat{j}}$$

のように空間座標のみを含むことがわかる．

> **例題 B.2** 計量の 2 次摂動量の時間成分は
>
> $$\varepsilon^{(2)}_{\hat{0}\hat{0}} = -R_{\hat{0}\hat{i}\hat{0}\hat{j}}|_{\gamma} X^{\hat{i}} X^{\hat{j}}$$
>
> となることを示せ．

解 測地線 $\gamma$ に沿った観測者の局所慣性系では Christoffel 記号は $\Gamma^{\hat{\alpha}}{}_{\hat{\beta}\hat{\gamma}}|_\gamma = 0$ および $\partial_{\hat{0}}\Gamma^{\hat{\alpha}}{}_{\hat{\beta}\hat{\gamma}}|_\gamma = 0$ を満たす．下付きの Christoffel 記号についても同様に $\partial_{\hat{0}}\Gamma_{\hat{\alpha}\hat{\beta}\hat{\gamma}}|_\gamma = 0$ を満たす．Christoffel 記号の定義を用いると $\partial_{\hat{\alpha}}g_{\hat{\beta}\hat{\gamma}} = \Gamma_{\hat{\beta}\hat{\gamma}\hat{\alpha}} + \Gamma_{\hat{\gamma}\hat{\beta}\hat{\alpha}}$ であるので測地線 $\gamma$ に沿った計量の微分は $\partial_{\hat{0}}\partial_{\hat{\alpha}}g_{\hat{\beta}\hat{\gamma}}|_\gamma = 0$ を満たす．

定義より Riemann 曲率の下付添え字成分は

$$R_{\hat{\alpha}\hat{\beta}\hat{\gamma}\hat{\delta}} = \partial_{\hat{\gamma}}\Gamma_{\hat{\alpha}\hat{\beta}\hat{\delta}} - \partial_{\hat{\delta}}\Gamma_{\hat{\alpha}\hat{\beta}\hat{\gamma}} + \Gamma^{\hat{\rho}}{}_{\hat{\beta}\hat{\gamma}}\Gamma_{\hat{\rho}\hat{\alpha}\hat{\delta}} - \Gamma^{\hat{\rho}}{}_{\hat{\beta}\hat{\delta}}\Gamma_{\hat{\rho}\hat{\alpha}\hat{\gamma}}$$

であるが，測地線に沿った局所慣性系では

$$R_{\hat{\alpha}\hat{\beta}\hat{0}\hat{\delta}}|_\gamma = -\partial_{\hat{\delta}}\Gamma_{\hat{\alpha}\hat{\beta}\hat{0}}|_\gamma$$

となる．ここで $\varepsilon^{(2)}_{\hat{0}\hat{0}}$ の係数を評価すると

$$\frac{1}{2}\partial_{\hat{i}}\partial_{\hat{j}}g_{\hat{0}\hat{0}}|_\gamma = \partial_{\hat{j}}\left[\frac{1}{2}(\partial_{\hat{i}}g_{\hat{0}\hat{0}} + \partial_{\hat{0}}g_{\hat{i}\hat{0}} - \partial_{\hat{0}}g_{\hat{0}\hat{i}})\right]\Big|_\gamma = \partial_{\hat{j}}\Gamma_{\hat{0}\hat{i}\hat{0}}|_\gamma = -R_{\hat{0}\hat{i}\hat{0}\hat{j}}|_\gamma$$

となり，$\varepsilon^{(2)}_{\hat{0}\hat{0}} = -R_{\hat{0}\hat{i}\hat{0}\hat{j}}|_\gamma X^{\hat{i}}X^{\hat{j}}$ であることがわかる． $\qquad\square$

計量の 2 次摂動量の他の成分を求めるのはもう少しやっかいである．前に測地線偏差方程式を求めたが，この測地線は必ずしも時間的である必要はない．空間的な測地線に対してもその測地線束を考え，2 つの測地線間の偏差が空間的測地線の方向にどう変化していくかを考えることができる．その測地線偏差方程式は

$$\frac{D^2\xi^{\hat{\alpha}}}{d\sigma^2} \equiv v^{\hat{\gamma}}\nabla_{\hat{\gamma}}\left(v^{\hat{\beta}}\nabla_{\hat{\beta}}\xi^{\hat{\alpha}}\right) = R^{\hat{\alpha}}{}_{\hat{\delta}\hat{\beta}\hat{\gamma}}v^{\hat{\beta}}v^{\hat{\gamma}}\xi^{\hat{\delta}}$$

と前と同じ方程式で表される．ここで空間座標の $X^{\hat{i}}$ 方向の測地線の接ベクトルとして

$$v^{\hat{\alpha}} = \left(\frac{\partial}{\partial\sigma}\right)^{\hat{\alpha}} = \delta^{\hat{\alpha}}_{\hat{i}}n^{\hat{i}} \tag{B.4}$$

を考える．それに垂直な $X^{\hat{j}}$ 方向の空間的測地線偏差ベクトル $\xi^{\hat{\alpha}}_{(\hat{j})}$ は

$$\xi^{\hat{\beta}}_{(\hat{j})} = \left(\frac{\partial}{\partial n^{\hat{j}}}\right)^{\hat{\beta}} = \sigma\delta^{\hat{\beta}}_{\hat{j}} \tag{B.5}$$

で与えられる．ここで $\sigma$ はそれぞれの方向への固有長である．

共変微分を具体的に書き下すと測地線偏差方程式は

$$\frac{d^2\xi^{\hat{\alpha}}_{(\hat{j})}}{d\sigma^2} + 2\frac{d\xi^{\hat{\beta}}_{(\hat{j})}}{d\sigma}\Gamma^{\hat{\alpha}}{}_{\hat{\beta}\hat{\gamma}}v^{\hat{\gamma}} + \left(\partial_{\hat{\gamma}}\Gamma^{\hat{\alpha}}{}_{\hat{\beta}\hat{\delta}} + \Gamma^{\hat{\alpha}}{}_{\hat{\delta}\hat{\epsilon}}\Gamma^{\hat{\epsilon}}{}_{\hat{\delta}\hat{\gamma}} - \Gamma^{\hat{\alpha}}{}_{\hat{\delta}\hat{\epsilon}}\Gamma^{\hat{\epsilon}}{}_{\hat{\beta}\hat{\gamma}}\right)v^{\hat{\beta}}v^{\hat{\gamma}}\xi^{\hat{\delta}}_{(\hat{j})} = R^{\hat{\alpha}}{}_{\hat{\beta}\hat{\gamma}\hat{\delta}}v^{\hat{\beta}}v^{\hat{\gamma}}\xi^{\hat{\delta}}_{(\hat{j})}$$

となる．ここで Fermi 標準座標を用いた偏差ベクトル (B.5) を代入すると $\dfrac{d\xi^{\hat{\beta}}_{(\hat{j})}}{d\sigma} = \delta^{\hat{\beta}}_{\hat{j}}$ かつ，第 1 項は消えるので

$$2\Gamma^{\hat{\alpha}}{}_{\hat{j}\hat{i}}n^{\hat{i}} + \sigma\partial_{\hat{k}}\Gamma^{\hat{\alpha}}{}_{\hat{i}\hat{j}}n^{\hat{i}}n^{\hat{k}} = \sigma R^{\hat{\alpha}}{}_{\hat{i}\hat{k}\hat{j}}n^{\hat{i}}n^{\hat{k}}$$

が得られる．ここで観測者の測地線 $\gamma$ 上 ($\sigma = 0$) でこの式を評価すると自明の式になる．その測地線から少し離れた地点での関係を求めるためにこの式を $\sigma = 0$ の周りで Taylor

**208** 補遺 B 局所慣性系の時空と計量

展開をして，最初の非自明な展開項を求めると

$$\sigma\left(2\partial_{\hat{k}}\Gamma^{\hat{\alpha}}_{\hat{j}\hat{i}} + \partial_{\hat{k}}\Gamma^{\hat{\alpha}}_{\hat{i}\hat{j}} - R^{\hat{\alpha}}_{\hat{i}\hat{k}\hat{j}}\right)\Big|_{\gamma} n^{\hat{i}}n^{\hat{k}} = 0 \qquad\qquad (\text{B.6})$$

が得られる．Riemann テンソルの定義よりこの式は

$$\left(2\partial_{\hat{k}}\Gamma^{\hat{\alpha}}_{\hat{j}\hat{i}} + \partial_{\hat{j}}\Gamma^{\hat{\alpha}}_{\hat{i}\hat{k}}\right)\Big|_{\gamma} n^{\hat{i}}n^{\hat{k}} = 0$$

となるが，$n^{\hat{i}}$ が任意で，かつ $n^{\hat{i}}n^{\hat{k}}$ および Christoffel 記号の対称性を用いるとこの式は

$$\partial_{\hat{k}}\Gamma^{\hat{\alpha}}_{\hat{i}\hat{j}}\Big|_{\gamma} + \partial_{\hat{i}}\Gamma^{\hat{\alpha}}_{\hat{j}\hat{k}}\Big|_{\gamma} + \partial_{\hat{j}}\Gamma^{\hat{\alpha}}_{\hat{k}\hat{i}}\Big|_{\gamma} = 0 \qquad\qquad (\text{B.7})$$

のように，下付添え字に関して巡回した形の関係式に書き換えることができる．一方，(B.6) 式は $n^{\hat{i}}n^{\hat{k}}$ の対称性を用いると

$$3\left(\partial_{\hat{k}}\Gamma^{\hat{\alpha}}_{\hat{j}\hat{i}} + \partial_{\hat{i}}\Gamma^{\hat{\alpha}}_{\hat{j}\hat{k}}\right)\Big|_{\gamma} - \left(R^{\hat{\alpha}}_{\hat{i}\hat{k}\hat{j}} + R^{\hat{\alpha}}_{\hat{k}\hat{i}\hat{j}}\right)\Big|_{\gamma} = 0$$

となる．(B.7) 式を用いると

$$\partial_{\hat{j}}\Gamma^{\hat{\alpha}}_{\hat{k}\hat{i}}\Big|_{\gamma} = -\frac{1}{3}\left(R^{\hat{\alpha}}_{\hat{i}\hat{k}\hat{j}} + R^{\hat{\alpha}}_{\hat{k}\hat{i}\hat{j}}\right)\Big|_{\gamma} \qquad\qquad (\text{B.8})$$

が得られる．

---

**例題 B.3**　計量の 2 次摂動量の空間成分は

$$\varepsilon^{(2)}_{\hat{0}\hat{k}} = \frac{2}{3}R_{\hat{0}\hat{i}\hat{j}\hat{k}}|_{\gamma}X^{\hat{i}}X^{\hat{j}}, \quad \varepsilon^{(2)}_{\hat{k}\hat{l}} = \frac{1}{3}R_{\hat{k}\hat{i}\hat{j}\hat{l}}|_{\gamma}X^{\hat{i}}X^{\hat{j}}$$

で与えられることを示せ．ここで，観測者近傍の Christoffel 記号の微分と Riemann テンソルの関係式 (B.8) を用いよ．

---

<u>解</u>　計量の 2 次摂動量

$$\varepsilon^{(2)}_{\hat{\alpha}\hat{\beta}} = \frac{1}{2}\partial_{\hat{i}}\partial_{\hat{j}}g_{\hat{\alpha}\hat{\beta}}|_{\gamma}X^{\hat{i}}X^{\hat{j}}$$

のうち $\hat{\alpha} = \hat{0}, \hat{\beta} = \hat{k}$ および $\hat{\alpha} = \hat{k}, \hat{\beta} = \hat{l}$ となる場合を求めたいので，まず (B.8) 式で $\hat{\alpha} - \hat{0}$ を選んだときを考える．添え字を下げると

$$\partial_{\hat{j}}\Gamma_{\hat{0}\hat{k}\hat{i}}\Big|_{\gamma} = -\frac{1}{3}\left(R_{\hat{0}\hat{i}\hat{k}\hat{j}} + R_{\hat{0}\hat{k}\hat{i}\hat{j}}\right)\Big|_{\gamma}$$

となるので Christoffel 記号の定義と上の関係式を使うと

$$\partial_{\hat{j}}\partial_{\hat{i}}g_{\hat{0}\hat{k}} = \partial_{\hat{j}}\Gamma_{\hat{0}\hat{k}\hat{i}}\Big|_{\gamma} + \partial_{\hat{i}}\Gamma_{\hat{0}\hat{j}\hat{k}}\Big|_{\gamma} - \partial_{\hat{k}}\Gamma_{\hat{0}\hat{i}\hat{j}}\Big|_{\gamma} = \frac{2}{3}\left(R_{\hat{0}\hat{i}\hat{j}\hat{k}}|_{\gamma} + R_{\hat{0}\hat{j}\hat{i}\hat{k}}|_{\gamma}\right)$$

が成り立ち，$\varepsilon^{(2)}_{\hat{0}\hat{k}}$ が得られる．

次に，(B.8) 式で $\hat{\alpha} = \hat{l}$ と選び同様に計算すると

$$\partial_{\hat{j}}\partial_{\hat{i}}g_{\hat{k}\hat{l}}|_{\gamma} = \partial_{\hat{j}}\Gamma_{\hat{l}\hat{k}\hat{i}}|_{\gamma} + \partial_{\hat{j}}\Gamma_{\hat{k}\hat{l}\hat{i}}|_{\gamma} = -\frac{1}{3}\left(R_{\hat{l}\hat{i}\hat{k}\hat{j}}|_{\gamma} + R_{\hat{k}\hat{i}\hat{l}\hat{j}}|_{\gamma}\right) = \frac{1}{3}\left(R_{\hat{k}\hat{i}\hat{j}\hat{l}}|_{\gamma} + R_{\hat{k}\hat{j}\hat{i}\hat{l}}|_{\gamma}\right)$$

となり，$\varepsilon^{(2)}_{\hat{k}\hat{l}}$ が得られる． $\qquad\qquad\qquad\qquad\qquad\qquad\qquad\square$

以上のように，測地線に沿って移動する観測者の局所慣性系では，時空の曲がりの影響が Minkowski 時空からのずれとして計量の観測者からの "距離 $X^{\hat{a}}$" の 2 次の展開に Riemann 曲率テンソルが表れる．このようにして構築した局所慣性系

$$ds^2 = -\left(1 + R_{\hat{0}\hat{a}\hat{0}\hat{b}}X^{\hat{a}}X^{\hat{b}}\right)dT^2 - \frac{4}{3}R_{\hat{0}\hat{a}\hat{j}\hat{b}}X^{\hat{a}}X^{\hat{b}}\,dTdX^{\hat{j}}$$
$$+ \left(\delta_{\hat{i}\hat{j}} - \frac{1}{3}R_{\hat{i}\hat{a}\hat{j}\hat{b}}X^{\hat{a}}X^{\hat{b}}\right)dX^{\hat{i}}dX^{\hat{j}} + O(|X^{\hat{k}}|^3) \tag{B.9}$$

を **Fermi** 標準座標系と呼ぶ．

また，測地線に沿った平行移動ではなく観測者が一般の世界線を動くときは，局所慣性系における計量を

$$g_{\hat{\mu}\hat{\nu}} = \eta_{\hat{\mu}\hat{\nu}} + \varepsilon^{(1)}_{\hat{\mu}\hat{\nu}} + \varepsilon^{(2)}_{\hat{\mu}\hat{\nu}} + O(|X^{\hat{k}}|^3)$$

のように展開で表したとき，1 次の成分 $\varepsilon^{(1)}_{\hat{\mu}\hat{\nu}}$ は (B.2) 式で，2 次の成分は

$$\varepsilon^{(2)}_{\hat{0}\hat{0}} = -\left(R_{\hat{0}\hat{k}\hat{0}\hat{\ell}} + a_{\hat{k}}a_{\hat{\ell}} - \omega_{\hat{b}\hat{k}}\omega^{\hat{b}}_{\ \hat{\ell}}\right)X^{\hat{k}}X^{\hat{\ell}},$$
$$\varepsilon^{(2)}_{\hat{0}\hat{b}} = -\frac{2}{3}R_{\hat{0}\hat{k}\hat{b}\hat{\ell}}X^{\hat{k}}X^{\hat{\ell}}, \quad \varepsilon^{(2)}_{\hat{a}\hat{b}} = -\frac{1}{3}R_{\hat{a}\hat{k}\hat{b}\hat{\ell}}X^{\hat{k}}X^{\hat{\ell}}$$

で与えられる．

# 参考文献

相対性理論には「特殊」と「一般」とがあるが，特殊相対性理論についての参考文献は前著『演習で学ぶ特殊相対性理論』（サイエンス社）にまとめたので，ここでは除いてある．ただし，「特殊」・「一般」の両方を記述している教科書はこちらでも挙げておく．一般相対性理論を論ずるには，「特殊」の説明も必要になり，多かれ少なかれほとんどの教科書に「特殊」の記述がある．そこで，ここでは特殊相対性理論について十分のスペースを割いているものは【特殊および一般相対性理論】として，一般相対性理論がメインのものは【一般相対性理論】としてまとめておく．また一般相対性理論でもその中の特定の分野（ブラックホール・重力波など）が中心に書かれているものは【特定分野の専門書】として記した．

一般相対性理論の教科書は非常に多く出版されており，さらに一般相対性理論に関連した特定分野についても数多くあり，そのすべてを挙げることは不可能である．そこで，ここでは著者達の独断と偏見で，本書執筆の参考にしたもの，また特色があると思われるものをまとめておく．出版社および出版年は，読者の手に入りやすさを考え，復刊や再版等で新しくなったものはなるべくそちらを記した．なお，この分野は多くの人の関心を引くため，一般読者向けの解説書も数多く出版されている．中には非常に興味深いものもあるが割愛させていただき，ここでは数式等を用いてきっちりと書かれた教科書となるものを紹介するにとどめる．

この分野を学ぶときの一つの問題点は，教科書によって定義や表記法が異なることである．そこでここで挙げた教科書に関しては最後に 表記法 としてその違いを整理しておく．

なお，Einstein 自身による一般相対性理論に関連した原論文（訳）は，湯川秀樹監修・内山龍雄訳編『アインシュタイン選集 2』（共立出版，1970）にまとめられている．

## 【特殊および一般相対性理論】

[1] 平川浩正，**相対論** [第 2 版]（共立出版，2011 [初版 1986]）

[2] 内山龍雄，**相対性理論**（岩波書店，1987）

[3] 佐藤勝彦，**相対性理論**（岩波書店，2021 [初版 1996]）

[4] 小玉英雄，**相対性理論**（培風館，1007）

[5] 小玉英雄，**相対性理論**（朝倉書店，2008）

[6] 杉山直，**相対性理論**（講談社，2010）

[7] W. Pauli, *Theory of Relativity* (Dover Publications, 1981 [初版：B.G. Teubner 1921])
[内山龍雄 訳，**相対性理論 上・下**（筑摩書房，2007）]

[8] R.C. Tolman, *Relativity, Thermodynamics, and Cosmology*
(Dover Publications, 1987 [初版：Clarendon Press 1934])

[9] C. Møllor, *The Theory of Relativity* (Oxford Univ. Press, 1952)
[永田恒夫，伊藤大介 訳，**相対性理論**（みすず書房，1999）]

[10] W. Rindler, *Essential Relativity* [2nd ed.] (Springer, 1977 [初版：Oxford Univ. Press 1969])

[11] S. Weinberg, *Gravitation and Cosmology* (Wiley, 1972)

[12] L.D. Landau, E.M. Lifshitz, *The Classical Thory of Fields* [4th ed.]
(Pergamon Press, 2013 [初版 1973])
[広重徹, 恒藤敏彦 訳, **場の古典論** (東京図書, 1978)]

[13] B.F. Schutz, *A First Cource in General Relativity* (Cambridge Univ. Press, 2009 [初版 1985])
[江里口良次, 二間瀬敏史 訳, **相対性理論入門** (丸善出版, 2010)]

[14] J.J. Callahan, *The Geometry of Spacetime* (Springer, 2000)
[樋口三郎 訳, **時空の幾何学** 特殊および一般相対論の数学的基礎 (森北出版, 2021)]

[15] M.P. Hobson, G.P. Efstathiou, A.N. Lasenby, *General Relativity*
(Cambridge University Press, 2006)

[16] Ø. Grøn, *Introduction to Einstein's Theory of Relativity* [2nd ed.]
(Springer, 2020 [初版 2009])

[17] N. Deruelle, J. Uzan, *Relativity in Modern Physics*
(Oxford Univ. Press, 2018 [初版：Belin éducation 2014])

## 【一般相対性理論】

[18] 山内恭彦, 内山龍雄, 中野董夫, **一般相対性および重力の理論** (裳華房, 1967)

[19] 内山龍雄, **一般相対性理論** (裳華房, 1978)

[20] 佐藤文隆, 小玉英雄, 現代物理学叢書 **一般相対性理論** (岩波書店, 2016 [初版 1992])

[21] 佐々木節, **一般相対論** (産業図書, 1996)

[22] 須藤靖, **一般相対論入門** [改訂版] (日本評論社, 2019 [初版 2005])

[23] 前田恵一, **重力理論講義** (サイエンス社, 2008 [電子版 2016])

[24] 須藤靖, **もうひとつの一般相対論入門** (日本評論社, 2010)

[25] 田中貴浩, **相対論** 基幹講座 物理学 (東京図書, 2021)

[26] H. Weyl, *Space-Time-Matter* (Dover, 1952)
[内山龍雄 訳, **空間・時間・物質** (筑摩書房, 2007)]

[27] C.W. Misner, K.S. Thorne, J.A. Wheeler, *Gravitation* (Princeton Univ. Press, 2017)
[若野省己 訳, **重力理論** (丸善出版, 2011)]

[28] S.W. Hawking, G.F.R. Ellis, *The Large Scale Structure of Space-Time*
(Cambridge University Press, 2023)

[29] P.A.M. Dirac, *General Theory of Relativity* (John Wiley & Sons, Inc., 1975)
[江沢洋 訳, **一般相対性理論** (筑摩書房, 2005)]

[30] R.M. Wald, *General Relativity* (University of Chicago Press, 1984)

[31] R.P. Feynman, F.B. Morinigo, W.G. Wagner, *Feynman Lectures on Gravitation*
(Westview Press, 1995) [和田純夫 訳, **ファインマン講義 重力の理論** (岩波書店, 2020)]

[32] T. Fließbach, *Allgemeine Relativitätstheorie* (Springer, 2016 [初版 2003])
[杉原亮, 庄司多津男, 南部保貞 訳, **一般相対性理論** (共立出版, 2005)]

[33] J. Hartle, *Gravity* (Pearson Education Limited, 2013 [初版 2003])
[牧野伸義 訳, **重力 アインシュタインの一般相対性理論入門 上・下** (日本評論社, 2016)]

[34] E. Poisson, *A Relativist's Toolkit* (Cambridge University Press, 2004)

[35] N. Straumann, *General Relativity* [2nd ed.] (Springer, 2013 [初版 2004])

# 【特定分野の専門書】

● ブラックホール・中性子星

[36] 小嶌康史，小出眞路，高橋労太，ブラックホール宇宙物理の基礎 ［改訂版］
（日本評論社，2024 ［初版 2019]）

[37] S.L. Shapiro, S.A. Teukolsky, *Black Holes, White Dwarfs, and Neutron Stars*
(Wiley, 1983)

[38] K.S. Thorne, R.H. Price, D.A. Macdonald, *Black Holes* (Yale University Press, 1986)

[39] S. Chandrasekhar, *The Mathematical Theory of Black Holes* (Oxford Univ. Press, 1998)

[40] V.P. Frolov, I.D. Novikov, *Black Hole Physics* (Springer, 1998)

[41] V.P. Frolov, A. Zelnikov, *Introduction to Black Hole Physics* (Oxford Univ. Press, 2011)

● 重力波

[42] 中村卓史，三尾典克，大橋正健，重力波をとらえる （京都大学学術出版会，1998)

[43] 中野寛之，佐合紀親，重力波・摂動論 （朝倉書店，2022)

[44] J. Weber, *General Relativity and Gravitational Waves*
(Hassell Street Press, 2021 ［初版 1961]） ［藤田純一 訳，一般相対論と重力波 （講談社，1974)]

[45] M. Maggiore, *Gravitational Waves: I* (Oxford University Press, 2007),
*Gravitational Waves: II* (Oxford University Press, 2018)

● 数値相対論

[46] T.W. Baumgarte, S.L. Shapiro, *Numerical Relativity* (Cambridge University Press, 2010)

[47] É. Gourgoulhon, 3+1 *Formalism in General Relativity* (Springer, 2012)

[48] M. Shibata, *Numerical Relativity* (World Scientific, 2016)

● 実験的検証

[49] C.M. Will, *Theory and Experiment in Gravitational Physics* [2nd ed.]
（Cambridge University Press, 2018 ［初版 1981]）

● 宇宙論

[50] 松原隆彦，宇宙論の物理 上・下 （東京大学出版会，2014)

[51] M.P. Ryan, Jr., L.C. Shepley, *Homogeneous Relativistic Cosmologies*
(Princeton Univ. Press, 1975)

[52] S. Weinberg, *Cosmology* (Oxford Univ. Press, 2008)
［小松英一郎 訳，ワインバーグの宇宙論 上・下 （日本評論社，2013)]

[53] G.F.R. Ellis, R. Maartens, M.A.H. MacCallum, *Relativistic Cosmology*
(Cambridge Univ. Press, 2012)

● 演習書

[54] A.P. Lightman, W.H. Press, R.H. Price, S.A. Teukolsky, *Problem Book in Relativity
and Gravitation* （Princeton Univ. Press, 2017 ［初版 1975]）
［真貝寿明，鳥居隆 訳，演習 相対性理論・重力理論 （森北出版，2019)]

# 表記法

　相対論における表記法は教科書によって様々で，上に挙げた教科書の表記法は表 B.1 にまとめてある．自分で学ぶ場合はその教科書の表記法をよく確認していただきたい．本書は，基本的には Misner–Thorne–Wheeler [27] の表記法に従っているが，重力定数 $G$ は 1 にせず，そのまま記述している．

表 B.1

| 計量 | Riemann 曲率*1) | Ricci 曲率*2) | $T^0_0$ $(T^4_4)$ | 重力定数*3) | 教科書 |
|---|---|---|---|---|---|
| $(-,+,+,+)$ | $+$ | $+$ | $-$ | $G$ | 本書, [3], [4], [6], [17], [22], [23], [24], [36]*4), [37]*4), [40], [41], [45], [48], [49], [53] |
| $(-,+,+,+)$ | $+$ | $+$ | $-$ | $G=1$ | [13], [27], [28], [30], [33], [34], [38], [42], [43], [46], [47], [54] |
| $(-,+,+,+)$ | $+$ | $+$ | $-$ | $\kappa^2\,(=8\pi G)$ | [5], [20] |
| $(-,+,+,+)$ | $+$ | $+$ | $-$ | $\kappa^2\,(=8\pi G)=1$ | [26], [51] |
| $(-,+,+,+)$ | $+$ | $+$ | $-$ | $\kappa\,(=8\pi G)$ | [1], [21], [35], [50] |
| $(-,+,+,+)$ | $+$ | $-$ | $+$ | $\kappa\,(=8\pi G)$ | [2], [18], [19] |
| $(-,+,+,+)$ | $-$ | $+$ | $-$ | $G$ | [11]*5), [52]*5) |
| $(+,+,+,\pm)$*6)*7) | $-$ | $+$ | $+$ | $\kappa\,(=8\pi G)$ | [7], [9] |
| $(+,-,-,-)$ | $+$ | $+$ | $+$ | $k\,(=G),\ G$ | [12], [14], [44] |
| $(+,-,-,-)$ | $+$ | $+$ | $+$ | $G=1$ | [39] |
| $(+,-,-,-)$ | $+$ | $+$ | $+$ | $\kappa\,(=8\pi G)$ | [16], [25] |
| $(+,-,-,-)$ | $-$ | $+$ | $+$ | $G$ | [32]*5) |
| $(+,-,-,-)$ | $+$ | $-$ | $-$ | $G=1$ | [29] |
| $(+,-,-,-)$ | $-$ | $-$ | $+$ | $\lambda^2\,(=8\pi G)$ | [15], [31] |
| $(-,-,-,+)$*6) | $+$ | $-$ | $+$ | $\kappa\,(=8\pi G)$ | [10] |
| $(-,-,-,+)$*6) | $+$ | $-$ | $+$ | $k\,(=G)=1$ | [8] |

---

*1)　Riemann 曲率：$R^{\mu}{}_{\nu\alpha\beta}=\pm\left(\partial_{\alpha}\Gamma^{\mu}{}_{\nu\beta}-\partial_{\beta}\Gamma^{\mu}{}_{\nu\alpha}+\Gamma^{\mu}{}_{\sigma\alpha}\Gamma^{\sigma}{}_{\nu\beta}-\Gamma^{\mu}{}_{\sigma\beta}\Gamma^{\sigma}{}_{\nu\alpha}\right)$.

*2)　Ricci 曲率：$R_{\alpha\beta}=\pm R^{\mu}{}_{\alpha\mu\beta}$.

*3)　重力定数に関しては，複数の表し方をしている教科書が多いが，ここには主に使っているものを記した．

*4)　曲率の定義は示されていない．

*5)　Einstein 方程式：$G_{\mu\nu}=-8\pi G T_{\mu\nu}$.

*6)　時間座標として $x^4$ を使用．

*7)　時間座標 $x^4$ を，「特殊」では純虚数 $(ict)$ に取り，「一般」では実数にしている．

# あとがき

『演習形式で学ぶ特殊相対性理論』（SGC ライブラリ 175；以下，「特殊」とする）の演習書を上梓した後，すぐに本書（以下，「一般」とする）の執筆に取りかかったのはいいが，すぐに問題点が見つかった．「特殊」の場合は，問題を解くために必要な基礎知識の量はそれほど多くなく，どのような問題を例題にするかを考えればよかった．それに対して，「一般」の場合は，数学の予備知識や各分野の基礎知識を前もって読者に示しておかなければ問題が解けないということに気がついた．普通の教科書であれば，それらの必要な知識を並べておいて，結果がこうなると示せばいいのであるが，演習書はそうはいかない．基礎知識を準備しておいてから，解ける問題を提示しなければならない．その問題も，読者がそれを解くことでその分野の重要な点が理解できたと思うものでなければならない．単なる計算問題などでお茶を濁すことはできない．これが本書を執筆に取りかかったときの問題点である．そのためにまずこちらで与える基礎知識と例題とするものを分け，さらにはその解答をなるべく簡潔にまとめる必要があった．その結果，「特殊」の出版後すぐに取りかかったものの，「一般」の執筆はすいすいとは進まなかった．長きにわたり辛抱強く本書の完成を待っていただいた「数理科学」編集部の大溝良平さんには本当に感謝する次第である．

本書の例題には数十年前の学術論文で実際に議論されていた内容のものもある．我々はその解答をつくるために，教科書だけでなく多くの学術論文を読み，Zoom などで検討を重ねながら，執筆作業を進めていった．そういうこともあり一部の例題は初心者には難しすぎるかもしれない．しかし，Einstein が高校生に言った言葉として「Do not worry about your difficulties in mathematics, I can assure you that mine are all greater.（数学を難しいと思っているのなら心配無用だ．私の方が間違いなくもっと難しい問題に取り組んでいるから．）」（1943 年 1 月）というのがある．一般相対性理論の基礎となった Riemann 幾何学をはじめ，初学者には多少難しい例題も含まれているが，この本を自分で解きながら読み進む読者には困難ではないだろう．

「まえがき」にも書いたことであるが，相対性理論の教科書で演習形式のものは国内ではあまりない．通常は教科書を読みながら数少ない章末問題を解くことで理解した気になるのであるが，必ずしも十分理解できていないことが多い．常々学生には「教科書に書かれていることや教師の言うことをそのまま信用しないで，自分で実際にその内容を確かめてはじめて理解したといえる」と言っている．その理由は，教科書には一般にタイポや計算ミス，さらには著者の勘違いなどいろいろ間違ったことが書かれている可能性があるからである．しかし，それ以外にもっと深遠な理由として，この勉学態度はその後しっかりとした自分の学力になり，研究をはじめ様々なところで活きてくることになるからである．そういう意味でも，本書の例題を自分で解きながら，かつその流れに沿って読み進めていけば，内容理解とともに問題解決の力がつくことが期待される．この本で学ぶ際には，例題の解答をすぐに読み進めないで，一度本を閉じて自分で解いてみてから，その内容を確認するというスタイルで読み進めてほしい．それぞれの例題を解いていくことで，読者が本書の中身を本当に理解できるようになることを期待し，筆を擱こう．

# 索 引

## 著 者 略 歴

# 前田 恵一
まえ だ けい いち

| | |
|---|---|
| 1979 年 | 京都大学大学院理学研究科物理学専攻博士課程<br>修了 理学博士 (京都大学, 1980 年)<br>博士研究員 [京都大学, SISSA・ICTP (トリエ<br>ステ・伊), ムードン天文台 (パリ・仏)],<br>東京大学理学部物理学科助手を経て, |
| 1989 年 | 早稲田大学理工学部物理学科 教授 |
| 2006 年 | ケンブリッジ大学トリニティカレッジ客員教授 |
| 2018 年 | 早稲田大学高等研究所 所長 |
| 2021 年 | 早稲田大学理工学術院名誉教授 |
| 2022 年 | 京都大学基礎物理学研究所特任教授 |

**専門** 理論宇宙物理学・宇宙論・重力理論

**主要著書**

「アインシュタインの時間」(ニュートンプレス, 1998)

「The Scalar-Tensor Theory of Gravitation」
(Cambridge Univ. Press, 2003) (共著)

「重力理論講義」(サイエンス社, 2008), 他

# 田辺 誠
た なべ まこと

| | |
|---|---|
| 2007 年 | 早稲田大学大学院理工学研究科物理学及応用物理学<br>専攻博士後期課程修了 博士（理学）(早稲田大学) |
| 2006 年–2009 年 | 早稲田大学理工学部物理学科助手 |
| 2009 年–2010 年 | 早稲田大学理工学術院次席研究員 |
| 2010 年 | 早稲田大学理工学術院招聘研究員 |

**専門** 理論宇宙物理学・重力理論

SGC ライブラリ-194

**演習形式で学ぶ**
**一般相対性理論**

---

2024 年10月25日 ©　　　　　　　　　　初 版 発 行

| | | | |
|---|---|---|---|
| 著 者 | 前田 恵一 | 発行者 | 森 平 敏 孝 |
| | 田辺 誠 | 印刷者 | 中 澤 眞 |
| | | 製本者 | 小 西 惠 介 |

発行所　　　株式会社 サイエンス社

〒151-0051　東京都渋谷区千駄ヶ谷 1 丁目 3 番 25 号

営業 ☎ (03) 5474-8500 (代)　　振替 00170-7-2387

編集 ☎ (03) 5474-8600 (代)

FAX ☎ (03) 5474-8900　　　　表紙デザイン：長谷部貴志

---

組版 プレイン　印刷 (株)シナノ　製本 (株)ブックアート

《検印省略》

サイエンス社のホームページのご案内
https://www.saiensu.co.jp
ご意見・ご要望は
sk@saiensu.co.jp　まで.

ISBN978-4-7819-1615-6

PRINTED IN JAPAN

# 演習形式で学ぶ 特殊相対性理論

## 前田恵一・田辺誠　共著

定価 2420 円

アインシュタインが 1905 年に発表した特殊相対性理論は時間概念を根本的に変えた．現在では，実験的にも確かなものとなっており，その知識は素粒子物理学などの基礎物理学だけでなく宇宙物理学や物性物理学など様々な物理学の基盤となっている．本書では，演習形式によって自ら問題を解きながら特殊相対性理論を学ぶことができる．

サイエンス社

# 重力理論解析への招待

## 古典論から量子論まで

泉 圭介 著

定価 2420 円

> 高エネルギー物理理論を構築するためには，様々な問題が立ちはだかる．これらの問題を一つずつ解決していくと，完成は見えてくるはずである．本書では，このような視点に立ち，重力理論の解析に役立つ手法を解説する．

サイエンス社

SGC ライブラリ- 186 : for Senior & Graduate Courses

# 電磁気学 探求ノート

## "重箱の隅" を掘り下げて見えてくる本質

和田　純夫　著

定価 2915 円

見過されがちな論点を色々な状況設定のもとで再度考察することを通して電磁気学の神髄に迫っていく．一度学んだことを反芻して理解を深めたい読者には格好の書．

サイエンス社